QILUN FADIANJIZU ZHENDONG
GUZHANG ZHENDUAN JI ANLI

汽轮发电机组振动
故障诊断及案例

陆颂元　吴峥峰　著

U0246689

中国电力出版社
CHINA ELECTRIC POWER PRESS

内 容 提 要

本书首先介绍了与汽轮发电机组振动故障诊断相关的现场测试和数据分析等基础知识；然后全面系统地阐述了机组三大类型振动故障：质量不平衡、动静碰磨和轴系油膜失稳的故障特征、诊断分析方法和常用处理方法；其后又专门介绍了发电机振动故障，以及不属于前三大类型振动故障的振动杂证故障的分析诊断；动平衡是现场机组振动处理的必需手段，也做了简要介绍；最后，给出了燃气轮机发电机组和主要辅机（风机、水泵）的振动故障分析诊断。

书中对应各种故障，给出了作者现场处理完成的五十余个真实案例，从中可以看到每一台机组振动故障的表现特征、初期分析、最终诊断及处理措施的整个内容。这些案例是作者多年现场工作的积累，包含了许多宝贵的经验；其中多数案例是成功的，也有个别非成功案例，从中更可以得到负面经验教训。

本书最主要特点是密切联系我国电厂实际，体现了将振动理论、经验和现场实际的密切结合；书中内容是作者长期从事汽轮发电机组振动故障分析诊断理论研究和现场实践的总结，内容丰富、真实详细，思路清晰、论述精炼，重点突出，是一本关于火电厂机组振动技术的深层次的专业书籍。

本书可供从事现场振动工作的工程技术人员参考，也可作为高等院校电力技术类相关专业学生的辅导书，还可作为培训教材。

图书在版编目（CIP）数据

汽轮发电机组振动故障诊断及案例/陆颂元，吴峥峰著. —北京：中国电力出版社，2016.8（2020.7 重印）
ISBN 978-7-5123-8970-0

Ⅰ．①汽… Ⅱ．①陆…②吴… Ⅲ．①汽轮发电机组-机械振动-故障诊断 Ⅳ．①TM311.014

中国版本图书馆 CIP 数据核字（2016）第 040006 号

中国电力出版社出版、发行
（北京市东城区北京站西街 19 号　100005　http://www.cepp.sgcc.com.cn）
北京雁林吉兆印刷有限公司印刷
各地新华书店经售

*

2016 年 8 月第一版　　2020 年 7 月北京第二次印刷
787 毫米×1092 毫米　16 开本　21 印张　486 千字
印数 2001—3000 册　　定价 **68.00** 元

前　言

汽轮发电机组振动故障分析诊断是现代电厂中一项重要的应用科学和技术，它直接关系到电厂主设备的振动故障消除，关系到全厂的安全生产和发电量。在电厂运行、检修所涉及的众多技术中，振动是其中一门专业性很强的技术。

振动故障分析诊断要求具有关于旋转机械振动的理论知识，缺失这方面知识无法做好故障诊断，还要求具有现场实际经验。经验获取的最重要来源是亲历实践，"干得越多经验越丰富"，个人积累的经验是最为宝贵的；同时，经验获取的另一个途径是研究别人有价值的案例。

本书以此为目标，对汽轮发电机组故障分析诊断进行全面介绍。深入阐述了机组典型振动故障特征、分析诊断方法和思路，包含作者多年积累的现场分析诊断技巧，然后给出了 56 个有参考价值的电厂实际案例（其中绝大多数为本书作者所完成）。

电厂设备振动故障诊断处理是一项极具挑战性的工作。每小时可发数十万甚至 100 万 kWh 电量的大机组因为振动无法运行，但经过你 3～5 天甚至 1～2 天的测试分析、确定原因和实施处理，故障最终消除，机组正常发电了，这不得不说是一种奇迹！完全体现了人的智慧。

电厂现场经常遇到的紧急振动故障诊断处理是一项高强度的工作，由于不断强化的生产管理需要，当前国内电厂对运行机组振动故障的分析诊断和处理，尤其对热态机组的处理，往往要求振动人员对故障原因和性质给出明确的结论，要求一次性处理成功，不得反复。振动专业人员来到现场必须对故障迅速做出判断，尽快处理解决，这就要求专业人员具有超强的脑力、体力和意志。

对从事机组振动故障诊断的专业人员，除了需要具备振动理论和经验；还需要具有很强的分析判断能力，思维清晰灵活；决策果断坚定，敢于承担，敢于实践；还需要具备能真切听取他人意见并做出正确判断的态度，同时具备能承受失败和压力、迅速纠正自身错误的心理素质。

对机组振动的故障诊断，最关键的要求是判断准确，准确的原因分析，准确的故障定性，准确的处理方案。故障诊断还要求判断、处理迅速。同样故障，水平高的专业人员，启动 1、2 次，即可能判断清楚；水平不高，反复开机，拖延数日，无法定夺。

机组设备的设计制造人员能做好现场的故障诊断吗？非也！本书中介绍的我国援外 320MW 机组失稳就是一个最好例证。故障诊断不是研发设计新设备，而是对已有设备缺陷的定位，但实际故障类型复杂、特征多样，现代工业技术门类繁多，设计人员根本无法掌握。

本书中讲述的都是人工诊断，这种人工诊断能用数年前国内风行的智能诊断所替代吗？回答是肯定的，不能！如同我们人类的疾病是由医生人工诊断医治，机组振动故障也同样要由专业人员诊断处理。尽管当今计算机技术十分先进，但国内外还没有任何一种软件能够代替人脑对人类疾病进行诊断，对机组故障诊断的道理相同。看看国内过去那些耗资巨大的智能诊断科研项目，现在还有哪一个在现场做诊断？国外同样如此。

现场实际机组的故障诊断往往是对多个现象和表征进行分析；而这些现象和表征有时是相互矛盾的，一些现象支持这种故障，另一些现象却又否定这种支持而倾向另外的故障。经验表明：故障分析诊断中首先要抓住主流现象，不可脱离主线，被次要现象分散、迷惑。

分析诊断中，有时必须慎重反复考虑各种可能的原因，在依据不充分的前提下，切忌武断地排除某一原因或认定某一原因，除非你有十足的把握。排除一个故障和认定一个故障有同样重要的意义，如果能够有充分的把握将这种故障排除，其后整个怀疑范围将缩小，分析会更为集中。但排除故障有时同样有难度，国内现场实际诊断中，时有发生错误地排除某种故障，将整个分析工作方向扭偏，走了一段弯路后最终才发现，故障真正原因就是前面被排除掉的。

现场振动技术问题上，不要迷信任何权威，不要随从于外界的行政意志，不要随波逐流。这里，不需要走群众路线，更不需要少数服从多数，需要的是重事实、重数据、独立分析，这是故障诊断工作中非常重要的原则。当然，带有那种追求独树一帜的逆反表现心态搞故障诊断，也是要不得的。

能够从事汽轮发电机组振动工作是一件十分值得庆幸的事情，一个故障从接手可能历经艰难坎坷才能最终成功处理，从中体现了个人能力，又实实在在解决了电厂问题。当你看到一台原本不能启动的机组经过亲手处理后已在平稳运转时，会有一种成就感。

希望本书能使正在致力于现场汽轮发电机组振动故障诊断的专业技术人员，或即将进入这个行业的人员及学生能从中切实有所收益。

马元奎、汪江、刘晓峰、王青华、李荣义、李小军、蔡文方、王伟、罗小川、杨绍宇、王翔、赵旭、金锐、王善勇、瞿红春、樊志强、卢双龙等参加了本书案例的现场测试、分析诊断和处理。

童小忠、吴文建、卢修连为本书提供了重要实际案例。

本书的出版得到东南大学出版基金资助。

在此，一并表示衷心感谢。

作 者

2016 年 6 月

目　录

第一章

振 动 基 础 知 识

第一节　电力设备振动技术的内容和特点

转动机械是电力生产中的重要设备，它包括汽轮发电机组、水轮机组、燃气发电机组、工业汽轮机等主机设备，还包括给水泵、凝结水泵、循环水泵、一次风机、送风机、引风机、增压风机和氧化风机等电站主要辅机。这些关键设备的状态决定着整个电力生产的稳定可靠和安全。实际生产过程中，不容许出现影响运转和设备安全的故障，保障设备的正常运转，使之处于良好状态，是电力企业的一项重要工作。

围绕这个目的，发电企业需要进行三方面具体工作：

（1）对设备进行状态监测，发现出现异常，从运行上或设备维护上采取措施，保持连续生产。

（2）对设备状态进行测试、分析，判断设备现状，预估发展趋势；根据测试结果进行故障诊断，确定故障性质和类型，查找故障原因。

（3）确定设备消缺处理方案和时间，对设备故障进行实际处理，消除缺陷。

电力生产中的旋转设备通常处于高温、高压、高转速的运行工况，有多种类型的物理参量能够实时反映设备的内部状态。其中，振动是一个十分关键的参量，因为振动大小和设备部件受到的作用力大小直接关联，而作用力量值又与设备零部件的变形程度或破坏与否密切相关。高速旋转设备出现的多数机械故障，都会以振动异常的形式表现出来。因此，振动是设备状态监测和故障诊断的一个至关重要的参量，电厂高速旋转设备状态监测首选的参量就是振动。

发电设备振动技术包含如下内容：

（1）发电设备动力特性分析，以保证设备的设计制造具有良好的振动特性和相关的其他动力特性。

（2）振动状态监测，对运行中的发电设备进行以振动为主的状态监测，以保证设备安全稳定运行。

（3）故障诊断和处理，对设备存在的振动异常进行分析和评估，进行故障诊断，确定故障原因并进行处理，消除缺陷。

振动技术是发电设备设计制造和电力生产相关诸多技术中的一项重要技术。工业实际中，振动对整个电力生产和设备的具体涉及面较窄，但有时影响十分重大；另外，振动技术本身的内容和理论覆盖范围很宽，它以固体力学、转子动力学、振动力学为基础，涉及测试技术、测试仪器硬件和软件、信号分析、发电设备结构与运行、数值计算分析、线性和非线性动力学、故障诊断的逻辑思维和人工智能等；除此，它还包含实际工程技术经验，这是振动技术本身尤为重要的特殊之处。

发电设备振动技术既有很高的难度，又具有极强的实用性。发电设备的大振动常常面临的是刻不容缓的紧急局面，早一天解决，甚至早一小时解决，都会对生产有直接重大影响。因此，从事发电设备振动分析和处理，也是一项极具挑战性的工作。对这项技术掌握的程度，体现在能否有最准确的判断，能否以最短的时间、最经济的方式，将高振动降低到最理想的程度。

第二节　旋转机械振动基本概念

一、机械振动

机械振动是指质点或机械动力系统在某一个稳定的平衡位置附近随时间所做的往复性运动，例如摆的运动、行驶中汽车车身各部分垂直于地面方向的微小运动、转动机械各部件与转动相关的非旋转运动等。

振动有多种类型，汽车行驶时车内地板的振动是典型的随机振动，爆炸或地震引起地面或建筑物的非破坏性振动是非周期振动。如果物体运动量的变化按照一个固定的时间间隔不断重复，这样的振动是周期振动。各种形式振动中，周期振动是一种特殊的，而又大量存在的、重要的振动形式。其中，运动量随时间按谐和函数形式变化的简谐振动是最基本、最典型的周期振动。

任何复杂的周期振动都可以利用数学方法分解为若干个简谐振动；反之，利用若干简谐振动之和可以构成任何形式的复杂周期振动。振动分解在旋转机械振动分析和故障诊断中被广泛应用。

汽轮发电机组等旋转机械振动时的激振力主要来自于周期转动的轴，因而，旋转机械振动多数是周期振动。

二、旋转机械振动力的来源

所有机械设备和结构的振动都遵从振动力学的通用规则，但是，旋转机械振动有一些和其他系统振动（如结构振动、板壳振动、管道振动）不同的特殊规律，了解和掌握这些特点，有助于实际振动故障的分析与诊断。

旋转机械通常由转子和支撑轴承组成。单根转子连同两端支撑轴承称为单转子系统；多根转子依次用联轴器（对轮）连接起来，采用多个轴承支撑，组成一个多跨多支承的轴系。转子作为弹性体，振动行为和梁的振动类似，有三种振动形式：横向（径向）振动、扭转振动和纵向振动，其中横向振动是发电设备振动技术涉及的主要内容。

不论何种机械振动，都是在力的作用下发生的。能够引起转子横向振动的力的来源分为两大类：强迫激动力和自激振动力。因为转子的转动，转子上质量偏心产生的旋转离心力成为强迫激振力的主要来源，因而，由此引起的横向同步振动成为旋转机械的主要振动形式。除此，转动机械中还存在其他多种强迫激振力。

　　自激振动力多数产生于与转子接触的工质，如气流或水流引发的流体激振力，或支撑转子的滑动轴承中油膜生成的作用力。此外，自激振动力还可能来自于转子材料自身的内部阻尼、转子中心孔内滞留液体生成的作用力等，转子转动过程与静止部件发生碰磨时出现的干摩擦力也属于自激振动力。

三、振动的振幅和频率

　　机械振动通常是周期性的，振幅和频率是描述周期振动的两个基本要素。振幅的大小表征了振动的剧烈程度；频率表示振动的快慢。

　　周期性振动：每隔一个固定的时间间隔，运动就完全重复一次。这个固定的时间间隔是振动的周期，用 T 表示，通常单位为 s。每秒内的振动周期数称为频率，用 f 表示，单位为 Hz。按照定义可知，周期与频率互为倒数，即 $f = 1/T$。

　　旋转机械振动的频率多与转轴的转速有关，或者与转动频率相等，或者与转动频率成整倍数、整分数的关系。我国汽轮发电机组工作转速为 3000r/min，机组的振动频率 f 通常为 50Hz，即每秒振动 50 次，与转速一致；周期 T 为 0.02s，即每经过 0.02s，运动重复一次；由此派生的还有 100、25Hz 等振动频率成分。

四、转轴的固有频率、临界转速和振型

　　任何机械物体或系统，自身都有一个以上的固有自振频率。这些固有频率的大小取决于物体或系统本身的力学特性；对于转子系统，还取决于支承的力学特性。物体或系统的实体一旦生成，固有频率也随之生成，它们不随外界作用力的变化而变化。

　　如果外界缓慢施加一个大小和方向不变的恒力作用在物体上，物体会发生变形或运动，但不会出现振动；如果瞬间施加一个足够强度的冲击，物体将发生振动，振动频率是物体本身所具有的固有频率；如果作用其上的是一个特定频率的周期作用力，物体将以和作用力相同的频率做强迫振动；作为特例，当这个周期力的频率与物体自身的任何一个固有频率一致时，物体的振动状况呈现为"共振"。这些都是机械振动的基本规律。

　　旋转机械转子的振动同样服从这些基本规律。每一个转子，连同支持它的轴承组成的系统，都有若干阶横向振动固有频率。当然，从多维角度，转轴还存在扭振固有频率和纵向振动固有频率。

　　一根转子的横向振动固有频率会有多个。在一定的转速下，某一阶固有频率可以被转子上的不平衡力激起，这个与固有频率一致的转速被称作临界转速；工程中，转子横向振动的固有频率视同于临界转速。

　　通常，我们所关注的只有在转子工作转速以下的低阶临界转速，高于工作转速的临界转速与设备实际运行中的动力特性和安全性关联不大。现代大型汽轮发电机组只有第一阶、第二阶临界转速在它的工作转速之下出现，通常，第三阶临界转速都在工作转速之上。以国产 200MW 机组为例，发电机转子的横向振动第一阶固有频率是 20Hz，临界转速则是 1200r/min，它的第二阶固有频率高于 50Hz，即高于 3000r/min；从 1200~3000r/min，发电机转子不存在临界转速；整个轴系在工作转速下还存在高压转子、中压转子、低压转子的三个临界转速。

对于转子的振动形态，通常有一个误解，认为转子的振动是如同一根琴弦的振动，做上下弯曲状的摆动，实际情况与此完全不同。处于临界转速的转子，实际并不是在做这样的振动，而是以一个固定不变的、弯曲成振型的形状，绕转子的静态中心做与转速同步的涡动，即"弓形回转"。

一个站在地面上的观察者，他所看到的是这个涡动的转子在垂直平面的投影，弯曲转子上的固定点在这个平面上的投影会呈现上下跳动，这就是观察者所看到的"振动"。这里的振型是对应于转子每一阶固有频率的不同的弯曲形状，如第一阶固有频率的振型类似于半个正弦曲线，第二阶固有频率振型接近于一个完整的正弦曲线形状。

转子的固有频率和振型在数学中就是特征值和特征向量。按照弹性体振动理论，一个连续分布质量的转轴系统存在无数个特征值和特征向量，即存在无数阶固有频率。

临界转速是汽轮发电机组动力特性和振动特性的第一要素。以临界转速转动的转子处于共振状态，此时的振幅最大。因此，理论上要求工作转速偏离临界转速越远越好，这就是轴系动特性设计中要求的临界转速对工作转速的避开率；同时，运行中要保证升降速过临界转速的最大振幅低于规定限值，这都是从机组安全角度提出的最基本的要求。

一台机组的临界转速可以用计算和实测两种方法得到。临界转速计算是机组设计阶段关于轴系动态特性设计的一项内容，实测是对已有机组用测试的方法确定它的临界转速。由于计算时选用的支撑参数、对轮连接状况等和现场实际不同，会使临界转速的实际值与计算值不完全相同。现场实测是确定临界转速最准确的方法。

临界转速的大小和多种因素有关，它又影响到机组振动的多个方面。经验表明，相同机型的临界转速基本相同；对转子部件不做大变动的大修，如更换叶片、更换相同形式的轴承、更换对轮螺栓等，均不会影响或改变机组轴系原有的临界转速值。

第三节　简谐振动的数学表示法和振幅的度量

我们对振动定量的介绍从最基本的简谐振动开始。简谐振动可以用位移、速度和加速度三种度量形式描述。

一、振动位移

简谐振动位移的表示式为：

$$x = A\sin(\omega t + \phi) \tag{1-1}$$

式中　A——最大振幅；

　　　　ω——圆频率；

　　　　t——时间；

　　　　ϕ——初始角度。

位移的公制单位是微米（μm）或毫米（mm），电厂习惯用"丝"或"道"表示，1mm＝100 丝，1 丝＝10 μm；西方国家习惯用英制的密耳（mil），1mil＝25.4 μm。振动位移 x 是一个随时间变化的动态量，如图 1-1 所示；A 即图中波形上最大位移到平衡位置之间的距离 A_p，它被称作单峰值或半峰值；电力工业中常用的衡量振动大小的位移量是峰峰值，即图 1-1 的 A_{p-p}，它是振动波峰与波谷之间的垂直距离，有关系式 $A_p = A = A_{p-p}/2$。

实践中，凡是涉及位移振幅的大小，如果没有做特别注明，所指振幅都是峰峰值 A_{p-p}，这是振动行业的习惯约定。通常情况，振动测量仪器仪表的位移振幅显示也是峰峰值。

振幅半峰值和峰峰值的物理含义同样适用于由多个简谐振动组成的复合振动。复合振动波形中的最高点和最低点的垂直距离为峰峰值 A_{p-p}（见图 1-2），它称为通频振幅，这里的"通频"是对多个频率的统称。

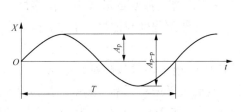

图 1-1 简谐振动位移的振幅与周期

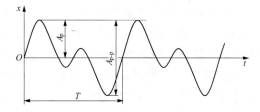

图 1-2 复合振动位移的振幅与周期

旋转机械振动和转子转速有密切关系，将它的复合振动分解后得到的各个简谐振动中，有一些频率分量在振动分析中有特殊意义：

（1）和转速同频的一倍频振动（1X）。

（2）转速频率之半的半频振动（0.5X 或 1/2X）。

（3）转速频率之倍的两倍频振动，也简称倍频振动（2X）。

由此相应派生出这些特定分量的振幅：一倍频振幅、半频振幅和倍频振幅。

二、振动速度和加速度

对式（1-1）求导，得到简谐振动速度的数学表示式：

$$v = \frac{\mathrm{d}x}{\mathrm{d}t} = A\omega\cos(\omega t + \phi) = V\cos(\omega t + \phi) \tag{1-2}$$

再求一次导，得到加速度：

$$a = \frac{\mathrm{d}v}{\mathrm{d}t} = -A\omega^2\sin(\omega t + \phi) = -a\sin(\omega t + \phi) \tag{1-3}$$

上两式中的 $V = A\omega$ 是速度最大值；$a = A\omega^2$ 是加速度最大值。

与振动位移类似，振动速度的振幅也可以用半峰值 V_p 或峰峰值 V_{p-p} 来表示。因为振动能量与速度的平方成正比，对于速度振幅，更多的是使用均方根值，或称作有效值来表示，它记为 V_{rms}（见图 1-3）。

按照 ISO 标准定义，频率在 10Hz 到 1000Hz 范围内的振动速度的均方根值通常又称作振动烈度。

简谐振动的振动烈度 V_{rms} 和速度半峰值 V_p 有如下关系式：

$$V_{rms} = \frac{V_p}{\sqrt{2}} \tag{1-4}$$

需要注意，对于复合振动，式（1-4）的换算

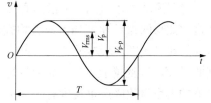

图 1-3 振动速度的振幅度量

关系不成立。

三、振动位移、速度和加速度幅值的量度

当论及一台设备的振动，首先考虑的问题之一是采用哪一种度量单位来量度这台设备振动的大小。

简谐振动的形态用位移、速度和加速度三种形式表示，理论上，衡量一个物体的振动大小可以采用位移、速度和加速度幅值中的任意一种。这三种度量形式中，位移最为直观，很容易想象，振动越剧烈，位移振幅越大；振动的严重程度与位移成正比。国内电力行业对机组轴承座振动的度量，至今仍普遍沿用位移。

近代和现代工业实际表明，机械设备由振动造成的绝大多数故障都是疲劳失效的结果，零件疲劳失效的时间既取决于振动位移大小，也取决于振动频率。其中，位移仅仅是振动距离的度量，频率也只是在一个给定的时间间隔（如 1min 或 1s）内振动次数的度量。如果知道在给定的时间间隔内的路程，则可以很简单地计算出速度或者速率。因此，振动速度值是与疲劳关联的更直接的度量。

从衡量设备零部件疲劳破坏的角度考虑，测量振动速度优于测量振动位移，这是因为：①振动速度同时包含位移和频率两种信息；②在评价振动速度时不需要关心振动频率，尽管频率是速度的一部分；③不论振动是单一的（一种频率）还是合成的（两种或两种以上频率的复合），振动速度都是设备状态的有效指标。

另外，设备部件材料的脆性断裂、部件变形量超过一定的界限产生裂缝或者断裂，同样是设备失效的一种形式。当振幅过大时，可能会造成固定螺栓断裂、焊缝开裂以及混凝土地基裂缝，这不是由于疲劳，而是因为它们的变形导致应力超过了材料屈服极限。对于这种形式的故障衡量与评估，位移则优于速度。

测试中考虑选取位移、速度、还是加速度的另一个重要基点，是采用哪种振幅参数能真实发现与某种频率成分相关联的故障，这点对于处理故障频率范围较宽的复杂振动问题是很重要的。

加速度在发电设备中极少采用。

从被测物体的频率范围看，位移大多适用于较低频率（习惯于 100Hz 以下）振动的度量，加速度适用于高频率（数百赫兹以上）振动的度量，速度则用于中等频率范围的振动。

需要注意，轴承座或壳体的振动可以采用位移和速度两种形式；对于转轴的振动只能用位移来衡量，因为转轴的振动速度无法像轴承座那样准确测得，转轴的位移则易于测量。

对于滚动轴承缺陷，如滚道存在瑕疵，滚动中可以产生一个有重要意义的尖脉冲，虽然这时测得的振动速度均值或者均方根 RMS 正常，但应用加速度传感器可以测到这些尖脉冲的能量，即"尖峰能量"。冲击产生的每一个脉冲持续的时间或者周期取决于缺陷瑕疵的尺寸，瑕疵越小，脉冲周期越短，瑕疵尺寸变大，脉冲周期变长。因此，尖峰能量测量值的大小与故障严重程度有很大关联。轴承缺陷产生的脉冲间隔时间很短，所以脉冲频率很高。罗克维尔公司以此开发了一种专用于测试尖峰能量的振动测振仪，可以用来有效

地分析诊断滚动轴承支承的转子-轴承系统的振动故障。

四、振动位移和速度的换算关系

实践中，对于同一个被测对象，经常需要将它的振动测量值速度均方根 v_{rms} 和位移振幅峰峰值 A_{p-p} 之间进行转换。简谐振动的这种转换式为

$$v_{rms} = \pi \times 10^{-3} \frac{A_{p-p} f}{\sqrt{2}} \tag{1-5}$$

式中　　v_{rms}——速度均方根，mm/s；

　　　　A_{p-p}——位移振幅峰峰值，μm；

　　　　f——频率，Hz。

转轴转速为 3000r/min 时，$f = 50Hz$，由式（1-5）得

$$v_{rms} \approx \frac{A_{p-p}}{9} \tag{1-6}$$

式（1-6）是 3000r/min 机组工作转速下简谐振动的速度均方根和位移峰峰值的换算关系式。注意：如果待转换的对象不是做简谐振动，式（1-5）不适用；如果是做简谐振动，转速却不是 3000r/min，式（1-6）也不能使用。

第四节　振动相位和转速测量

一、振动相位的物理意义和测量方法

旋转机械振动量中除了含有通常振动的振幅和频率，还有一个十分特殊而又重要的物理量——相位，它是进行转子动平衡和故障诊断不可缺少的量值。

旋转机械振动相位具有特定含义。旋转机械振动可以看作为一个矢量在空间随转轴的旋转，任一时刻，该矢量相对于转轴上同步旋转的一个实在的物理标志的夹角，即是振动"相位"。一般情况，对应一个固定的转速，这个相位也是固定不变的，即在固定相连于转轴的旋转坐标系中，这个矢量的空间方向固定不变。

如果联系振动测试波形来理解相位，则它是谐振信号相对于转轴上某个固定的物理标记产生的每转一次的脉冲之间的角度。

此处应该注意，这个振动测量的相位和振动通用理论中的稳态响应滞后于激振力的角度是两个不同的概念。

振动相位测量原理图如图 1-4 所示。

如图，一个带有键槽的转轴逆时针匀速转动，键相传感器 K_0 位于左下 45°安装。测量转轴振动的涡流传感器一个在垂直上方，另一个在水平右方。

假设转轴几何中心与转动中心不完全重合，转动过程由两个涡流传感器在任一时刻可以测得转轴表面与探头的距离，即转轴几何中心的动态坐标，将 x、y 视为转轴在垂直和水平方向的振动，它们应该按照下列规律变化 [见式（1-7）、式（1-8）]：

$$y = Y\sin(\omega t + \phi_1) \tag{1-7}$$

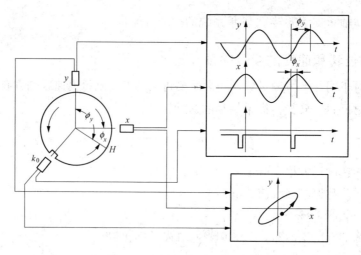

图 1-4　振动相位测量原理图

$$x = X\sin(\omega t + \phi_2) \tag{1-8}$$

x、y 的波形图如图 1-4 右上方所示，x 超前 y 的角度为 $\pi/2$。图中的波峰称为高点 H。高点相对于固定相连于地面的绝对坐标的运动是与转轴同步的转动，但相对于转轴是固定不动的点。两个方向的波形合成后可以得到图中右下方示波器示出的椭圆，此即转轴中心振动的动态轨迹。

转动过程中，每当转轴上的键相缺口和键相传感器重合瞬间，产生一个负电压的脉冲，如图 1-4 右上方含脉冲的波形所示。

测量电路可以做到将脉冲信号出现的时刻同步标记在垂直和水平振动波形上，给出 y 方向振动的波形正峰顶与键相信号脉冲的相位差 ϕ_y。在图 1-4 的左侧示意图中，ϕ_y 就是从 y 向传感器逆转向到高点 H 的角度；同理，测量电路还可以给出 x 方向振动正峰顶与键相脉冲的相位差 ϕ_x，它也是从 x 向传感器逆转向到高点 H 的角度。

ϕ_y、ϕ_x 可以通过相关线路自动测得并显示出来，这就是振动测试中得到的相位。

ϕ_y 和 ϕ_x 理论上存在这样的关系见式（1-9）：

$$\phi_y - \phi_x = 90° \tag{1-9}$$

知道了相位是如何测得的之后，很容易理解相位的物理含义：测振仪显示的相位是键相缺口与键相传感器重合瞬间，自振动传感器逆转向到振动高点 H 的角度，也就是高点 H 顺转向到振动传感器的角度，在波形图上就是键相标记到正峰顶的角度。

对于同步振动，高点可以看作是在转轴圆周上位置固定的一个具体的物理点，从转动中心到这个高点可以画出一个矢量，转动过程中，这个矢量在 Y 轴上的投影就是转子在垂直方向上的振动位移。就是说，相位也是自振动传感器逆转向到振动高点矢量的角度。

由上面的说明可以推得，测振传感器或键相传感器位置的改变都要使得 ϕ_y 和 ϕ_x 发生改变。

设键相传感器 K_0 为右水平安装，测振传感器垂直上方安装，转轴顺时针转动，此时测得振动相位为 β，如图 1-5（a）所示；如果测振传感器逆转 γ 角，振动传感器测得的振动相位 β 随之减小 γ，如图 1-5（b）所示；如果键相传感器安装的角度改变，逆转 α 角，

振动测量相位 β 将随之增加 α，如图 1-5（c）所示。这些转换关系基于一点：转轴转动时，高点相对于转轴上键相槽的角度是固定的，即图 1-5 中的 θ 不变。

　　角度的这些变化及其相互之间的转换，动平衡时要经常用到，而这又是很容易混淆。

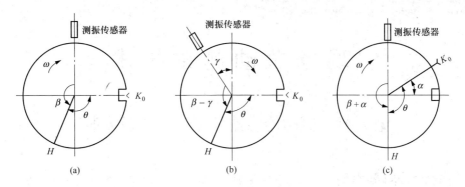

图 1-5　测振传感器或键相传感器角度改变对振动相位的影响

　　上述关于测振仪显示相位的计量方式为起自振动传感器逆转向到高点的角度，这是美国 GE 本特利公司测振仪习惯采用的方式。国内此后开发的测振仪一般都照搬了这个习惯，需要注意这种计量方式不是唯一的，还可以定义为键相点到振动波形上的其他特殊点，如最低点、与时间轴的上升交点或下降交点等，转向也可以按顺转向计，这些在电路设计上都能实现。

　　国外其他公司的测振仪相位大都有自己的习惯定义。使用某种新型测振仪时，相位的定义必须事先搞清楚，因为它与动平衡时的加重角度直接有关。

二、转速测量

　　转速测量对汽轮发电机组运行非常关键。一台汽轮发电机组一般在前箱测速齿轮处安装有 6 个左右转速传感器，分别给就地转速表、TSI 和 DEH 输送信号，以便实现转速监视、低转速启动盘车、DEH 调节、超速保护动作等功能。机组前箱一般还安装有键相传感器给 TSI 提供键相信号，以便振动分析时使用。

　　旋转机械振动与转速有不可分离的关系，转速不变的稳态过程和升降速瞬态过程的振动分析、动平衡都必须要有转速量。旋转机械振动测量中，转速和振幅、相位同等重要。

　　测振仪转速的测量和相位测试同时完成，它的测速不是汽轮机常规转速测量中的每转 60 个脉冲，而是每转一个脉冲。这样的方法使得仪表电路在测量转速的同时，还得到了转轴转动的相位基准脉冲，即图 1-4 中的脉冲信号，用于和振动波形比较得到振动相位。实际测试中转速和相位的测量是在仪表相应线路中一体实现。

第二章

现 场 振 动 测 试 技 术

第一节　振动传感器类型、选取及安装

一、振动传感器类型

电力设备转动机械振动测试常用的传感器有三种：速度传感器、涡流传感器和加速度传感器，下面分别介绍。

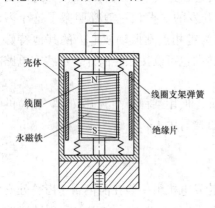

图 2-1　电磁式速度传感器结构

1. 速度传感器

（1）电磁式速度传感器。汽轮发电机组、风机、泵的轴承座振动测量采用电磁式速度传感器，即惯性式速度传感器。它是利用磁电感应原理，当传感器与被吸附的轴承座或壳体表面一起振动时，其内由弹簧支撑的动线圈相对于传感器的永磁铁做相对振动（见图 2-1），动圈的感应电动势与线圈相对于磁场的运动速度成正比，提供电压输出，由此可得到被测物的振动速度，再积分一次便得到振动位移。

与其他类型的速度传感器比较，电磁式速度传感器对冲击脉冲的灵敏度低，不要求外部附加电源，使用方便；但它的体积较大，对安装角度有要求。

长期监测用的速度传感器由螺钉固定在瓦盖表面，便携式测振仪临时加装的传感器用磁座吸附到轴承座上。非铁质材料的部位无法使用磁座，可以将传感器吸在附近位置，200MW 机组的发电机端盖处即是如此。

速度传感器的频响范围通常为 10～1000Hz，可测得的最低转速 600r/min，低频性能更好的速度传感器频率下限到 4.5Hz，对应转速 270r/min，极低频率的测量需要特殊类型的速度传感器，但低于 2Hz 无法用速度传感器。

汽轮发电机组主机的振动测量用频率下限为 10Hz 的常规传感器已经能够满足要求，水轮机振动测量需要使用低频性能好的速度传感器。

GE 本特利公司 9200 系列速度传感器的灵敏度 100Hz 时为 20mV/mm/s，误差 ±5%，可以承受 50 个 g 的加速度冲击，感受横向振动的灵敏度最大为轴向灵敏度的 10%。速度传感器工作环境温度低温到 −29℃，上限为 121℃，特殊要求的可高到 204℃。环境相对湿度最大为 95%。

图中标注：壳体　线圈　永磁铁　线圈支架弹簧　绝缘片

速度传感器使用时只需将信号电缆直接引至测振表即可。

（2）压电式速度传感器。速度传感器除电磁式，还有压电式，它是在压电式加速度传感器基础上加入一个积分电路组成。

优于电磁式速度传感器的是，压电式速度传感器没有移动零件，不会出现机械磨损或弹簧老化，它的体积小、可靠性高、寿命长，可以在垂直、水平或任何方向安装。

压电式速度传感器的频响范围是 $4.5 \sim 5000 \mathrm{Hz}$，测量的速度范围为 $0 \sim 1270 \mathrm{mm/s}$，横向响应小于轴向灵敏度的 5%，抗冲击能力可以到 $2500 \mathrm{g}$，传感器工作环境温度低温 $-55 ℃$，上限 $121 ℃$，环境相对湿度最大为 100%。

低频的压电式速度传感器频率下限可达 $3 \mathrm{Hz}$。

2. 涡流传感器

涡流传感器是利用电涡流原理，测量转子表面相对于传感器头部距离变化的非接触式传感器，它被广泛应用于旋转机械转轴振动位移的测量。

涡流传感器工作时探头中的线圈有高频电流通过，产生电磁场，在探头邻近的被测转轴表面同时产生感应电流。转轴表面与传感器头部线圈之间的阻抗、电感和品质因子等电量，都是转轴与传感器之间距离的函数。如果转轴表面与传感器间的距离随时间变化，即存在相对振动，则传感器同时给出一个随时间改变的输出电压，测得这个电压的变化，并转化成长度量，即测得振动。

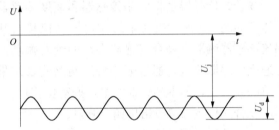

图 2-2　涡流传感器输出的电压量

在转轴振动状态下，涡流传感器测量线路给出两个电压（见图 2-2），一个是直流成分 U_j，即间隙电压，表示了被测金属相对传感器的平均距离；另一个是交变电压 U_d，表示振动位移。探头与转轴表面距离的改变引起输出电压中直流量的变化，振动造成输出电压中交流量的变化。

涡流传感器的频响范围宽，频率下限可以到零，这是速度传感器和加速度传感器所不及的；同时，测试精度比电容式等非接触电测法要稳定得多，受介质影响较小。但它的测试灵敏度和线性范围与被测金属材料有关，被测轴是碳钢或低合金钢时，差别不大，如果是高合金钢和其他金属材料，则需要重新标定。

目前，国内外有多个厂家生产涡流传感器。以 GE 本特利公司 3300 系列中的 8mm 涡流传感器为例，线性测量范围是 $0.25 \sim 2.3 \mathrm{mm}$，误差为 $\pm 0.0254 \mathrm{mm}$；频响范围 $0 \sim 10\,000 \mathrm{Hz}$；工作环境温度：探头和延长电缆 $-51 \sim 177 ℃$，前置器 $-35 \sim 85 ℃$；灵敏度 $7.87 \mathrm{V/mm}$ $\pm 5\%$，如果连同前置放大器和延长电缆整个系统的校准，计入互换性，灵敏度误差为 $\pm 6.5\%$；在容许环境温度内，标准 5m 系统 DSL（线性偏差）保持在 $\pm 0.076 \mathrm{mm}$ 以内。

涡流传感器在旋转机械的振动测试中用来进行下列测量：

（1）转轴径向振动。包括转轴的径向相对振动和绝对振动。

（2）转轴在轴承中的静态位置/轴心静态轨迹。利用涡流传感器间隙电压，即直流量 U_j，可以准确测量转轴在轴承中的静态位置，测量需要安装两个互相垂直的涡流传感器

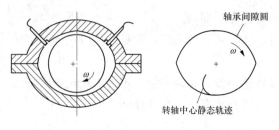

图 2-3　涡流传感器测量转轴静态位置的方法

（见图 2-3），间隙电压与转轴表面到探头的距离成比例，将间隙电压换算为距离，即可确定轴颈的位置坐标。

轴心静态位置和轴系振动的下列状况有关：轴承承载的变化、轴承或轴承座标高的变化、轴系失稳、油膜失稳、转子相对汽缸的位置等。

（3）转轴表面几何形状。利用涡流传感器可以测量转轴外圆表面的几何形状，功能和机械百分表完全相同，但百分表直接指示跳动量，涡流传感器给出是间隙电压，还需转换成位移量；涡流传感器也可以用来测量大轴弯曲度。

（4）键相信号。涡流传感器另一个用途是测取键相信号。较之光电传感器，利用涡流传感器测取的键相缺口产生的脉冲信号更为可靠，可以长期稳定工作。

3. 复合式传感器

复合式传感器是将涡流传感器和速度传感器合为一体，如图 2-4 所示，转轴的相对振动位移由其中的涡流传感器测取，复合传感器自身的绝对振动由其中的速度传感器测量，通过电路将这两路测量结果进行简单的矢量加，即得到转轴的绝对振动位移量。

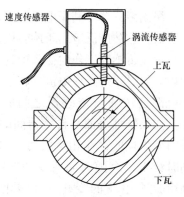

图 2-4　复合式传感器测取的转轴相对振动和轴承振动

复合式传感器可以给出四个测量：

（1）转轴的相对振动。

（2）转轴的绝对振动。

（3）轴承座上固定复合式传感器位置点的绝对振动。

（4）转轴相对于涡流探头的位置。

GE 本特利公司生产的复合式传感器的频响性能：其中的涡流探头是 1～600Hz（或 4～4000Hz），速度传感器是 4～4000Hz。满量程时的精度是 ±0.33%，最大为 ±1%。

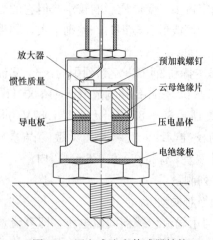

图 2-5　压电式速度传感器结构

4. 加速度传感器

加速度传感器是利用人造陶瓷材料的压电效应制成，它在航空领域应用很广，在电力行业应用少，汽轮发电机组某些部件的振动测试有时需要用到加速度传感器，如发电机定子端部线圈固有频率测量、叶片测频等。

压电式加速度传感器利用压电晶体作为振动感受元件进行加速度测量，如图 2-5 所示。振动过程中由于加速度作用，使压电晶体受到压力或拉力，产生与加速度成正比的电荷输出，经积分放大器将电荷转换为电压，原始输出为加速度，一次积分得速度，二次积分得位移。

压电加速度传感器频响范围为 0.2～20 000Hz，频响性能好，特别是高频段；它的体积小、质量很轻、动态范围宽，使用的环境温度上限可以到 121℃，加速度量程范围 50g，横向响应灵敏度小于轴向的 5%，使用中需要供给－24V 的直流电压。

加速度传感器适用的另一类场合是自身质量轻的物体的振动测量，如发电机定子端部线圈或汽轮机叶片。对这类物体，质量大的速度传感器吸附上后会使被测物自身原有的固有频率明显降低，只有加速度传感器可以满足测试要求。

加速度传感器有一个很大的缺点：抗干扰能力差，特别易于受电磁场的影响。现场安装、布线和屏蔽都要格外注意。

5. 键相传感器

键相信号是采用便携式测振仪进行现场测试的一个重要信号，尤其对于需要进行动平衡的设备，利用键相信号进行的相位测量是必不可少的，而且要求绝对可靠。

实际现场测试，键相信号可以用三种传感器获得。

(1) 光电传感器。光电传感器是一种能发射光信号并接收反射信号，然后给出脉冲电信号的传感器，如图 2-6 所示。光信号可以是可见光，也可以是不可见的红外光，使用时需要供直流电，同时要求在转轴上有反光带，黏贴 1～2cm 宽的锡箔纸条或专用反光纸条，其余地方喷涂黑漆。

(2) 涡流传感器。如果用涡流传感器作为键相传感器，要求在转轴上有凹槽或凸起（图 2-7）。凹槽可在轴上剔出宽 5～10mm，深 3～5mm，长 10～15mm 的小键槽。凸起可采用在转轴上黏贴金属薄片的方法，但这个方法不安全，薄片在高速旋转时容易飞脱。

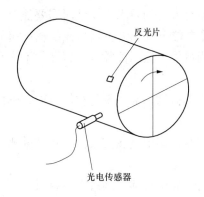

图 2-6 光电传感器测量转速和相位

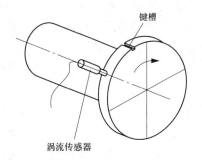

图 2-7 涡流传感器测量转速和相位

(3) 磁电传感器。磁电传感器和涡流传感器类似，使用时要求在转轴上黏贴金属薄片或加工键槽。它是无源传感器，较之其他两种使用方便些。因体积较大，所以较少采用。

键相传感器的临时安装应该慎之又慎，万无一失。经验表明，通常使用的三种键相传感器中，涡流传感器属上乘，使用光电或磁电传感器时，反光带或金属薄片的污染或飞脱，都会造成键相信号消失，如果发生在运转中的被测机组上，是无法补救的。

二、传感器选取及安装

1. 现场测试中传感器的选取

对一台设备的振动测试，采用何种测振传感器，需要根据被测设备的转速、有效振动信号的频率范围、测试对象的质量等来确定。

同样的振动能量级别，低频振动的位移大，加速度量值小；高频振动的位移小，加速度量值高，因而速度传感器和涡流传感器通常用来测试常规的数百到数千转的电力设备，加速度传感器更适合于高频振动的测量，如滚动轴承振动。

对于转速高的旋转机械，如工作转速在 10 000r/min 以上的压气机等，为准确地掌握这类机械的振动状况和振动危险程度，振动测试通常采用加速度，不再使用位移和速度，测试用的一次元件也选用加速度传感器。

电厂现在常用的振动传感器是以速度传感器和涡流传感器为主。小机组无论做动平衡还是其他振动处理的测试，一般都使用速度传感器。大机组的性能考核测试需要根据合同要求决定测瓦振还是轴振。存在振动缺陷的机组进行测试时，有时需要加装轴振测点，为了确定支撑系统和缸体等静止部件的振动，往往需要加装速度传感器。

目前，大型机组的动平衡振动测试通常利用 TSI 的轴振信号。现场动平衡经验表明，用轴振计算加重的动平衡，轴振的降低会使得瓦振同步降低，因此，一般情况没有必要再另行加装瓦振速度传感器。

测振传感器和键相传感器的安装在机组冲转前应该全部完成。

2. 传感器的现场安装

（1）速度传感器的安装。临时加装的速度传感器用磁座吸附在被测物体表面，永久安装的用双头螺栓连接于被测物体。电磁式速度传感器有方向的要求，安装时需要注意。

ISO 标准对测点有如下规定：测点应该尽量选择在位于或靠近主轴承或主轴承座的壳体上，并应沿着主轴线的横向和轴向。测点应在能测得最大振动读数的位置，但不应在任何可能包括局部共振的位置。

实际中，垂直方向的速度传感器安装在轴承座上瓦盖的顶部，不是在中分面；轴向速度传感器安装在轴承座的中分面高度，而非上瓦盖的顶部。

（2）涡流传感器的安装。在机组上安装涡流传感器，使用金属支架固定在转轴测点附近的非转动部件上，通常是在轴承上瓦块的侧面。

安装中对涡流传感器头部周围的导电介质有限制，如果头部周围有金属材料，会产生附加磁场，作用并影响到原磁场，影响测试精度。通常，对 8mm 传感器安装规定：两个探头之间的距离应该大于 4cm，距离传感器头部 0.5cm 之内的空间不能有金属物；传感器轴线应该垂直于被测物体表面。传感器头部与转轴表面之间的普通润滑油对测试精度没有影响。

临时安装的涡流传感器可以用百分表磁座，但磁座支架的刚度较低，传感器会有轻微的振动。

传感器安装的径向角度没有限制。习惯上，如果在一个轴向平面只安装一个探头，选垂直方向，如图 2-8（a）所示；安装两个，选垂直、水平方向，如图 2-8（b）所示；考虑到轴承水平剖分面，为方便计，也常安装成左上 45°和右上 45°，如图 2-8（c）所示。

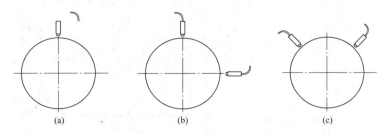

图 2-8　涡流传感器现场安装角度

　　涡流传感器安装的一项工作是调整间隙电压，即调整传感器前端面与转轴表面的距离。调整时需将传感器接到前置器，给前置器供电，然后松开探头紧固螺母，调整间隙，使得前置器输出的直流电压与厂家要求的线性中点的间隙电压一致，然后紧固螺母。另有一个简便的方法，用塞规直接测量探头与轴表面的间隙，这样比用间隙电压调整来得简单。8mm 传感器间隙通常调到 1.5mm 左右，间隙电压 13～16V。考虑到转子转动后要上浮 0.10～0.20mm，对于安装在垂直上方的探头，原始间隙应该取大一些；安装在下方的应该取小一些。

　　涡流传感器的安装支架是一个需要注意的问题。

　　L 形支架要有足够的刚度，悬臂不必过长，支架固定要牢靠，引线都应该用线卡压紧，如图 2-9 所示。

　　除用 L 形支架，涡流传感器还可以用长套筒安装，套筒的前端是固定传感器的内螺纹，套筒后端固定在瓦盖上，引线从套筒中心孔引出。

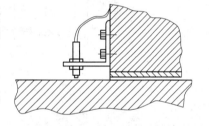

图 2-9　涡流传感器安装支架

　　这样的支架结构可以在不揭瓦盖的情况下取出传感器或调整传感器与转轴的间隙，但必须注意，套筒自身刚度和安装刚度都应保证传感器前端不发生横向振动，以减小对测量精度的影响。套筒的纵向振动固有频率也应避开机组的工作转速，必要时应事先进行测试。国内电厂曾发生过数次由于套筒纵向自振频率的影响，使得升降速过程测得的波特图中出现了来历不明的高的共振峰，长时间无法给出合理的解释，最后对套筒进行单独的激振试验，才得知是套筒轴向共振造成的。

　　套筒这种共振的一个特别之处是其共振峰很陡，共振区所跨转速范围很窄，远远小于轴系常见的临界转速共振区，据此可判断共振峰是来自传感器套筒的共振，还是机组轴系的固有振动特性。

　　某电厂 1 号机组 2004 年 8 月大修后启机，数次升降速过程发现 3 号瓦测点 $3X_r$（X方向相对轴振）在 2940r/min 振动突然增大到 280～350 μm。图 2-10 给出了该机组测点 $3X_r$ 升速波特图。

　　发现这种情况后，技术人员怀疑是传感器安装套管共振所致。为确定原因，同时测试了 $3Y_a$（Y方向绝对轴振）（见图 2-11）、$3Y_r$（Y方向相对轴振）、3 号瓦 X 方向瓦振和垂直方向瓦振，均没有发现类似的共振峰。

　　由此判断，振动原因是安装 $3X_r$ 涡流传感器的支架杆共振，这种共振主要是杆的纵

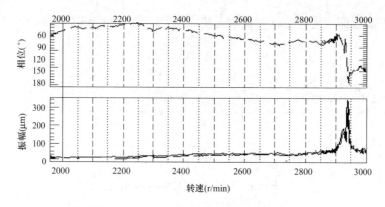

图 2-10 $3X_r$ 升速波特图

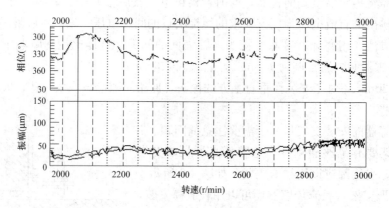

图 2-11 $3Y_a$ 升速波特图

向共振频率与 2940r/min 一致。

最终的确认可以通过对支架杆进行敲击试验证实。

涡流传感器安装时另一个需要注意的问题是探头所指向的转轴表面应该光滑,不能有肉眼可见的明显表面缺陷,否则传感器会接收到额外的周期信号。

第二节　振动数据采集与分析仪器

一、振动测试仪器、TSI 系统的国内外现状

近数十年来,旋转机械振动测试仪器、仪表和系统发展迅速,它们向着计算机化、网络化和多功能发展,仪器的可靠性和测试精度大幅度提高。从实用角度看,这些仪器和系统测试准确、迅速,记录数据详细,较之二十世纪六七十年代的闪光测试法和手工记数有着根本性变化。仪器、仪表的这种变革,为振动分析和故障诊断提供了极大便利。

电厂发电设备振动测试仪器和系统分两大类,一类是便携式振动测试分析仪,这类仪器包括测试分析仪和简易测试仪两种,前者功能齐全,具有数据采集、数据存储和分析功能,且采集存储数据量大;后者只具有数据采集和少量数据存储功能。

另一类是用于对设备振动状况进行长期连续监测的仪表和系统，专用于汽轮发电机组的称为汽轮机安全监测（turbine supervisory instrument，TSI）系统，它们除了监测振动，还监测轴向位移、膨胀、大轴晃度等相关量，对运行机组具有保护控制功能。

国内机组配备的 TSI 系统，有的是主机引进时同时配置的国外监测系统，还有单独从国外购置的监测系统，也有国内单位自行研制的仪表或系统。大型火电机组现在多配置 GE 本特利，或 EPRO 的产品。

这些仪表和系统功能由早期单一的振动监测向多参数监测发展，除了监测汽轮机、发电机的振动量，对其他相关的重要过程参数也同时监测、记录。系统的配置可以根据监测对象灵活组态。硬件部分，每种模块的功能增多，板件种类减少，然后根据监测对象和目的确定系统构成，自行组态，监测参数的设置灵活，系统可靠性极大地提高。另外，近年推出的系统向网络化发展，网络通信功能先进，可以很方便地连接到外部现有的公共信息网或电厂局域网，利用这些网络将监测信息做远程传输，供远方人员使用。有些还具有诊断功能，在进行状态监测的同时，利用采集的振动数据和过程参数数据进行在线实时自动诊断，协助运行人员判断机组状况。

国内振动监测系统的发展水平落后于西方国家，一是硬件的可靠性比较低，二是监测和诊断的功能还不能满足生产实际的要求。

便携式测振仪品种也很多，其中 GE 公司生产的测振仪 408i-ADRE Sxp 是适用于现场测试分析的一种先进仪器。国内在便携式测振仪方面开发的品种很多，但情况和监测系统类似，尚没有任何一种可以形成主导产品。

本节主要介绍与现场振动分析及故障诊断相关的便携式测试分析仪器。

二、便携式振动数据采集与分析仪器

当前电厂现场使用的便携式测振仪器有两种，一种是功能先进的振动测试分析专业仪器，具有数据采集、数据存储和数据分析功能，可以测量多通道振动信号的振幅和相位，采集波形，实时显示频谱，数据存储；另一种是只能测量振幅，并有少量数据存储功能的简易测振仪。

1. 振动测试分析专业仪器

这类仪表测试、分析功能齐全，是计算机化的数据采集—显示—分析—存储一体的小型系统。它们能够进行多通道振动量的测试、记录（包括相位）；进行常规的数据分析、特征图表绘制。它们的数据存储、相位测试和数据分析功能是 TSI 系统所没有的。对发电设备进行振动分析和动平衡，必须使用这类仪器；电厂状态检修，也必须使用这样的专业测试仪器，只在点检仪振动数据采集基础上进行的状态检修，缺少了大量重要振动信息，不是真正意义的状态检修。

下面介绍几种现场典型实用的仪器。

（1）GE408i-ADRE Sxp 数据采集分析仪。ADRE Sxp 软件和 408DSPi 数据采集器是 GE 新一代的高端数据采集分析系统，它可提供多达 128 个通道信号的高速同步采集与处理，能够满足更复杂的机组或现场振动测试的需要。

新系统由 ADRE Sxp 软件和相应的硬件——408 动态信号处理接口（DSPi）组成，

配置为八通道的动态采样卡和三通道的输入触发/转速键相卡，每一台408DSPi非同步采样最多为32个通道，同步采样24个通道。408DSPi一项最重要的功能是能够以"独立"模式采集记录数据，不再需要外接计算机，它可以便携式移动采集，也可安装在机柜中固定配置在在线系统上。用户可以在本地或通过LAN/WAN网络，在一台或多台客户端计算机运行ADRE Sxp软件，查看和控制408DSPi。ADRE Sxp的数据库可被导入到GE的System1优化和故障诊断软件中，用户利用System1可访问和使用ADRE数据。408DSPi内部硬盘的最大数据存储量150GB，还可根据需要配置外部硬盘，数据记录功能如同一台数字式磁带记录仪。

该仪器主要技术指标：

转速范围：1～120 000r/min。

通道数：32/128。

频谱分辨率：最大6400线。

跟踪滤波：1.2/12/120 CPM。

（2）GE208-DAIU测振仪。在众多的同档仪器中，GE本特利公司的208-DAIU和配套软件ADRE for Windows属于理想的一种。208-DAIU每台有8个通道，两台连用可扩至16个通道，同步采样率每转128点或64点，一个数据文件一次最大存储量为10M，数据存储在配套的计算机硬盘中，触发功能较全，分析功能丰富，图形设计合理。

该仪器主要技术指标：

转速范围：100～60 000r/min。

通道数：8/16。

数据存储量：256个动态数据组（包括波形、频谱图等）；2560个稳态数据（包括转速、工频、半频、倍频的振幅、相位）。

同步采样率：128/r；非同步采样率：所选频率范围的2.56倍。

采集的静态数据连同分析结果包括通频振幅，1X（同步50Hz分量）、1/2X、2X振幅和相位，间隙电压，转速，过程变量；动态数据和分析结果包括波形图、波特图、极坐标图、轴心动态轨迹图、轴心静态位置图、时间趋势图、频谱图、三维频谱图（瀑布图）、级联图、转速-时间、功率-时间图。

上述功能基本可以满足对机组振动测试、数据记录、数据分析、故障诊断和动平衡的各项要求。

（3）GE Snapshot数据采集分析仪。GE Snapshot是专为状态检修设计的便携式振动数据采集和分析仪，设置有两个振动信号和一个键相信号（转速信号）输入通道，采用触摸屏，板载32MB内存，支持大型数据采集列表，仪表软件为GE的System 1。

仪表自备的液晶屏可以显示棒图、通频和滤波后的时域波形图、轴心轨迹图、时间趋势图、半频谱图和全频谱图。频谱分析的频率分辨率从100线到最高的6400线。分析频率上限从25～40kHz。

仪器支持的输入传感器有涡流传感器、电磁式速度传感器（seismoprobe）、压电速度传感器（velomitor）、加速度传感器，键相信号输入可采用光电或涡流传感器。还可以输入红外温度传感器。

振动输出量为通频振幅（位移或速度）、1X、2X振幅和相位，还可有用户自定义的频谱分析成分、间隙电压、转速（10～100 000r/min）、温度量。

仪表体积250mm×163mm×60mm，质量2kg。仪表采用锂电池，使用时间大于10h。利用该仪器可以进行现场动平衡，它的软件包中配备有动平衡计算软件。

（4）CSI2120A机械设备分析仪。2120A是一种用于动平衡、激光对中、数据分析和设备状态监测的便携式振动数据采集分析仪。

仪表液晶屏可以显示谱图、波形图、波特图、奈奎斯特图等。频谱分析的频率分辨率最高6400线。分析频率上限80kHz。

量程自动设置，滤波波段可选。内存量2.5MB。仪表采用锂电池，使用时间大于11h。仪表尺寸273mm×174mm×38mm，质量2.18kg。

（5）罗克维尔恩泰克1200数据采集分析仪。罗克维尔恩泰克Enpac便携式振动数据采集器系列有4个产品：900A、900B、1200A和1200B。它们是基于Windows CE操作系统开发的双通道数据采集和信号分析仪。其中的1200A具有双通道同步采样，可显示轴心轨迹和时域波形，显示屏为1/8VGA（240×160像素点）；1200B采用1/4VGA（240×320像素点）的触摸屏，数据能够传输到恩泰克公司的Emonitor Odyssey或En-share数据管理软件包，数据采集可用内存4MB，另可以扩展4MB。输入通道为两个振动信号模拟量和一个键相（转速）信号。仪表采用锂电池。

频谱分析的频率分辨率从100线到最高的12 800线。转速测量范围为10～2 400 000r/min。振动输出量为峰峰振幅（位移或速度）、速度均方根（rms）。

仪表尺寸250mm×163mm×60mm，仪表质量为0.7kg。

该仪器软件中配备有动平衡计算模块，可以进行现场动平衡。

2. 简易测振仪表

这类仪表的功能是测试振幅，有些能够进行少量的数据存储。

（1）理音VM-63A便携式数字测振仪。VM-63A是日本理音（RION）公司生产的测振仪，用于机械设备非转动部件的振动位移、速度（烈度）和加速度三参数的测量，仪器返修率较低，是一种可靠性高、理想的点检仪。

VM-63A的探头采用压电剪切式加速度探头，其参数见表2-1。

表2-1   **VM-63A 便携式数字测振仪参数表**

项目	参 数		项目	参 数	
测量范围	加速度 （峰值）	$0.1～199.9\text{m/s}^2$	频率范围	加速度	10～1000Hz（低频范围） 1000～15 000Hz（高频范围）
	速度 （有效值）	0.1～199.9mm/s		速度	10～1000Hz
	位移 （峰峰值）	0.001～1.999mm		位移	10～1000Hz

（2）上海鸣志振动温度巡检仪。这是一种用于点检的振动测量、红外测温的仪器，具有数据采集与处理、数据存储、网络传输功能。

外观尺寸 140mm×48mm×26mm，整机质量 130g（含电池），液晶显示带触摸屏，120×160 点阵，满屏可显示 70 个汉字，液晶屏与键盘均带有背光功能，便于夜间或光线暗淡处使用。三层结构设计，降低了对客户端系统配置的要求，也便于软件的维护，支持多种操作系统平台，如 Windows、Unix 等，支持多种数据库，如 ORACLE、SQL SERVER、DB2 等。

通信速率为 19.2k～57.6kB，数据容量 20 万条记录。提供电缆、红外和 MODEM 三种通信方式，可适用于不同场合的需要。支持专用红外测温、振动测量探头接入，以便对设备进行相关测量。

工作环境温度−20～70℃，相对湿度 10%～90%（无结露）。采用 950mAh 锂离子电池，可连续工作 70h 以上。

第三节　振动测试仪器选择和测试方案制订

一、振动测试仪器的选择

专业振动测试分析仪功能先进、齐全，价格高，携带、安装略显复杂；简易测振仪功能单一，价格低，携带、使用方便。

从功能和技术指标看，这两类仪器有不同的针对性：专业测试分析仪适用于多测点监测，大量数据的采集记录，详细深入的数据分析、状态评估和故障诊断；简易测振仪用于单测点监测、设备振动的就地快速测量和移动式数据采集，实现对设备状态的初步掌握和评估。

专业振动工作必须具备专业振动测试分析仪；普通的状态监测任务或点检，配置简易测振仪便可以。一个大型电厂在经费条件容许的条件下，可购置 1～2 套专业振动测试分析仪，供厂级状态检修部门使用，同时，需购置多台简易测振仪，供各级状态监测人员使用。

一般情况，新机启动、大修后的首次冲转要使用专业振动测试分析仪，出现故障苗头的重要设备，也应该采用振动测试分析仪进行重点监测和数据采集。

从状态检修角度出发，上述任意一种仪器单独使用都无法满足要求。同时具有上述两类仪器并交叉互补使用，连同长期连续监测的 TSI 系统，则可以满足工作需要，完整地进行振动数据采集和分析工作，并能够减轻振动技术人员的劳动强度。

二、现场振动测试方案的考虑与制订

振动测试是实际旋转设备振动分析处理的第一步，也是评估设备振动状况的一项重要工作内容。对于一台存在振动故障的转动机械，不同的人、不同测试方案的测试结果可能有差异，从而得到的分析和故障诊断结论也是有别，这也是为什么有时涉及重要的振动分析，尽管可能手头已经拿到别人的测试结果，但是还是需要有经验的振动人员亲自进行测试的原因。振动测试涉及多个方面，本节将介绍现场测试方案制定的思路。

振动测试是发电设备状态监测的最主要内容，它的一个用途是供运行人员掌握设备状态，另一个用途是供振动专业人员对故障设备做分析诊断，还有一个用途是为状态检修提供和积累数据。本节的编写主要针对从事振动分析处理的专业人员，也同时考虑到进行状态监测、状态检修专业人员的需要。

1. 测试方案的确定

对一台机组进行振动测试前，首先需要确定以下几个方面：

（1）测试目的和内容，是一般性的监测，还是有针对性地为了确定机组的某种特定故障，或是为了进行动平衡。不同的目的对应着不同的测试内容。

（2）需要的和手头能够调用的测试仪器。

（3）测点位置、所用传感器的类型和安装方法。

（4）数据记录要求，包括数据采集的时间、转速间隔、频谱分析上限、轴心轨迹有关参数的设定等。有些仪器采集数据后回放时，当初记录时的设定无法再改变，必须服从于原有设定，这就要求初始设定记录参数时必须考虑周全。

（5）测试中被测机组运行工况，以及为达到分析诊断目的对机组运行方式的特殊要求，这是对配合方运行部门提出的要求。一次测试，应该事前策划周密，尽量测取到全部需要的数据，避免二次补充试验。

（6）需要运行人员配合的工作。

2. 测试对象和目的

现场振动测试的常见对象和相应目的有以下几种：

（1）调试机组：振动调试，冲转到 3000r/min，168h 试运。

（2）新投运机组：考核试验。

（3）运行机组：常规运行监测。

（4）大修机组：考核大修质量、开机振动测试、动平衡及振动处理。

（5）故障机组：有针对性的振动原因分析、故障判断和确定处理方案。

3. 测试内容

现场不同测试对象有不同的测试内容和侧重面，但一般它们有共性的测试内容：

（1）低转速振动或转轴晃度。

（2）各阶临界转速值和临界转速振动。

（3）3000r/min 或工作转速振动。

（4）超速试验振动。

（5）带负荷过程振动。

（6）额定负荷振动。

各不同测试对象的测试内容有以下注意事项：

（1）调试机组。

1）第一次冲转需要监测所有测点。

2）尽量采用机组配置的 TSI 系统输出信号。

3）发现异常振动，首先应该检查 TSI 测试系统是否有缺陷。

4）尽量从制造、安装方了解可能影响机组振动的潜在缺陷，以应对冲转后可能出现的振动问题。

（2）新投运机组考核试验。按考核大纲要求进行测试，对于无法满足考核大纲要求的测试方法和测试内容，与甲方协商更换为替补测点和测试项目。

（3）运行机组：常规运行监测。

1）运行人员巡检和 DCS 只测取振幅，数据所含信息量有限。

2）专业人员监测需测取完整的振幅、相位、频谱等。

（4）大修机组：考核大修质量、振动测试。

1）注意和大修前振动记录比较。

2）测试内容应注意根据本次大修相关内容安排，如更换了发电机线棒、护环，应重点监测发电机振动；汽轮机更换了叶片，则应重点监测相应转子和轴承振动。

3）事先需要有进行动平衡和振动处理的技术准备。

（5）故障机组：原因分析、故障诊断和确定处理方案。

1）根据故障状况仔细安排测点、测试内容、测试工况。

2）如果估计需要进行动平衡，应该在前期测取加重所需要的全部相关数据。

对故障机组的振动测试针对性更强，通常还专门要求某些项目，安排专项试验用来帮助确定振动性质和原因，这些试验大都需要运行人员给予配合，以使得机组处在一个特定的状态。

第四节　振动量和测点选取

一、振动量

振动常规测试量有轴承振动（瓦振）和转轴振动两大类。

1. 轴承振动（瓦振）

转动机械非转动部件的振动测试量有：①轴承振动（瓦振）；②轴承座振动；③壳体振动；④缸体振动。

对这些部位振动测试可以沿三个方向进行，如图 2-12 所示：①转子轴向测试截面的垂直方向；②转子轴向测试截面的水平方向；③与转子转轴方向一致的轴向。其中主要是垂直方向振动，这是通常情况下必须要测试的量，水平方向振动其次，轴向振动作为参考值。

转动机械非转动部件的振动测试是利用速度或加速度传感器，测取与机器接触部位相对于与地球静止地面固定相连的绝对坐标系的振动，因而

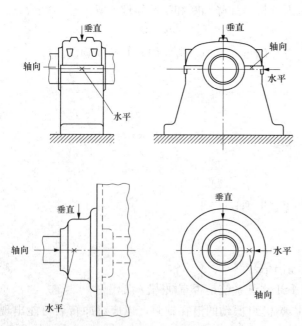

图 2-12　轴承座的三个方向振动测点

被称为绝对振动。用涡流传感器无法测取绝对振动，因为无法将涡流传感器固定到一个理想的绝对静止点上。

新机组第一次冲转应该保证每个主要轴承至少在垂直方向上安置一个速度传感器。对于特定目的的测试，可以在相关的几个轴承上的两个或三个方向进行测量，如果某个轴承的水平方向或轴向振动特别大，则应该以这些方向的测量为主。

动平衡时参与加重计算的轴承振动值多取自垂直方向，有时也用水平方向，但从来不利用轴向振动值进行动平衡加重计算。

从基本原理讲，轴承的振动是由于转轴径向振动造成的，轴振和瓦振相比，轴振是主，瓦振是从；瓦振与轴振在量值和方向上都有直接关联，它们的相位接近。如果轴振产生于质量不平衡，不平衡质量的相位和轴振的相位之间有固定的关系，它同时和瓦振的相位也有类似的关系。也正是由于存在这种关系，才使得利用瓦振对转轴进行动平衡成为可能，基于同样的原因，速度传感器的轴向位置应该取在轴承处，偏离这个位置的振动是有差异的。

轴承座轴向振动高通常有三个可能原因：① 转轴径向轴振大；② 轴承中心线与转轴中心线不一致，即轴瓦发生偏斜；③ 轴承座轴向刚度过低。不论哪种原因，轴承轴向振动和转轴上存在的不平衡质量在方向上的关联度不大，因此不能用轴向振动来进行平衡计算。

2. 轴振

过去，汽轮发电机组传统的测试是轴承振动。自二十世纪八十年代开始，随着机组容量的增加和测试技术的发展，轴振的测试已经成为一项重要内容，尤其是 30 万 kW 以上的大型火电机组，轴承振动测试有时可以省略，但是轴振测试必须进行，运行人员日常监测的也多是各瓦的轴振量。

旋转机械的轴振有相对轴振和绝对轴振两种。注意，瓦振没有相对瓦振，只有绝对瓦振。

相对、绝对轴振类似于运动学中的相对运动和绝对运动概念。在一个行驶着的火车车厢里，走动的人相对火车车厢的运动是相对运动，人相对地面是绝对运动，火车车厢相对地面是牵连运动。

旋转机械与此类似，转轴相对轴承的振动是相对轴振，相对静止地面的振动是绝对轴振。如果测取轴振的涡流传感器固定在轴承上，测取的是转轴相对于轴承座的相对振动。用涡流传感器无法直接测取转轴的绝对振动，一个替代的方法就是采用复合式传感器（详见本章第一节），这类传感器内有一个测取相对轴振的涡流传感器和一个测取复合式传感器本身绝对振动的速度传感器，将这两个测量矢量相加，即得到转轴的绝对振动。这里，复合式传感器本身的绝对振动与轴承振动近似相等，即得到：绝对轴振＝相对轴振＋轴承振动。目前，现场机组轴振多数是测取相对轴振（绝大多数情况，实际机组转轴的绝对轴振大于相对轴振）。

绝对轴振还有一种方法测量，采用杆件或物块以滑动方式接触转动中的转轴，然后用测瓦振的传感器测量杆件端头或物块的振动，也可以得到转轴的绝对振动。这种方法的测量结果一般是近似的，因为杆有弹性，同时，转轴表面的光滑程度不一定理想，都会造成测试值的误差，但特殊情况下，用这种方法测得的结果对振动分析诊断有决定性价值。

鉴于安装的原因，轴振涡流传感器测点的轴向位置多在轴承处，径向位置可以是垂直、水平方向，也可以与垂直方向呈 45°。如果探头数量有限，可在一处轴承安装一个涡流传感器，重要位置安装两个互成 90°的传感器，如图 2-8 所示。

轴振测试有时还进行以下两项特殊内容：① 盘车状态；② 低转速（400～500r/min）时的轴振。这两项测试数据可以用来分析判断转轴原始晃度、不圆度、偏心、不对中等。

二、测点选取与布置

1. 便携测振仪的测点选取

当前大型机组都配备有完整的 TSI 系统，便携式测振仪的现场振动测试首先应该利用这个系统，从中抽取轴振、瓦振、键相信号。这些信号同时被送到 DCS，外接测振仪的信号采用并联接法，测振仪的输入回路是高阻抗，因而，抽取外接信号对 TSI 系统原信号不应该有任何影响，如果有影响，说明接法或测试系统有问题，这种情况在现场发生过。

从 TSI 系统外接振动信号时有三种接法：① 从 TSI 系统面板上的缓存输出 Q9 插座直接引出；② 从 TSI 系统机柜后端子排引出；③ 从就地的位移前置放大器引出轴振信号。

投入振动保护的运行机组，接线时必须解除保护。

在现场，轴振传感器的临时加装不易实施，轴振测点完全受制于 TSI 系统已有的测点，但瓦振传感器加装灵活，可以根据被测对象或测试目的，在机组各个需要的部位加装任意数量的瓦振传感器。

首次冲转的新机组，在测振仪通道容许的条件下，应该设置尽可能多的测点。大修后开机的机组必须首先保证在过去振动大的轴承处安置有传感器，对于本次大修转子动过的相关轴承处也应有传感器。如果发电机转子拔过护环，汽轮机转子换过叶片，接长轴重新进行过调整，则应该在发电机轴承或汽轮机相邻轴承上安放传感器。需要进行动平衡的机组，除了要在需要降低振动的轴瓦处设置测点，还应在相邻轴承处加装测点。

存在特殊振动故障的机组，为判断故障原因，要进行专项的测试和试验。这时对测点要仔细斟酌，根据测试目的和试验要求，重点部位加装测点，充分利用测振仪已有的通道。现场测试经验表明，测点数量多比少好，记录数据多比少好，因为事先很难估计整个处理的难易程度和问题所在，较多的相关数据对问题的分析随时都可能会有帮助。

2. 连续在线振动监测系统的测点

机组 TSI 系统的振动测点多是由制造厂家确定，制造厂家又是根据 TSI 厂家推荐的方案设计，TSI 厂家方案一般采用类似机组通用方案。当前国内大型机组配置的大部分 TSI 测点比较齐全，但有些存在下列问题：

（1）主瓦的轴振。一个截面最好配置两个测点，尽量不要只有一个测点。原因是两个测点可以画出轨迹，故障诊断有时要用到；另外，当一个测点出现振动异常时，可用另一个测点的值进行对比，确定是测试系统问题还是设备确实振动异常。

（2）瓦振最好每个主瓦配置一个垂直方向的测点。

（3）如果复合传感器质量不过关，建议仅配置相对轴振测点，不宜采用复合轴振，以免运行中保护动作，机组发生误跳。

（4）键相传感器设计安装角度方向取垂直为宜，以免现场检修时左右颠倒方向。

三、现场测试注意要点

现场振动测试的目的是分析判断机组状况、进行故障诊断和动平衡。对现场测试，有以下几条注意要点：

（1）第一次开机前必须详细考虑测试方案。尤其对新机或大修后的开机，无法估计第一次开机过程会出现什么振动问题。如果出现问题，专业振动测试人员必须立即拿出数据和分析意见，因此，要事先周密考虑整个测试方案，测点不能有缺损、异常振动现象不能漏测、重要数据不能丢失。

（2）充分利用每次开机机会测取数据。机组的振动情况常常会不断变化，机组状况的判断、故障的诊断正是通过对历次变化的详细分析才能进行，因此，对重要机组和情况不明的新机、大修机组最好将每次开机的数据都进行记录，以备后用。

（3）充分利用所用仪表的所有通道，周到选择测点和记录量。

（4）测试中首先抓住主要数据又不遗漏相关数据；测试中及时调整测试方案和测试内容。

（5）传感器是否需要加装，可以根据机组原有测试系统而定。如果原系统的传感器齐全或能够满足需要，则无须另外加装，直接从原系统上抽取一次元件送来的信号并接到便携式测试仪中。利用原有系统测试时，有时需要加装键相传感器以得到键相信号。

（6）同一个轴向位置安装的两个涡流传感器，如果方向发生混淆，对机组常规振动监测影响不大，但如果用来进行动平衡，则要引起错误。当需要从原配置的传感器，特别是涡流传感器抽取信号进行动平衡时，必须核实传感器安装方向。

（7）如果机组原配置的监测系统的传感器不全，可以加装缺少的传感器，并和原有的混合使用。这里，不同系统的一次信号同时送入一台测振仪，需要注意共地问题。

四、各种工况下的振动测试方法

1. 常规工况的振动测试

测试前应该确定的测试工况：升速、降速、3000r/min、超速、低负荷、变负荷过程以及满负荷等；需要确定的对运行的特殊要求：升速率、暖机转速、暖机时间、真空、排气缸温度、氢压、油温、负荷点等以及测试步骤、试验次序的安排。

现场常规测试项目有以下内容。

（1）升降速振动测试。升降速振动测试是机组在升降速过程进行的测试，它可以确定轴系各阶临界转速。在某一特定转速区段振动随转速的变化还可以确定支撑系统和结构振动特性。对于可能存在动静碰磨的机组，升速试验往往也是必需的，在逐渐升速过程中观察振幅变化情况，特别是在临界转速之前。

许多图形能够清楚显示振动随转速的变化，如波特图、极坐标图、级联图、轴心静态位置图等，这些图形对分析机组振动状况和故障诊断是非常有用的工具。

（2）3000r/min 或工作转速定速的测量。机组冲转升速到 3000r/min 或工作转速时的振动是机组振动的基本而重要的数据，部分机组振动随温度或随时间的变化显著，冷态启机刚到 3000r/min 与数十分钟或数小时后的振动明显不同，因此，需要注意 3000r/min 测量值与定速时间及机组热状态的关系。

同时，3000r/min 或工作转速的振动还是动平衡的基础数据。

机组升速到 3000r/min 定速状态一般测量记录较全的数据，包括各轴承垂直、水平、轴向三个方向的振动，以及现有的全部轴振测点数据。

（3）满负荷和升负荷过程的振动测量。机组绝大多数时间是要在满负荷状态下运行的，相对来说，满负荷振动比机组处于其他状态的振动更为重要，保证满负荷状态下机组振动的正常是首要任务。现场振动处理中，如果几个关键工况点：过临界转速、3000r/min、低负荷、满负荷的振动互有矛盾而又无法全部顾及，则首先要保证的还是满负荷振动，这是现场处理的一条基本原则。

多数机组满负荷振动是稳定的，可能会有些不明显的变化，通常用最高值或平均值来衡量。如果随满负荷时间的延续，振动持续不断增加以至超标，则要查找原因并进行处理。3000r/min 及其并网后的升负荷、满负荷的振动随时间和负荷的变化情况，用趋势图可以清楚地显示出来。

2. 特定工况的振动测试和专项振动试验

汽轮发电机组进行振动故障分析和诊断时，有时需要安排一些特殊的试验项目，观察机组在某些特定运行参数和工况变化时振动是如何变化的，找出其中的联系，以便确定振动原因。特殊试验项目如下：

（1）超速试验。现场例行的考核危急保安器的超速试验最高转速是额定转速的 110%～112%，对主机而言，转速是 3300～3360r/min，有些机组的试验已经降到108%～110%，对应转速是 3240～3300r/min。利用超速试验，可以对机组进行和转速相关的振动测试和有关的诊断性试验，最常用的是判断机组在工作转速是否存在共振峰，进而判断这个共振峰是结构共振原因，还是转动部件松动或存在临界转速等原因。

（2）变真空试验。真空度的提高使得缸体在外界大气压的作用下要下沉，进而影响到与缸体固连的轴承座的标高，真空还影响缸体的变形、通流部分径向间隙等。改变真空的同时，测试缸体在垂直方向上的绝对位移和轴颈在轴承中的静态位置，可以协助进行多种故障的分析与判断，如动静碰磨、轴系失稳等。

（3）变油温试验。变油温试验主要可以用来判断轴系失稳是否是轴承油膜失稳造成的。油膜失稳与油温有密切关系，油温提高后油黏度降低，轴颈的偏心率增大，如果因此使得转子原本存在的失稳消失，可以断定这种失稳是油膜失稳。

现场运行中，运行人员还常常利用改变油温的方法来控制振动的大小。从理论上讲，轴颈位置改变所造成的油膜刚度和阻尼的变化也会影响到轴颈的一倍频振动，但规律性不强。因此，一般不能从变油温试验中得到更多的确定性结论。

（4）变调门开启次序试验。高压转子失稳的一个主要原因是汽流激振力，还可能是由于进汽使转子上浮，造成轴承稳定性降低所致。在判别具体是何种原因时，进行改变调门开启次序的试验是一种有效的方法。目前改变大型机组调门的开启次序已无需再变动调节系统结构，只需改变 DEH 的设置即可。

（5）为判断发电机-励磁机振动，常常需要进行如下一些试验：① 变励磁电流试验；② 变氢压、氢温试验；③ 变密封油温、油压试验；④ 变有功无功试验。

第五节　辅机的振动测试

一、风机振动测试

风机振动测试通常使用简易测振表，大机组风机配备了连续监测系统，振动量值实时显示在 DCS 上。对出现振动异常的风机，需要测试下列内容：

（1）振动幅值与相位、频谱。

（2）升降速振动。

（3）振动随导叶、动叶开度的变化。

（4）进出口风压、风温、电动机电流等参数与振动的关系。

二、给水泵振动测试

大机组的汽动给水泵大都配备了振动在线监测系统，一般给水泵汽轮机两瓦各有两个轴振测点，给水泵的前后瓦各有一个或两个轴振测点，通常没有瓦振测点。给水泵如果出现振动异常，在这些测点上会有所显示，外接便携式测振仪同样可以利用这些原配的振动监测系统。对于没有配备振动在线监测系统的给水泵汽轮机，振动测试时需要外加速度传感器。出现振动异常的给水泵，需要测试下列内容：① 升降速振动；② 振动随转速的变化；③ 振动随负荷的变化；④ 并泵前后振动的变化。

第三章

数据分析与故障诊断概况

第一节　振动数据分析处理方法

振动原始信号从测振传感器拾取后，送入测振仪器仪表的相应电路，由硬件或软件进行处理，同时进行存储，并做进一步的特征提取和分析，以便使用者利用这些数据分析机组状况，进行故障诊断。

振动信号数字处理分析技术发展迅速，由模拟分析到利用计算机软硬件实现的信号数字处理，分析速度、精度显著提高。在各种分析方法中，快速傅里叶变换（FFT）的频谱分析是当前应用最广、最有效的方法；同时，又不断有新的分析方法出现。

本章从现场实际应用角度，简要说明旋转机械振动信号分析处理方法，结合发电设备振动分析和故障诊断特点，逐一介绍由这些方法生成的常用特征图谱。

一、信号的幅值域分析

振动信号基本特征的分析是根据振动波形计算信号的幅值域参数，包含振幅最大值、最小值、均值和均方根值。

对于长度为 T 的连续信号 $x(t)$，有均值

$$\overline{x} = \frac{1}{T}\int_0^T |x(t)|\,dt$$

均方根值
$$x_{rms} = \sqrt{\frac{1}{T}\int_0^T x^2(t)\,dt}$$

对于信号 $x(t)$ 采样后得到的一组离散数据 x_1，x_2，$\cdots$，x_n。

最大值　　$x_{max} = \max\{|x_i|\}$　　$(i=1, 2, \cdots, N)$

最小值　　$x_{min} = \min\{|x_i|\}$　　$(i=1, 2, \cdots, N)$

均值　　$\overline{x} = \frac{1}{N}\sum x_i$

均方根值　　$x_{rms} = \sqrt{\frac{1}{N}\sum x_i^2}$

速度 v 的均方根有　　$V_{rms} = \sqrt{\frac{1}{T}\int_0^T v^2(t)\,dt}$

简谐振动速度均方根 V_{rms} 和速度半峰值 V_p 有关系式：

$$V_{rms} = \frac{V_p}{\sqrt{2}}$$

另外，V_{rms} 和振幅峰峰值 A_{P-P} 的转换有第一章的关系式（1-5），当转轴转速为 3000r/min 时，$f = 50Hz$，得到关系式（1-6），这些转换在振动测试中经常用到。

二、信号的频域分析——复合振动的分解和傅立叶变换

第一章介绍过简谐振动的概念。

将频率不相同的两个以上的简谐振动合成便形成一个复合振动，这种复合振动是非简谐的，但仍然是周期振动。反过来，任何周期振动又都可以分解成若干个简谐振动，分解使用的数学工具是傅里叶变换，这是振动数据分析的十分有效的方法。

假设一个周期函数 $x(t)$ 的周期为 T，用三角函数将这个函数表示成傅里叶级数的形式为

$$x(t) = \frac{a_0}{2} + \sum_{m=1}^{+\infty} (a_m \cos m\omega t + b_m \sin m\omega t) \qquad (m=1，2，3，\cdots) \qquad (3-1)$$

由式（3-1）可知，它是由直流分量 $a_0/2$ 和一系列谐波分量组成，这些谐波分量的频率都是基频 ω 的整数倍。

利用三角函数系的性质，可以得到下列用来确定级数中各系数的公式：

$$a_m = \frac{2}{T} \int_{-\frac{T}{2}}^{\frac{T}{2}} x(t) \cos m\omega t \, dt \qquad (m=1，2，3，\cdots) \qquad (3-2)$$

$$b_m = \frac{2}{T} \int_{-\frac{T}{2}}^{\frac{T}{2}} x(t) \sin m\omega t \, dt \qquad (m=1，2，3，\cdots) \qquad (3-3)$$

对于实际波形的傅里叶变换，通常先进行离散化处理，将连续的实际波形按一定时间间隔 Δt 采样取值，然后采用与式（3-2）、式（3-3）类似的公式求出离散傅里叶变换的各个系数。离散变换所得结果与原始波形傅里叶变换的误差取决于离散的时间间隔 Δt，Δt 越小，精度越高，当然，变换所需的计算时间也就越长。

振动频率成分还可以用带通滤波器或数字滤波的方法得到。

利用原始振动波形，由离散傅里叶变换或滤波得到的对应于各个谐波频率分量组成的幅值系列称为频谱。在这分解后的各个简谐振动成分中，与转动频率相同的简谐振动——一倍频振动，具有特殊意义，它也被称之为工频、基频、选频、同频或 1X 等。频率为转速二分之一和两倍的简谐振动在旋转机械的振动分析中也是常用到的，它们分别被简称为半频和倍频（二倍频）振动，也称作为 1/2X 和 2X 振动。

在旋转机械振动测试和分析中，习惯上把低于工作转速频率的振动笼统称为低频振动；高于工作转速频率的振动又都被称作高频振动，它们可以是转动频率的整分数倍或整数倍，也可以不是。

任意时间间隔内对原始振动波形采样，然后进行傅里叶变换，就得到对应于这段采样波形的频谱，变换结果可以用数字直接表示出来，也可用单张频谱图画出；进而，还可以利用多张不同时刻或不同转速的频谱图生成三维的瀑布图或级联图，这些特征图谱是振动分析的重要而又直观的依据。

实际振动信号的频谱分析中，通常对信号连续取多个时间段采样后再进行平均，以提高分析精度。

对汽轮机组这样的发电设备旋转机械振动信号的分析处理，实践中主要采用上述的幅

值域分析和频域分析两种方法。振动信号分析还有其他方法，如相关分析，它多用于随机信号的处理，由于旋转机械振动信号大多数是确定性周期信号，因而相关分析较少采用；倒频谱分析多用在滚动轴承和齿轮箱故障诊断中；传递函数分析法用在确定一个系统对力的输入的传递性能上，进而获得这个系统内部的状态和特性；近年出现的小波分析（wavelet transformation）适用于非平稳信号的分析处理，方法的具体应用仍在个别研究之中，目前尚未形成成熟的应用性技术。

第二节　振动信号特征的表示和特征图谱

由幅值域分析和频域分析得到的振动信号特征，可以用数字列表的方式表示，也可以绘制成专用的特征图谱，更形象地显现出来。理解这些振动特征值，充分利用分析软件得到的各个图谱，将其进行综合分析和推理，会大大有助于状态分析与故障诊断。

我们发现，有相当一部分现场振动技术人员不能有效地利用振动特征值和相应图谱，忽略了其中的重要信息和各参量之间的有机联系，从而降低了故障分析的准确性和判断的及时性。虽然放在眼前的数据已经清楚表明了故障的存在和恶化，但没能引起他们的注意，直到最终导致设备发生了有形的恶果后，重新检查历史记录数据，才恍然大悟，发现先前的某月某日早已有征兆。这里有分析人员对故障早期特征缺乏足够了解的因素，也有分析过程中没能充分综合利用各方面特征的原因。

振动数据有稳态数据和瞬态数据之分。机组处于定转速状态测试得到的数据称为稳态数据；升速和降速的变转速过程测得的振动数据称之为瞬态数据。稳态数据和瞬态数据分别是把时间和转速作为自变量，各自都有相应图形显示振动特征量是如何随它们的自变量变化的。

下面对发电设备振动信号分析常用的特征量和特征图谱做详细介绍。

一、振动矢量列表清单的数据及含义

图 3-1 是利用测振仪 DAIU-208 采集数据过程中，仪器界面显示的实时振动矢量列表清单。这个仪器有 8 个通道，因而有 8 行数据，各排数据的意义如下：

采样 1

通道	日期/时间	转速	通频	间隙	一倍 振幅	一倍 相位	二倍 振幅	二倍 相位	二分之一倍 振幅	二分之一倍 相位
1	04APR04 23:38:37	2999	37.6	-8.84	28.0	299	4.96	302	1.83	nX<1
2	04APR04 23:38:37	2999	23.5	-9.34	15.9	44	4.44	104	0.522	nX<1
3	04APR04 23:38:37	2999	47.5	-9.57	31.9	32	8.36	162	1.31	nX<1
4	04APR04 23:38:37	2999	36.7	-8.91	23.5	275	8.62	335	1.57	nX<1
5	04APR04 23:38:37	2999	116	-8.15	98.7	78	14.6	240	2.61	nX<1
6	04APR04 23:38:37	2999	98.0	-8.06	85.4	247	6.27	180	3.66	nX<1
7	04APR04 23:38:37	2999	5.46		2.70	139	0.257	MinAmp	0.514	nX<1
8	04APR04 23:38:37	2999	40.7		39.9	51	0.391	MinAmp	2.09	nX<1

图 3-1　测振仪 DAIU-208 实时显示的数据列表界面

通道：输入的原始振动信号通道号。

日期/时间：数据采集的日期和时间。

转速：设备被测转轴的转速，r/min。

通频：通频振幅，μm。

间隙：如果使用的是涡流传感器，间隙电压读数（表中1～6通道），直流量，单位V；如果使用的是速度传感器，无间隙电压读数（表中7、8通道）。

一倍、二倍、二分之一倍频的振幅、相位：将通频振动分解后得到的一倍频、二倍频和二分之一倍频各分量的振幅（μm）和相位（°）

表中的三种频率分量中，一倍频最为重要和常用，因为旋转机械振动和转速直接相关，一倍频对应的故障发生几率最高，一倍频表征的故障也最多；二倍频通常和电磁激振有关；二分之一倍频分量多与轴系稳定性有关，对于通频振幅突增的情况，如果增大的成分是以二分之一倍频分量为主，可以立即判断异常振动的性质属于轴系失稳。

在上述显示的振幅值中，通频振幅应该和控制室运行监盘的DCS显示值相同，但是，各分频在DCS中无法给出，因为DCS不具备对数据进行频谱分析的功能。

二、特征图形

1. 波特（Bode）图

波特图是表示振动幅值、相位随转速变化的图形。

图形分为两部分，下半部分是振幅-转速曲线，也称做幅频特性，纵坐标是振幅峰峰值；上半部分是相位-转速，也称做相频特性，纵坐标是相位；它们公用的横坐标是转速。振幅-转速曲线是双线：一根是通频振幅，另一根是 n 倍频振幅，常用的是一倍频振幅；相位-转速曲线是单线，表示 n 倍频振动相位。

图3-2是某机组轴振测点 $2Y_a$ 在升速过程从零转速到3000r/min的波特图。波特图是进行振动分析和故障诊断的重要工具，利用波特图可以进行下列分析。

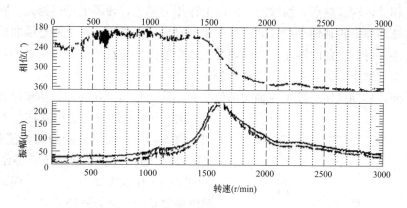

图3-2　某机组轴振测点 $2Y_a$ 升速波特图

（1）确定临界转速。临界转速是旋转机械最基本的动特性参数，现场运行用它来设定暖机转速、升速率等，故障诊断时同样要用到它。设备制造厂家提供的临界转速计算值有时偏差较大，临界转速与基础、支撑特性有关，现场的这些特性和制造厂的一定不会一致，所以，通常以设备安装后现场实测值为准。

根据升降速波特图，如果变速过程振幅曲线出现波峰，同时相位急剧增加或减小，变化幅度约大于70°，这时对应的转速有可能是该测点所处跨的转子或相邻跨转子的临界转速。对于实际机组，确定临界转速用波特图比用极坐标图方便。

如果测得的波峰明显，临界转速认定起来容易，如根据图 3-2，可以很容易认定测点 $2Y_a$ 所处的高中压转子临界转速为 1600r/min。有时临界转速的认定困难，因为振动峰的出现除了共振，还有可能有其他原因，并非测得的所有振动峰都是转子临界转速的共振峰。

（2）确定共振放大因子。从波特图中还可以确定共振放大因子 AF，共振放大因子反映了临界转速时转子系统的阻尼，也是对转子在临界转速区间横向振动敏感性的量度。

（3）动平衡加重分析。利用从波特图得到的振幅、相位随转速/时间的变化，在进行动平衡时用来分析转子不平衡质量所处的轴向位置、不平衡振型阶数。

（4）分析结构共振。如果波特图显示在一些非临界转速的转速区出现明显的一倍频或二倍频共振峰，可以作为结构共振的一个怀疑证据。

（5）动静碰磨故障分析。动静碰磨判断主要依据是时间趋势图，但波特图反映出的升降速过程振幅差和相位差同样是一个重要信息。

（6）轴系稳定性分析。油膜引起的轴系失稳呈现低频振幅随转速变化的现象，在进行失稳分析时首先要利用波特图，然后调用级联图做进一步认定。

近年具有分析功能的测振仪都具备利用仪器内软件自动生成波特图的功能。如果使用的仪器不具备这个功能，只好利用记录的数据逐点人工描绘曲线或另行输入到通用绘图软件中绘制，这是一种不准确的方法。

2. 轴心静态轨迹图和动态轨迹图

滑动轴承支撑的转轴在转动过程中形成两种轴心轨迹：轴心静态轨迹和轴心动态轨迹，它们有不同的物理含义。

当转子从静止状态开始转动时，由于滑动轴承油楔的动压作用，转子要上浮，上浮量与转速直接相关，转速越高，油膜产生的向上作用力越大，转子上浮得越高。随转子转速由低向高连续增加，转轴轴心位置的这种变化则会形成一条由下而上的连续曲线，这就是轴心静态轨迹。对应一定的转速，转轴轴心在这个静态轨迹上的位置是一定的，这个位置称作轴颈在支承轴承中的工作点，即轴承静态工作点。

另一方面，转动的转子除了在轴颈部位受到油膜力作用，还会在其他部位受到各种力的作用，如转子中部叶轮上存在的不平衡质量产生的离心力、轴封处受到的汽流作用力等，这些外力的作用会使转轴中心围绕静态轨迹上的静态工作点做圆周运动——涡动，这个涡动轨迹便是轴心动态轨迹。

轴心静态轨迹和动态轨迹从图 3-3 可以清楚地理解。转子顺时针转动，图中的大半圆弧是轴心静态轨迹，转速为零时，轴颈中心在圆弧线最低的点 A_1，随转速的增加，轴颈向左上方浮起，转速越高，上浮量越大。对应一定的转速，轴心的平均位置是固定的，这些平均位置在图中分别是不同转速对应的点 A_2、A_3、

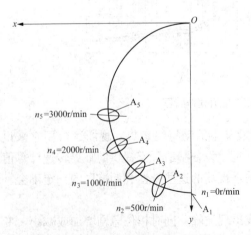

图 3-3　轴心静态轨迹和动态轨迹

A_4、A_5。同时，由于振动，轴心还要围绕着这些平均位置做涡动，涡动轨迹就是围绕各个平均位置点的小椭圆，即轴心动态轨迹。我们所说的振动，实际上是指这些动态轨迹——小椭圆。

下面分别说明轴心轨迹在振动分析和故障诊断中的作用。

（1）轴心静态轨迹。轴心静态轨迹图给出了轴颈在轴承中的位置，用它可以对转子状况进行下列分析和诊断：

1）高压顶轴油开启后轴颈的浮起量。用来确定顶轴油泵是否正常，油路是否畅通，轴颈垂直方向运动是否受阻。对轴瓦的不正常磨损，可以测试这个浮起量进行判断。

2）转速升高过程以及工作转速定速后轴颈在轴承中的位置。从静止位置开始，随轴的转动和转速的升高，轴心应该上浮。记录正常情况下变转速的轴心静态轨迹，需要时将测试值和正常轨迹进行比较，便可以知道当前转子是否受到不正常的约束力作用，或判断轴瓦是否存在异常。

3）支承状况或缸体位置变化对轴颈静态位置的影响。转子支承状况的变化较多是由于温度变化引起的标高变化，进而引起轴颈相对轴承的静态位置的变化；缸体膨胀同样会引起轴颈位置的变化，以此可以判断轴承中心、缸体跑偏的情况，以及缸体受到诸如管道的侧向推力，轴承座在台板上滑动不良等的影响程度。

4）油膜状况。根据轴心静态轨迹以及和油温、油压等相应参数的比较，能够确定轴颈偏心率的变化是否是油膜变化所致，以判断存在轴系失稳的故障根源是否来自轴承油膜。

5）外部作用力，如汽流激振力等。转动的转子如果径向受到一个持续的恒力作用，如某进汽阀门开启对转子产生的径向力，转子转动中心会向一侧偏移，造成轴心静态轨迹的变化。

汽流激振的一个可能原因是汽门的开启次序使得转子受到额外的向上作用力，轴颈在轴承中向小偏心方向移动，抑制失稳的能力降低，从而发生失稳。在判断失稳是否出自这一原因时，需要用到轴心静态轨迹。

图 3-4 给出了一台 50MW 机组高压转子出现半速涡动时的轴心轨迹图。这台机组负荷升到 35MW 时出现明显的半速涡动。从图中可以看到，失稳时的偏心率要小于正常情况下的偏心率。

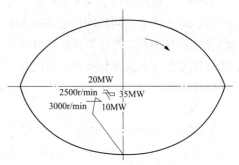

图 3-4　某 50MW 机组高压转子出现半速涡动时的轴心轨迹图

6）判断瓦温升高的原因。轴承瓦温的升高意味着轴承内润滑油膜厚度小，摩擦功耗大，或是润滑油流量小，轴瓦乌金散热困难。油膜厚度的变化在轴心静态轨迹图中容易看到，进而确定轴颈距离轴瓦面的程度，即油膜厚度。

理论上，如果轴承的载荷、油温等参数不变，轴心静态轨迹点是唯一的。但轴瓦通常存在热变形，大修后或运行中也会有各种不同的因素影响到轴心位置，因而，不同时期、不同阶段，同一测点的轴心静态轨迹点会有差别，这在使用轨迹图进行分析时需要注意。

轴心静态轨迹是利用两个互成角度安装的涡流传感器的间隙电压换算而得到的，如果受条件限制，一个平面只有一个传感器，虽然不能对轴心定位，得到两维轨迹图，但可以得到轴颈在传感器方向的位置变化，这个单一量在许多情况下也是有用的。利用垂直安装的涡流传感器测得轴颈在轴承中垂直方向上的变化，同样可以用来判断轴承标高、外部激振力、顶轴油压等造成的轴颈位置的变化。

（2）轴心动态轨迹。轴心动态轨迹图形可以提供下列信息：振幅（垂直、水平方向）、相位（垂直、水平方向）、相对（于工频的）振动频率比、进动方向。

已知转轴的旋转方向，通过观察键相信号标记在轨迹图上出现的次序，可以确定转轴是在做正进动还是反进动，这对判断是否存在动静碰磨故障时是有用的。

利用轴心轨迹图中键相标记的数目可以确定相对振动频率比。相对频率指的是振动频率与转轴转动频率之比。图 3-5 中的三种轨迹分别表示了相对频率是 1/2X、1/3X、2/3X，即振动频率分别是转速的 1/2、1/3 和 2/3。由动态轨迹确定的相对频率比，应该和频谱分析结果一致。

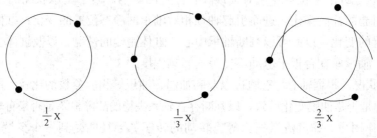

图 3-5　低频轴心轨迹

不同的振动故障会呈现不同的动态轨迹，因而，轴心轨迹可以用来进行故障诊断。

轴心动态轨迹的测量同样也必须利用在一个平面互成角度安装的两个涡流传感器。对它们安装的具体方位没有要求，但在测振仪中应进行相应的方位设置，这样才可以使得显示的轨迹方位和真实方位一致。轴心轨迹的观察可在振动分析仪的软件上在线或离线进行，也可使用示波器在线观察。

3. 频谱图

振动信号的时域波形经过频谱分析后，得到信号中所含各阶谐振分量的频率和幅值。以频率为横坐标，振幅为纵坐标，将分析结果绘制在图上即可得到频谱图。频谱图是目前进行故障分析和诊断最普遍使用的图形之一，从中能够获取信号频率成分和强度的重要信息。

图 3-6 是一台 350MW 机组 1 号轴振测点 $1Y_a$（Y 方向绝对振动）3000r/min 的频谱图。

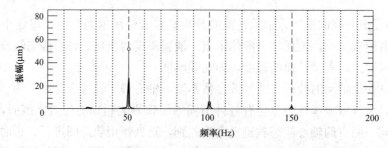

图 3-6　某 350MW 机组 1 号轴振测点 $1Y_a$3000r/min 的频谱

该图显示，振动信号中主要含有一倍频分量，50Hz，幅值为 49.6 μm，另外还有很小的 100Hz 和 150Hz 的分量，幅值分别为 10.7 μm 和 2.87 μm。

图 3-6 是"半频谱图"，是最常用的一种，还有一种"全频谱图"。

可以把转子做单一频率振动时的椭圆形轴心轨迹看作是由一个正向（顺转向）旋转的矢量和一个以相同频率反向（逆转向）旋转的矢量合成后的矢量端点的轨迹。全频谱图就是把形成椭圆轨迹的这两个矢量幅值画在横坐标为频率，纵坐标为振幅的频谱图上。与普通的半频谱图不同的是全频谱图的横坐标有正负两个方向，原点右边的正频率表示正向旋转矢量的频率分量，左边的负频率表示反向旋转矢量的频率分量。

全频谱图的获取必须来自于动态轨迹，也就是说，必须利用在一个轴向位置安装的两个涡流传感器给出的信号才能得到。互为垂直的 X 和 Y 传感器信号作为快速傅里叶变换的直接和正交部分的输入，则能够得到正、负两种频率分量。正频率分量和负频率分量分别定义为与旋转方向同向（正方向）和反向（反方向）。对应一个特定频率轴心轨迹椭圆度和进动方向，有下列的计算和判断方法：

（1）正反两部分幅值之和是轴心轨迹长轴的长度。

（2）正反两部分幅值之差是轴心轨迹短轴的长度。

（3）进动方向取决于两者幅值的大小，正频率幅值大，为正进动，反之则为反进动。

全频谱图横坐标正方向和轴心轨迹的正进动方向应该是一致的。如果轨迹图显示是正进动，全频谱图中的正向旋转矢量幅值应该大于反向旋转矢量幅值；如果轨迹图显示是反进动，全频谱图中的正向旋转矢量幅值则应该小于反向旋转矢量幅值。

全频谱图是一个辅助诊断工具，它以不同的形式显示了与运动轨迹相关的信息，例如预载荷，以及其他与工况有关的轨迹椭圆程度（或扁平程度），当前所有频率分量的进动方向等。

全频谱图主要用于分析判断含有反向涡动特征的故障，如动静碰磨、失稳。

辽河二期热电厂 20MW 机组是一台工业汽轮机，工作转速 8057r/min，负荷带到 4MW 左右发生失稳，图 3-7 是失稳前 1 号瓦的轴心轨迹图，图 3-8 是失稳时轴振 1Y 的全频谱图。

从图中可以看到主频是 134Hz，低频分量的频率是 49Hz，正频率分量幅值大于负频率分量幅值，转子仍做正进动。

4. 频谱瀑布图

当机组转速固定时，将某一测点在一段时间间隔内连续测得的一组频谱图顺序组成三维立体谱图，便得到频谱瀑布图，图的 Z 轴是时间轴。从图中可以清晰地看出各种频率的振幅随时间如何变化，对分析定转速下出现的动静碰磨、热弯曲、电磁激振、汽流激振等故障是很有用的。图中，相同频率的谱线和 Z 轴应该平行；各频率成分幅值的变

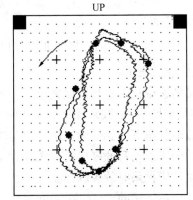

UP

20μm每刻度逆时旋转　　　　　　　8051r/min

图 3-7　辽河二期热电厂 20MW 机组
8057r/min 失稳时 1 号瓦轴心轨迹图

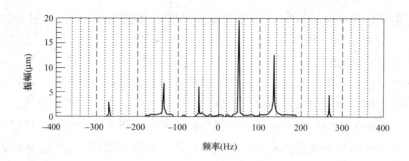

图 3-8　失稳时 1Y 轴振全频谱图

化，新频率成分的出现或消失与时间有关，当然也与随时间变化的负荷或缸温等间接参数有关。

韶关电厂 10 号机组（300MW）进行汽门关闭试验，第 2 组试验是在关闭高调门 CV1、CV4 的状态下逐渐开启 CV2、CV3，试验进行中高压转子发生失稳，图 3-9 是记录的 1 号瓦 1X 轴振瀑布图，当时机组负荷 202MW。该图显示，11：20：40 开启调门 CV2、CV3，出现明显的低频分量，频率为 25Hz，立即恢复调门，25Hz 的低频分量消失。

图 3-9 清楚地显示了 25Hz 低频分量的出现与消失过程。这是早期的手抄数据振动仪表无法记录到的。利用现代表计，很容易捕捉记录到，当然，仪器采样参数必须事先设定好。

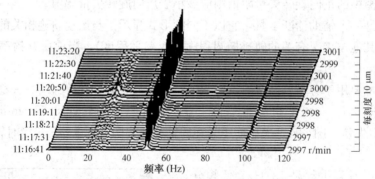

图 3-9　韶关电厂 10 号机组汽门关闭试验时高压转子失稳时的轴振 1X 瀑布图

5. 频谱级联图

转轴转速变化时，将不同转速下得到的频谱图顺序组成的三维谱图是频谱级联图，它的 Z 轴是转速，一倍频和各个倍频及分频的轴线在图中应该是倾斜的直线或曲线。

在故障状态下，如果测点的振幅与转速有关，用级联图进行分析很直观。这类最典型的故障是油膜涡动和油膜振荡，图 3-10 显示的是牡丹江二厂 2 号机组（100MW）发电机后瓦发生油膜振荡时的级联图。

该机组超速试验到 3210r/min 时发电机两瓦振动突增，后瓦 6 号瓦的振动在 3217r/min 最大达到 166 μm，大振动的主频为 22.5Hz，对应转速 1350r/min，与发电机临界转速一致，确定为发电机的油膜振荡。

分析过程用到了级联图（图 3-10），从图可看到，转速高于 3200r/min 之后出现了

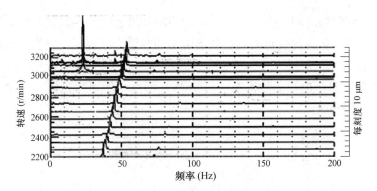

图 3-10　牡丹江二厂 2 号机组发电机 6 号瓦油膜振荡级联图

22.5Hz 低频分量，随转速升高，低频分量迅速增大；降速到 3100r/min 之后低频分量消失；在低频分量出现一增大一消失的整个过程中，这个分量的频率始终不变；其间一倍频分量幅值没有明显变化，但频率在随转速变化。

二十世纪八十年代中期，作者曾经承担了徐州发电厂 6 号机组油膜振荡的测试和分析工作，那时没有当今先进的振动测试仪和分析软件，不能进行实时频谱分析，更没有级联图，当时对机组振动故障的定性颇费了一番周折和时间，最终才认定为油膜振荡。

级联图还可以用于扭振固有频率测试的数据分析中。

6. 全频谱级联图

用转速变化时记录的一组全频谱图便得到全频谱级联图，全频谱级联图是一种新型的连续谱图。

图 3-11 是辽河二期热电厂 20MW 机组发生失稳时 2 号瓦轴振的全频谱级联图，失稳发生在工作转速 8057r/min，负荷 4MW，然后机组振动跳机惰走到 2000r/min，图 3-11 记录了惰走的全过程。从图中可以看到低频分量在 5000r/min 后消失。

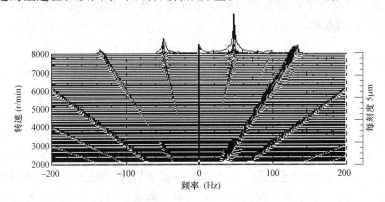

图 3-11　辽河二期 20MW 机组 2 号轴振测点 8057～2000r/min 的全频谱级联图

7. 时间趋势图

定转速运行的机组，利用趋势图显示振动参数或其他过程参数单一随时间的变化，以对机组状况进行判断和故障诊断。对机组暖机、3000r/min 定速、整个带负荷过程定转速运行的振动分析和故障诊断，应用最多的是趋势图。

趋势图以时间为横坐标，纵坐标通常选用振动通频幅值、各分频幅值、相位、间隙电压等参数，以显示它们随时间的变化。横坐标的时间间隔密度往往根据不同需要选取。在分析机组振动随时间、负荷的变化时，这种图给出的曲线十分直观，它们对运行人员监视机组状况也很有用。

图 3-12 给出的是丹东电厂 1 号机组（350MW）测点 2Y$_a$ 通频振幅、工频振幅和相位在约 23min 内的变化曲线。

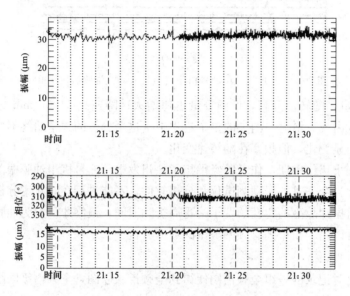

图 3-12　丹东电厂 1 号机组测点 2Y$_a$ 通频振幅（上）、工频振幅和相位（下）时间趋势图

从图 3-12 可以看到这个测点通频振幅、工频振幅和相位随时间的变化趋势，在 21：11～21：20 通频振幅略有减小，相应的是工频振幅在减小，相位没有明显变化；21：30：50通频振幅出现突变，但工频振幅、相位均无任何变化，说明通频振幅的突变是非一倍频分量的变化引起的。

第三节　发电设备振动故障诊断的三项基本内容

旋转轮最早出现在公元前 3500～3000 年，1869 年，兰柯尼发表了第一篇关于旋转机械临界转速的文章，从此人类开始了对转子动力学的研究。随着工业发展，大型旋转设备出现，旋转机械振动故障的人工诊断随之产生，至今，它是处理大量现场振动故障的主要手段。通过多年深入研究与广泛实践，对机械设备振动故障机理已经有较透彻的了解，实用性诊断经验也在不断积累丰富；同时，先进的振动测量记录仪器、设备及信号处理分析手段发展迅速。现今，在国内国外，人工诊断在旋转设备现场故障处理中占主导地位。

发电设备振动故障诊断是根据相关的数据和信息对故障定性，进而对产生的原因或机理做出判断，并确定解决措施，实施处理方案，这里包含了三方面基本内容。

一、故障定性

故障诊断的第一步，也是整个故障诊断工作最关键一步，是利用相关的数据和信息，确定故障性质、类别。

故障定性，就是利用各种信息，对故障归属的类别进行判断和认定。大多数故障定性的难度不大，有些很容易就可以确定是何种故障，但对有的故障，准确定性很困难。定性不准，处理方向难于确定。现场有很多实例，因为对故障类型判断错误，导致处理过程中出现反复，拖延时间。

二、故障原因分析与确定

完成了故障的定性并不等于确定了故障原因，有时，两者有很大的距离。如对一台一倍频振动大的故障确定为质量不平衡，需要进而寻找的是什么原因造成的质量不平衡？是转子原有质量分布发生了永久性变化？还是转子热弯曲？或是中心孔进油？

现场人工诊断中，有时故障易于定性，但原因难于确定；有时，故障的定性和原因的查找是交叉进行，互为启示。

作者曾处理一起汽轮机组的突发性低频振动，通过测试，很快断定故障性质是低频振动，但无法肯定是汽流激振还是油膜振荡，还是两者的复合型。于是，做了进一步测试，对测试结果的分析倾向于油膜振荡，随之而来的便是具体什么原因造成油膜振荡，标高？轴承？哪一个轴承？轴承设计不当还是制造误差？是否可能是轴瓦磨损？具体原因一时无法给准。于是决定机组解体，检查后，最终将故障定性为油膜振荡，并确定了轴承椭圆度设计有缺陷，安装过程标高调整不合理。在这些分析结论的基础上，才确定了对轴系和轴承的处理方案。这整个过程是前后分析、判断、定论的过程。

原因分析是决定处理方案是否得当、故障能否消除的关键一步。原因分析错误，将直接导致处理方案的错误，这在现场处理中屡见不鲜。1999年有人把沙岭子电厂300MW机组低压缸动静碰磨引起的一倍频大振动确定为支撑刚度低，处理达2个月之久；还有人把山西某电厂前箱1号瓦振动大确定为地基框架刚度不足，拟采取增加混凝土支柱进行处理，实际中该机组却是未采取任何措施，运行数月后1号瓦大振动自行降低到优良水平。实际中原因判断错误的案例屡见不鲜，包括专业技术人员。

三、处理决策

故障的处理方案和故障原因分析有密切联系，因而，处理决策应该是整个故障诊断中的一部分。确定一个具体故障的处理方案，需要涉及多方面，从技术角度涉及如何处理、处理部位、处理力度等，从经济角度涉及施工工期、时间，还涉及处理效果和把握性等一些具体而又复杂的问题。

第四节　故障诊断的分析与推理方法

一、故障诊断的信息依据

诊断的原始依据和信息来源是多方面的。被用来诊断的数据和信息有两类：数值型信息和语义型信息。数值型信息包括测试的振动数据，即振动信号的时域特征与频域特征，如振幅、相位、频谱分析结果、小波分析结果等量化特征；还包括过程量数据；语义型信息包括非定量描述的与故障相关的信息，其中一类是对机组参数变化的定性描述信息，另一类是关于机组历史、检修和运行状态的信息，这类信息无法加入到智能诊断中，但在现场的人工诊断中却具有十分重要的意义，这也是过去 20 多年智能诊断研究成效不大的原因之一。

现场实际设备的诊断中，频谱的作用很重要，但不是万能的，还要根据其他许多方面。例如，发现一倍频振动大，并不能马上给出是何种故障，要检查：大到什么程度、是否稳定、相位如何、大振幅与运行参数是否有关、相邻轴承振动是否过大、什么时候开始增大的、增大的速率、一倍频振幅过去是多少、新机调试时是多少、大修前是多少等一系列问题。只有在搞清这些问题后，经过分析和综合考虑，才能拿出意见和结论，有的可以明确给出结论，有的还只能给出可能性。

频谱在人工诊断中作用的局限性，在智能诊断中同样存在。国内神经网络研究大多数都是只把频谱特征作为征兆输入量，而这样的故障频谱样本，往往又都是来自日本早年一个叫白木万博给出的特征表或其他参考书提供的特征表。用现场实际故障特征来衡量，这些书本上的特征表是片面、十分脱离实际的，有多处错误，根本不宜作为工业实用性诊断的故障频谱特征依据，只能供大学生用来做课堂小作业。

二、分析诊断的思维方法

发电设备振动故障的人工诊断，首先是设法根据已经了解掌握的数据和信息，进行正向推理，确定与现有现象符合的故障；同时还要进行反向推理，如果四、五种故障都有可能，往往会考虑其中的哪一种与已知现象最为符合或接近。这种正向和反向推理反复交替进行，确定、否定、再确定、再否定，逐渐使故障的怀疑面缩小，最终聚缩到一点上，这个过程，类似于案件的侦破，也类似于人体疾病的诊断。

分析思考过程中，会用到比较和类比，将已知现象和该机组过去的情况比较，和其他机组情况比较。分析思考过程中还会用到联想。基于故障表象的确定性，将已知现象和记忆中的其他机组类似现象或同一故障的历史案例对比。

三、诊断中理论的基础作用

旋转机械转子系统的振动行为、特征都遵循自己的独特规律。一个半世纪前，国外研究人员开始了对转子振动的研究，经过大量深入地理论研究和探索，至今，人们已经基本掌握了旋转机械振动的特征和规律。故障诊断技术的理论基础是振动理论和转子动力学，这些理论学科对转子-轴承系统的行为表征、故障形式、诊断分析方法等，大多都已有成熟的研究结论和结果。充分利用前人的理论研究成果，可以使我们的振动分析与故障诊断事半功倍，这是一条捷径，也是一种技巧。不以理论为基础，甚至采取排斥理论的经验主义的做法，只会限制自身思维分析的宽度和深度，降低成功的概率。

近几十年国内有关单位对机组振动故障处理的历史和经验教训说明，对振动故障的定性一般并不困难，但在确定故障的具体原因时，由于对造成故障的机理分析有分歧，使得误判时有发生。机组振动故障的诊断除需要现场经验外，还应该掌握一定的机组振动故的基础理论知识和科学的分析能力，这样才能快捷地找出故障的确切原因，提出正确的根治措施，而不致盲目一概采用现场高速动平衡的方法，不至于治标不治本，使得表面上振动有所减小，实际上故障没有得到根治，机组经过一段时间的运行或检修后，振动重复出现。

四、故障诊断中经验的重要性

和任何工业性应用技术一样，故障诊断还包含着很大的经验性。单纯从事转子动力学理论研究或只有书本知识的人，在实际设备的故障面前会束手无策，其原因一是因为理论和实际的差距；二是因为分析诊断对象在实际中表现的多样性和复杂性，这种状况导致了这项技术本身具有相当的难度。

从事现场振动工作的专业技术人员，处理的案例越多，经验越丰富，判断越准；只有理论，没有实际经验，绝不能胜任现场需要。当然，经验的积累需要付出代价，付出汗水和时间。

第五节　发电设备故障特征汇总

发电设备振动故障类型总计有数十种，其中数种常见典型故障的发生率占到约 90%。根据作者多年的现场经验，如果能对这些典型故障做出较准确的判断，则基本能够应付生产需要。因此，对发电设备典型、常发振动故障诊断技术的掌握，有重要的工程实际意义。本节给出这些常见故障的特征、判断方法，其后章节将结合实例进行详细介绍。对那些在机组振动中鲜见或学术式的故障，读者可参考有关专题文献。

表 3-1 是作者根据自己的现场经验编制的汽轮发电机组振动故障汇总表。表中给出了机组大多数振动故障的种类，同时简单地列出了各种故障主要的频域特征和时变特征。该表可供从事现场振动分析和故障诊断人员参考。

表 3-1　　　　　　　　　汽轮发电机组振动故障特征汇总表

序号	故障名称	频谱特征	其 他 特 征
1	原始质量不平衡	1X	振幅、相位随转速变化，随时间不变，椭圆轨迹或圆轨迹
2	转子原始弯曲	1X	低转速下转轴原始晃度大，临界转速振动大，定速后特征与原始质量不平衡类似
3	转子热弯曲	1X	振幅、相位随时间缓慢变化到一定值，转子冷却后状况恢复
4	转动部件（叶片、平衡块）飞脱	1X	振动突增，相位突变到定值，伴随声响
5	转轴不对中	1X、2X	高的 2X，或 3X 振幅，1/2 临界转速有 2X 共振峰，"8" 字形轨迹
6	联轴器松动	1X、2X	与负荷有关
7	动静碰磨	1X	整分数倍频，内环或外环轨迹，振幅、相位缓慢旋转；或振幅逐渐增加

序号	故障名称	频谱特征	其 他 特 征
8	油膜涡动	$0.35\sim0.5X$	低频的出现与转速有关
9	油膜振荡	f_{cr}	在一定转速出现，突发性的大振动，频率为转子第一临界转速，大于1X振幅
10	汽流激振	f_{cr}	与负荷密切相关，突发性大振动，频率为转子第一临界转速，改变负荷即消失
11	结构共振	1X、分频	存在明显的非临界转速的共振峰，与转速有关倍频
12	结构刚度不足	1X	与转速有关，瓦振轴振接近
13	转子裂纹	1X、2X	降速过1/2临界转速有2X振动峰，随时间逐渐增大
14	转子中心孔进油	1X、0.8~0.9X	与启机次数有关，随定速、带负荷时间而逐渐增大
15	转轴截面刚度不对称	2X、1/2X	临界转速之半有2X振动峰
16	轴承座刚度不对称	2X	垂直、水平振动差别大
17	轴承磨损	1X、1/2X、1.5X、整数倍频	
18	轴承座松动	1X	与基础振动差别大
19	瓦盖松动，紧力不足	1X、分频、1/2X	可能出现和差振动或拍振
20	瓦体球面接触不良	1X	和其他振幅不稳定
21	叶轮松动	1X	相位不稳定，但恢复性好
22	轴承供油不足	1X	瓦温、回油温度过高
23	匝间短路	1X、2X	和励磁电流有关
24	冷却通道堵塞	1X	与风压、时间有关
25	磁力不对中	2X	随有功增大
26	密封瓦碰磨	1X、2X	振幅逐渐增大，与密封油压力、温度、流量有关

根据作者多年现场振动故障处理案例和国内外发电设备故障介绍案例统计结果分析，发电设备振动故障主要有三种类型：质量不平衡、动静碰磨和轴系失稳，这三种故障占了故障总数的绝大部分。

本书以下章节将详细介绍现场旋转类发电设备常见的主要振动故障特征，分析判断方法以及处理措施，以这三种故障为主，结合典型实例给予具体说明。

第六节　发电设备故障分析诊断工作步骤

实际中，发电设备振动分析和故障诊断通常采用下列步骤进行：

（1）振动测试和数据采集；相关设计、安装、检修、运行情况的了解与搜集；资料、档案的查询。

（2）对数据和信息进行分析；判断故障性质、原因；制定处理方案；或确定进一步的试验方案。

（3）实施处理方案。

1）现场动平衡。

2）对设备解体，查找缺陷部位，并消除缺陷。

3）安排诊断性试验。

（4）对设备再次进行振动测试，确定前面的分析判断和处理是否正确，效果如何，可能做进一步处理。

第四章

质量不平衡振动分析诊断与处理

第一节 概　述

转子质量不平衡是发电设备旋转机械最常见的振动故障。

旋转机械转子质量周向分布的理想状态是转子的惯性主轴与转动轴线重合，即转子质心与转动中心重合，但实际中不可能做到。偏心的质量产生离心力，即不平衡力作用在转子和支承系统上，导致转子、轴承以及基础的振动，影响设备安全运行，过大的不平衡质量甚至会造成设备局部零部件损坏或设备整体的解体破坏。

不平衡质量的一个主要来源是转子制造阶段机加工过程和装配过程，由于机床的精度和人为操作的原因，不可避免地会使转轴不圆度和同心度存在误差；整圈叶片会存在质量不均、叶轮套装也会因轴线不正而套偏等原因，产生质量不平衡。转子在现场的机加工也会造成类似缺陷。

另一方面，原本振动小的新机组或大修后的机组投运后，由于运行或检修原因，同样会使质量分布发生变化，进而产生质量不平衡。常见的具体情况有如下几种：

（1）运行中叶片、围带或拉金断裂飞脱，平衡块飞脱。

（2）径向或轴向动静碰磨引起的转子局部热变形；汽缸进冷汽、进水造成转子弯曲。

（3）转轴残余应力随时间的释放使转子变形。

（4）叶片或叶轮的不均匀腐蚀。

（5）轴系中的某些轴段大修回装时径向跳动过大。

（6）轴系受外界冲击扰动，如非同期并网，导致部件径向位移。

根据振动数据对质量不平衡故障做出判断不是十分困难，因为主要判据是一倍频的振幅和相位，现今较正规的振动测试仪器都具备直接显示记录这些量值的功能。

但是，现场实际对质量不平衡的准确判断在有些场合下还是有一定难度，因为手头的数据可能并不充分，只是局部的、残缺的，根据这些有限的数据进行判断，并且要立即决定下面处理的步骤，常常容易做出错误的决定。有时，机组同时存在其他故障，这时振动的主要原因是质量不平衡，还是动静碰磨或转子热弯曲？一时难以定夺。

现场处理实践表明，机组转子质量不平衡的振动特征在有些场合可能表现得不鲜明，同时显现的其他振动特征却很容易分散分析的思路和焦点，但待机组动平衡处理完后，除了一倍频振动被消除，所有其他的异常振动特征也全部莫名其妙地随之消失。

质量不平衡是汽轮发电机组等旋转机械最主要的故障类型，80%的现场振动问题是质量不平衡；对质量不平衡故障的分析是故障诊断的主要技术；动平衡则是消除质量不平衡的主要手段。

近年，汽轮机、发电机制造厂的加工精度、装配精度不断提高，国内大型汽轮机厂均可以在制造厂动平衡机上对大型汽轮机转子进行全速动平衡。发电机转子的高速平衡，各电机厂早已能够进行。同时，国内电力系统对电厂主机、泵、风机的检修质量也在提高，现场检修过程中对转动部件的质量控制有明显改善，转子现场平衡方法也在不断改进，老式平衡机的低速动平衡已被电厂抛弃，质量不平衡故障的发生率有所减少。虽然如此，质量不平衡目前仍是现场发电设备旋转机械的主要振动故障。

第二节　转子质量不平衡振动特征

旋转机械转子、轴系存在质量不平衡的振动特征在各种故障中是比较明显的、确定的，较之其他故障较易认定，根据现场经验，有下列一些特征。

（1）稳定的一倍频振动在整个信号中占主要成分。具体表现如下：

1）瓦振一倍频分量振幅的绝对值通常在 30 μm 以上，轴振一倍频分量在 50 μm 以上，相对于通频振幅的比例大于 80%。

2）一倍频分量为主的状况在各种工况应该是持续存在，包括各次启停机、升降速过程、空转和带负荷运行，不同的运行参数，如负荷、真空、油温、氢压、励磁电流等工况下。

3）一倍频振动的相位同时也是稳定的。

（2）一倍频振动的幅值与相位随转速的变化以及定速后随时间的变化规律是稳定的，重复性好。即使不平衡不是转子的原始不平衡，而是来自转子的热弯曲或转动部件的松动等，幅值与相位变化的规律也基本重复。除非是由于其他原因造成的一倍频振动特征，如中心孔进油或动静碰磨。

下面利用现场具体案例来说明对质量不平衡的分析和判断，先从简单的刚性转子开始。

表 4-1 是一台风机 1300r/min 定速时的振动数据，测点 11、12 分别为风机叶轮轴两端两个轴承处 X、Y 方向的轴振测点。工作转速 1300r/min 时四个测点中三个振动大且都是以一倍频为主，两端相位基本相同。图 4-1 是这台风机升速过程测点 11A、12A 的波特图，由图可知，随转速增加，11A、12A 的一倍频振幅持续增加，相位同时呈现单调增。这些都是典型的刚性转子质量不平衡的特征。

表 4-1　　　　　　某风机 1300r/min 定速时的振动数据　　　　　　[μm/μm/(°)]

测　点	11A	11B	12A	12B
通频/一倍频幅值/一倍频相位	136/127/243	38/33/11	161/161/251	106/97/13

基于对转子存在不平衡质量的判断，进行了动平衡加重，在转子两侧各加 832g，动平衡后测点 12A 升速波特图如图 4-2 所示，1340r/min 的通频、一倍频振幅已经减小到 41 μm 和 29 μm。从加重效果看对转子故障的判断是正确的。

上面是一个刚性转子质量不平衡故障分析的实例，柔性转子的分析通常不会这样简

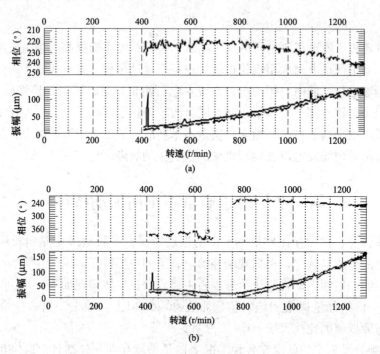

图 4-1　某风机升速过程测点 11A、12A 波特图

（a）升速过程测点 11A 波特图；（b）升速过程测点 12A 波特图

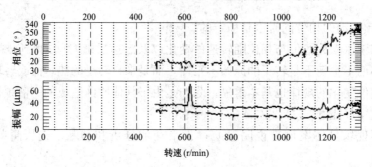

图 4-2　动平衡后测点 12A 升速波特图

单，但特征、判据、分析过程和方法都是类同的。

表 4-2 为 M 电厂 7 号机组（200MW）冷态启机 3000r/min 定速时的振动数据，图 4-3 是 3000r/min 定速时测点 2X 的时间趋势图，图 4-4 是这台机组升速过程轴振测点 2X 的波特图。

表 4-2　　　　　　　**M 电厂 7 号机组大修后冷态启机 3000r/min 定速振动**

项　　目	1X	2X	3X	4X	5X	6X	7X
通频值（μm）	70	221	202	43	39	44	100
一倍频幅值（μm）	58	216	35	37	32	37	82
一倍频相位（°）	235	163	295	280	249	210	264

表 4-2 显示，该机组 3000r/min 定速轴振 2X 高，通频 221 μm，一倍频 216 μm；测点 3X 通频 202 μm，一倍频只有 35 μm。

为进一步判断 2X 的问题，调用 3000r/min 定速后的时间趋势图（见图 4-3），发现 4min 内振幅、相位均稳定。再调用 2X 升速波特图（见图 4-4），发现 2300r/min 之后，随转速的增加，振幅成正比的趋势上升。

这些特征表明 2X 振幅高的原因是质量不平衡。

测点 3X 振动各频率成分中一倍频最高，但一倍频振幅远小于通频振幅，调用 3000r/min 的振动波形图（见图 4-5），发现存在严重的干扰，转子每转一周有两个异常脉冲，一大一小，这样的脉冲，显然不是转子的机械振动，因为参振体本身的质量具有的惯性决定了转子不可能做如此高频的脉动。由此可以得出结论，3X 振幅高的原因不是质量不平衡，而是干扰信号或测试系统的问题。

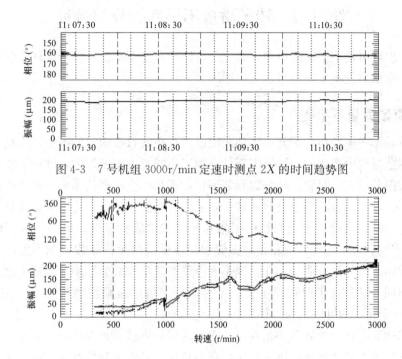

图 4-3　7 号机组 3000r/min 定速时测点 2X 的时间趋势图

图 4-4　7 号机组升速过程测点 2X 的波特图

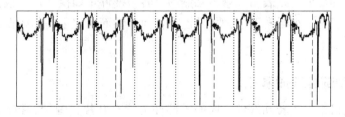

图 4-5　7 号机组测点 3X 3000r/min 的振动波形图

这是一个较典型的质量不平衡故障分析过程。此例说明了哪一种高的一倍频振动是质量不平衡，哪一种不是。

随后对该机组进行了动平衡，没有做任何其他处理。一次加重后，测点 2X 振幅明显下降，通频 70 μm，一倍频 64 μm，3X 振幅基本没有变化。

质量不平衡分析需要综合工作转速和升降速过程一起进行分析柔性转子升降速过程，

情况略为复杂。存在质量不平衡的转子过临界转速时的一倍频共振峰的高低取决于转子上存在的不平衡质量的形态。第一阶模态不平衡质量除了影响工作转速的一倍频振动，还要在过第一临界转速时有明显的表现，而在过其他各阶临界转速时没有反应，各阶模态不平衡质量遵循同样的规律。

与质量不平衡呈现类似振动特征的一种故障是结构共振。接近 3000r/min 时，一倍频振幅直线上升，如果超速，在略高于 3000r/min 的转速可能还存在不大不小的峰。根据这个峰，很可能错误地判断这里存在结构共振。在进行了高质量动平衡降低了轴承振动后，可以发现原有的峰也随之消失，真正的振动原因还是质量不平衡，而非结构共振。

第三节　转子质量不平衡的分类特征

转子上出现质量不平衡来源主要有三个：原始质量不平衡、转动部件飞脱和松动、转子热弯曲。原始质量不平衡是最常见的原因。

一、原始质量不平衡

原始质量不平衡是指转子开始转动之前已经存在的状态固定的不平衡质量，它们通常是在加工制造过程中造成的。回转零部件车加工不同心度偏差过大，叶片、线棒装配时周向质量分布误差过大，对轮、护环的套装不正，都会产生不平衡质量；或是在检修时更换转动零部件、对轮调整不当也会改变转子轴系原有的质量分布，造成新的质量不平衡。这种不平衡的振动特点除了上面介绍的振幅和相位的常规特征外，另一个显著特征是"稳定"。在一定的转速下振动特征稳定，振幅和相位受机组运行参数影响不大，升速时或随带负荷的时间延续，没有明显变化，也不受冷热态启动方式的影响。分析一组所测的具体数据时，当同一转速，工况相差不大的条件下，一倍频振幅波动约 20%，相位在 10°～20°范围内的变化，均可以视为"稳定"。

新机组轴系存在的原始不平衡在第一次升速过程中就会显现出来，对转子进行任何处理之前的升降速振动数据也应该表现出同样的特征，且应重复性好。大修后机组如果较之修前一倍频振动变大，则表明大修中必然动过转子部件，如换叶片、拔护环、喷砂、对轮重新联结等。反之，如果转子上的部件没有任何变动而出现了一倍频振动大的情况，则应仔细分析原因。

二、转动部件飞脱和松动

汽轮发电机组发生转动部件飞脱的零部件可能有叶片、围带、拉筋以及平衡质量块；发生松动的部件可能有护环、转子线圈、槽楔、对轮等；风机叶片上的结垢集结到一定程度，也可能在转动中大块突然飞脱。

转动质量发生量大的一次性飞脱，造成的一倍频变化一般是阶跃式，以某一瓦振或轴振为主，数秒钟内振幅迅速增大到一个固定值，相位也出现阶跃变化；相邻轴承振动同时增大，但变化的量值不及前者大。这种故障一般发生在机组提升转速或带有某一负荷的情况下。转动质量的飞脱还可能以量小、多次性逐渐飞脱的形式出现，它所造成的一倍频振幅和相位的变化是渐变的。

部件松动所造成的一倍频振动大的情况可以发生在升速、定速或带负荷过程中。有时高的一倍频振动会变小，出现波动现象。

三、转子热弯曲

1. 残余热应力热变形

现代汽轮机组高中压转子采用整锻转子，中压、低压转子为套装结构，有的采用焊接结构。转子毛坯无论是锻件还是焊接件，都会在热加工过程中升高钢材的温度，冷却后生成残余热应力，这是日后转子热变形的主要原因之一。含有热应力的转轴锻件或焊接件在室温下被精加工成转子成品。机组安装投运后，转子温度随蒸汽工质升至 $200\sim500℃$，热应力同时会被释放，转子将恢复到不存在内应力时的形状，呈现不同于室温下含有热应力时的形状，这就是通常被称为"转子热变形"的产生机理。

制造厂对转子毛坯铸件、锻件或焊接件的例行热处理，不会彻底消除热应力，因而转子或多或少总会存在热变形，况且，由于任务工期，制造厂家有时采用缩短时效处理时间的手段，转子存在高的内应力更是不可避免。

残余热应力热变形通常出现在汽轮发电机组轴系的汽轮机段，发电机转子不会出现，风机、泵出现得很少，因为它们的工质温度不高。热变形在温度高的高压转子比低压转子严重，有时，数米长的转子跨中点径向热变形偏差可达数十微米。

新机转子的热弯曲一般来自残余热应力，热弯曲状态是固有的、可重复的，因而可以设法用动平衡的方法抵消。

有时材质应力还会造成转子运行中振动和启停过临界振动长期爬升，一般从调试阶段逐步显现，半年到一年后才趋于稳定，这在近年国产 600MW 机组以上较为多见，也常通过现场动平衡的手段加以控制，转子变形严重时需返厂处理。

2. 转子不均匀受热的热变形

转子的不均匀受热是热变形的另一个常见来源，转子周向温度会存在差别，高温度部位的金属材料必定膨胀，造成数米长的转子沿轴线出现弯曲或呈空间扭曲（见图 4-6），这种现象在发电机转子上经常遇到。

发电机转子会因为通风道堵塞引起转子一侧温度高于对面一侧，使转子发生类似于一阶振型的弯曲，它影响到第一阶振型分量的振动。表现最明显的应该是在过一阶临界转速时一倍频振动增大，在非第一临界转速区，将影响到一倍频振动的同向分量。

排汽缸温度过高导致振动一倍频振幅增大是运行中发生的另一种现象。从原理上分析，它也应该使转子出现了热弯曲。

动静碰磨是另一种转子不均匀受热发生热变形的十分常见的原因。

运行原因如汽缸进水、进冷空气等引发的转子不均匀受热的热弯曲，只要没有使转子出现永久塑性变形，暂时性弯曲都是可恢复的。

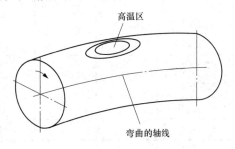

图 4-6　转子不均匀受热造成的热弯曲

引起热弯曲的根源消除后，一倍频振动大的现象也会随之自行消失。

3. 热弯曲质量不平衡振动的分析判断

转子热弯曲引起质量不平衡，相应的振动特征是一倍频振动与时间、蒸汽参数或电动机参数变化有直接的、明显的关联。随机组参数的提高和高参数下运行时间的延续，一倍频振幅逐渐增大，相位也随之缓慢变化，经过一定时间，变化趋缓，最终基本稳定。

存在热弯曲的转子降速过程的振幅，尤其是临界转速振幅，要比转子温度低时启机升速的振幅大，比较这两种情况下的波特图可以用来判断是否存在热弯曲。为此有时需要安排专项试验，机组不采用滑参数停机的方式，较快地减负荷，不解列打闸，以观察转子在温度高的条件下降速过程的幅频特性，将其与冷态启机时进行比对。

通常，一旦转子温度降低，转子的弯曲会很快恢复。因此，测试必须在转子弯曲没有完全恢复时进行。

现场判断转子是否弯曲一个有效而又便捷的方法是利用大轴晃度测量值。200MW以上大机组都有可靠的大轴晃度测点，比较冲转前和停机投盘车后的晃度值，很容易判断大轴是否有热弯曲以及弯曲程度。现场实践表明，振动分析有时不需要那些高档的仪器仪表或令人目眩的"先进"信号分析方法，只要能将那些简单易行的测试得到的数据或信息有效地利用起来就已足矣，它们常常对故障的准确判断有超常的效力。

美国近年有介绍状态监测和状态检修的权威资料，其中将"目测、听、触摸"列为与"振动分析""油液分析"同等重要的状态监测技术之一。

第四节　质量不平衡振动分析诊断与处理实例

案例 4-1　深圳某电厂 5 号机组低压转子不平衡分析诊断

深圳某电厂 5 号汽轮发电机组为哈尔滨汽轮机厂、哈尔滨电机厂生产的优化引进型双缸双排 300MW 机组。机组振动调试在 2002 年 9～11 月进行，期间与振动相关的主要问题是低压转子两端的 3、4 号瓦振过高，这本是不复杂的质量不平衡造成的，但现场对振动原因的分析经历了一个曲折的过程。

机组 3000r/min 定速和带低负荷的振动见表 4-3，测点 3X（低压前轴承 X 向轴振）、4X（低压后轴承 X 向轴振）升速波特图如图 4-7 所示。

表 4-3　某电厂 5 号机组 3000r/min 和带低负荷振动（2002 年 9 月 10 日）（通频：μm）

测　点	1 号瓦	2 号瓦	3 号瓦	4 号瓦	5 号瓦	6 号瓦	工　况
X 向轴振	25	95	105	93	24	20	
Y 向轴振	20	65	60	56	59	24	
垂直瓦振		6	52	72	18		3000r/min
水平瓦振		6	33	36	13		
X 向轴振	24	88	100	98	22	23	
垂直瓦振			49	73			12MW

表 4-3 显示，3000r/min 定速和带低负荷的振动，3、4 号两个瓦振超标（标准30μm）；

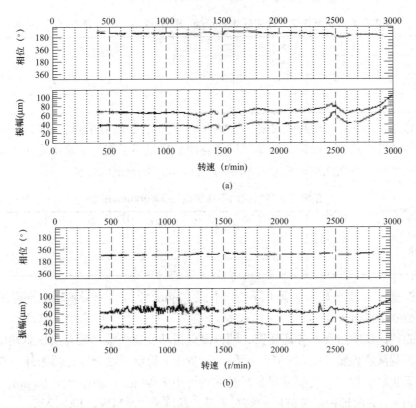

图 4-7　动平衡加重前 3X、4X 波特图
(a) 3X 波特图；(b) 4X 波特图

2、3、4 号三个 X 向轴振超标（标准 80 μm）；超标值中，4 号瓦瓦振突出，达到 72 μm，且有随运行逐渐增大的趋势。另外，1 号轴振在升降速临界转速振动偏大，但在标准范围之内（标准 250 μm），其余各瓦临界转速振动良好。

这些数据预示着机组可能存在如下问题：

(1) 低压转子有质量不平衡。

(2) 中压/低压对轮质量不平衡。

(3) 3、4 号轴承的轴振与瓦振之比偏小（通常情况，轴振/瓦振一般为 2～4），可能原因是支撑刚度偏低，不排除 3、4 号轴承座二次灌浆缺空。

根据数据和经验，本书作者分析认为，主要振动原因应该是低压转子存在质量不平衡，如果中压/低压对轮质量不平衡是主要原因，2 号瓦瓦振应该大；如果轴承座二次灌浆不良为主因，波特图应该有表征。

一个在制造厂刚做过高速动平衡的新转子，为何存在质量不平衡？制造厂代表不同意我们的分析意见，声称厂家动平衡精度没问题；电建安装单位也不同意我方分析，认为振动是由于低压缸真空所致。根据我方经验，这种振动应该和低压缸真空无关。当时对原因的判断直接关系到后续处理方案。

鉴于当时工期不紧，我方同意业主决定的先处理真空。

10 月 10 日，真空消缺完后启机，3000r/min 振动见表 4-4。

表 4-4　某电厂 5 号机组真空处理完后 3000r/min 振动（2002 年 10 月 10 日）（通频：μm）

测　点	1 号瓦	2 号瓦	3 号瓦	4 号瓦	5 号瓦	6 号瓦
X 向轴振	18	90	82	83	21	16
Y 向轴振	22	46	26	47	45	27
垂直瓦振			38	74		

此次启机，3000r/min 振动数据（见表 4-4）和真空处理前相同，说明 3、4 号瓦振动高的原因不是低压缸真空缺陷，而是转子存在原始质量不平衡。于是决定进行动平衡，在低压转子上加重。一次加重后振动（10 月 17 日，3000r/min）见表 4-5。

表 4-5　某电厂 5 号机组动平衡加重后 3000r/min 振动　（通频：μm）

测　点	1 号瓦	2 号瓦	3 号瓦	4 号瓦	5 号瓦	6 号瓦
X 向轴振	41	46	38	43	41	18
Y 向轴振	49	47	34	50	57	29
垂直瓦振	10	3	7	5	12	12

这次加重，3、4 号瓦振显著下降，均不到 10 μm；2、3、4 号轴振也都降到 50 μm 以下。动平衡效果显著。

其后的超速试验过程，各瓦瓦振、轴振测点振动变化平缓，没有出现急剧增大。

机组负荷从零到满负荷 300MW 过程，振动基本稳定，除 1 号瓦轴振外，其余各瓦瓦振、轴振无明显变化；升负荷过程各瓦瓦振始终小于 16 μm；轴振小于 60 μm。

1 号瓦两个方向轴振随负荷增加略有上升，从零到 300MW，1X（X 为 X 向轴振）从 46 μm 增加到 65 μm，1Y（Y 为 Y 向轴振）从 53 μm 增加到 74 μm，分别增加了约 20 μm。

负荷 300MW（10 月 22 日 15：10）各测点振动见表 4-6。

表 4-6　某电厂 5 号机组动平衡加重后 300MW 振动　（通频：μm）

测　点	1 号瓦	2 号瓦	3 号瓦	4 号瓦	5 号瓦	6 号瓦
X 向轴振	64	60	58	31	38	24
Y 向轴振	73	61	42	52	50	32
垂直瓦振	9	4	12	16	9	12

此处介绍这个案例，重点不在于动平衡，而是要说明质量不平衡分析判断的过程。

现场出现了振动问题，对原因的分析或处理会出现各种意见，电建有电建的意见，电厂有电厂的意见，制造厂又有他们的意见，这是好事，可以帮助振动专业人员更全面地分析，广开思路，多方面考虑。但这种情况有时又会使问题复杂化，有些单位人员自认为有经验，坚持己见。这时，作为振动处理的主承担人员，必须要有自己的独立分析和准确判断，有独到见解和成熟可靠的处理方案，不可模棱两可，优柔寡断，因为最终一切多余的开机和多余的处理，从技术上都要由振动处理主承担人承担责任。

案例 4-2　大同二电厂 1 号机组围带飞脱

大同二电厂 1 号机组是 1984 年投运的东方汽轮机厂 D05/D09 型三缸三排 200MW 机组，1998 年 3～6 月由电力部龙威公司和东方汽轮机厂进行了三缸通流改造。

　　本书作者曾经在《汽轮发电机组振动》一书中将这台机组振动处理按动平衡案例介绍，发表后该机组的故障情况又有新发现，涉及了转动部件飞脱。

　　现场机组的振动处理类似于案件的侦破，多数机组处理完后，主处理人员可能会反思处理中的分析考虑正确与否，反思处理中对故障原因、机理、发生过程的判断有无失误；但有个别疑难故障，虽然处理完，对处理中机组表现的一些怪异现象，仍可能长时间萦绕在处理人员的脑海中，总感到现有的解释不尽合理，想探其究竟，找到真正的原因。对于那些一时没有解决的问题，更会反复思考，分析原因，寻求解决途径。大同二电厂1号机组1998年的动平衡就出现了这样的过程。

　　1998年6月12日7：20，1号机大修后第一次冲转，8：30冲到3000r/min定速，此时3号瓦垂直振动94 μm，水平振动75 μm，其余各瓦振动见表4-7。

表4-7　　　　　　　大同二电厂1号机动平衡加重前各瓦3000r/min振动　　　　　　［μm/（°）］

测　点	1号瓦 垂直瓦振	2号瓦 垂直瓦振	3号瓦 垂直瓦振	4号瓦 垂直瓦振	5号瓦 垂直瓦振	6号瓦 垂直瓦振
一倍频幅值/相位	15/293	21/90	94/278	25/21	55/43	38/171

　　根据一倍频振动大的特征，确定转子存在不平衡质量后，从6月12～16日，作者进行了现场动平衡，加重共有4次。

　　第一次在中压末级，加重P_3＝723g。加重后3号瓦垂直振动增加到118 μm，这一次加重采用的是其他多台同型机组的滞后角，但加重效果与预期的相反。

　　第二次加重：接长轴前对轮加P_{3d}＝781g，同时取下原中压末级加重的723g。加重后3号瓦垂直振动进一步增大到142 μm。当时分析认为，这台机组3号瓦附近的加重滞后角可能与通常机组相反。

　　然后在中压末级进行第三次加重P_3＝1502g，同时保留接长轴前对轮的781g。

　　加后冲转，过1600r/min时1、2、3号瓦瓦振过大，只升到了1750r/min，不得不停机。这次加重得到1600r/min的影响系数与第一次在同一平面加重得到的影响系数差别很大。

　　分析后决定进行第四次加重，再在接长轴前对轮加，这次加重利用第二次加重的2910r/min影响系数。取下P_3的1502g，取下P_{3d}的781g，接长轴前对轮加重P_{3d}＝924g。加重后振动见表4-8。

表4-8　　　　　　　　　1号机第四次加重后各瓦3000r/min振动　　　　　　　　［μm/（°）］

测　点	1号瓦 垂直瓦振	2号瓦 垂直瓦振	3号瓦 垂直瓦振	4号瓦 垂直瓦振	5号瓦 垂直瓦振	6号瓦 垂直瓦振
一倍频幅值/相位	15/293	21/90	94/278	25/21	55/43	38/171

　　3号瓦振动明显减小，其后又在低压转子加重一次，4、5号瓦振动进一步下降。虽然这台机动平衡最终是成功的，但处理过程中有多处令人迷惑不解。

　　首先，1号机组本次改造后的初始几次启机过程，降速时的一倍频振幅明显大于升速，在有的转速点相差近一半，且每次如此。这个现象有些像动静碰磨，也有些像轴瓦存在紧力不足或瓦枕接触不良，但当时无法确定真正原因。

其次，动平衡时在中压末级加重了两次，一次723g，另一次1502g，按通常规律，如此大的重量块加上，应该能拿到准确的影响系数，且系数值应该接近。但第一次加后的影响系数和其他同型机组的不同，第二次加重后和第一次的又不同，这种反常也无法解释。

另外，接长轴前对轮第一次加重的影响系数和其他机组的相位相反，这台机组有何特别之处造成了影响系数反常？是否当时瓦振传感器信号线反接？

直到两年后的2000年夏季，作者偶然得知，1998年下半年，即做完1号机组动平衡之后约半年，电厂人员在3号机组（厂里共有4台同型200MW机组）抽汽口发现一些复环碎片，为查找隐患，揭开3号机组中缸检查，没有查出问题，于是又揭开1号机组中缸，发现中压转子有复环飞脱。分析结论：1号机组中压飞脱的复环经中压4号抽汽口到1号机组除氧器，再到3号机组除氧器，最终在3号机组抽汽口发现了残片。

至此，用复环的飞脱很容易解释1998年动平衡过程中的异常。复查当时启机的振动记录可知，中压复环飞脱是逐渐发生的，每次的飞脱都发生在冲转升速到高转速时，正是这种质量变化造成了降速临界转速振动高于升速，也造成了前几次加重影响系数的异常。因为每次得到的影响系数，除了有加重平衡块引起的振动变化，还有飞脱复环的因素，因而，当时每次拿到的结果不可能和其他机组的影响系数相同。

另一方面，电厂有人认为复环的飞脱与当时动平衡加重有关。受力分析可知，振动大不可能造成复环飞脱，因为转子一倍频振动呈弓形回转，转动部件因高振动受到的额外离心力很小，复环受力主要还是大轴转动形成的与转速平方成正比的离心力。因而，复环飞脱应该是在该机组起初几次启机到高转速区，由于离心力增加所致。记录显示，该机组1998年6月12日大修后的第一次冲转，3号瓦垂直瓦振升降速临界转速振动就存在大的差别，如图4-8所示，当时转子上还没做任何加重，且在3000r/min没有停留。由此可进一步佐证，复环飞脱不是动平衡加重的结果。

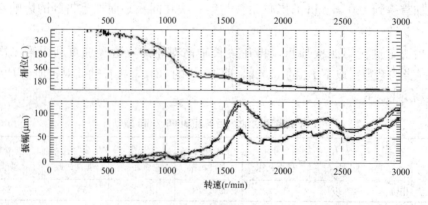

图4-8　大同二电厂1号机组1998年6月12日大修后
第一次冲转3号瓦垂直瓦振升降速波特图

揭缸中对复环和叶顶进一步检查发现，当初在机组改造过程，复环安装铆紧后，制造厂家又在复环外圆进行过车加工，车后使得铆钉头扩展部分变小，对复环径向位移的限位强度减弱，导致高转速时复环发生飞脱。

第四次动平衡加重成功，是因为能够飞脱的复环在前三次升速中都已经飞脱完，转子的质量状态已经固定。数据显示，第四次动平衡启机和其后的启机过程，升降速临界转速振幅差别大的现象完全消失。

这是一个动平衡实例，也是一个转动部件飞脱的典型案例。在真相水落石出后的今天，严格地讲，当时我方对振动原因的分析是有遗漏的。因为第一次冲转到3000r/min及紧随其后的降速过程的振动值，已经反映出转子上质量分布状况有变化，但当时没能紧追不舍，只将其作为一种异常放置一边，去进行高速动平衡，结果数次加重振动下不来。

案例 4-3 广州石油化工总厂重催机组主风机叶片断裂事故（本案例数据由深圳市创为实技术发展有限公司提供）

广州石油化工总厂重催机组于2004年6月24日发生主风机叶片断裂事故，深圳市创为实技术发展有限公司利用S8000系统记录到事故全过程。

图4-9为广州石油化工总厂重催机组总貌图和正常情况下各振动测点的瞬态测量值。

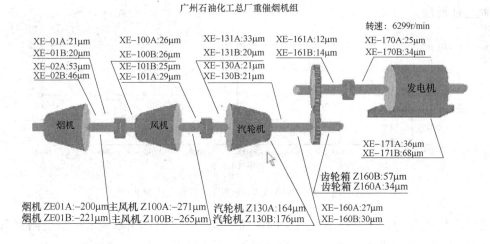

图 4-9 广州石油化工总厂重催机机组总貌图和
正常情况下各振动测点的瞬态测量值

图4-10为重催机组风机事故前后轴承包含事故过程的通频振动时间趋势图，从中可以看到在17:33:00时，这四个测点振动发生突变，从30 μm突增到150 μm。

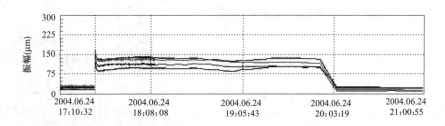

图 4-10 重催机组风机事故前后轴承包含事故过程的通频振动时间趋势图

风机前轴承测点 XE-100A 事故中的波形图及事故前 1s 的频谱图如图 4-11 所示。

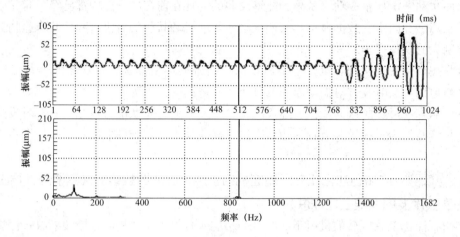

图 4-11　风机前轴承测点 XE-100A 事故中的波形图（上）及事故前 1s 的频谱图（下）

图 4-12 为测点 XE-100A 在事故发生时的频谱图，与图 4-11 比较，可以看到一倍频振幅大幅度地增加。

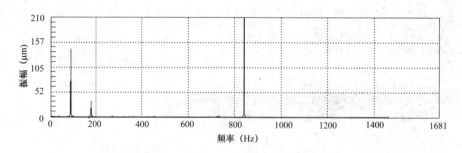

图 4-12　XE-100A 波形频谱图（事故发生时）

表 4-9 是测点 XE-100A 在事故前后的振动参数列表，显示出事故发生前后测点 XE-100A 的通频及各谐波振幅的变化与相位的变化。

表 4-9　　　　　　　　　　　　　　　**测点 XE-100A 振动参数列表**

时　间	转速 （r/min）	间隙电压 （V）	通频值 （μm）	一倍频 [μm/(°)]	二倍频 [μm/(°)]	二分之一倍频 [μm/(°)]
17：32：48	6318	9.74	23.9	16.7/8	5.4/261	0.5/218
17：32：55	6320	9.74	23.8	16.5/8	5.3/261	0.3/31
17：32：56	6320	9.74	23.9	16.9/8	5.3/262	0.5/109
17：32：56	6320	9.74	24.0	16.8/8	5.4/261	0.5/150
17：32：59	6320	9.74	52.0	35.8/23	5.4/289	0.5/150
17：33：00	6318	9.74	170	160/47	37/68	0.8/300
17：33：00	6318	9.74	127.7	121/46	17.5/66	1.5/318
17：33：00	6319	9.74	106.6	104/45	8.5/53	1/265

时 间	转速 (r/min)	间隙电压 (V)	通频值 (μm)	一倍频 [μm/(°)]	二倍频 [μm/(°)]	二分之一倍频 [μm/(°)]
17：33：01	6316	9.73	147.3	136/49	15/67	6/149
17：33：01	6316	9.73	209.7	200/57	39/81	3/184
17：33：02	6317	9.72	203.6	192/56	39/74	0.2/213

由表 4-9 可以看到，17：32：56～17：33：01 的 5s 内，XE-100A 的一倍频振动从 16.6 μm/8°变化到 200 μm/57°。17：33：02 后，振幅趋于稳定，保持在高值，相位也稳定。风机其他三个测点 XE-100B、XE-101A、XE-101B 的记录显示了类似情况。这些振动数据表明在 17：32：56 时刻发生的一倍频振动突变，应该是风机转子上转动质量出现了飞脱。

风机运行 2.5h 后停机，解体检查，发现一根叶片从根部断裂，质量大约有 100g，附近有数个叶片顶部严重磨损，这是叶片断裂飞脱后造成振动增大，导致叶片扫膛的结果。

利用连续监测系统对质量飞脱进行分析判断，关键有两点：①数秒内振动增大、相位变化；②变化数秒后振幅、相位趋于稳定。质量飞脱会造成转子振动出现一个瞬态过渡过程，过渡完后再以新质量分布所决定的稳态强迫振动形式固定下来。这里，判据①是关键，碰磨、热弯曲也会造成类似的变化，但变化时间要慢，且没有瞬态过程。

案例 4-4 **天津 P 电厂 4 号机组不平衡振动分析和动平衡（本案例由电力建设研究院完成，陆颂元参与过其中部分振动分析工作）**

P 电厂二期 4 号机组是哈尔滨汽轮机厂生产的第 7 台 600MW 机组。2002 年 2 月 5 日机组首次冲转，3000r/min 定速，发电机前瓦 9 号瓦轴振 97 μm。

从 3 月 30 日～5 月 16 日的一个半月内，现场动平衡加重十次，过程如下：

（1）3 月 30 日，第一次加重，在 9 号瓦侧风扇叶轮、低压Ⅱ的两个末级叶轮平衡槽各加 700g/90°、370g/110°、370g/290°。

（2）4 月 1 日，第二次加重，在风扇叶轮加 880g/200°。

（3）4 月 1 日，第三次加重，在风扇叶轮加重块 1760g/170°。

（4）4 月 6 日，第四次加重，取风扇叶轮加重块，保留低压Ⅱ加重块。

（5）4 月 7 日，第五次加重，在低/电对轮加 1440g/155°。

（6）4 月 10 日，第六次加重，低压Ⅱ两个末级叶轮平衡槽各加 677g/194°、677g/14°；低/电对轮加 1578g/215°。

（7）4 月 10 日，第七次加重，低压Ⅱ两个末级叶轮平衡槽各加 412g/162°、370g/290°；低/电对轮加 1400g/155°。

（8）4 月 24 日，第八次加重，取下全部平衡块。

（9）5 月 16 日，第九次加重，低/电对轮加 830g/143°。

（10）5 月 16 日，第十次加重，低/电对轮加 1186g/143°。

经过前面的十次加重，2005 年 5 月 19 日，该机振动主调试人员出具的书面报告称：

"单从 9 号瓦处振动特征看，很像平衡故障，于是在风扇叶轮上加重，但效果不大，后来又在低/电对轮上、7 号瓦端低压转子上有过加重，效果均不大。

经检查，发现 8 号瓦端至 9 号瓦处的对轮、短轴等处的晃度较大，实测发现垫片间隙偏大，运行过程垫片移位。

将对轮紧力提高一倍后，3000r/min 空负荷下振动降了下来，但带负荷后，垫片又发生了移位，造成振动上升。重新换上符合间隙要求的垫片后，启机后的振动情况与以前类似，说明振动问题的根源还是联轴器缺陷问题。"

事实上，带负荷时对轮短轴发生移位的情况在该机组启机初期的 2 月中旬就已经表现出来，大轴晃度记录见表 4-10。

表 4-10　　　　　P 电厂 4 号机组大轴晃度记录　　　[一倍频振幅/相位：μm/(°)]

日　期	工　况	8X	8Y	9X	9Y
2 月 7 日	600r/min	35/274	49/148	37/38	27/309
2 月 8 日	超速后降到 360r/min	44/291	65/160	31/36	16/299
2 月 23 日	加负荷后降到 360r/min	58/287	100/160	48/53	28/326
3 月 30 日	第一次加重升 360r/min	64/274	81/128	42/41	24/331

表 4-10 的数据清楚地表明，几次升速，测点 8X、8Y、9X、9Y 的晃度都在变化。遇到这种情况，已经不能轻易加重，必须先查清晃度变化原因，但现场没有这样做。

3 月 30 日、4 月 1 日，机组有三次加重后的启机，4 月 1 日的两次加重是在同一轴向位置，但得到的影响系数明显不一样，对于有经验的现场振动人员，在这样短期内发现影响系数的反常，则应立即停止加重并查找原因，但现场又没有这样做，再一次错失机会，于是继续又加了七次，直到一个半月后的 5 月下旬，才开会研究。

这台机组最终是处理低/电对轮短轴，使轴系状态固定后才得以解决。

可以算出来，动平衡加重十次，启机的费用是多少？造成的工期延误又如何衡量？所有这一切，直接原因就是对机组轴系质量不平衡不稳定状况判断的失误。

事后，当问到振动主调人员为何加重次数如此之多？振动主调人员回答："别人要求加的。"这个"别人"指的是参与调试的电建、业主或制造厂家。殊不知振动是一项专业性很强的技术，外人看来，似乎很简单，加上几百克的重块上去，振动就下来了。现场遇到难题时，人人都能提出主意，个个都是"专家"，但如按其实施失败，谁又能去追究最初提议人的责任呢？

要求现场振动人员完全不犯错误是不实际的，但如果所犯错误如此严重，也是无法理解的。这里，除了振动技术人员的技术错误，工程负责人的组织管理失误也无法推卸。

案例 4-5　贵州 B 电厂 7 号机组电气故障后不平衡振动分析和动平衡

1. 电气事故前后机组 TSI 系统记录

B 电厂 2004 年 3 月 18 日 9 时系统发生电气故障，近端的鸡场变压器（以下简称鸡场变）三相短路，造成该厂 7、8 号机组（国产东方汽轮机厂生产的 200MW 机组）失压运行，无功瞬间增大到 300MVar 以上，机组轴系受到冲击，部分轴瓦振动明显增大，尤其

7号机组3号瓦振动由冲击前的30 μm增大到80～90 μm，严重影响到机组正常安全运行。

电气事故发生在18日09：07：07，7号机组振动在线监测系统记录到事故前后的瓦振、轴振变化，见表4-11、表4-12。

表4-11　　　　7号机组电气事故前后瓦振变化　［通频/一倍频幅值/一倍频相位：μm/μm/(°)］

时　间	3号瓦瓦振	4号瓦瓦振	5号瓦瓦振	6号瓦瓦振	7号瓦瓦振
09：00：01	32/30/291	43/39/254	19/17/129	20/15/120	22/20/339
09：03：01	32/30/295	43/38/253	20/17/126	19/15/115	24/19/338
09：07：01	31/29/295	43/38/253	19/16/131	20/15/116	23/19/337
系统发生电气故障					
09：07：07	63/54/229	77/78/253	41/33/121	17/12/113	17/13/18
09：08：01	70/65/221	73/69/248	41/38/120	14/9/168	19/17/6
09：12：02	78/72/220	65/63/250	42/39/126	13/8/135	20/16/356
09：17：00	79/73/220	63/60/248	40/38/126	14/8/122	21/17/335
09：30：01	74/71/225	59/57/247	37/35/126	14/8/105	19/15/349

表4-12　　　　7号机组电气事故前后轴振变化　［通频/一倍频幅值/一倍频相位：μm/μm/(°)］

时　间	3号瓦轴振	4号瓦轴振	5号瓦轴振	6号瓦轴振	7号瓦轴振
08：31：01	40/32/7	73/66/18	36/31/210	45/44/74	25/12/325
09：07：01	41/32/7	71/66/18	36/31/212	45/43/74	26/12/334
系统发生电气故障					
09：07：07	169/154/321	158/143/18	62/54/218	48/42/96	29/11/9
09：08：01	170/171/313	149/146/10	57/57/214	50/50/85	33/14/322
09：10：01	175/175/311	141/139/9	53/54/216	50/49/85	24/13/325

TSI系统记录数据表明，电气故障前各瓦、轴的振动状况良好，振幅相位稳定；电气故障的发生造成振动瞬间突增，瓦振、轴振明显增大，其中3号瓦振动增大最显著，瓦振最大达到79 μm，轴振最大达到175 μm，相位同时发生阶跃变化；故障对4、5号瓦振动影响次之；对发电机两瓦振动影响不明显；故障后的振动状况尚稳定，但过高的振动严重危及机组安全运行。

2. 作者对7号机组事故后振动测试结果及处理方案确定

作者3月19日到现场对机组振动进行了测试。高负荷和满负荷振动测试结果见表4-13。

表4-13　　　7号机组高负荷和满负荷振动测试结果［通频/一倍频幅值/相位：μm/μm/(°)］

工　况	测点	2号瓦	3号瓦	4号瓦	5号瓦
175MW	垂直	20/8/155	88/82/120	51/48/136	38/36/26
	水平	33/23/352	31/24/31	60/56/112	62/59/323
200MW	垂直	12/5/167	98/88/117	54/52/135	38/36/22
	水平	30/20/356	30/21/20	60/57/114	66/66/326

机组自 3 月 18 日上午事故以后到 3 月 19 日夜，没有带过 200MW 且都是顺阀运行。3 月 20 日 0：40 切换成单阀，3 号瓦振动大幅度增加，瓦振增加到 150 μm，轴振到 300 μm，如图 4-13 所示。

为进一步确定机组振动状况，将机组解列，降速惰走到 900r/min，再挂闸升到 3000r/min，3、2 号瓦临界转速振动偏大（见表 4-14）。同时，1 号瓦临界转速振动到 170 μm（DCS 显示）。

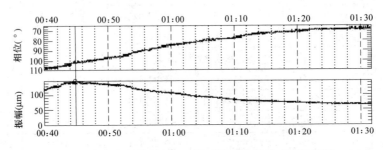

图 4-13　顺序阀切单阀，3 号瓦振动增大的时间趋势图

表 4-14　　　　　　　7 号机组电气事故后临界转速振动　　　［一倍频幅值/一倍频相位：μm/(°)］

工　况	2 号瓦	3 号瓦	工　况	2 号瓦	3 号瓦
降速 1516r/min	94/72	146/341	升速 1310r/min	127/339	54/309
降速 1310r/min	137/346	57/311	升速 1520r/min	82/63	135/343

上述振动测试数据表明 7 号机组振动现状为：①3、4、5 号瓦振偏高，满负荷 3 号瓦振动 100 μm；②单阀进汽 3 号瓦振动 150 μm，轴振 300 μm，过高；③3、4、5 号瓦振幅、相位不稳定，3000r/min 和不同负荷的相位偏差可达 30°～40°；④临界转速振动偏大。

对于振动原因，根据 19 日晚的测试，初步确定为质量不平衡；20 日上午没有急于处理，要求厂里协助做进一步测试，没有发现新的情况，但 3000r/min 和不同负荷的相位偏差达 30°～40°，使得情况有些不明朗，如果进行动平衡加重，需要格外小心。因为如果机组潜藏有其他致使相位变化的故障，动平衡将是无效的，甚至产生副作用，造成振动进一步恶化。最后决定立即停机进行动平衡加重。

3. 动平衡加重及结果

加重两次：

第一次：接长轴中对论，$P_{中}$=560g（中为中压转子）；

第二次：$P_{中}$=80g，低压转子两端，P_4=400g、P_5=377g。

经过对轴系两次加重，7 号机组振动得到明显改善。加重后，3000r/min 定速的振动明显降低，各瓦振小于 25 μm；3 号瓦轴振 106 μm；带负荷后振动逐渐增大，高负荷瓦振最大 65 μm。工况、参数稳定时，逐渐下降到 50 μm。多数情况 3 号瓦振动 50～55 μm；汽轮机其余各瓦振动小于 20 μm，振动稳定。

7 号机组动平衡后的瓦振见表 4-15。

表 4-15　　　　　　　　7 号机组动平衡后的瓦振　　　〔通频/一倍频幅值/相位：μm/μm/(°)〕

时　间	工　况	测　点	2 号瓦	3 号瓦	4 号瓦	5 号瓦
3 月 21 日 9：20	3000r/min	垂直	15/221	21/258	19/68	16/36
		水平	11/156	20/147	22/290	5/3
3 月 22 日 8：30	203MW	垂直	8/6/27	53/50/259	13/12/240	5/3/246
		水平		33/30/179	26/23/260	19/14/97

鉴于生产等原因，决定动平衡处理暂时告一段落，对 3 号瓦振动情况做进一步观察分析，待适当机会再次进行动平衡。

4. 7 号机组异常振动发展过程解析

根据分析，本次 B 电厂 7 号机组由于电气系统故障造成的振动增大过程分为两个阶段：第一个阶段是电气故障对轴系扭矩的冲击；第二个阶段是扭矩冲击导致的轴系振动增大。

鸡场变发生三相短路瞬间，此时发电机送出的有功功率变小，但主蒸气参数未变，于是转速飞升到 3024r/min，使得发电机输出相位和系统相位拉开，同时由于强励动作，发电机电压提高；紧接着，在鸡场变故障切除瞬间，发电机与系统并列，但当时两者的相位差和过高的电压，造成类似于非同期并网的事件，这对机组轴系产生瞬间扭矩冲击。相位差越大，发电机电压越高，扭矩冲击越严重。

正常运行中的机组轴系各横截面传递一个定常的扭矩，这个扭矩量值的波动通常不大，但如果系统发生电气故障或汽轮机运行故障，均可以使轴系扭矩瞬间发生大的波动。

在可能造成汽轮发电机组扭矩变化的各种起因中，多数是来自电气系统的扰动，如三相自动快速重合闸（无论成功与否）、非同期并网、失磁、单相自动快速重合闸、两相短路或接地、单相接地、断线等。所有的线路切合都可以对轴系扭矩产生瞬间冲击作用。汽轮机调速系统的扰动，如甩负荷、快关等也会导致轴系扭矩发生瞬间变化，但它们造成的是扭矩的瞬间减小。

发生扭矩冲击可以导致机组轴系出现下列二次故障：①联轴器螺栓断裂；②对轮连接状况松动；③叶片断裂；④轴承座发生水平偏移或上抬；⑤轴段径向移位；⑥轴段弯曲。所有这些二次故障，又可以进一步造成振动增大，不同类型二次故障造成的振动现象和特征不同。

根据本次 7 号机组发生的电气故障过程和振动测试、处理情况分析，7 号机组振动增大的过程应该是这样的：

(1) 鸡场变的故障对机组轴系造成两次扭矩冲击，一次是变压器短路瞬间，另一次是电气故障切除的瞬间，后一次的冲击相当于一次严重的非同期并网。

(2) 根据故障发生前后振动记录数据反映，本次瞬间扭矩冲击造成了两个恶果：一是造成大轴 3 号瓦附近轴段的质量分布状况发生变化，使得 3 号瓦一倍频振幅增大，相位明显变化。产生这种结果的直接原因最可能的是 7 号机 3、4 号瓦之间的接长轴轴段发生径向移位，在接长轴上加重结果证实了这个推测。二是造成汽轮机动静间隙变化，导致动静碰磨，碰磨部位在中压转子的可能性大。这个结果构成了当前 3 号瓦振动波动的直接原因。

（3）鸡场变故障对机组带来的扭矩冲击后果，其严重程度取决于各机组原设计制造状况。国产 200MW 机组接长轴是整个轴系强度的薄弱轴段，无论是径向强度，还是扭转强度都偏低。1985 年秦岭电厂 6 号机组（东方汽轮机厂，200MW，D09 型）新机调试阶段曾发生过因非同期并网导致的 3、4 号瓦振动剧增的事故。本次 B 电厂 7 号机组的情况与之十分类似。清镇电厂 8 号机组在 3 月 18 日 09：07：07 同样记录到 4 号瓦振动从 40 μm 突增到 60 μm。

案例 4-6　贵州 Y 电厂 3 号机组厂家失误致不平衡振动分析与处理

1. 原始振动情况

Y 电厂 3 号机是哈尔滨汽轮机厂有限责任公司（以下简称哈汽）生产的 200MW 机组。2005 年 12 月 27 日新机组首次冲转，低转速低压缸后瓦 5 号瓦振动大，最高只能冲到 1040r/min，5 号瓦振 52 μm，4、6 号瓦振 30 μm；振幅随转速增大而增大，重复性好。

2. 处理和分析过程

（1）第一次加重。12 月 28 日作者到厂测试，见图 4-14，10：10 冲到 1050r/min，5 号瓦振 71 μm，轴振 5X 412 μm，全部为一倍频；4 号瓦略小，4、5 号瓦同相位。

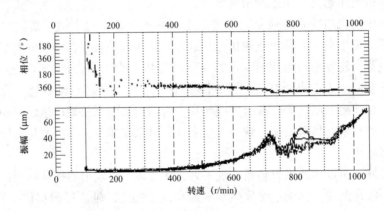

图 4-14　升速 5 号瓦垂直振动波特图

作者据此判断为低压转子存在质量不平衡，故立即决定进行加重。

12 月 28 日夜，加 $P_5 = 475$g。机械滞后角很小，因为没到临界转速，加重位置在高点反面。加重后，12 月 29 日 01：13 冲转，冲到 1050 r/min，振幅、相位没有明显变化。鉴于所加 475g 引起的振动反应很小，决定暂停加重，查找原因。

（2）12 月 29 日分析会。12 月 29 日上午开会分析讨论，参加讨论会的有我方、哈尔滨汽轮机造制厂、贵州中试所、贵州电建公司、Y 电厂、贵州省电力公司投资方等单位数十人。会上哈尔滨汽轮机造制厂提出振动原因是电建公司安装存在问题，或者机组基础下沉也有可能。贵州中试所认为低/电对轮对中不当是主要原因。我方明确表态，振动原因是低压转子存在大的不平衡质量；分析中，排除 TSI 系统存在的故障，排除动静碰磨，排除低缸基础二次灌浆缺陷，排除安装缺陷造成的结构共振，排除轴瓦紧力不足、间隙不当等缺陷，排除低/电对轮对中是主要原因，排除叶片飞脱。在调取查阅了哈尔滨汽轮机制造厂家动平衡记录后，我方排除哈尔滨汽轮机制造厂动平衡存在问题。但会议讨论从各个角度始终没有能够找到低压转子不平衡质量的来源。

分析中甲方提供了一个重要情况，低压转子从哈尔滨汽轮机制造厂（简称哈汽）往贵阳运输过程中，在贵阳货场发现转子从支架脱落，造成 5 个叶片弯曲。是否脱落过程造成转子弯曲？查询电建安装数据，表明低压转子中部晃度只有 0.06mm，低/电对轮低压侧外圆晃度 0.12mm，正常。

追问现场更换叶片情况，甲方提供：由哈汽派了 6 名工人携带 5 个新叶片来现场作业，当时哈汽人员拒绝电厂、电建的任何技术介入和建议。会议否定了解体低/电对轮检查和调整对中的方案。在别无选择的情况下，决定再次在低压转子上尝试用动平衡的方法。

（3）再次加重。

1）第二次加重：在低压转子上加 $P_4 = 1600g/310°$，$P_5 = 1600g/310°$，同时取下 $P_5 = 475g$。

2）第三次加重：在低压转子上加 $P_5 = 4000g/23°$，同时取下 $P_4 = P_5 = 1600g/310°$。

加重后 5 号瓦振没有下来，但根据这两次加重后的振动数据分析，得到重要结论：①低压转子 5 号瓦单侧缺重；②完全将振动降下，总共需要加 12 000～15 000g。

（4）后续分析，仍然无法解释 Y 电厂 3 号机低压转子单侧缺重的来源，考虑到不明原因情况下加大质量的风险过大；又考虑到再施加大质量的平衡块在低压转子平衡槽上已没有位置，因此也无法实施，分析陷入僵局。

这时，现场经理、我方、贵州中试所三方人员到贵阳和贵州电力公司领导讨论，确定下步工作：揭低缸检查、复查轴系对中、标高、轴承；转子探伤（查裂纹）、检查发电机。

按电力系统常规，对于现场如此重要的生产技术问题，省局有关领导和技术主管应该下现场直接参与分析研究。十分遗憾，当时贵州省局没有这样做，巧合的是，正是这种遗憾，促成了我们的发现。

（5）我方始终在思考以下问题：

1）不平衡质量的来源？

2）哈汽说明，转子在动平衡时，需先做超速，将叶片甩出。那么 3 号机是否低压转子换的五个叶片没有甩出来？能否估算甩出与没甩出的离心力相差多少？

3）计算离心力，需要知道每个叶片质量。

从贵阳回到电厂后，调取了哈汽提供给电建的叶片图纸（2005 年 5 月出图），知道每个叶片重 12.75kg；而更换下来的废叶片，实际称重是 13.6kg。也就是说，2005 年 5 月哈汽来电厂实地换上的叶片是 12.75kg 的，而换下的摔变形的老叶片是 13.6kg。叶片共减轻 $0.9 \times 5 = 4.5$（kg），按叶片质心回转半径和平衡槽半径折算，平衡槽处缺重约 12kg，质量与第三次加重后计算需要加的质量一致。由此断定，低压转子如此大的不平衡质量，来自更换上的五个新叶片质量，这些叶片轻于原叶片质量。

观察揭缸后的低压转子，立即得到证实。

其后，哈汽送来 13.6kg 的重叶片，更换上后，振动正常，顺利升速到 3000r/min。

（6）小结。

1）根据升速波特图一倍频曲线，可以认准这是质量不平衡，沿着这个方向查找，一定能找到问题所在。实践经验和理论看，动静碰磨、二次灌浆、结构共振、对轮对中都不可能造成这样的一倍频曲线。

2）对于疑难故障的原因查找，不要排除任何可能性，都要经过思考过滤。

3）本例中的现场更换叶片过程，明显是制造厂库房管理混乱，发错叶片型号，派赴现场的实施人没有核对且拒绝他人核对。问题出现后，代表厂家到现场处理问题的技术人员只了解厂家平衡仓的动平衡，对现场诊断知之甚少；而且对于我方分析意见采取推脱抵制的态度，这种态度似乎是汽轮机厂、电机厂家人员对待现场问题的固有模式；这也是长期以来，我国电厂多数技术问题不是厂家解决，而是由电力系统或外系统人员解决的主要原因之一。

案例 4-7　W 热电 1 号汽轮发电机组大修后异常振动分析及处理

1. 概述

W 热电 1 号燃气-蒸汽联合循环机组的蒸汽轮机为南京汽轮机厂生产的 LCZ60-5.7/0.5/0.55 型单缸、供热、凝汽式 60MW 汽轮机，发电机为 QFW-60-2 型，励磁机为 TFLW218-3000A 型。该汽轮机转子和发电机转子均为双支撑，励磁机转子为悬臂结构，轴系结构如图 4-15 所示。

图 4-15　机组轴系结构示意图

2. 振动现象

机组 2011 年 11 月大修后首次启动，2500r/min 之前，轴系振动较好，2500r/min 后，1、2 号瓦轴振随转速升高逐渐增大。大修后首次启动轴振数据见表 4-16。

表 4-16　　　　　　　　　　　　大修后首次启动轴振数据　　　　　　　　　　　　（μm）

工　况	1X	1Y	2X	2Y	3X	3Y	4X	4Y
3000r/min	95	172	56	117	29	34	11	35
并网后	94	205	58	119	28	32	12	36
15MW	104	240	67	129	25	23	17	48

从表 4-16 可以看出，定速过程，1Y 172 μm，严重超标，2Y 也明显偏大；并网后汽轮机振动突变，1Y 突增至 205 μm；带负荷运行一段时间，振动进一步恶化，1Y 变化最

大，逐渐爬升至 240 μm。

3. 振动原因分析

（1）定速过程振动超标原因分析。频谱分析表明，1、2 号瓦轴振以一倍频为主，其他频率成分较小，可以排除轴承失稳等自激振动；定速过程，振幅、相位变化不大，可以排除动静碰磨；主蒸汽、疏水、轴封等系统相关参数正常，说明振动不是运行参数异常引起的；机组安装数据表明各部件安装参数均在合格范围内，排除安装因素引起振动的可能。排除上述影响因素后，确定引起定速过程振动超标的主要原因为汽轮机转子质量不平衡。

该汽轮机转子大修期间曾返厂进行高速动平衡，且达到出厂动平衡精度。考虑到制造厂动平衡时的支撑条件与现场实际情况存在差异，必须进行现场高速动平衡解决定速过程振动超标问题。

（2）并网后振动突变原因及分析。机组在并网后 1Y 出现了突变，由并网前的 172 μm 突增至 205 μm 以上，其余各点变化不大。频谱分析表明，并网前 1Y 以一倍频为主（见图 4-16）；并网后，1Y 除一倍频外，还含有大量的八倍频、十六倍频、二十四倍频等高值谐波分量（见图 4-17）。

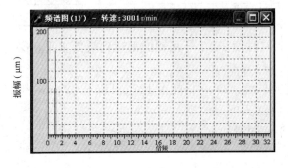

图 4-16　并网前 1Y 振动频谱图

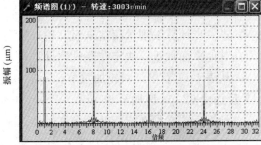

图 4-17　并网后 1Y 振动频谱图

通常情况，如果 1Y 含有高值谐波分量，1X 频谱中同样应存在。但分析显示，1X 始终以一倍频主，除二倍频有 1~2 μm，不存在其他频率成分。此外，1Y 突变前后，1X 变化不大，2Y 也没有同步变化。因此，怀疑 1Y 突变并非转子真实振动，其中大量的谐波分量很可能是虚假信号所致。

为了排除监测系统问题，将 1Y 信号从传感器就地接线盒直接引入振动分析仪表，现场测试得到的频谱图和本特利监测系统差别不大，可以排除 TSI 系统故障。其后，认为最有可能的原因是涡流传感器连接线出现问题，决定对 1Y 传感器连接线重点检查。检查结果表明，1Y 探头至前置器 com 端接地。更换连接线后，1Y 正常，随后的并网以及带负荷运行期间，再也没有出现过振动突变现象。

（3）带负荷过程振动爬升原因分析。带负荷过程中，1、2 号瓦轴振始终不断爬升，1Y 由并网初期的 205 μm 逐渐爬升至 245 μm，并有继续爬升的趋势，振动变化以一倍频为主，手动打闸停机；打闸降速初期，与该机组升速特性不同的是，振动并未立即减小，反而增大；惰走过临界转速，1、2 号瓦轴振明显高于开机，说明汽轮机转子存在一定程度的热弯曲。分析表明,这种热弯曲主要是由动静摩擦引起,和大修中汽封间隙留得较小有关。

由于定速初期振动就偏大,只要通过动平衡将汽轮机转子不平衡量控制在较低水平,不仅有利于解决定速过程振动超标,也有利于缓解甚至消除带负荷过程的振动爬升现象。

4. 动平衡处理及效果

首次加重决定在末级叶轮进行,根据原始振动数据,计算出加重540g,角度170°。实施过程发现该位置对面已有配重块,于是采取去掉原始配重块的方法。加重后,1Y 一倍频由 184 μm 降至 133 μm,2Y 一倍频降至 90 μm 以下,带负荷过程振动爬升明显改变,说明首次加重有效果。考虑到 1 号瓦轴振依然偏大,决定再次加重。

第二次在末级叶轮加重 $p_2 = 630g \angle 190°$ 后,1Y 一倍频由 133 μm 降至 62 μm,但 2Y 反而由 90 μm 增加至 125 μm 以上,动平衡效果并不理想,见表 4-17。

表 4-17   1 号机组动平衡数据   [一倍频幅值/相位:μm/(°)]

项 目	工 况	1X	1Y	2X	2Y
原始振动	20MW	86/23	184/265	58/147	128/27
$p_2 = 540g \angle 170°$	定速空载	79/48	133/284	40/122	89/359
$p_2 = 630g \angle 190°$	定速空载	62/77	62/323	51/90	126/326
$p_{对轮} = 315g \angle 105°$	60MW	73/103	88/5	30/106	62/303

进一步计算发现,仅在末级叶轮加重不能同时使 1、2 号瓦轴振都达到较低水平,必须在其他平面加重,决定在联轴器处加重。

从表 4-17 看出,对轮加重 $p_{对轮} = 315g \angle 105°$ 后,2Y 一倍频由 126 μm 降至 62 μm,但 1Y 反而由 62 μm 增加至 88 μm。

计算表明必须在末级叶轮和联轴器两个平面同时加重。

5. 动平衡处理后的振动分析与处理

联轴器加重后,1Y 定速初期一倍频高达 146 μm,并有继续爬升的趋势,如图 4-18 所示。为此有人提出对轮加重不合理导致了过大振动。但是质量不平衡导致的振动,应该是稳定的。

进一步分析表明,1Y 偏大及爬升主要是动静摩擦所致。本次冷态启动该机在 1200r/min 仅暖机 25min,暖机时间较短,导致缸胀不充分。为了使汽缸尽快膨胀,决定并网带负荷。带负荷初期,1Y 没有立即降低,反而进一步爬升,带负荷运行一段时间后,1Y 逐渐降低。带高负荷 15h 后,振动基本稳定。满负荷,1Y 轴振 90 μm,其余轴振均小于 60 μm,满足机组安全运行要求。

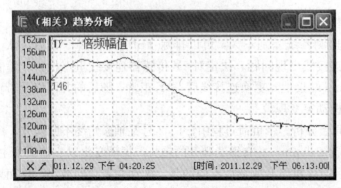

图 4-18   1Y 一倍频幅值趋势图

6. 轴系振动进一步优化

该机组运行一段时间后,

振动状态恶化，1Y 在部分负荷工况下达 $105\,\mu m$ 以上。结合前述分析，决定在汽轮机转子末级叶轮和联轴器同时加重，动平衡后满负荷振动数据见表 4-18。

表 4-18　　　　　　　　动平衡后满负荷振动数据　　　　（通频/一倍频：$\mu m/\mu m$）

测　点	1 号瓦	2 号瓦	3 号瓦	4 号瓦
X 轴振	33/30	12/10	22/20	24/21
Y 轴振	48/44	32/29	38/33	68/66
瓦振	4/3	9/9	6/5	8/6

加重结果证明了上述分析的正确性，通过末级叶轮加重 $p_2=660g\angle330°$、联轴器加重 $p=320g\angle175°$，1、2 号瓦轴振小于 $50\,\mu m$，3、4 号瓦轴振小于 $70\,\mu m$，振动达到该机组投产以来最好水平。

7. 小结

（1）该机组大修后的异常振动现象为转子质量不平衡、虚假信号和动静摩擦所致，现场通过高速动平衡和更换涡流传感器连接线后，彻底解决了振动问题。

（2）动平衡需要细致周密、反复考虑，需要兼顾多个测点、多种工况。本例第二次加重时由于忽视对 2Y 的精确计算，导致动平衡走了一些弯路。

案例 4-8　**浙江 B 电厂 7 号机组不平衡及支撑刚度低的异常振动故障处理（本案例由浙江电科院童小忠、吴文健等人完成）**

B 电厂 7 号机组为西门子 1000MW 机组，轴系布置如图 4-19 所示。其中 HP 为高压缸，IP 为中压缸，LP I 为低压 A 缸，LP II 为低压 B 缸，Ge 为发电机，Ex 为励磁。

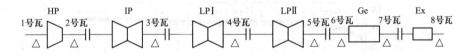

图 4-19　西门子 1000MW 机组轴系布置

1. 振动异常现象及特征

（1）振动异常情况。7 号机组于 2009 年 4 月 11 日 6：13 首次冲转至 3000r/min，各瓦轴振和瓦振见表 4-19。由表可知，5、6、7 号轴振超过优良值，5X 轴振 $105\,\mu m$，4 号瓦瓦振超标，但 4 号轴振为 $54\,\mu m$ 和 $40\,\mu m$，仍然为优良。随后机组定速做电气试验，其间 4 号瓦振、轴振缓慢爬升，至 8：45，4 号瓦瓦振爬升至 $11.8\,mm/s$（跳闸保护定值）而跳闸。首次启机运行仅 2h。

表 4-19　　　　　　7 号机组首次冲转至 3000r/min 各瓦轴振和瓦振

测点	单位	1 号瓦	2 号瓦	3 号瓦	4 号瓦	5 号瓦	6 号瓦	7 号瓦	8 号瓦
轴振 X	（μm）	38	78	45	54	105	94	77	69
轴振 Y	（μm）	19	76	37	40	64	41	55	36
瓦振 A	（mm/s）	0.8	2.4	3.4	8.0	1.6	2.7	3.0	1.0
瓦振 B	（mm/s）	0.9	2.3	2.4	7.7	1.9	2.6	3.1	1.3

注　7 号机组每个瓦均安装有两个瓦振测点，标记为 A、B。

之后电气试验期间，4号瓦瓦振完全无法稳定，定速时始终出现波动爬升，多次达到保护定值跳闸。4号瓦瓦振爬升至跳机的时间短则几小时，最长不超过12h，严重威胁到机组的安全运行。

7号机组跳机时，各瓦轴振、瓦振见表4-20。对比表4-19和表4-20数据可知，机组轴系轴振的问题主要在单支承轴承的2、4号轴振。这段时间内，1、2、3、4号轴振都出现不同程度爬升，而5号轴振则下降，其中4号轴振上升幅值最大，由54 μm升至132 μm，但仍在国家标准合格范围内。轴系瓦振异常主要在3、4号瓦，4号瓦瓦振从8.0/7.7 mm/s爬升至12.4/11.8mm/s，导致机组停运；3号瓦瓦振也从3.4/2.4 mm/s爬升至5.5/5.0mm/s。

表 4-20　　　　　　　　　　　7号机组振动跳闸时各瓦轴振、瓦振

测点	单位	1号瓦	2号瓦	3号瓦	4号瓦	5号瓦	6号瓦	7号瓦	8号瓦
轴振 X	μm	73	89	70	132	65	108	66	68
轴振 Y	μm	21	102	42	56	58	50	54	32
瓦振 A	mm/s	1.0	1.8	5.5	12.4	2.0	3.0	2.8	1.1
瓦振 B	mm/s	1.0	1.9	5.0	11.8	2.3	3.0	2.8	1.3

从4号轴振3000r/min空转趋势图（见图4-20）可以看出，轴振前期爬升幅值较大，后期缓慢，爬升过程相位稳定。4X频谱图（见图4-21）显示50Hz分量为主，仍属于强迫振动。

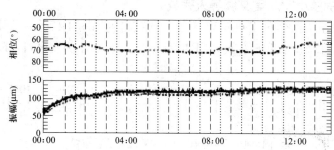

图 4-20　2009年4月12日额定转速下4X轴振趋势图

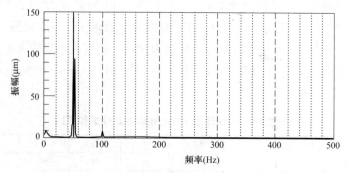

图 4-21　2009年4月12日额定转速下4X轴振频谱

（2）轴承座外特性试验。7号机组的3、4、5号轴承座均为落地式，在TSI系统瓦振为10.2mm/s（约90 μm）、4X为117 μm时，对4号轴承座进行了刚度外特性测试，结果

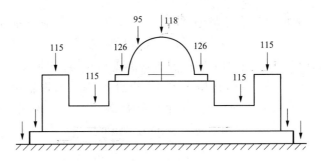

图 4-22　4 号轴承座垂直振动数据（单位：μm）

如图 4-22 所示，可知轴承座垂直方向振动都很大，均在 115 μm 以上，两侧基础的振动在 30 μm 左右，差别振动很小，说明连接状况没有问题，转子振动作用力已全部传递到轴承座，瓦振接近甚至大于相应位置的轴振。同时，轴承座轴向振动都比较小。

（3）运行参数调整试验。7 号机组升降速过程 4 号瓦瓦振在 2760、2940r/min 有峰值，为验证 4 号轴承座是否存在结构共振，进行了提升转速试验和运行参数调整试验。

1）即使转速定在 3030r/min，4 号瓦瓦振、轴振也始终在爬升，转速 3050r/min，瓦振慢慢稳定。提高转速初期总能使瓦振下降一点；降低转速，则加剧瓦振爬升，轴振无变化；稳定在高转速，瓦振仍然波动。变转速试验说明，4 号轴承座存在结构共振的可能。

2）变油压试验，将润滑油压由 0.36MPa 提至 0.46MPa，4 号瓦垂直振动 A 由 9.5mm/s 下降至 9.0mm/s。油压维持在 0.46MPa，4 号瓦垂直振动 A 9.0mm/s，运行近 5h 后，瓦振又开始爬升；油压变回 3.2MPa，瓦振无改善，说明油压与瓦振无必然联系。

3）变真空试验，真空由 0.04/0.05MPa 下降至 0.08/0.09MPa，4 号瓦垂直振动 A 由 9.9mm/s 变到 10.3mm/s；真空恢复，振动恢复到 9.8mm/s，轴振基本不变。说明振动与真空无关。

2. 故障特征分析

轴承座外特性试验表明连接刚度不存在问题；振动特征类似于动静碰磨，但从变化最为剧烈的 4、5 号轴振看，爬升过程相位在变小（见图 4-21），跟动静碰磨特征不符合，排除动静碰磨的可能性；由相关参数看，除结构共振外，排除其他因素影响。

轴振、瓦振的测试结果说明：4 号瓦轴振和瓦振是同步上升的，振幅变大后，4 号瓦轴振和瓦振并不再同步变化。初始状态振动为轴振小、瓦振大，轴承支承刚度弱，故障原因可能为支承系统连接状况出现问题，如轴承紧力、间隙、瓦枕垫块接触等需重点检查；爬升后振动形态为轴振大、瓦振大，说明激振力也变大，需要降低转子激振力。

综上所述，引起 4 号瓦瓦振、轴振爬升的最可能原因为轴承座动力特性变差，轴承座安装质量存在一定问题，导致轴瓦的自位能力差，轴承座动刚度下降，且有可能影响支撑系统的固有频率。因此，4 号瓦轴承座振动处理要采取两方面措施：①降低轴系的激振力，做动平衡；②提高轴承座动刚度，对轴承座接触面、间隙进行详细检查。

3. 第一阶段处理

4 月中旬，为解决 4 号瓦振大和爬升，制定了翻瓦检修和动平衡的初步治理方案。

（1）动平衡方案。这是全国范围对上汽-西门子型单支承转子的第一次加重，没有现成的经验可以借鉴。加重的基本思路是降低 3000r/min 4、5 号瓦轴振基数，计算用原始振动仅取刚到 3000r/min 的数据，不考虑振动爬升后以及瓦振、轴振的关系。

第一次在低压 A 转子 4 号瓦端末级叶轮单端加重 0.83kg /200°。

（2）翻瓦检修。停机后，4 号瓦检查主要发现上轴承盖与上轴承间隙超标：A 排侧 0.19~0.45mm，B 排侧 0.17~0.50mm，标准为 0.20mm±0.05mm；同时发现轴承底部调整块的瓦枕接触面有一贯穿的划痕迹，宽度为 2mm 左右，深度为 0.5mm 左右。轴承支座也有贯穿的划痕迹。

检查各部分螺栓紧固情况良好；轴承座油挡检查正常；转子对轮同心度及晃动度检查正常。

现场处理将间隙值调整到设计值。

（3）处理结果。7 号机组 4 月 26 日开机，刚到 3000r/min，4 号瓦垂直振动 A、B 分别达 7.1、7.9mm/s，随后，4 号瓦轴振、瓦振急剧爬升，0.5h 瓦振 A、B 分别达到 10.8、11.6mm/s，不得不停机。4X 轴振在额定转速停留 0.5h 的趋势图如图 4-23 所示。

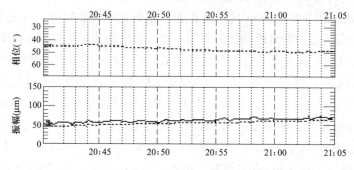

图 4-23　2009 年 4 月 26 日 4X 额定转速趋势图

对比图 4-20 前 0.5h 数据，轴振的变化趋势不变，相位也稳定，轴振略有下降，试加重有效果。但是在轴振仅为 75μm 情况下，4 号瓦瓦振 B 就达到 11.6mm/s 的数值，说明轴承座支承动刚度较未处理前，反而更加的弱化。这次轴承座检修，导致检修质量恶化的唯有瓦枕接触面的贯穿性划痕。

4. 第二阶段处理

（1）处理内容。

1）返回原加工厂处理轴承底部调整块，返回原加工厂加工轴承支座，要求全部恢复到出厂状态。

2）现场对底部调整块和轴承支座进行研磨，确保符合接触面安装要求。

3）回装中又发现轴承支架与主轴垂直度不好，去除一个定位螺栓，用百分表监视，旋转 1.3mm，调整垂直度良好，并保证轴承底部接触面合格。

根据加重数据，综合考虑不稳定不平衡量的因素，原始振动取 3000r/min 刚定速数据，再根据影响系数，调整 4 号瓦平衡块角度为逆转向 150°。

（2）处理结果。机组 5 月 9 日 12：35 冲转至 3000r/min，4 号轴振、瓦振较修前明显好转（见表 4-21）。空负荷定速约 4h，期间不做任何操作，运行参数保持稳定，3、4 号瓦轴振的爬升幅值明显降低，50min 内仅增加 10 μm 左右，4 号瓦垂直振动只爬升到 8.5mm/s，较第二次处理前好转。13：25～17：00 的运行时段，3、4 号轴振稳定运行在较低的水平（见图 4-24、图 4-25），4 号瓦垂直振动也稳定在 8.5mm/s。

表 4-21　　　　　　　　　　　5 月 9 日 7 号机组额定转速下振动

时间	项目 转速 (r/min)	方向	振动值（X/Y 轴振：μm；A/B 瓦振：mm/s）							
			1 号瓦	2 号瓦	3 号瓦	4 号瓦	5 号瓦	6 号瓦	7 号瓦	8 号瓦
12：35	3000	X	44	93	81	45	92	63	66	60
		Y	27	91	33	42	48	35	52	35
		A	0.5	2.3	3.7	5.8	1.6	2.3	3.3	1.2
		B	0.5	2.5	3.2	6.3	1.6	2.3	3.3	1.1
13：25	3000	X	62	108	88	59	63	46	53	91
		Y	25	98	42	46	46	25	63	81
		A	0.6	2.7	3.9	8.1	2.3	1.9	2.5	2.0
		B	0.7	3.0	3.4	8.6	2.3	1.9	2.6	1.8

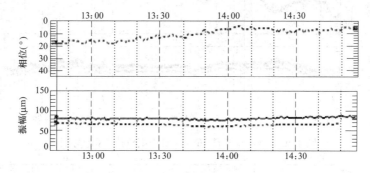

图 4-24　2009 年 5 月 9 日 3X 额定转速趋势图

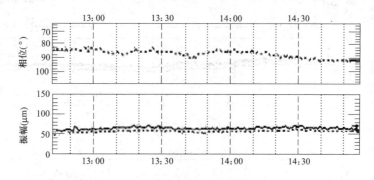

图 4-25　2009 年 5 月 9 日 4X 额定转速趋势图

　　(3) 带负荷振动。7 号机组于 5 月 10 日 12：00 并网带初负荷 90MW，4 号瓦瓦振 A、B 分别达到 9.7、10.5mm/s，至 12：40，4 号瓦瓦振 A、B 分别爬升至 10.8、11.5mm/s，110MW 运行 20min，4 号瓦瓦振 A、B 分别在 10.8、11.4mm/s 上下波动，3 号轴振和瓦振也爬升较为明显。7 号机组带负荷振动数据见表 4-22，带负荷期间，整个轴系振动偏高，2～7 号轴振超标，4 号瓦瓦振 B 为 10.6mm/s，有时超过跳机值，3 号瓦瓦振 B 有时超过 5.0mm/s。

表 4-22   **7 号机组带负荷振动**   （合成轴振：μm；A/B 瓦振：mm/s）

时间 \ 项目	负荷（MW）	方向	振动值							
			1 号瓦	2 号瓦	3 号瓦	4 号瓦	5 号瓦	6 号瓦	7 号瓦	8 号瓦
2009.5.10 12：00	90		38	58	55	53	56	31	30	51
		A	0.7	3.0	5.1	9.7	2.2	2.7	3.3	2.3
		B	0.8	3.3	4.3	10.5	2.3	2.7	3.3	1.7
2009.5.19 15：30	1000		—	59.6	56.1	50.9	64.2	78.1	64.2	53.8
		A	1.0	1.8	4.8	10.0	2.0	3.0	4.1	1.8
		B	1.0	1.9	4.1	10.6	2.3	3.0	4.3	1.3

变真空试验表明，振动与真空无关；排除排气温度变化导致碰磨；轴封汽温度、再热汽温度对瓦振有轻微影响。

带高负荷期间，3X、4X、5X 均在 100 μm 幅值上下波动（见图 4-26～图 4-28），波动并

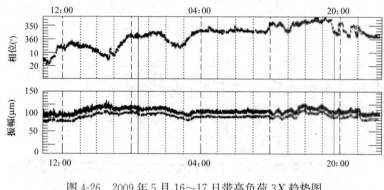

图 4-26   2009 年 5 月 16～17 日带高负荷 3X 趋势图

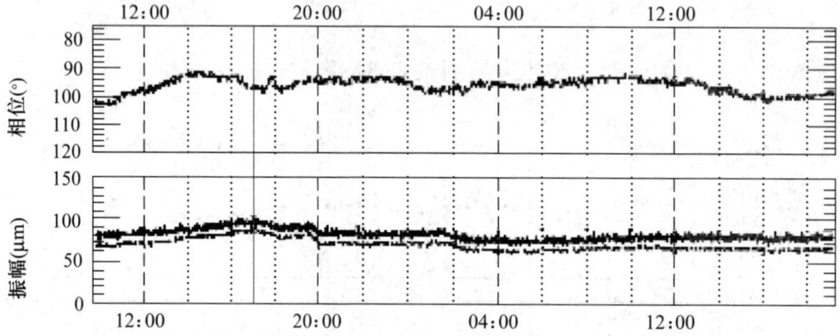

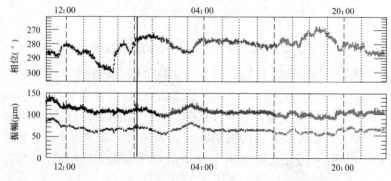

图 4-27   2009 年 5 月 16～17 日带高负荷 4X 趋势图

图 4-28   2009 年 5 月 16～17 日带高负荷 5X 趋势图

无明显规律，相位也有波动，波动范围 20°。从趋势图看，3X、4X、5X 异常属于同一本源。由于振动与真空无关，相位波动在正常范围，实际检查无明显碰磨点，可以排除动静碰磨。

对比 4 号瓦轴振、瓦振（见图 4-29），无明显比例关系；瓦振大于轴振；轴承座振动较轴振灵敏，变化更剧烈。单支承转子间互相影响明显，某一转子振动变化就可能引起其他转子振动变化。

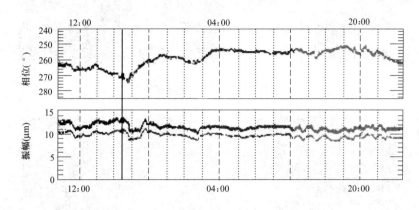

图 4-29　2009 年 5 月 16～17 日高负荷 4A 趋势图

总结 7 号机组轴系带负荷振动问题：①满负荷整个轴系振动都偏大，存在相互耦合影响；②3 号瓦瓦振、4 号瓦瓦振偏大；③启停机，4 号瓦瓦振在 2760、2940r/min 有峰值。

瓦振仍然大的特征说明轴承座支承刚度仍偏低，从处理经验看，轴承底部和瓦枕的线接触状态是主要因素之一。

5. 第三阶段处理情况

（1）动平衡加重。动平衡目的是降低 3、4、5 号瓦轴振，重点是降低 3000r/min 时 4 号瓦轴振。根据前两次加重效果分析，仅考虑刚到 3000r/min 尚不够，还需要考虑轴系存在不稳定不平衡，在低压Ⅱ转子加反对称分量，加重角度 $p_4 = -p_5 = 0.42$kg∠170°。现场加重发现低压Ⅱ转子靠 4 号瓦端 170°已有平衡块，因此将 0.84kg 全部加在低压Ⅱ转子靠发电机侧的叶轮平衡孔上。

（2）轴承座检修情况。机组于 6 月 22 日开始检修，主要检修情况如下：

1）测量低/低对轮同心度，结果良好。

2）检查辅助蒸汽至主机轴封阀门站及杂用水母管至辅汽减温水隔离阀，确保无内漏。

3）低压缸 1、2 滑销系统检查，无异常。

4）装复时调整轴承瓦座与支座垂直度在偏差 0.05mm 以内，以确保实际运行中瓦在的接触面与研磨状态一致。

5）4 号下瓦翻出，发现支座与垫块之间有过热痕迹，如图 4-30 所示。

判断此处经过较长时间振动，导致局部过热，经进一步证实，存在接触不良。

此类机组瓦与座的接触面为线接触，对接触面极其敏感，也就是说对接触面要求非常高，因此必须照西门子要求，一丝不苟做好研磨。4 号瓦接触面修复是此次检修的重中之重，花了大量时间对接触面精细研磨，最后接触面情况比较理想（见图 4-31）。

（3）处理结果。经过处理，机组 7 月 8 日 22：36 冲转至 3000r/min，4 号瓦轴振、瓦

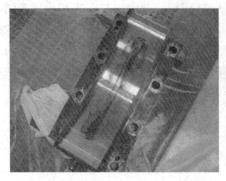

图 4-30　研磨前（解体时）接触面情况

图 4-31　研磨后接触面情况

振较修前大幅度降低，4 号瓦瓦振 A、B 最高分别为 3.5、3.8mm/s，最低分别为 1.4、1.7mm/s。整个轴系振动情况非常理想，全部达到优秀，稳定 5h 后，瓦振最大 3.2mm/s（见表 4-23）。7 月 13 日负荷 1000MW，4 号瓦瓦振最高 4.5mm/s，轴振虽有所爬升，也全在优良范围内。3、4、5 号瓦轴振都比较稳定（见图 4-32～图 4-34）。运行近 4 个月后，负荷 1000MW 时，振动仍均在优良范围，4 号瓦瓦振有所波动，最大不超过 6.0mm/s，波动次数和幅度大为降低（见图 4-35）。

表 4-23　　　　　　7 号机组解决振动故障后振动　　　　（轴振 μm；A/B 瓦振：mm/s）

时间 \ 项目	工况	方向	1 号瓦	2 号瓦	3 号瓦	4 号瓦	5 号瓦	6 号瓦	7 号瓦	8 号瓦
						振动值				
2009.7.8 22:36	3000 r/min	X	32	73	54	24	46	54	55	48
		Y	15	39	28	23	43	26	59	41
		A	1.0	1.9	1.8	3.0	1.4	1.4	0.6	1.3
		B	0.8	2.0	1.5	3.2	1.4	1.4	0.6	1.4
2009.7.13 13:20	1000 MW	X	200	75	42	58	71	63	66	51
		Y	194	68	35	27	59	34	64	59
		A	0.5	1.1	2.4	3.8	1.3	1.2	2.0	1.2
		B	0.4	1.1	2.4	4.5	1.5	1.2	2.0	1.2

项目 时间	工况	方向	振动值							
			1号瓦	2号瓦	3号瓦	4号瓦	5号瓦	6号瓦	7号瓦	8号瓦
2009.11.3 13：20	1000 MW	X	125	78	32	47	51	36	57	29
		Y	86	58	22	23	47	14	56	32
		A	0.5	1.2	2.1	4.9	1.1	1.1	1.2	1.0
		B	0.5	1.1	1.8	5.6	1.2	1.1	1.1	1.1

注　1号瓦轴承轴振由于探头安装位置不正确、轴颈表面有凹槽，轴振信号受到干扰。

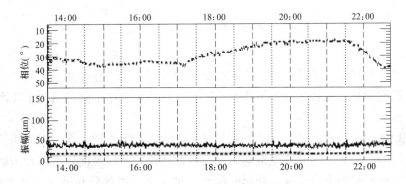

图 4-32　振动故障消除后 3X 轴振趋势图

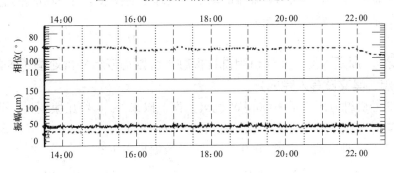

图 4-33　振动故障消除后，4X 轴振振动趋势图

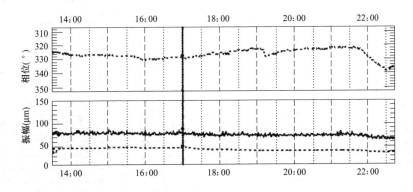

图 4-34　振动故障消除后 5X 轴振趋势图

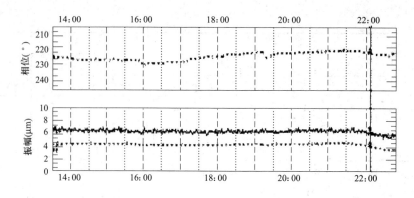

图 4-35　振动故障消除后 4A 瓦振趋势图

6. 故障诊断小结

（1）引起 7 号机组 4 号瓦瓦振严重超标的主要原因：轴系存在质量不平衡，单支承转子轴振相互影响明显；瓦枕接触面损伤导致轴承支承系统刚度下降，这两个原因使得轴系瓦振大、轴振大。

（2）采用西门子技术的轴瓦支承垫块为球面，轴承支架为圆柱面，形成线接触，对支承系统刚度影响非常大，容易产生振动问题，因此严格按照接触面要求做好研磨工作。

（3）对瓦振和轴振不稳定振动超标的治理，轴系动平衡处理和轴承座处理并重进行。由于低压转子轴系为单支撑结构，轴振的动平衡处理不能仅限于同一轴承座的振动，要降低整个轴系的轴振，减少轴系激振力。

案例 4-9　浙江 N 电厂 6 号机组瓦枕接触不良振动故障分析处理（本案例由浙江电科院童小忠、吴文健等人完成）

N 电厂 6 号机组为西门子 1000MW 机组，投产以来 3、4 号瓦振较大，分别为 6.0、6.2mm/s；同时还存在爬升现象，最高 9.1、8.0mm/s。

2009 年 8 月 1 日启动，定速 3000r/min 振动数据见表 4-24。

表 4-24　　　　　N 电厂 6 号机组首次开机振动数据　　　［通频/一倍频幅值/相位：μm/μm/（°）］

时间 测点　　工况	2009.08.01 7:50 3000r/min	2009.08.01 14:07 3000r/min	2009.08.02 14:32 3000r/min	2009.08.02 14:58 3000r/min	2009.08.02 16:01 3000r/min
2 号瓦轴承 X 方向	93/78/17	108/98/12	126/118/32	139/133/33	81/68/33
2 号瓦轴承 Y 方向	34/15/190	42/28/134	48/41/162	60/52/159	41/30/195
2 号瓦瓦振	4.1/4.0/—	3.7/—/—	5.0/—/—	—	4.3/4.2/—
3 号瓦轴承 X 方向	57/49/107	64/56/119	115/111/128	131/128/130	80/75/120
3 号瓦轴承 Y 方向	13/8/145	16/10/131	24/11/140	28/24/140	17/11/144
3 号瓦瓦振	6.0/5.7/—	6.8/—/—	8.0/7.7/—	—	6.3/6.1/—
4 号瓦轴承 X 方向	66/57/80	78/72/93	84/80/95	90/84/97	89/80/105
4 号瓦轴承 Y 方向	28/17/58	28/21/130	24/19/146	28/22/153	27/20/122
4 号瓦瓦振	6.1/6.0/—	6.8/—/—	8.3/8.3/—	—	6.0/6.0/—
5 号轴承 X 方向	75/59/283	56/46/272	89/89/301	91/92/306	76/75/307
5 号轴承 Y 方向	44/35/352	33/26/340	28/25/18	27/24/24	36/27/352
5 号瓦振	0.9/0.7/—	1.1/—/—	1.4/1.3/—	—	1.0/0.8/—

1. 第一阶段处理

3、4 号瓦振较大原因可能是：

（1）3、4 号瓦的动刚度较弱，较小的轴振动变化下，瓦振变化较大。因此，3、4 号轴瓦的安装以及底部调整块与轴承支座的接触面可能存在问题。

（2）由表 4-22 可知，3、4、5 号瓦轴振以一倍频振动分量为主，由此推断：低压 B 转子上存在一定的不平衡。

2009 年 8 月 4～24 日停机消缺，3、4 号瓦翻瓦检查，并对 3、4 号瓦的安装以及底部调整块与轴承支座的接触面进行了简易处理。为了确保 6 号机组在启动后顺利运行 168h，在 LP Ⅱ转子发电机侧加 $p_5=0.731$kg，逆转向 155°。

6 号机组于 2009 年 8 月 24 日开机，动平衡后振动数据见表 4-25。

表 4-25　　　　N 电厂 6 号机组动平衡后振动数据　　［通频μm／一倍频幅值μm／相位／(°)］

时间 测点 工况	2009.08.25 14:40 3000r/min	2009.08.26 9:12 270MW	2009.09.01 7:55 500MW	2009.09.01 15:40 750MW	2009.09.15 13:36 1000MW
2 号瓦轴承 X 向	7056/52	67/60/53	51/43/60	47/39/54	43/33/0
2 号瓦轴承 Y 向	53/47/249	36/29/233	38/35/280	31/27/285	30/18/4
3 号瓦轴承 X 向	50/46/140	56/54/137	37/34/157	45/40/133	55/50/111
3 号瓦轴承 Y 向	17/7/200	10/4/174	9/3/167	12/7/202	13/8/198
4 号瓦轴承 X 向	64/52/99	62/56/93	53/47/102	60/56/98	67/60/111
4 号瓦轴承 Y 向	26/17/148	16/6/193	15/3/302	18/6/265	20/11/245
5 号瓦轴承 X 向	55/43/263	73/69/285	57/52/279	66/62/283	56/53/290
5 号瓦轴承 Y 向	28/21/330	25/20/8	27/20/336	29/20/340	28/20/352

表 4-25 显示，加重 p_5 后，3、4 号瓦瓦振及轴振都有所降低，但仍存在爬升。

2010 年春节调停期间，对 3、4 号瓦瓦翻瓦检查，并对瓦枕接触面研磨；将 LP Ⅱ加重块调整为 $p_5=0.68$kg，逆转向 130°。2010 年 3 月 1 日开机，振动见表 4-26。

表 4-26　　　　　　　N 电厂 6 号机组 2010 年 2～7 月振动数据整理

［通频／一倍频幅值／相位：μm／μm／(°)］

时间	工况	测点 方向	2 号瓦轴承	3 号瓦轴承	4 号瓦轴承	5 号瓦轴承
2010.03.01 4:05	500MW	X 向轴振	54/49/33	103/99/107	55/51/76	37/28/275
		Y 向轴振	19/7/76	30/26/196	17/10/219	22/13/341
		瓦振	1.7/1.5/95	5.3/5.2/84	3.2/3.1/108	0.5/0.3/291
2010.03.04 23:01	1000MW	X 向轴振	87/72/20	108/102/112	79/77/86	38/36/305
		Y 向轴振	45/38/144	16/12/143	23/15/206	23/14/326
		瓦振	1.6/1.2/73	6.9/6.8/100	3.8/3.7/119	1.0/0.8/189
2010.05.02 12:44	553/MW	X 向轴振	90/81/37	123/118/118	87/87/90	42/37/314
		Y 向轴振	48/36/134	23/17/114	31/24/209	23/14/322
		瓦振	2.4/1.8/104	9.2/9.1/115	3.7/3.6/134	0.8/0.8/153
2010.06.08 21:15	1000MW	X 向轴振	62/50/27	86/79/117	69/67/101	29/21/283
		Y 向轴振	34/21/170	15/11/140	27/20/239	31/22/315
		瓦振	1.8/1.4/80	5.0/4.9/98	2.5/2.3/1.8	1.4/1.3/200
2010.07.01 9:18	980/MW	X 向轴振	107/97/34	127/121/114	99/98/85	40/39/300
		Y 向轴振	70/63/153	21/17/136	42/34/210	20/11/332
		瓦振 A	2.1/1.9/112	9.4/9.2/117	4.5/4.4/131	1.3/1.2/157

表 4-26 显示：

（1）经过该次处理，4 号瓦瓦振明显好转，3 号瓦瓦振依然较大；3、4 号瓦波动幅度大，由 5.3、3.2mm/s 爬升至 9.2、4.8mm/s。

（2）3、4 号瓦瓦振爬升时，3、4 号瓦轴振也存在爬升，分别由 103、55 μm 爬升至 127、99 μm，以 1X 分量为主。

图 4-36　3 号瓦下瓦瓦枕接触实体图

根据上述现象，进行了变真空、变轴封汽温度试验，当 3 号瓦瓦振爬升时，适当降低真空度，最好降低至 −92kPa 以下，或对轴封汽温度进行调整，均可降低 3、4 号瓦瓦振。3、4 号瓦瓦振爬升的可能原因为：

（1）3、4 号瓦轴振较大，致使 3、4 号瓦自位能力降低。

（2）3、4 号瓦轴瓦与轴承座接触面研磨工艺未到位，致使 3、4 号瓦刚度较差。

2. 第二阶段处理

2010 年 10～12 月，6 号机组 A 修，对 3、4 号瓦检查，3 号瓦下瓦枕接触较差，如图 4-36 所示。

按照分析，对 3、4 号瓦的接触面进行了精细化研磨，各瓦的安装均严格按照检修工艺进行。检修后开机振动数据见表 4-27，3、4 号瓦振趋势如图 4-37 所示。

表 4-27　　　　　　　　　　　　　　2010 年 6 号机组 A 修后各轴瓦的振动

[通频／一倍频幅值／相位：μm/μm/(°)]

测点 时间	方向	1 号轴承	2 号轴承	3 号轴承	4 号轴承	5 号轴承
14：12 2010r/min	X	134/43/146	153/43/16	227/186/51	57/56/336	—
	Y	140/83/225	243/174/66	46/30/103	35/23/121	—
14：13 2760r/min	X	39/30/182	63/24/40	114/97/73	54/39/69	—
	Y	68/35/340	47/17/197	50/37/216	26/23/260	—
14：15 3000r/min	X	50/38/322	91/62/25	75/70/143	60/57/119	18/10/337
	Y	131/105/18	47/22/64	16/11/234	20/12/221	35/18/330
	瓦振	1.4/1.5	2.0/2.0	5.0/5.2	4.1/3.7	—
14：20 3000r/min	X	91/62/25	108/78/30	84/76/135	67/59/118	20/13/343
	Y	47/22/64	55/29/71	21/17/220	24/14/236	36/24/298
开机时间：2010 年 11 月 13 日						

根据表 4-27 及图 4-37 可知：

（1）2、3 号瓦轴振偏大，最大分别为 91、75 μm，以一倍频分量为主。

（2）2、3 号瓦瓦振动不稳定，定速 3000r/min 后瓦振、轴振爬升，分别由 4.3、3.9mm/s 爬升至 7.2、4.4mm/s。

根据 6 号机组及 1000MW 机振动特性，决定第三次加重，降低 2、3、4 号瓦轴振，提高 3、4 号瓦瓦振稳定性。

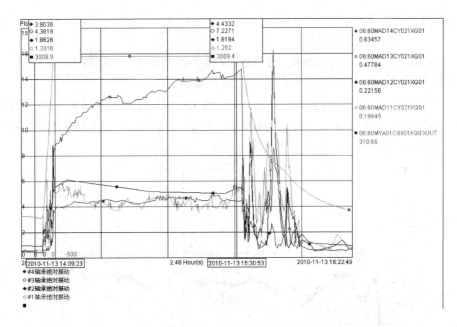

图 4-37　6 号机组 A 修后首次开机过程中 1~4 号瓦瓦振趋势图

按照 1、2、3 号瓦升速及 3000r/min 数据，确定应在中压转子上加重。但考虑到 1000MW 机组中压转子先前没有加过，为稳妥起见，先在中压转子 3 号瓦侧加 0.63kg，逆转向 330°。6 号机组 A 修后在中压转子上试加重后振动数据见表 4-28。

表 4-28　　　　　　　　6 号机组 A 修后在中压转子上试加重后振动

[通频/一倍频幅值/相位：μm/μm/(°)]

工况 \ 测点	方向	1 号轴承	2 号轴承	3 号轴承	4 号轴承	5 号轴承
2010r/min	X 向轴振	130/52/138	149/50/36	185/154/60	52/44/348	—
	Y 向轴振	92/51/246	240/164/79	46/30/112	25/17/141	—
2760r/min	X 向轴振	80/78/162	71/54/76	85/76/81	50/41/114	—
	Y 向轴振	72/63/107	81/61/142	30/27/212	27/21/281	—
3000r/min	X 向轴振	56/48/281	80/61/53	52/48/125	68/64/151	15/7/303
	Y 向轴振	77/67/22	47/29/178	18/16/182	24/20/252	19/14/294
	瓦 A	1.6/1.3/280	2.1/1.9/—	3.3/3.2/137	3.1/3.0/175	0.8/0.7/316
3000r/min	X 向轴振	38/32/251	85/64/62	64/55/116	60/59/157	26/13/204
	Y 向轴振	112/61/34	60/38/159	20/17/169	29/24/279	22/14/297
	瓦振 B	1.0/0.6/108	1.9/1.7/291	3.2/3.0/312	2.2/1.9/6	—
38MW	X 向轴振	63/50/280	91/64/59	63/54/110	61/55/124	32/22/270
	Y 向轴振	77/50/23	54/33/191	25/21/199	23/17/279	19/14/292
	瓦振 B	1.1/0.8/83	1.6/1.4/302	1.9/1.8/275	1.6/1.4/322	—
474MW	X 向轴振	64/60/231	90/72/67	57/52/96	72/63/133	36/26/264
	Y 向轴振	54/42/31	65/50/166	25/20/176	25/19/290	19/8/—
	瓦振 B	1.0/0.8/88	1.9/1.6/296	3.7/3.6/304	2.8/2.7/334	—
3000r/min	X 向轴振	80/78/216	67/57/85	63/61/102	72/66/139	42/35/273
	Y 向轴振	28/20/46	60/50/176	21/16/192	20/14/283	19/12/350
	瓦振 A	0.9/0.3/226	2.5/2.4/125	4.8/4.7/122	4.5/4.4/156	1.1/0.9/238

由加重后数据可知：

（1）2、3号瓦临界振动增加。

（2）3000r/min时，3号瓦轴振、瓦振明显减小，但2号瓦变化较小。

（3）2、3号瓦3000r/min及带负荷时，爬升减弱。

为进一步降低2、3、4号瓦瓦振，2010年11月28日再次在高压转子2号瓦侧加重0.31kg，逆转330°；中压转子3号瓦侧加重0.42kg，逆转160°。加重后各瓦振动数据见表4-29，3、4号瓦轴振、瓦振趋势图如图4-38～图4-41所示。

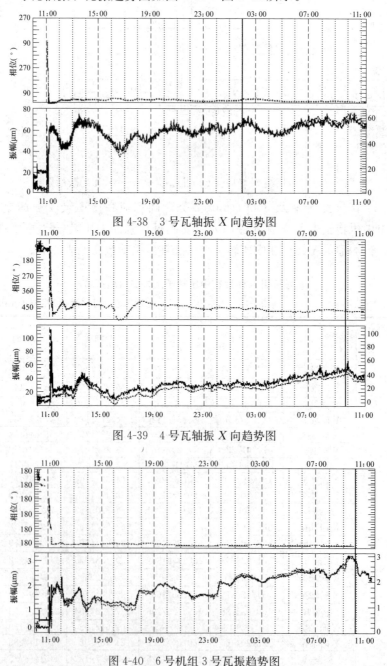

图 4-38　3 号瓦轴振 X 向趋势图

图 4-39　4 号瓦轴振 X 向趋势图

图 4-40　6 号机组 3 号瓦振趋势图

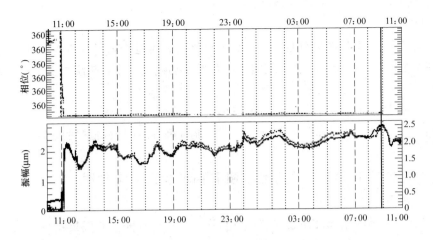

图 4-41 6 号机组 4 号瓦振趋势图

表 4-29 **6 号机组在中压转子、高压转子上加重后各轴瓦振动**

[通频/一倍频幅值/相位：μm/μm/(°)]

工况	振动	1 号瓦轴承	2 号瓦轴承	3 号瓦轴承	4 号瓦轴承	5 号瓦轴承
		在中压转子 2 号瓦端处加重 0.42kg，逆转向 160° 在高压转子 2 号瓦端处加重 0.31kg，逆转向 330°				
2010r/min	X 向轴振	66/62/255	53/32/312	74/67/9	23/8/—	—
	Y 向轴振	19/14/71	47/17/12	14/10/67	18/5/—	—
2760r/min	X 向轴振	82/73/320	73/61/336	40/31/88	46/39/150	—
	Y 向轴振	109/103/348	34/18/227	24/19/217	32/21/305	—
3000r/min	X 向轴振	24/20/220	90/71/32	20/14/280	58/52/158	24/20/220
	Y 向轴振	21/17/327	38/20/71	18/14/206	30/21/301	21/17/327
	瓦振 A	1.0/0.8/224	1.8/1.6/72	1.7/1.7/90	2.9/2.9/148	1.0/0.8/224
268MW	X 向轴振	41/39/235	69/52/70	25/18/97	43/39/143	41/39/235
	Y 向轴振	21/18/323	27/4/220	22/17/210	23/17/311	21/18/323
	瓦振 B	0.7/0.6/224	1.6/1.5/121	1.3/1.2/90	1.9/1.9/146	0.7/0.6/224
500MW	X 向轴振	46/39/255	42/23/70	23/21/79	52/46/135	46/39/255
	Y 向轴振	24/17/338	32/16/20	19/14/178	22/17/302	24/17/338
	瓦振 B	0.8/0.6/232	1.6/1.3/137	2.3/2.2/78	2.9/2.8/127	0.8/0.6/232
1000MW	X 向轴振	28/21/280	56/37/70	39/34/96	64/58/136	28/21/280
	Y 向轴振	17/8/356	40/19/148	19/15/183	25/20/293	17/8/356
	瓦振 B	1.1/1.0/242	1.8/1.5/131	3.3/3/111	3.1/3.1/147	1.1/1/242

加重结果显示：

(1) 2、3 号瓦临界转速振动明显减小。

(2) 2、3 号瓦 3000r/min 轴振、瓦振明显减小。

(3) 2、3、4 号瓦 3000r/min 及带负荷，振动爬升幅度减弱，分别由最初 1.8、1.9、2.9mm/s 爬升至 1.8、3.3、3.1mm/s。

3. 小结

6 号机组经过一系列振动处理，3000r/min 及带负荷过程，各瓦轴振小于 70 μm，优良；各瓦振小于 3.5mm/s，优良；同时，各瓦振波动幅度较小，机组可安全稳定运行。

根据振动处理，得出结论：

(1) 3、4 号瓦轴瓦与接触面的接触越好，3、4 号瓦瓦振越稳定。

(2) 将 3、4 号瓦轴振降低到 50 μm 以下，能提高 3、4 号瓦瓦振稳定性。

案例 4-10 广东某电厂 2 号机组质量不平衡振动分析与处理

1. 故障现象

(1) 机组调试期间振动状况。广东某电厂 2 号机组为东方电气集团有限公司生产的 N600-24.2/566/566 型、超临界、一次再热、三缸四排、单轴、双背压、凝汽式汽轮发电机组，轴系布置结构图如图 4-42 所示。

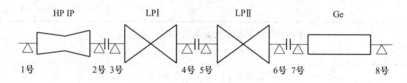

图 4-42 2 号机组轴系布置结构图

据当时局部统计，与 2 号机组投运时间接近的 10 台同型机组中，有 6 台存在类似振动故障：扬州第二发电有限责任公司 3 号机组 7 号瓦轴振可随负荷从 40 μm 爬升到 70 μm，4 号机组 7 号瓦轴振随负荷从 60~70 μm 增加到 120 μm；浙能兰溪电厂 2 号机组存有同样的情况，振动变化量大约 80 μm；浙能兰溪电厂 2 号机组 7 号轴振与励磁电流有关，随电流的增加而增加，可以从并网前的 58 μm 增加到 184 μm，负荷 600MW 励磁电流大于 3500A 时，振动根本无法稳定，最终转子返厂，处理后振动故障状况减轻；广东红海湾发电有限公司 2 号机首次冲转到 3000r/min，7Y 轴振到 130 μm。

某电厂 2 号机组从 2007 年 6 月 5 日首次冲转到 6 月 29 日 168h 结束的整个调试期间，暴露出存在较多振动缺陷：

2 号机首次冲转至 3000r/min 时，5、6 号轴承瓦振动超标，并网带负荷后，5、7 号轴承振动、Y 向轴振都有明显增大。6 月 8 日负荷 314MW，5、6 号瓦振最大 98 μm。在此过程中，通过调整润滑油温和低压轴封温度，能一定程度起到抑制作用，其中低压轴封温度影响较明显。同时发现超速试验转速超过 3100r/min 时，所有轴承振动明显减小，最小降低到 20~28 μm；7Y 轴振由 85 μm 降至 60 μm。

6 月 9 日由于锅炉爆管机组停运，安装单位对 5、6 号轴承翻瓦检查，未查出异常。6 月 19 日 2 号机组重新开机冲转 3000r/min，振动没有明显改善，带上负荷，7Y 振动幅值维持在 120~128 μm。6 月 22 日下午发电机做 PSS 试验，励磁电流由 3701A 瞬间升至 4400A，无功由 107MVar 升至 283MVar，7Y 振动 6min 内升至 154 μm，之后不论负荷如何增减，7Y 振动一直居高不下，维持在 138~159 μm。具体数据见表 4-30。

调试期间，为控制 5、6 号轴承振动，运行人员从参数调整上进行了多种试探：

1）控制低压轴封蒸汽温度在一定范围。运行中发现调整低压轴封蒸汽温度也能够使5、6号轴承振动稳定，且能够使振动在一定范围内减小。通过试验证明，低压轴封蒸汽温度控制在120～130℃比较明显。

表 4-30　　　　　　　　　　2 号机调试期间不同工况主要测点振动

时间	负荷(MW)	振幅（μm）						备　注
		5X	5Y	7X	7Y	5 号瓦振	6 号瓦振	
6 月 5 日	0	52	64	49	66	57	72	首次启动 3000r/min
6 月 7 日	150	37	53	42	89	40	42	150MW 稳定运行 4h 后
6 月 19 日	0	54	60	44	68	60	65	二次启动 3000r/min
6 月 20 日	340	70	95	49	103	82	73	
6 月 20 日	600	60	78	46	127	65	64	负荷首次达到 600MW
6 月 21 日	600	66	92	46	116	77	75	甩 100%负荷后重新带 600MW
6 月 23 日	600	60	77	47	156	57	64	电气做 PSS 试验后
6 月 24 日	550	48	55	53	147	61	76	

2）真空对 5、6 号轴承振动的影响。运行中真空突然升高，振动加大。特别是在启动备用循环水泵时，振动即时上升，但上升的幅度不大。

3）机组负荷对 5、6 号轴承振动的影响。随着负荷增加，5、6 号轴承瓦振和 7 号瓦轴振上升，但是这种关联没有一定的规律性。有时负荷增加时，振动反而减小或变化很小。7Y 在负荷增加时都会在一定范围上升 10～15 μm。负荷稳定，振动会缓慢少许下降后稳定。

4）风压、风温、润滑油温对振动影响较小。

5）励磁电流对振动有一定影响，但关系不是很明显。

该机组虽然从运行上能一定程度地减小振动，但无法根本消除振动缺陷。

（2）振动测试结果。为彻底解决 2 号机的振动问题，168h 后期，作者等对机组振动进行了详细深入地测试和分析。测试结果表明，2 号机振动问题主要表现为 7Y、5、6 号瓦振严重超标。振动数据列于表 4-31，图 4-43～图 4-45 为 7Y、5、6 号瓦振的趋势图。

表 4-31　　　　　　　　168 期间高负荷时主要测点振动　　　　　　　（通频：μm）

时间	负荷(MW)	5Y	6Y	7X	7Y	8Y	5 号瓦	6 号瓦	7 号瓦
6 月 26 日 14：56	576	55	39	55	150	72	50	75	62
6 月 28 日 21：57	576	51	46	56	149	68	50	66	63

2. 振动原因分析与判断

从测试记录数据可以看出，2号机组的振动特征表现为：

（1）高振动为 7Y，5、6、7 号瓦振也过高，频率成分以一倍频为主。

（2）7Y 以及相邻测点振动相

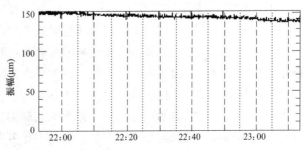

图 4-43　168h 期间 7Y 振动趋势图

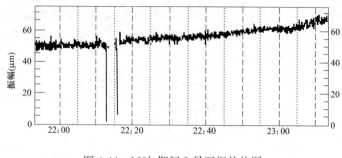

图 4-44　168h 期间 5 号瓦振趋势图

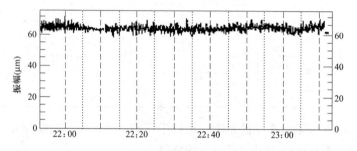

图 4-45　168h 期间 6 号瓦振趋势图

位关系没有异常。

（3）7Y 振动基数过高。

（4）7、8 号瓦轴振相位接近，6、7 号瓦相位接近。

对于汽轮发电机组，一倍频振动高的常见原因是转子上存在质量不平衡，具体有三个主要来源：原始质量不平衡；转动部件飞脱、松动；转子热弯曲。

现代汽轮机组高中压、低压转子采用整锻转子，会在热加工中生成残余热应力，成为日后转子热变形的主要原因之一。残余热应力热变形通常出现在汽轮发电机组轴系的汽轮机高压转子段和发电机转子。对于发电机转子，不均匀受热是热变形的另一个常见来源，转子周向温度存在差别，高温度部位的金属材料必定膨胀，造成数米长的转子沿轴线出现弯曲或呈空间扭曲，这种现象在发电机转子上经常遇到。发电机转子会因为通风道堵塞、励磁电流增大产生的热效应等原因，造成转子一侧温度高于对面一侧，使得转子发生类似于一阶振形的弯曲，影响到第一阶振形分量的振动。

汽轮发电机组振动故障另一类重要来源是机组的结构缺陷。如果结构系统存在和激振力一致的固有频率，在共振放大系数较高的条件下便会发生共振现象。机组共振结构通常有三种形式：转子-支撑结构系统、转子-支撑-缸体结构系统、转子-支撑-台板结构系统。

转子在同步不平衡力作用下过临界转速时所表现出来的轴振动峰，实际上是转子自身结构的共振响应。如果此时瓦振出现过高的振动峰，甚至瓦振大于轴振，则可以判断轴承支撑结构系统在这个转速下发生了共振。因为通常情况下瓦振完全是由于转子作用在其上的力产生的强迫振动，瓦振应该明显地小于轴振。

现场振动处理经验表明，低压缸支撑系统共振是机组振动异常的原因之一。

机组结构的另一种缺陷是刚度不足，刚度不足多发生在低压转子。低压转子支撑系统座落在低压缸上，如国产三缸三排汽 200MW 机组、600MW 超临界机组，它们的低压转子轴承就正好位于低压缸台板中部，与周围缸体用筋板支撑。现场测试发现，这种支撑的刚度很易于偏低，造成轴承振动过大。原因是设计阶段缺乏足够的刚度校核。一方面，这种计算有一定难度，因为结构过于复杂，有限元计算中所要用到的一些系数目前尚缺少，如结合面刚度等；另一方面，设计阶段没能进行充分试验，和结构共振一样，设计存在一定的盲目性，最终导致结构动态特性存在重大缺陷。

缸体共振和刚度低的实际处理方法不一样。提高支承系统的刚度主要应该提高静刚度，增加支撑筋板或支柱；改变支承的共振特性则要从调相应频率的动刚度着手。

根据振动测试结果，作者判断2号机组振动异常的原因有如下三点：

（1）东方电机厂对转子部件装配、动平衡存在严重缺陷，致使该转子热稳定性不良，残余振动过大；基本排除振动原因来自发电机转子的电气故障，如绕阻匝间断路。

（2）转子不平衡质量偏高，这里除与生产厂有关外，还与现场的低/电对轮连接状态不当有关。

（3）东方汽轮机厂对该型机组低压缸的动特性设计同样存在重要缺陷。

3. 故障的处理

对2号机组的振动原因基本确定后，随之是如何处理？这时有几种方案可供选择。

一是采取将发电机转子返厂，检查电气缺陷，是否存在绕阻匝间断路等；进行热老化，再上平衡台高速动平衡。这样做能够查出转子根本原因所在，彻底消除故障，但同时会有两个问题：一是转子返厂费时；二是这样做消除故障的把握并非百分之百，因为返厂只能处理发电机转子本身，不能完全排除故障原因来自现场和缸体的可能。

二是在现场对低缸进行加固。这个方案的问题在于缸体结构复杂，动特性无法事前准确计算，同时利用增加支撑、筋板的方法提高刚度或调频，带有很大的盲目性。

三是现场对轴系进行动平衡加重。根据对测试数据的全面分析和类似机组处理经验，当时估计，利用动平衡的方法，将2号机组5、6号瓦瓦振降低到35 μm以下，7Y降到90 μm以下的把握性有70%～80%。

现场机组动平衡和振动处理是一项十分复杂的技术，尤其对于2号机组，无法准确预估动平衡效果。动平衡处理过程中，机组振动任何超常规的情况都可能出现。但与上述方案一、二相比，动平衡加重的可实施性强。

经过对工作量、效果、把握性以及工期、时间各方面的比较和权衡，电厂领导和集团公司决定安排进行以动平衡为主的试探性处理。

对具体加重方案和加重步骤，各方从技术上有不同的意见和提议；加重过程中涉及到进低压B缸内加平衡块，检修和运行人员也从各自专业角度完善了具体实施方案。

4. 动平衡

2号机组平衡振动处理分为两个阶段，第一阶段进行了以降低3000r/min振动为目标的动平衡加重，第二阶段是降低满负荷振动。

（1）第一阶段动平衡。2号机组6月29日停机，7月6日停盘车，翻7号瓦检查，没有发现问题，于是按原计划开始进行动平衡加重。7月7～18日，进行了第一阶段加重，低/电对轮加重930g，低压转子加重1320g。加重前后主要测点振动数据见表4-32。

表 4-32   第一阶段动平衡加重前后主要测点振动   （通频：μm）

工况	5Y	6Y	7X	7Y	8Y	5 号瓦	6 号瓦	7 号瓦
加重前 3000r/min	76	44	48	83	49	71	74	52
加重后 3000r/min	21	36	37	43	36	14	17	30
加重后 150MW	26	41	35	63	54	26	29	36
加重后 315MW	28	44	37	68	63	22	35	
加重后 600MW	52	57	46	111	85	27	46	59
加重后 600MW	43	52	46	116	88	31	40	

（2）第二阶段动平衡。经过第一阶段动平衡加重，3000r/min 时的 7Y、5Y、5 号瓦振和 6 号瓦振显著减小，但满负荷时 7Y、6 号瓦振和 7 号瓦振超标。

于是从 8 月 3～10 日，又安排了第二阶段动平衡加重，这一阶段加重目的是降低高负荷和满负荷的振动。

这次在低/电对轮加重 430g，低压转子加重 466g。加重后主要测点振动数据见表 4-33，加重后振动趋势图如图 4-46～图 4-48 所示。

表 4-33   第二阶段动平衡加重后主要测点振动   （通频：μm）

工况	5Y	6Y	7X	7Y	8Y	5 号瓦	6 号瓦	7 号瓦
3000r/min	18	24	30	34	48	20	28	16
200MW	29	15	20	24	43	22	24	19
300MW	31	19	23	36	53	16	13	20
490MW	42	30	34	48	64	25	33	
600MW	42	28	31	54	52	18	12	
610MW	43	28	32	58	54	19	9	32

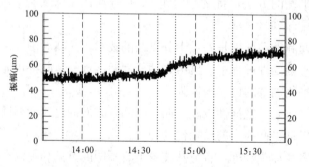

图 4-46   第二次动平衡加重后 7Y 振动

（3）关于 4、5 号瓦盖振超标的分析意见和建议。8 月 9 日下午 2 号机组从 500MW 向 600MW 加负荷过程，4、5 号瓦盖振出现爬升并超过 50 μm 报警的现象。通过事后对振幅、相位、间隙电压等记录数据的分析，结果表明，这次振动异常的原因是转子与静止部件的动静碰磨，分析同时表明，这次振动异常是偶发的、非定常的故障，不是动平衡加重所致。

为避免今后升负荷时出现同样故障，建议下次升高负荷时，减慢升负荷的速率，如在

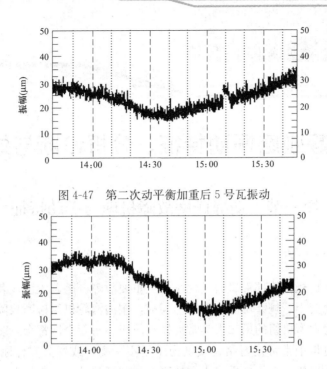

图 4-47　第二次动平衡加重后 5 号瓦振动

图 4-48　第二次动平衡加重后 6 号瓦振动

600MW 出现低缸瓦振爬升，可减负荷，或保持负荷监测振动，预计 3、4h 后振动应该下降。

　　2 号机组经过两次动平衡加重，7Y 和 5、6、7 号瓦盖振大的故障得以消除，可以放心安全运行。

　　同时，由于东方 600MW 超临界机组设计制造存在先天缺陷，2 号机组又有一些特殊情况，因而，需要运行人员在今后的运行中逐渐摸索、积累一些适合 2 号机组自身特点的操作和控制方法，调整机组到最佳状态。

第五章

动静碰磨振动特征、分析诊断与处理

第一节　动静碰磨故障机理与振动特征

一、概述

发电设备旋转机械动静部件碰磨是现场常见重要故障。随着大型设备对效率要求的不断提高，动静间隙变小，碰磨可能性增加。当前，国内汽轮机组碰磨故障的发生率仅次于质量不平衡，成为大型机组的第二大类常见振动故障。每年全国都会有多台大机组发生动静碰磨，在处理过程中常常走弯路，或疑为质量不平衡，或疑为支撑刚度不足或其他故障，需要进行多次启机，平衡加重或支撑加固，为此延误数天或数周已是常事。最终开缸检查，发现汽封或通流部分已严重摩擦，这样的实例已屡见不鲜。

碰磨的原因涉及很多方面：通流间隙设计值过小，膨胀系统不合理，制造加工超差，大件原材料热处理不当，现场安装的通流间隙、汽封油挡间隙不均、轴系标高、扬度、对轮对中、高差、张口不合格或设计部门提供的限值不合理，以及设备运行中参数控制不当等，均可能引发动静碰磨。

碰磨故障机理复杂，振动特征较之其他故障呈现多样性和不确定性，随碰磨的类型、程度和阶段表现出的振动特征差异很大；具体表征形式还往往受到外部环境影响，如测点类别、测量分析仪器采样率、分辨率等。这些，导致现场的分析诊断比其他故障难度大，误判和认定延误经常发生，由此带来的后果之一是拖延工期，二十年前，河北一台300MW机组新机调试，因为对碰磨诊断错误，拖延进度达两月之久；另一个后果是反复启机查找原因。碰磨诊断与认定错误导致的直接经济损失十分可观。

碰磨使转子产生多元性动力行为，轻者使得机组出现强烈振动，严重的可以造成转轴永久弯曲，甚至整个轴系毁坏断裂。因此，碰磨准确分析诊断对有效提高机组运行安全性和经济性，防止重大事故发生有重要价值。

虽然动静碰磨故障诊断如此重要，遗憾的是至今还没有一种切实有效的分析诊断方法，国内外均是如此。国内有不断发表的碰磨诊断方法研究成果，但这些研究绝大多数都是纸上谈兵，脱离实际。汽轮发电机组现场需要的是对于异常振动迅速给出肯定的诊断结果，是碰磨，还是没有碰磨，做不到这一点，便是"伪技术"。

二、动静碰磨原因和机理

（一）动静碰磨发生原因

旋转机械动静碰磨通常有下列起因：

（1）动静间隙不足，具体可以是因设计人员将间隙定得过小，要求的安装间隙值不当；也经常是安装、检修的原因，间隙调整超差所致。

实际中，通流间隙是受多种因素影响，如真空、凝汽器灌水状态、缸温等。如同找中心一样，即便在开缸状态下调整好，扣缸后的缸内上下间隙也要变化。间隙量的控制和设计人员以及安装、检修人员的经验密切相关。

运行中油挡积炭、发电机密封瓦间隙过小或卡涩也均会导致机组局部动静间隙消失而引起碰磨。

（2）转轴振动过大，振幅一旦增大到间隙值，造成转轴与静止部件发生接触、碰磨。

（3）不对中、非转动部件变形等缺陷使转子相对静止部件处于偏斜位置，即使转子本身振动不大，也能够导致接触、碰磨。

（4）缸体跑偏、弯曲或变形，改变了缸内或轴封间隙。这种情况常发生在机组冷态启机，缸体膨胀不畅，上下缸温差过大，造成碰磨，严重时可以导致大轴塑性弯曲。国产200MW机组高压转子前汽封长，易发生碰磨，全国有近50台国产200MW机组高压转子发生过此类故障。

（二）碰磨的动力特性

转子在一周的转动中始终与静子接触是全周碰磨；一周中只有部分弧段接触是部分碰磨。全周碰磨以摩擦为主；部分碰磨含有三种物理现象：碰撞、摩擦和刚度改变。碰磨时作用在转轴上的碰磨点上有两种力：一是冲击力，即碰撞力，这个力引起碰磨点局部压缩变形，并引起转轴反弹运动；二是与旋转方向相反的切向摩擦力，大小取决于接触点的法向作用力及摩擦表面的性质。

摩擦次生的一个重要现象是热效应。大多数情况，碰磨接触表面为干摩擦状态，部分润滑和全润滑的状况很少，因此摩擦力通常都比较大。转动和静止部件相互摩擦产生巨大的热量，接触处局部温升可达到数百摄氏度，这必然会使转子出现热变形弯曲，引起的附加不平衡质量使转子一倍频振动增大。

较严重的摩擦有高瞬态性和非线性特性，相应的振动信号含有丰富的谐波分量，同时，这种非线性使其经常带有混沌特性。碰磨的动态响应可以变化很大，转子系统参数和初始条件的微小变化都可能影响到响应，这也正是实际碰磨诊断难度高的原因。

碰磨通常为机组其他故障的后继故障，或称为二次故障。这时，振动信号中除含有碰磨特征外，还会含有其他故障特征，例如由于失稳引发的碰磨必定含有显著的低频成分，这种状况导致故障诊断变得复杂，往往无法分清碰磨究竟是一次故障还是二次故障。

动静碰磨发生后有两种可能的发展趋势：接触脱离，或进一步恶化。如果接触表面持续摩损，接触部位脱离，碰磨可以消失；或由严重碰磨变为轻度碰磨。另一种可能是碰磨使转轴不断热弯曲，摩擦加剧；或由于碰磨点材料熔化黏附在转轴表面，接触状况恶化，热效应加剧，形成恶性循环，导致碰磨状况进一步严重。

汽轮机组出现的碰磨有径向碰磨和轴向碰磨两种，发电机则只有径向碰磨。

汽轮机碰磨通常发生在隔板汽封、围带汽封及轴端汽封，还可能在挡汽片、轴承油挡部位；发电机的径向碰磨多在密封瓦。

（三）碰磨振动信号主要特征以及诊断方法

机组动静碰磨的现场诊断，如果认定发生了碰磨，有时需要开缸、解体处理，工作量大，工期长，因此要求碰磨的诊断必须有高准确性。

当前，现有的诊断主要还是根据振幅、相位、频谱和轴心轨迹特征进行判断。利用详细记录的升降速波特图、极坐标图和级联图进行比较是最基本、十分有效的手段。在有条件的情况下做出全频谱级联图，可能对诊断更有帮助。

振幅、相位变化速率是碰磨诊断的关键点之一。

根据作者经验，单纯地用瓦振信号判断碰磨，频谱较复杂，易于混淆。转轴信号可以提供更准确的碰磨信息。因此，现场诊断应该尽量利用涡流传感器。

碰磨的确定在依据振动信号特征的同时，还需要了解机组安装或大修中的情况，查阅有关的间隙记录。

人工在启机过程常采用"听诊"的"土方法"，对碰磨的认定也是十分有用的。分析中把这些信息结合起来，可以提高诊断的准确性。对于高中压缸和双层结构的低压缸，通流部分的碰磨声难于如实传出，只有轴端汽封的碰磨比较容易听到。

需要注意，不能片面地将某一种方法的结论作为认定的决定性判据。

根据作者对大型机组碰磨实际诊断处理的经验，现场对碰磨诊断的关键判据主要有如下几条：

（1）固定转速下，振幅随时间逐渐增大或逐渐减小，变化的分量主要是一倍频成分；相位可能同时缓慢变化，也可能基本不变。

（2）振幅、相位出现变化的时刻应该滞后于运行工况的变化。

（3）严重碰磨在低频和倍频分量都应该有较明显的反映；非严重碰磨不会出现倍频分量增大，无法从频谱图上获得决定性判据。

（4）动静碰磨可以发生的工况：定速暖机（包括临界转速前后）、升速过程、带负荷过程。变转速下不易判断，主要依靠定转速时振幅、相位的变化来判断。

（5）碰磨的认定应该在排除了转子材料热弯曲、中心孔进油、转子冷却不均匀这几种故障之后。

（6）高频摩擦声。

（7）对于大型汽轮机转子，在定速或带负荷状况下，碰磨造成的反向涡动轨迹不易观察到，因而它不应该是主要判据。

第二节　动静碰磨的现场应急处理措施和方法

对于已经发生了动静碰磨的机组采取的处理方法，根据碰磨故障严重程度和生产、工期情况而定。按工作量多少排列，现场应急处理方法有下列七种：

（1）提高升速率升速。如果碰磨发生在某一低转速点或临界转速之前，现场对碰磨判断的准确性把握大，且仅是个别瓦振动大，大多数瓦振正常，整个机组不存在其他振动问题，如果有这些前提条件存在，现场可以采取提高升速率冲过这一转速区，直接升到高转速或 3000r/min。

（2）根据振动调整运行参数（膨胀、胀差、负荷、缸温等），使机组通过发生碰磨的工况区。

（3）长时间暖机。将机组打闸至盘车状态，再升速保持在某一转速，数小时甚至数十小时，使碰磨部位自行磨损。

（4）如果碰磨部位发生在轴端汽封，对于汽缸端部汽封套、汽封环可拆卸的机组，从外部调整即可；对于个别大型机组，如果事前能够准确判断碰磨的径向方位，调整轴承标高或对轮左右偏差、张口也是一种工作量较小的措施，但需兼顾检修规程，注意影响运行的相关因素，如瓦温、通流间隙等。

（5）如果碰磨发生在油挡，揭瓦盖检查并对接触部位进行处理。

（6）对碰磨为二次故障的，设法消除一次故障。如由于内缸、蒸汽管道漏气造成缸体变形导致的动静碰磨，首先要消除漏气。

（7）严重的碰磨，最终还是要揭缸，直接消除碰磨接触部位。

无论现场采取哪一种处理方法，都需要对情况全面分析、对故障准确判断、当机立断。尤其采取第一种，必须防止过大的振动造成大轴弯曲。

第三节　碰磨分析诊断与处理实例

本节给出作者处理的几台大型机组在升速过程和工作转速发生动静碰磨的典型实例，包括故障的特征、分析判断方法以及现场应急处理措施。

案例 5-1 **华能 N 电厂 1 号机组带负荷过程低压缸碰磨**

华能 N 电厂 1 号机组是西屋公司 350MW 亚临界机组，轴系结构简图如图 5-1 所示。

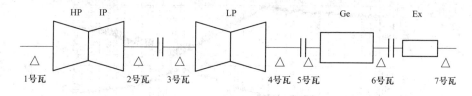

图 5-1　华能 N 电厂 1 号机组轴系结构简图

1. 故障发生概况和振动特征

1 号机组 2001 年 4 月底完成投产后的第一次检查性大修，初始开机两次进行高速动平衡，降低了 7 号瓦和 1 号瓦振动。两天后的 5 月 5 日开机准备并网带负荷，升速时各瓦振动正常，升负荷至 40MW，发现低压缸 3、4 号瓦轴振上升，最大分别达到 97 μm 和 130 μm，远超过 3000r/min 振动，并保持继续上升趋势，于是立即打闸停机。

为查找原因，机组没做任何处理，次日 18 时再次冲转，如同上次，3000r/min 定速振动正常。19 时并网，30MW，3 号瓦 X 向轴振 $3X_r$ 由 3000r/min 的 50 μm 增加到 70 μm，相位由 116° 增加到 147°；21:27，37MW，$3X_r$ 振幅 80 μm。3、4 号瓦轴振一倍频分量见表 5-1。

表 5-1　　　　　　　　　　　带负荷过程 3、4 号瓦轴振一倍频分量

[一倍频振幅/相位：μm/(°)]

时间	负荷（MW）	$3X_r$	$3Y_r$	$3Y_a$	$4X_r$	$4Y_r$	$4Y_a$
18:52	空载	50/116	24/349	36/342	15/235	26/160	22/161
19:07	并网						
19:26	25			44/345			30/145
19:26	30	70/147					
19:38	25	73/152					
19:47	25	84/176					
20:12	28			40/0			30/158
20:44	37	59/122				40/225	
21:27	37	80/173		73/42	57/7		46/257
22:27	打闸						

注　X_r 为 X 方向相对轴振、Y_r 为 Y 方向相对轴振、Y_a 为 Y 方向绝对轴振。

图 5-2 是并网到 37MW 然后减负荷过程，测点 $3Y_a$、$4Y_a$ 一倍频振幅/相位的时间趋势曲线。图中振幅、相位在 19:26 有明显的拐点，自该点起，振幅增加，相位增大，直至 19:45 开始减负荷，振幅、相位逐渐恢复。

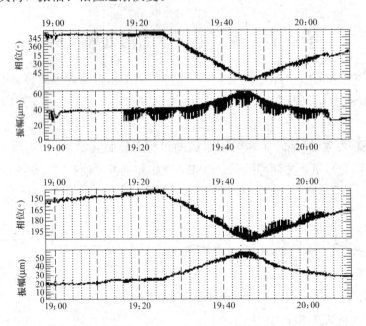

图 5-2　升负荷过程测点 $3Y_a$、$4Y_a$ 一倍频振幅/相位时间趋势

电厂人员同时发现，低压缸外缸两侧温差 25~30℃。3、4 号轴承汽封处没有听到碰磨声。

2. 分析和处理过程

对振动、运行数据和各种现象综合分析，得到结论：低压缸内发生动静碰磨的可能性大，碰磨的原因是低压缸左右温差造成缸体变形，使得通流部分原本已比较小的径向间隙消失，低压转子与静止部分碰磨，转子发生暂时性热弯曲，振动增大。

电厂人员进入低压缸内外缸空间检查，发现内缸部分手孔盖（两侧共 18 个）垫片有汽流冲刷痕迹，于是进行了第一次处理，更换垫片。

5 月 8 日再次开机。先带低负荷 45MW，后解列做超速试验，振动正常。然后并网升

负荷，9:45 加到 130MW，此前振动基本正常。130MW 持续到 10:06，3、4 号瓦轴振又开始增加，1、2 号瓦轴振同时增大。10min 后，3、4 号瓦轴振增大到 110～130 μm，且继续增大，于是打闸停机。

图 5-3 为本次升负荷过程 3、4 号瓦轴振随时间变化曲线。

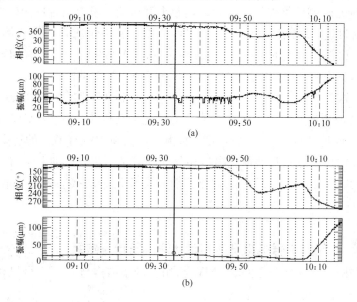

图 5-3　升负荷过程测点 $3Y_a$、$4Y_a$ 一倍频振幅/相位时间趋势

（a）测点 $3Y_a$ 一倍频振幅/相位时间趋势；（b）测点 $4Y_a$ 一倍频振幅/相位时间趋势

图 5-3 显示振幅开始增大的时刻为 10:06，但相位开始增加是在 9:46，后者早于前者 20min。9:46 正是负荷刚加到 130MW。

图 5-4 为测点 $3X_r$ 和 $3Y_a$ 间隙电压的变化。曲线表明，升负荷过程 $3X_r$ 间隙电压一直

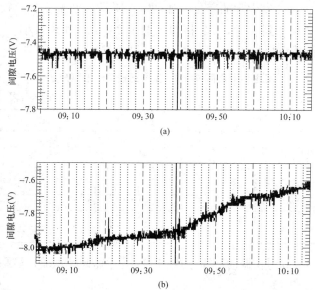

图 5-4　测点 $3Y_a$、$3X_r$ 在碰磨过程中间隙电压的变化

（a）测点 $3Y_a$ 在碰磨过程中间隙电压的变化；（b）测点 $3X_r$ 在碰磨过程中间隙电压的变化

在减小，同时 $3Y_a$ 的间隙电压却没有变化，这意味着 3 号轴颈向 $3X_r$ 探头靠近，轴颈相对于缸体在右斜 45° 方向发生移动。由此可以确定动静碰磨的径向方位，如果开缸，可以断定在上缸右侧应该发现磨痕。

频谱分析表明，碰磨时各测点振动信号中的高阶和低频成分没有明显变化；轨迹分析表明，3、4 号轴心轨迹始终保持正向涡动，整个开机期间没有出现反向轨迹。

本次加负荷过程，对低压缸外缸两侧温度测试，温差较前降低，但仍存在 $15\sim20℃$ 的温差。这次启机振动增大的负荷点已从第一次的 37MW 提高到了 130MW，说明对低缸内碰磨的判断是正确的，决定继续按这个方向进行处理。于是再次进入低压外缸，完全封死内缸手孔盖，这是当时该机组不揭缸从外部消除通流动静碰磨的最经济的方法。

5 月 9 日 14 时再次开机。14:54 并网，5h 后达到满负荷，从 100MW 到 170MW 区段持续了 1.5h，其间连续重点监视测点 $3X_r$ 的相位，发现相位有增大的迹象，立即停止加负荷，以此使缸内碰磨点相互磨损脱离接触，而同时又不造成振动急剧增大。

这次处理后一年多，又发现中压缸排汽管道与低压缸的接口密封一直不严，有蒸汽泄漏。

案例 5-2 L 电厂 4 号机组升速和定转速高压转子碰磨

L 电厂 4 号机组同样是西屋的 350MW 机组，轴系结构与 D 厂 1 号机相同。

1. 故障概况和振动特征

4 号机组 2001 年 5 月 10 日大修后开机。第一次冷态启机，过高中压转子临界转速 1619r/min 时，$1Y_a$ 振动 94 μm，略偏大（图 5-5）。

阀切换在 2900r/min，定速约 40min，期间 1、2 号瓦振动明显增加。

到 3000r/min 定速，高中压缸两轴承测点 $1Y_a$、$2Y_a$ 分别为 88、83 μm。然后做汽门严密性试验，并网，带低负荷，其间 $1Y_a$、$2Y_a$ 曾最小减到 25 μm 和 55 μm，但在低负荷 5h 后，又缓慢增加，相位发生大的变化，如图 5-6 所示，见表 5-2，$1Y_a$ 从 50 μm 增加到 120 μm，相位从 150° 增加到 170°，$2Y_a$ 振幅增加了 20 μm，相位减小了 8°；低压转子两测点振动均减小，相位减小。

表 5-2　　　　　　　定速和带负荷过程 1、2 号瓦轴振一倍频分量

[一倍频振幅/相位：μm/（°）]

日期	时间	工况	$1Y_a$	$2Y_a$
5 月 10 日	21:35	空载	88/172	83/13
	22:02	空载	25/159	57/9
	23:19	空载	30/164	64/29
	23:34	并网		
5 月 11 日	02:53	35MW	38/119	66/32
	04:24	37MW	51/159	68/51
	05:01	37MW	77/166	78/42

解列后 3000r/min，1 号瓦振动持续上升，5:17 开始做超速试验，最高转速到 3220r/min，$1Y_a$ 振动 230 μm（图 5-7）。

惰走过程，1580r/min 时 $1Y_a$ 振动 266 μm，$2Y_a$ 振动 183 μm，如图 5-8 所示。

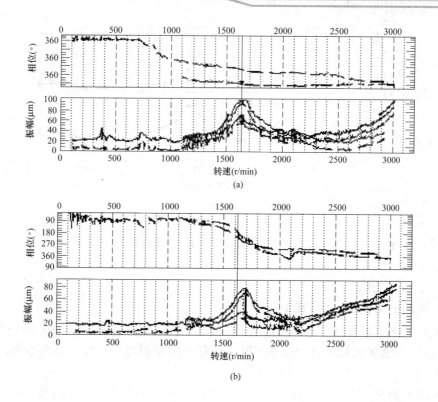

图 5-5 第一次启机测点 $1Y_a$、$2Y_a$ 升降速波特图

（a）测点 $1Y_a$；（b）测点 $2Y_a$

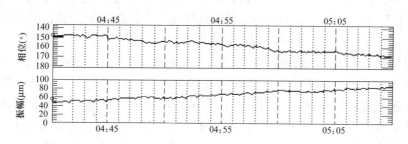

图 5-6 带负荷过程测点 $1Y_a$ 时间趋势图

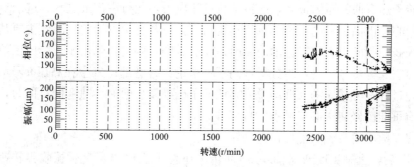

图 5-7 超速试验 $1Y_a$ 升降速振动波特图

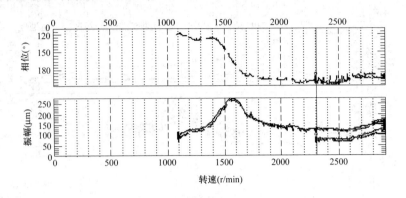

图 5-8　惰走过程 $1Y_a$ 振动波特图

7:32 机组全停,投盘车正常,但发现 1 号瓦前轴颈径向跳动达到 150 μm,远高于初始值。

2. 原因分析和处理

开机振动记录显示了以下现象:

(1) 1、2 号瓦轴振大,且 1 号瓦大于 2 号瓦;转速无论是 3000r/min,还是带负荷或临界转速,1 号瓦轴振均过高。这些工况下高振动的主频是一倍频,另有少量的二倍频分量。

(2) 不同的升降速过程,高中压转子临界转速值相差不大,但振动振幅与相位相差很大。

(3) 2900、3000r/min 定速和带负荷时,1 号瓦轴振振幅、相位均呈增大趋势,即俗称的"稳不住",2、3、4 号瓦同时也在稳定地变化,变化量值较 1 号瓦小,规律性没有 1 号瓦明显。

这种以一倍频为主的大振动,绝大多数情况是由于质量不平衡引起的。质量不平衡有三个来源:①原始质量不平衡;②转动过程中部件飞脱或松动;③转子热弯曲。原始质量不平衡造成的一倍频振动应该是稳定的,这里可以排除;该机振幅是连续地逐渐上升而不是突然增加,第二种可能性也排除。考虑到振幅、相位连续缓慢地变化,且振幅变化最大测点的相位是在增加,根据它们变化速率分析,1 号瓦振动是高中压转子热弯曲引起的。

机组转子热弯曲的原因很多,如转子自身热应力、运行中汽缸进水、进冷空气以及动静碰磨、中心孔进油、发电机转子冷却不均匀等。综合各个方面的情况,主要基于 1 号机组刚完成大修,判断引起机组振动的原因是动静碰磨,同时排除由于运行原因造成的汽缸进水和进冷空气等可能。进一步分析得到下列结论:碰磨部位发生在高压转子,且偏向 1 号瓦;降速过程临界转速的大振动说明高压转子已经发生暂时性热弯曲;同时,这次降速的大振动有可能已经使碰磨接触点材料部分磨损。

决定盘车数小时直轴,然后再次冲转。

盘车 4h 后,大轴晃度恢复。11:32 冲转,升速过程 1、2 号瓦轴振临界转速振动仍偏高,但小于前次降速。3000r/min 定速的振动同样有所降低(见表 5-3),这说明高压转子的暂时性热弯曲还没有完全恢复,碰磨虽减轻,但仍存在。

表 5-3 　　　　3000r/min 定速 1、2 号瓦轴振一倍频成分　　　　［一倍频振幅/相位：μm/(°)］

日期	时间	$1X_r$	$1Y_r$	$1Y_a$	$2X_r$	$2Y_r$	$2Y_a$
5 月 10 日	21:35	56/268	83/176	88/172	60/93	84/16	83/13
5 月 11 日	11:57	41/273		60/185	69/99		79/20

根据分析，决定机组按常规提升负荷。升负荷过程，1、2 号瓦轴振逐渐减小（见表 5-4），机组振动渐趋于正常。

表 5-4 　　　　5 月 11 日定速和带负荷过程 1、2 号瓦轴振　　　　［一倍频振幅/相位：μm/(°)］

时间	工况	$1X_r$	$1Y_r$	$1Y_a$
11:57	空载	41/273		60/185
12:04	空载	43/298		65/207
12:16	23MW	63/294		85/207
12:41		6/—		16.5/191
16:38	197MW	6/97	1/—	3/—

案例 5-3　江苏 C 电厂 2 号机组升速过程高压转子碰磨

C 电厂 2 号机组是西屋公司生产的 600MW 机组，汽轮机由高压缸、中压缸、低压 I、低压 II 四缸组成，各转子段均为两轴承支承。2 号机组轴系布置结构图如图 5-9 所示。

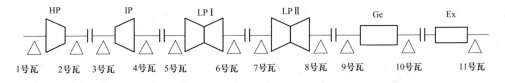

图 5-9　2 号机组轴系布置结构图

1. 振动现象和对故障的临场判断

2 号机组大修后于 2001 年 5 月 23 日开机。2:20 冲转后，400r/min 左右低转速下发现低压 I 的 5、6 号瓦轴振原始晃度偏大，其余各瓦测点原始晃度均小于 25 μm。检查 5、6 号瓦，有轻微摩擦声，停机调整了端部汽封。3:40 再次冲转至 400r/min 时 5、6 号瓦晃度仍然偏高。现场商定按计划升速，加强 5、6 号瓦振动监测。

升速过程，5、6 号瓦振动没有显著增大，最高为 1300r/min 的 80 μm，转速继续提升，振动下降，但 1600r/min 之后 1、2 号瓦振动开始增加，如图 5-10 所示。随转速上升，振动急剧增大。鉴于该机组大修前临界转速振动正常，本次大修高压转子部件没任何变动，同时又考虑到 1600r/min 之前 1、2 号瓦振动正常，该振动原因粗略判断为高缸内动静碰磨，振动保护跳机设置为同一轴承处两个轴振测点振幅同时大于 320 μm，于是决定继续升速。当时 1 号瓦 $1Y_a$ 振幅约大于 $1X_r$ 50 μm。转速继续增加至 1840r/min 时，2 号瓦轴振 $2Y_a$ 达到最大值 195 μm，1910r/min 时，1 号瓦轴振 $1Y_a$ 达到最大值 298 μm。峰值过后振幅迅速减小，2300r/min 定速开始暖机。

图 5-10 和图 5-11 清楚地表明，暖机期间，$1Y_a$、$2Y_a$ 振动逐渐减小，不到 20min，两者一倍频振幅分别从 60 μm 和 50 μm 减小到近似为零，同时相位也发生了变化。

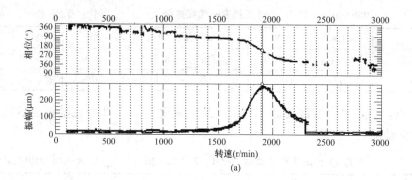

(a)

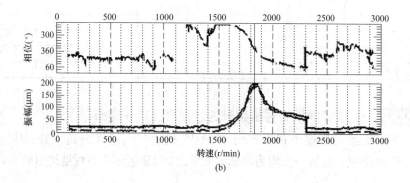

(b)

图 5-10　测点 $1Y_a$、$2Y_a$ 升速振动波特图

(a) $1Y_a$；(b) $2Y_a$

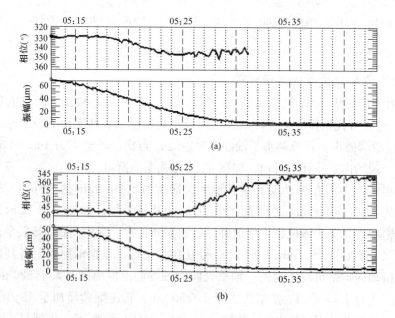

(a)

(b)

图 5-11　2300r/min 暖机期间测点 $1Y_a$、$2Y_a$ 振动趋势图

(a) $1Y_a$；(b) $2Y_a$

暖机 30min 后向 3000r/min 的升速过程一切正常。

2. 小结

这是一个升速中临界转速之前发生动静碰磨的典型实例，处理方法是在对情况和故障准确分析判断后，果断采取继续升速"冲临界"的方法。一旦临界转速过去，在其后的工况下，热弯曲的转子可以较快地自行恢复。

一般情况，第一次冲临界过去后，以后的升降速不会再出现临界转速振动过大的情况。因为这种碰磨往往是由于冷态启机，缸温较低，缸体没有膨胀开，发生变形造成的。第一次开机升到 3000r/min，机组温度上升，缸体卡涩解除，动静接触部位自然脱离，碰磨消失。

但是，这里有两种可能的例外，一种是第一次的冷态启机过临界转速时，两个测点振动同时超过跳机设定值，危急保安器动作，无法升速过临界转速，处理方法通常将机组打闸至盘车状态，碰磨消失或减轻后再升速；另一种是虽然第一次的冷态启机通过临界转速，但其后的升降速临界转速振动仍然大，不开缸处理最经济的方法是让机组满负荷运行一段时间，包括数次启停机后，碰磨可以在一段时间，数天或数周后逐渐自然消失。

案例 5-4　L 电厂 2 号机组非典型碰磨特征分析与诊断

L 电厂采用燃气－蒸汽联合循环，2 号机组为南京汽轮机厂生产的 60MW、可调抽汽凝汽式汽轮机，各转子段均为两轴承支承，轴系布置结构图如图 5-12 所示。

图 5-12　2 号机组轴系布置结构图

1. 振动特征

2 号机组大修后于 2009 年 4 月 20 日开机，启动升速过程中振动正常。低负荷运行，振动良好，负荷升到 45MW，振动缓慢减小后激增且呈发散趋势，无法控制，保护动作跳机。此后机组重新启动，现象重复出现。

本书作者现场测试结果，4 月 22 日 10：36，负荷 42MW，振动较平稳，1X、1Y、2X、2Y 分别维持在 30、75、12、46 μm 左右。为了捕捉故障以便查找振动原因，机组于 16：43 开始加负荷，振动缓慢减小。当负荷升到 52MW 时，1Y、2Y 振幅突增，分别达到 188 μm 和 102 μm 并且继续爬升，于是立即打闸停机。从振动随负荷变化的趋势图（图 5-13、图

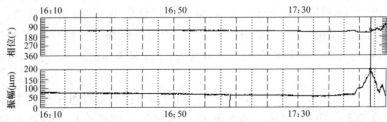

图 5-13　1Y 一倍频振动时间趋势

5-14）可以看到，1Y、2Y 在振动突发前的数十分钟内幅值逐渐减小，相位逐渐增大。按正常情况考虑，振动减小对机组运行有益，但是随后出现的振动激增，则表明机组已经发生故障，振幅减小是突发前兆。停机降速过程中发现 1X、1Y 幅值在 2000～3000r/min 范围内较大，如图 5-15、图 5-16 所示。

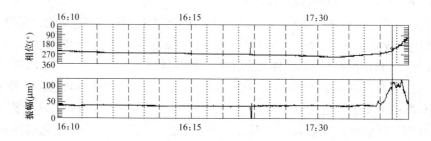

图 5-14　2Y 一倍频振动时间趋势图

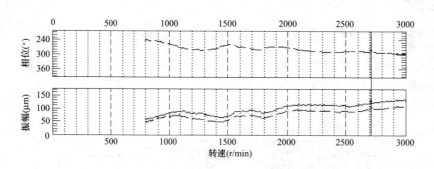

图 5-15　1X 降速波特图

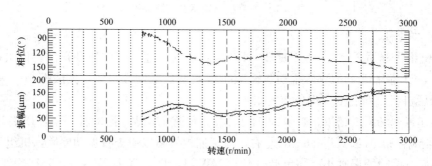

图 5-16　1Y 降速波特图

　　经分析，初步判断故障为动静碰磨后，机组经过盘车于 18：32 开始升速，1600r/min，1X、1Y 分别为 50、67 μm；2200r/min 时，振动出现跳跃突变，1Y 与 2Y 最大幅值分别达到 133、139 μm；2600r/min 时暖机 15min 后继续升速 3000r/min，此时 1Y 为 110 μm，2Y 为 88 μm。

　　图 5-17、图 5-18 为 1Y、2Y 升速波特图。同时图中还显示在盘车过程中，1 号与 2 号瓦轴振原始晃度偏大。19：30 并网后在低负荷阶段机组振动减小且维持在较稳定的水平。数次启机过程中，机组均表现出一个高度重复性的特征：低负荷时振动较好，高负荷段则

随负荷增加振动逐渐减小后突发，且幅值很大。

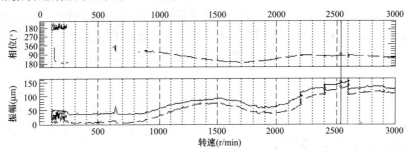

图 5-17 1Y 升速过程波特图

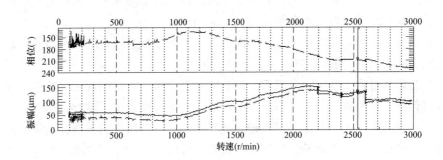

图 5-18 2Y 升速过程波特图

4 月 23 日 8:37 再次启机升速，转速在 2000r/min 后机组振动依然偏大，表明故障依然存在。

分析 2 号机组振动数据，得到以下特征：

（1）高振动的成分是一倍频。

（2）高振动突发之前数十分钟，$1X$、$1Y$ 出现振幅减小、相位增大；同时 $1X$ 间隙电压减小（图 5-19），这表明汽轮机前轴颈向右上方移动；测试过程中数次出现上述状况时，如果及时降低负荷，振幅、相位、间隙电压都可以逐渐恢复；如果没有及时降负荷，则振动会迅速增大、发散。

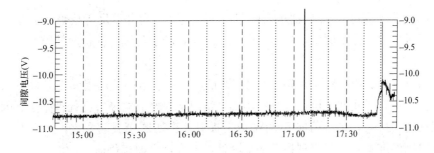

图 5-19 $1X$ 间隙电压变化图

（3）1 号轴振增大的幅度大于 2 号轴振。

（4）测试过程中振动增大时，可以在相应侧听到缸内出现动静碰磨声，振动减小，碰磨声消失。

（5）比较该汽轮机数次升降速曲线，发现大振动打闸和小振动打闸停机惰走过程，振幅、相位相差甚远；同样，热态启机和温态启机升速的振幅相位差别也超过常规。这表明转子本身的弯曲状况随工况不同有所变化，排除进冷汽冷水的可能，通常动静碰磨是造成这类变化的主要原因。

2. 振动原因分析

通过 4 月 22、23 日对 2 号汽轮机振动测试分析，结合之前 DCS 数据，得到机组升速启机和带负荷过程中出现异常振动的原因：

（1）高负荷阶段，随负荷提升，出现 1Y、2Y 逐渐减小然后突增的直接原因，是汽轮机高压段发生了转子与静止部件的动静碰磨，碰磨造成转子圆周方向出现温差，进而造成转子局部发生暂时性热弯曲，进而导致一倍频振动增大。

（2）测试数据表明，碰磨最可能的轴向部位在前轴端汽封，碰磨点的周向位置约在右上方（站机头向后看）；同时推断，发生碰磨应该在径向。

（3）热态启机过程 2000r/min 以上出现高的不稳定振动，原因起于汽轮机通流动静碰磨。据数据判断，当时除了前轴端汽封外，隔板汽封同样也发生了碰磨。

（4）振动故障原因中，排除油膜失稳、油膜振荡、汽流激振的可能，因为它们都应出现高幅值的低频成分；排除对轮连接不良；排除末级叶片松动是主要原因的可能。因为末级叶片松动首先应该造成 2 号瓦轴振异常，还应出现振动随转速不稳定的现象。

在明确碰磨故障后，需要迅速进一步确定碰磨原因。碰磨常见原因有转轴振动过大；不对中等使轴颈处于极端位置，整个转子偏斜；动静间隙不足；缸体跑偏、弯曲或变形等。

综合振动数据和各方面情况分析，2 号汽轮机动静碰磨的根本原因是本次大修更换蜂窝汽封间隙偏小。汽封厂家给的间隙调整值偏小；检修中将间隙做得过紧；或者虽然没有超标，但扣缸后间隙发生偏移。这些均有可能造成启机后局部单侧间隙过小。

加之 2 号汽轮机转子本身原始晃度（径向跳动）偏大，易于升速过程过临界转速时发生碰磨；2 号机组的滑销系统间隙也可能过大，同样会在缸体两侧绝对膨胀不均匀时使前汽封间隙出现不均匀变化。

汽轮机转子两端的 1、2 号轴承如果存在间隙过大、紧力不足等缺陷，也都会造成转子与缸体相对位置定位不固定，运行中受工况影响，转子与汽封的径向间隙改变。

3. 故障处理

数次启机过程表明，2 号机组碰磨比较严重，在不重新调整汽封间隙条件下，将过小的间隙磨大，不容易实现。但这也是在不揭缸情况下最好的故障应急处理办法。因而厂方仍然可以在适当机会，将负荷向 55MW 以上提升，密切监视振动变化，运行上同时做好减负荷和打闸的准备，一旦出现振动明显降低或增大，立即减负荷。

同时根据测试结果，2 号机组带负荷条件下出现高振动而打闸惰走过程过临界转速的振动均不大。因此这种应急处理不必担心会造成大轴弯曲这样的恶性事故。

若按照上述办法机组振动依然无法解决，则需要停机进行检修处理。

考虑到生产，厂方决定不安排停机检修，继续运行，让碰磨点自行磨开。这样控制运行数天后，1X、1Y 趋于稳定，然后谨慎地增加负荷，密切观察振动变化，出现异常立即停止加负荷或减负荷，振动稳定后再将负荷缓慢增加，经过约一周这样的运行，负荷终于带到 60MW，振动稳定。

4. 结论

（1）L 电厂 2 号机组在高负荷阶段，随负荷增加振动逐渐减小后突增的原因是机组发生了动静碰磨，导致振动激增；碰磨的根本原因是大修中更换的蜂窝汽封间隙偏小。

（2）动静间隙不足造成的碰磨故障并非只在启机升速过程中显现，工作转速随运行参数的变化和时间的延续也会发生。

（3）动静碰磨故障特征在一定条件下会表现出非典型的振动幅值减小的现象。

案例 5-5 L 电厂 4 号机组升速和定速时 4 号轴承附件动静碰磨

1. 异常振动现象

L 电厂 4 号机组为西屋公司生产的 350MW 机组，汽轮机转子 1～4 号轴承是四瓦块可倾瓦。机组 1997 年底投运以来一直存在冷态启机定速和带低负荷时 4 号轴振偏高的缺陷。振动测试取自 TSI 本特利 3300 七个轴承 X 方向相对轴振（X_r），Y 方向相对轴振（Y_r）和绝对轴振（Y_a）。

数次测试结果显示，4 号轴承（低压缸后瓦）振动存在两个问题：一是冷态启机低负荷（100MW 以下）振动较大，在低负荷约 2h 内轴振爬升，通频振幅最高 130 μm，然后缓慢下降，满负荷最终稳定在 80 μm 左右。大振动只出现在冷态启机，热态启机低负荷振动不大；振动的增加取决时间，与负荷无直接关系。振动变化量是一倍频分量，相位变化不大；二是大振动时振幅波动大（见图 5-20）。为确定原因，测试了 3、4 号轴承盖振动，发现波动同样剧烈，可以明显感觉到复合传感器有不规则振动。趋势图显示出振幅的波动（见图 5-20）；瀑布图显示除一倍频外，主要成分是 19Hz 和 56Hz，没有发现其他分

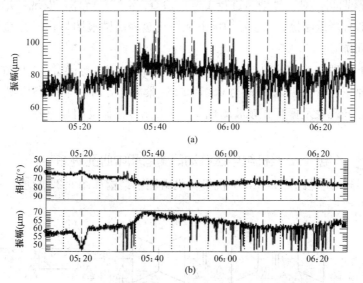

图 5-20 升负荷过程 4 号瓦测点 4Y_a 通频和一倍频趋势图

（a）4Y_a 通频趋势图；（b）4Y_a 一倍频趋势图

量，但这两个频率分量与一倍频的相对比值小（见图 5-21）。

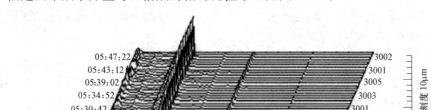

图 5-21　升负荷过程 4 号瓦测点 4Y$_a$ 瀑布图

2. 分析诊断

根据数据分析，造成 4 号瓦一倍频振动变化的原因除了质量不平衡外，轴承油膜特性或转子支撑特性改变会导致同样现象。冷态启机数小时内的变化主要是机组温度、能够造成支撑特性变化的结构部件温度等一系列变化，进而可使 1X 振幅改变。如果安装有缺陷，变化会更为明显。从热态 4 号轴承振动看，转子不平衡质量不大。因此，检查了轴瓦等结构状况，包括轴瓦与瓦枕的接触、紧力，同时还检查了对轮螺栓紧力和对中。

4 号轴承的振幅波动在平圩电厂 600MW 机组上也发生过，当时怀疑瓦盖刚度弱和本特利复合传感器安装刚度不足，后取消复合传感器，均更换为安装在轴承侧面测量相对轴振的涡流传感器。对 L 电厂 4 号机组 4 号轴承同样检查了复合传感器固定状况，并检查了监测系统，没有发现异常。这样，排除了传感器安装原因，也排除测量系统原因。

3. 解体检查结果

4 号轴承振动的另一可能的原因是碰磨，碰磨部位可能在油档、轴端汽封。1999 年12 月该机组大修期间，对 4 号轴承进行了全面检查。4 号瓦解体，发现：①大轴轴颈与盘车齿轮罩壳上部有严重摩擦；②4 号轴承下瓦块乌金表面磨痕明显；③瓦盖与瓦枕之间存在 0.03mm 的间隙。

随后做如下处理：放大轴颈与盘车齿轮罩壳上部间隙；更换 3、4 号轴瓦瓦块；4 号瓦盖与瓦枕间隙按照安装要求调整为 0.07mm 的紧力。处理后，冷态启机空负荷和低负荷下 4 号轴振爬升现象及振幅高频波动现象消失，4 号瓦振动明显下降。

案例 5-6　X 电厂 12 号机组中压缸动静碰磨和中心孔进油

X 电厂 12 号机组是国产 200MW 机组，机组轴系结构如图 5-22 所示。

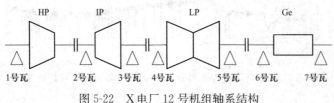

图 5-22　X 电厂 12 号机组轴系结构

1. 故障发生概况和振动特征

12 号机组 2006 年 4 月底大修后，启机时未进行任何现场处理，振动状况良好。2007 年 10 月底停机，11 月 27 日开机带负荷到 80MW 时，3X 和 3Y 分别达到 296、148 μm，打闸停机，惰走过临界转速振动分别为 405、241 μm。

为查找故障原因，12 月 4 日再次启机，3000r/min 定速时，3X、4X 分别为 118、156 μm。分析振动数据后判定，转子存在较大的原始不平衡质量，于是进行动平衡，3000r/min 3X、4X 分别降到了 62、93 μm。

机组 12 月 9 日 18:00 负荷升至 120MW，3 号瓦振动再次开始逐渐增大，降负荷后振动却没有随之下降，振动趋势表现为随时间发散；负荷调整过程，3X、3Y 在 22:12 达到 268、155 μm，打闸惰走过临界转速 3X、3Y 接近 600、500 μm（见图 5-23、图5-24），全停后投盘车，大轴晃度逐渐恢复正常。振动故障现象和 11 月 27 日类似。

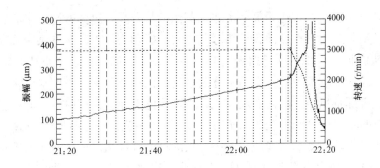

图 5-23　调整负荷及降速过程 3X 振动趋势图和转速变化

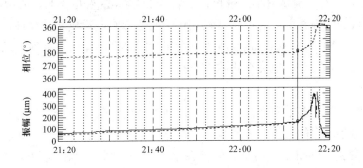

图 5-24　调整负荷及打闸过程 3Y 振动时间趋势图

此次升负荷的振动有以下特征：

（1）启机和定速时振动与动平衡后数据相符，120MW 后逐渐增大。

（2）振动的增加随时间变化，与负荷关联度不明显。

（3）振动频率成分主要是一倍频，振幅增加时相位基本稳定。

（4）在振动增加前没有运行操作，运行参数稳定。

2. 原因分析和故障诊断过程

这种以一倍频为主的大振动，绝大多数情况是由于质量不平衡引起的。质量不平衡有三个来源：①原始质量不平衡；②转动过程中部件飞脱或松动；③转子弯曲。由于该转子12月6日刚进行过动平衡，平衡后数据表明加重效果较好，残余不平衡小；另外，根据振动逐渐上升而不是突然增加，可以排除部件飞脱。

转子弯曲有原始弯曲和热弯曲两种，该机历史上中压转子始终存在 70 μm 原始弯曲，2006 年 4 月大修未做处理，长期运行过程中一直没有出现振动问题，因此该因素不会是故障的主因。

能引起转子热弯曲的原因通常有以下几种：①转轴内应力过大或材质不均；②高温转子与冷水冷气接触；③转子中心孔进油；④动静碰磨。

X 电厂 12 号机组由于是运行多年的老机组，没有出现过随蒸汽参数增加导致转子发生热弯曲的现象，且 2006 年大修后已安全运行了一年半，因此转子本身材质不均造成热弯曲是不可能的，原因①可以排除。对汽缸和本体疏水检查未发现异常，原因②也可以排除。

转子中心孔进油时，随着负荷增加，蒸汽参数升高，缸温升高，中心孔残油将导致转子不对称温差逐渐加大，进而转子热弯曲加大，振动增加，甚至在某个临界点造成动静碰磨，12 号机组振动表现特征与此相吻合，但中心孔进油还有一个重要特征是随着启机次数的增加，进油量越来越多，振动会逐渐恶化，该机组此特征不明显。由于 11 月 27 日故障后几次启机都是热态，缸内温度变化较小，因此不能据此就排除中心孔进油，但可认为它不是故障的主因。缸温升高时，转子和缸体膨胀变形有可能导致碰磨，原因④无法排除。于是初步判断振动的可能原因是中压缸内动静部件碰磨或转子中心孔进油。

回顾和分析 12 号机组启机过程，发现此次启机正置冬季，温度较低，一个月的停机时间使得缸温彻底降到了环境温度，造成缸体变形或隔板变形，使当时的局部通流间隙比 2006 年大修时常温下的调整值小。带负荷后转子和缸体必然要变形，或中心孔有油引发转子热弯曲导致的动静碰磨，碰磨又会强化转子的热弯曲，形成恶性循环，最终造成振动发散。通过以上分析，认为该机振动故障的直接原因是动静碰磨，而间接原因是中压缸内动静部件间隙变小，同时不能完全排除中心孔进油。

3. 揭缸处理

现场对碰磨的处理多数不揭缸，采用在加强振动监测条件下继续运行，将过小的间隙磨开，或控制间接原因的发生，碰磨故障可以逐渐消除。但由于 12 号机组中压转子本身有 70 μm 原始弯曲，随扭矩的增加，转子在永久弯曲基础上会出现弹性弯曲，且这个弯曲的程度随扭矩变大而加剧，造成振动增加；如果间隙过小，易于同时发生碰磨振动，导致总振动值进一步增加。对这样的转子依靠自身碰磨将间隙放开是不可能的，必须揭缸检查处理。此外，该机组有中心孔进油的可能，故障的确定和处理也必须揭缸。于是安排了揭缸。

揭缸后发现，中压缸 23、24、25 级下隔板汽封有明显磨痕，左侧间隙小；对应的大轴部位有磨痕；中心孔有 200g 左右的少量进油。随后的处理中按检修规程上限放大了23、24、25 级下隔板汽封间隙，清理了中心孔残油，机组于 12 月 19 日 18:38 启机，20日 9:50，负荷升至 200MW，振动正常。

4. 小结

（1）对机组动静碰磨故障的现场分析，以对振动信号特征的分析判断为主，同时要充分掌握利用其他相关信息，可以有效提高判断的及时性和准确性。

（2）机组动静间隙小导致的碰磨故障，并非只在启机和升速过程中显现，有相当一部分是在定转速情况下随着运行参数变化和时间延续而发生。

（3）现场动静碰磨的分析诊断要确定发生部位、直接原因，同样重要的是，还要查找间接原因，即根原因，才能对故障处理和消除有明确的定向作用。

（4）现场实际碰磨的振动现象和发生条件往往比较复杂，故障的确定直接关系到后续处理，涉及运行和启机的各项工作安排，事关重大；碰磨的确定必须在逐一排除类似故障后做出；振动专业人员要广开思路，从多角度分析、推敲；切忌先入为主、死认一点的刻板的分析思维方法。

案例 5-7　山西 X 电厂 2 号机组运行中振动爬升故障诊断

1. 机组概况

X 电厂 2 号汽轮机为东方汽轮机厂生产的 135MW（NKZ135-13.2/535/535 型）超高压、一次中间再热、双缸双排汽、直接空冷供热凝汽式汽轮机，高中压转子/低压转子刚性连接，低压转子/发电机转子半挠性连接。轴系布置结构图如图 5-25 所示。机组 2007 年 6 月投产运行。

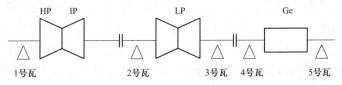

图 5-25　机组轴系布置结构图

2. 振动情况

机组 2009 年检查性大修前后振动情况良好。2012 年 3 月开始，机组在运行中多次出现振动爬升现象。截至 2014 年 4 月，振动爬升共发生了 13 次，其中有两次发生在抽汽供热工况，其余均发生在纯凝工况，轴振爬升幅度从 40 μm 到 200 μm 不等。查看历史数据，振动故障的出现和运行操作没有必然联系，有时发生在正常升减负荷过程中，也有时发生在机组供热蝶阀开度变化时，但更多的是在没有任何运行操作的条件下发生。此外，振动故障还有以下特点：

（1）振动爬升时，1、2 号和 3 号瓦的轴振增加明显，其中 3 号瓦爬升最为显著。这 13 次爬升中，两次振动超标，保护动作，导致机组非停。

（2）爬升的主要成分是一倍频，一倍频幅值和相位同时发生变化，振动恢复之后幅值和相位能够回到原始值。

（3）振动爬升后，通过降低负荷、低压缸喷减温水、调节轴封供气压力和温度等措施有时可以控制振动。

（4）两次振动大导致机组保护动作后，将机组停机惰走曲线和正常停机曲线对比发现，

1、2、3 号瓦振动幅值相位相差较大。停机后大轴偏心比开机前大 20 μm 左右。盘车数小时后，偏心能回到初始值。

3. 原因分析

根据振动突发时多个轴振信号同步变化，轴振和瓦振同步变化，排除测试系统存在问题的可能。

振动爬升以一倍频振动为主，依据上述振动现象，排除支撑刚度不足的可能，排除转子原始质量不平衡和质量飞脱的可能，判断转子发生了热弯曲。导致汽轮机转子热弯曲常见原因有材质缺陷、进冷气冷水，动静碰磨、中心孔进油等。

该机组自 2007 年投产以来振动一直处于良好水平且较为稳定，直到 2012 年才出现该问题，排除材质缺陷的可能；转子无中心孔。

转子接触冷气冷水也会导致转子发生热弯曲，在现场常由蒸汽管道上的止回阀门不严或疏水阀门不畅引起。缸体进冷汽、冷水会带来两种可能：一种是冷汽、冷水直接跟转子接触，造成转子热弯曲；还有一种是导致缸体上下缸温差异常，缸体变形，从而发生动静碰磨。分析会上有振动专业人员提出疏水不畅是振动主要诱因之一，50%负荷时六抽温度设计值应为 130℃，而查阅 DCS 曲线实际温度仅 80～90℃，认为机组六段抽汽温度偏低，U 形弯处积水造成低压缸局部变形，引起碰磨。但是当前运行中低压缸上下缸温差在规程允许范围内。另外，疏水不畅常会导致转子受冷，但转子受冷导致的振动异常应该比较剧烈。为了对该疑点进行排查，电厂随后在六段抽汽管道 U 形弯底部增加远传温度测点，以监视该管段积水情况，新安装的温度测点表明并不存在疏水不畅的现象。

电厂在此后的运行中进一步采取了针对性措施，保持六抽电动阀前疏水门、6 号低压加热器危急疏水电动门、低压缸轴封疏水手动门在全开状态。为增加六抽抽汽流量，运行中严格控制 5 号低压加热器水位不得低于 600mm。采取这些措施后，机组依然发生了振动爬升。事实证明振动故障并不是由疏水不畅引起，排除了汽缸进冷气冷水的可能。

在排除了测试系统异常、转子材料热弯曲、中心孔进油、转子冷却不均匀等可能后，我们认为引起机组异常振动原因是动静碰磨。

专业分析会上，又有振动人员指出振动突发源于低压缸膨胀不畅引起的轴向碰磨，且提出了比较直观的依据。相比 1 号机组，2 号机组低压缸前后纵销膨胀间隙内垫片没有在投运时取出（见图 5-26），认为这使得低压缸纵向膨胀间隙消失，缸体变形，导致轴向碰磨。这里需要注意，该机组自投产以来纵销垫片就一直未取，期间振动一直正常。另外，机组振动突升多是在正常运行中出现，没有异常操作，低压缸膨胀不畅不应该时有时无。厂家在轴向间隙的设计

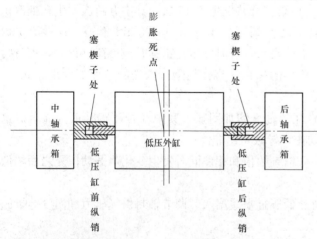

图 5-26　2 号机组投运后低压缸前后纵销内楔子未取出

上，一般都留有较大空间，在实际运行中很少出现轴向碰磨，一旦发生则比较剧烈且难以轻易磨开。因此，我们认为发生的是径向动静碰磨。

　　2013 年机组发生了 4 次振动爬升，调取相应的 DCS 记录，分析了真空、排汽温度、轴封供汽温度和压力、负荷、减温水等参数后发现，虽然它们跟振动关系复杂，但每当振动爬升后，运行上当时奏效的调整均造成了真空降低，如图 5-27～图 5-29。另外，机组13 次振动爬升仅有 2 次发生在供热工况，有 1 次发生在切除供热时，其余 10 次发生在纯凝工况。调取机组历史数据还发现供热工况下的真空比纯凝工况下的真空低 2～3kPa。这样来看，这两个现象应该是一致的，即高真空更易于诱发异常振动。

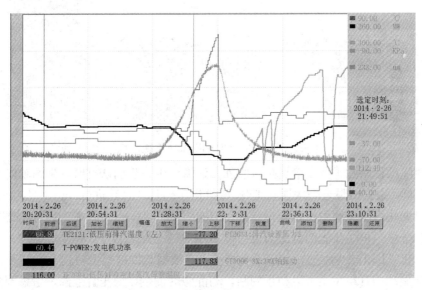

图 5-27　2 月 26 日机组振动参数关系

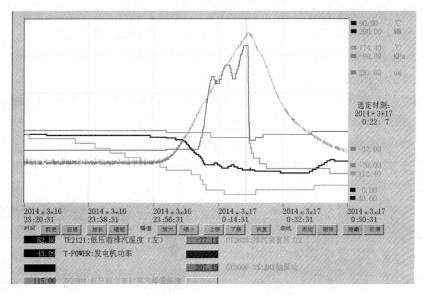

图 5-28　3 月 17 日机组振动参数关系

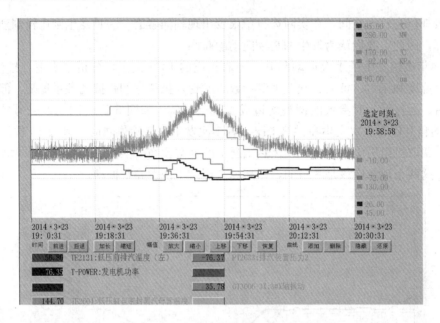

图 5-29　3 月 23 日机组振动参数关系

　　碰磨故障的诊断除了需要确认是碰磨外，还需要进一步确认碰磨发生的轴向和周向位置。利用 TDM 数据对最近一次振动爬升（2014 年 2 月 26 日）进行分析，见表 5-5，振动爬升的矢量变化表明碰磨发生部位应该在低压转子；同时，$2X$ 和 $3X$ 变化量既有同相分量又有反相分量，进一步表明碰磨部位应该不在轴封位置。

　　由于该机 TDM 缺少维护，信息不全，从已有数据难以判断振动爬升时转子位置的变化，但是从振动与真空关系可以初步判断，动静碰磨发生在低压缸上部，考虑到围带汽封部位碰磨后对转子热弯曲的影响相对较小，因此认为隔板汽封发生碰磨的可能性更大。该机低压隔板汽封采用的是斜齿汽封，与直齿汽封的点接触相比，斜齿汽封是面接触，一旦出现碰磨，磨出合适间隙的难度相对较大，这导致机组振动爬升时有发生。

　　根据以上分析，同时考虑到即将大修，对机组采取监测运行，运行中尽量保持负荷稳定。厂里还制定了相应措施，需增减负荷时，负荷变化率不得大于 2MW/min。振动变化量达到 40 μm 时，立即降低负荷、关小供热蝶阀以增加供热量，但负荷变化率不得大于 3MW/min，供热量变化率不得大于 3t/min，同时降低机组真空。

表 5-5　　　　　　　　　　　　　2 号机组振动爬升数据记录　　　　　　　　　　［μm/（°）］

测　点	爬升前振动	最高点振动	振动变化量
$1X$	20/99	57/297	76/292
$2X$	25/8	122/39	101/46
$3X$	15/271	145/165	150/159

　　4. 检查结果以及处理意见

　　2014 年 5 月 10 日，机组进入大修。电厂利用检修机会进行揭缸检查，发现低压缸反二、反四隔板汽封顶部一块磨损严重，部分齿已磨平，如图 5-30 和图 5-31 所示，同时发现磨损汽封块的调整垫块螺栓松动，未发现缸体滑销系统存在问题。

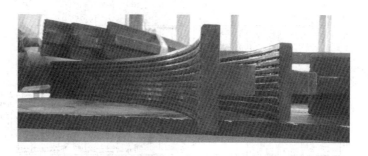

图 5-30　被磨平的隔板汽封（斜齿汽封）

图 5-31　完好的隔板汽封（斜齿汽封）

现在回头看电厂 2009 年大修时的检修工艺发现，先前的低压缸汽封间隙没有按照全实缸的要求来压，汽封间隙在扣缸和凝汽器灌水后会发生较大的变化，使得局部间隙比预留间隙小。由此可知，X 电厂 2 号机组发生碰磨应该是低压隔板汽封局部间隙小，加上汽封调整块螺栓松动导致的。

检修完成后，2014 年 6 月机组顺利启机带负荷，未再发生振动爬升。

案例 5-8　江苏 E 电厂 2 号机组低压缸动静碰磨

1. 故障发生概况和振动特征

E 电厂 2 号机组是西屋公司 600MW 亚临界、中间再热、四缸四排、单轴、凝汽式汽轮机。各转子段均为两轴承支承，机组轴系布置结构图如图 5-32 所示。

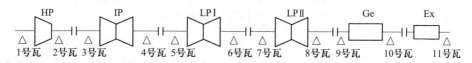

图 5-32　E 电厂 2 号机组轴系布置结构图

2 号机组 2008 年 2 月 28 日大修后开机，6：40 到 3000r/min 定速后，轴振 4X、5X、7X 分别达到 129、183、176μm，于是 7：00 打闸惰走，到 700r/min 电气一次接线做电气试验准备。7：46 再次升速，8：09 升到 3000r/min，定速一段时间后，4X、5X、7X 的振动值分别降到了 66、45、33μm，已听不到明显碰磨声。经过近 9h 电气试验后，16：44 并网带负荷，19：01 负荷升至 77MW 时，4～9 号瓦的振动再次爬升，19：09 时 5X232μm，9Y267μm，于是打闸降速，振动逐渐恢复正常（见图 5-33、图 5-34）。

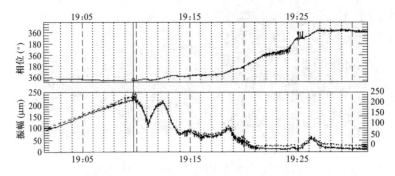

图 5-33　升负荷及打闸后 5X 振动时间趋势图

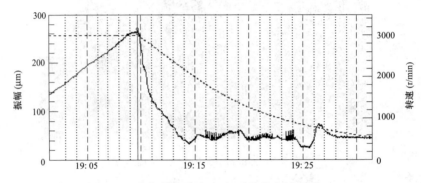

图 5-34　升负荷及降速 9Y 振动趋势和转速图

分析此次振动记录，有以下几个特征：

(1) 高振动频率主要成分是一倍频，相位基本稳定。

(2) 4～9 号瓦振动变化大，10 号瓦变化不明显。

(3) 此次振动增大发生在准备开汽动给水泵时，开启真空泵，受此操作影响，排气温度下降了 12℃，真空度提高了 4kPa。

2. 原因分析

机组第一次 3000r/min 定速时，4、5、7 号瓦振动大，从 3 号瓦和 5 号瓦情况判断，发生了动静碰磨。打闸后再次升速到 3000r/min 后，以上三瓦的振动恢复了正常，说明碰磨故障已经自行消除。对于后面并网带负荷过程中发生的振动故障，同样判断是动静碰磨，问题的关键是当时现场必须迅速确定何种原因造成碰磨。

首先，根据带负荷 4 号瓦到 9 号瓦振动变大，而 10 号瓦变化不明显这一特征，说明碰磨部位不是发电机，应该在汽轮机轴段；接下来，结合 5 号瓦到 8 号瓦的振动测试数据，可以判断发生碰磨的部位是汽轮机的两个低压缸。此外，根据此次大修后开机多次发生碰磨，推断大修对动静间隙的控制值偏紧；再考虑到振动增大前排气温度下降，真空度提高；振动增大后，关掉真空泵，振动随之降低，因此判断碰磨的原因是低缸真空度提高，导致低压缸体变形，使得原本动静间隙较小的部位间隙消失，发生碰磨，造成转子临时性热弯曲，最终振动增大。

分析诊断时有一个关键点：必须明确确定低压轴振的增大不是发电机造成的，虽然 9 号轴振也大，但从数据可以肯定低压轴振大是低压本身缺陷所致，即低压的高振动是低压缸所致。在现场集控室，厂里负责生产的总工向我们提出低压的高振动是否是发电机所致？我方明确表示不是发电机，而是低压缸。

如果误认为原因是在发电机，将导致后续处理发生整个方向性错误。

3. 处理措施

根据该机故障产生机理，分析认为可以通过运行调整真空，控制缸体变形程度，避免碰磨发生。轻度碰磨时，经过一定时间的磨合，动静间隙会逐渐增大到一个可接受范围，使碰磨得到抑制。

据此制定了故障处理预案，2号机组 28 日 22：52 再次升速，并于 29 日 0：31 并网。在升负荷中，机组分别于 4：48，70MW 和 12：15，80MW 两次复现振动增大。运行人员按照预案及时降低真空度，控制碰磨的恶化，抑制振动进一步爬升；在振动值逐步恢复正常后，再缓慢提高真空度、负荷等参数，成功保证了机组安全运行。碰磨故障的两次复现和成功处理，证明对该机组故障原因的分析判断是正确的。

案例 5-9　国电 T 电厂 1 号机组低压缸动静碰磨（此例由江苏电科院卢修连等完成）

1. 机组概况

T 电厂 1 号机组为哈尔滨汽轮发电集团公司与日本东芝公司联合生产的首台超超临界、一次中间再热、四缸四排、双背压凝汽式 1000MW 机组，汽轮机型号 TC4F-48，发电机为水氢氢，型号 LCH-1100-27。汽轮机八支承，发电机两支承，静态励磁，轴系布置结构图如图 5-35 所示。

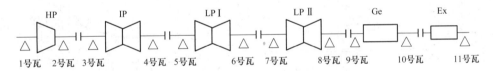

图 5-35　T 电厂 1 号机组轴系布置结构图

机组实测发电机一阶临界转速 880r/min，高压转子临界 2010r/min 左右，中压转子临界 1810r/min，低压 I 临界 1490r/min，低压 II 临界 1470r/min。正常情况，升降速过程，轴振不超过 60μm，振动优良。

2. 振动情况

（1）首次启机。机组 2007 年 11 月 2 日第一次启动，400r/min 打闸摩擦检查无异常，然后升速到 800r/min，停留 15min，各瓦振动正常。机组再升速到 3000r/min，升速过程中，发电机、低压 I、低压 II、高中压转子过临界转速轴振均在 60μm 以下。刚 3000r/min 定速时，汽轮机各轴振均小于 50μm，发电机各轴振不超过 65μm。

定速后 5、6、7、8、9 号轴振开始爬升，10min 后，这些测点均爬升到 100μm 以上，其中 8、9 号轴振到 140μm。制造厂家给定跳机值为 175μm，于是打闸停机。惰走过程，各瓦振动值与升速时相比明显增大，频谱显示是一倍频分量增大。初步分析，发生了动静碰磨。

（2）第二次启机。机组盘车后，11 月 2 日 19：30 再次启动，低速检查无异常后直接升到 3000r/min。升速和 3000r/min 定速的振动，与第一次启机相同。3000r/min 定速 10min，5、6、7、8 号轴振一倍频又开始爬升，同时相位变化；25min 左右，5X 相位变化了 180°，其余瓦相位也都发生较大变化（见图 5-36～图 5-38）。于是再次打闸，惰走过程 6X 最高 238 μm，其余轴振与升速相比也都增大 100 μm 以上。

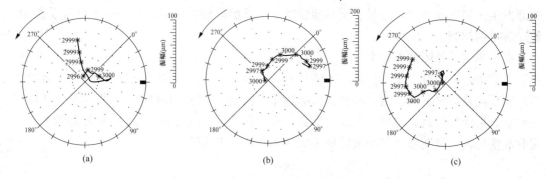

图 5-36 3000r/min 定速后 6X、7X、8X 一倍频极坐标图
(a) 6X；(b) 7X；(c) 8X

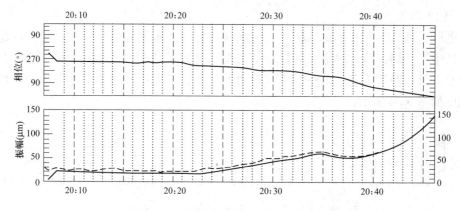

图 5-37 定速 3000r/min 后 5X 趋势图

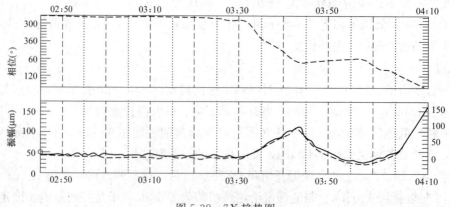

图 5-38 7X 趋势图

（3）初期的故障分析意见分歧及厂家东芝公司的错误判断。根据机组振动增大的频率

成分、一倍频相位、临界转速振动等情况分析，可以判定发生了动静碰磨，碰磨部位在两个低压缸内；直接原因是机组受热及真空等影响下，通流部件膨胀或变形，导致动静间隙变小，动静部件接触产生碰磨，进而使转轴局部温度升高，热弯曲，振动增大。

该机组由日本东芝公司设计，低压缸由哈尔滨汽机厂生产。东芝公司原设计的低压轴封系统中，轴封减温水装置有汽水分离器，而哈尔滨汽机厂根据国内习惯将此取消。

东芝公司现场人员认为振动原因是轴封汽中带水，应该对轴封系统按照原设计进行改造；中方人员认为如果是轴封管道积水造成的，振动变化应是低温积水突然喷到高温转子造成局部温度急剧降低，导致转子热弯曲，这时的振动变化应该是快速的，而且，少量积水喷完后，振动也应该迅速恢复，但目前机组的振动特征并非如此，因此日方的结论不能认同。

考虑到轴封减温器汽水分离器设计制造安装需要较长时间，而且机组尚未经过运行考验，是否有其他缺陷尚不清楚；另外，工期较紧，因此指挥部决定在减温器汽水分离器备好前机组继续启动，同时由哈尔滨汽机厂安排汽水分离器制造。

11月3日1号机组再次启动，02：40，3000r/min定速，03：30，4个低压轴振开始爬升、相位同时变化，03：35，$7X$从40 μm增加到75 μm，此时令运行停一台真空泵，真空缓慢下降，振动仍继续爬升，03：43，$7X$到113 μm，此后开始下降，03：55，$7X$降到32 μm，将停下的真空泵重新开启，04：02，振动又开始爬升，04：07，$7X$增大到80 μm，再次停一台真空泵，此后振动又快速爬升，04：11，$7X$到155 μm，打闸停机。分析表明，碰磨和真空关系密切。

（4）疏水系统改造后的启机。11月3日停机后对低压轴封汽疏水系统割管检查，清理管内杂物，进行有关改造，保证轴封管道疏水畅通，将轴封疏水从高压疏水扩容器改接到低压疏水扩容器。

11月4日机组启动，开机过程振动正常，18：36定速3000r/min，振动良好，19：35，$6X$开始爬升，于是停掉一台真空泵。19：49，$6X$到104 μm，此后开始下降。振动稳定后又提高真空。22：38，$8X$爬升到60 μm后再停一台真空泵，23：01，$8X$到103 μm，此后开始下降。维持真空在较低值，11月5日03：00，振动爬升到150 μm，打闸。

此后机组多次启动，3000r/min定速有时一个小时、有时六、七个小时不等，低压缸轴振出现爬升，总的趋势是稳定运行时间越来越长，说明通过碰磨动静间隙逐渐变大。振动迅速增加时便打闸停机，盘车投入规定时间后再冲转启机；振动增加缓慢时，控制轴振增大到95 μm即降速到800r/min空转；振动值恢复到原始值，即转子热弯曲消失后，再升速到3000r/min。11月7日电气试验结束。

（5）疏水系统再次改造后的启机。因日方仍错误地认为是轴封系统造成机组振动异常，因此在汽水分离器加工好之前的11月8日，进一步对轴封汽系统改造，在低压轴封汽管道进入凝汽器内部的位置，加装护板，减小凝汽器对轴封汽温度的影响。轴封减温器后直管段只有3m，此后管道就90°变向，为防止从减温器雾化的蒸汽出来后立刻直冲到管壁冷凝成水，将减温器移到直管段足够长的管道段，并在减温器后又加装了一个疏水装置。

11月9日启动，11：58并网，逐步加负荷，最大210MW，21：37，振动爬升，

21：45，7X140 μm 并快速增加，打闸。

（6）汽水分离器安装后的启机。11 月 10 日，轴封减温器汽水分离器加工完毕，现场安装。带负荷 9 号瓦振动偏大，接近 100 μm，利用此次停机机会进行轴系动平衡，在对轮处加重 433g。

11 月 12 日启机，4：10 3000r/min 定速，升速及定速振动优良，8：30 振动爬升，降真空，8：45，7X100 μm，然后振动下降，基本稳定。12：36 解列，超速试验。

超速试验、汽门严密性试验中，振动正常。16：20，并网。

并网后加负荷，23：00，300MW，11 月 13 日 5：00，因为启动汽动给水泵，给水泵汽轮机供轴封，真空有所提高，运行调试人员为了防止在开启给水泵汽轮机排汽蝶阀时真空突降真空保护动作，又开启了一台真空泵，真空提高了 2kPa 左右，这时振动爬升，10min 7X 从 40 μm 迅速增加到 156 μm，打闸停机。

11 月 13 日 11：00，机组启动。11 月 14 日 1：00 给水泵汽轮机投轴封汽时，真空提高，振动又开始爬升，运行随即停运真空泵，但振动快速爬升，不得不打闸停机。

因机组未带高负荷运行，缺陷尚未完全暴露，指挥部决定，机组继续带高负荷运行。11 月 14 日 15：00 启动，为验证真空对碰磨的影响，将真空从 10kPa 提高到 7.6kPa，振动随后开始爬升，7X 增大到 100 μm 后恢复真空为 10kPa，并迅速降转速到 800r/min，转子热弯曲消失后，再次升速到 3000r/min。

另一方面，为了防止在给水泵汽轮机投轴封后因为真空升高导致碰磨，将有关真空仪表管打开，漏入一定空气，将真空保持在 12.3kPa 左右，这样给水泵汽轮机投轴封汽后，机组真空也不会超过原有的设定值 10kPa，以此避免停机。

真空 12.3kPa，开启汽动给水泵前投轴封汽时，没有出现碰磨，振动基本不变，负荷最大带到 770MW，因为锅炉超温未带到额定负荷。本次启动带负荷期间，低压缸轴振也曾发生过波动，但最大值不超过 70 μm，且爬升后又恢复到原始值。说明在此真空下仍有轻微碰磨。11 月 16 日 7：00，机组停机消缺。

（7）揭缸决定和原因的最终确定。经过前段试运，充分说明机组异常振动原因是动静碰磨，低压缸体或通流部件在真空及热态工况下热变形及膨胀，动静间隙变小以致动静接触；同时，否定振动原因是轴封系统缺陷造成汽中带水的分析意见。

动静碰磨的可能原因之一是在真空等作用下，机组动静部件热变形量超过设计值；可能原因之二是安装间隙小于制造厂给定值，但考虑到制造厂现场督导、监理、质检等有关部门的检查、验收因素，这种可能性较小。

前阶段试运，机组已可以在 10kPa 稳定运行，说明动静间隙已有所放大，但离额定真空相差甚多；且轴封为 45°斜齿、齿较厚，如果期望继续利用运行将间隙磨大，估计需要较长时间。鉴于工期等因素，指挥部决定借锅炉消缺机会，对低压缸动静间隙进行调整。

根据前段数据，分析判断不仅在两个低压缸两端轴封处存在碰磨，低压转子中部也有碰磨。同时，根据碰磨与真空的关系及真空对低压缸变形及下沉的影响，判断碰磨主要是在转子与上轴封的位置。

根据中日双方分析意见，指挥部决定揭低压外缸，检查测量上轴封摩擦及间隙，下轴封不检查处理；低压内缸不揭缸，但整体上抬 0.1～0.2mm，轴封上部间隙调整值根据测量检查结果决定。同时根据高负荷 9 号轴振偏大，决定本次停机期间对发电机转子进行动平衡。

（8）揭缸检查情况及处理。低压缸外缸揭开，发现上轴封顶部摩擦严重，测量上轴封顶部间隙，均在 0.7～0.85mm 之间，小于制造厂给定的 1.04～1.49mm。因下轴封未拆，无法对下轴封间隙进行完整测量，仅最内侧一块下轴封间隙可以测量，其值为 0.8mm，而制造厂给定值为 0.4mm。说明轴封处缸体与安装时相比向下产生了 0.4mm 左右的变形。

根据检查测量结果，决定上轴封顶部间隙调整为 1.25mm，内缸整体上抬 0.1mm；发电机转子两端分别加重 300g。

（9）处理后启机振动优良。上述检查处理结束后，11 月 24 日启动，机组升速过程振动及定速 3000r/min 后振动均不超过 60 μm，振动优良。机组升速波特图如图 5-39 和图 5-40 所示。

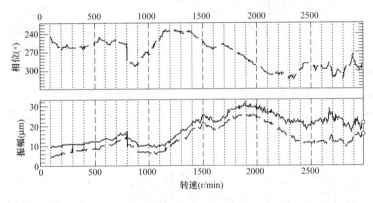

图 5-39　5X 升速波特图

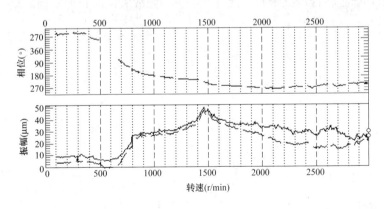

图 5-40　7X 升速波特图

带负荷后低压缸和发电机振动有时略有波动，但低压缸轴振最大不超过 60 μm，发电机轴振最大不超过 75 μm。机组连续运行两天后，振动基本稳定，汽机轴振不超过 50 μm，发电机轴振不超过 70 μm，振动优良。

机组真空在 4～10kPa 之间变化，振动基本没有变化，机组可以在许可范围内的任意真空下运行。

机组 168h 试运结束后又进行甩负荷试验，在甩完 50％负荷再并网带高负荷后，发电机 9 号轴振增大到 90 μm 左右。根据数据分析，决定在做完 100％甩负荷试验后停机消缺时再进行轴系动平衡。停机消缺时取下发电机转子上的加重块，在低发靠背轮处加重 760g。

消缺结束后 12 月 17 日机组启动，3000r/min 及带负荷振动优良，轴振在 76 μm 以内（见表 5-6）。

表 5-6   机组定速和满负荷轴振数值   （通频：μm）

工况	$1X$	$2X$	$3X$	$4X$	$5X$	$6X$	$7X$	$8X$	$9X$	$10X$
3000r/min	20	30	19	10	23	25	24	36	40	41
1000MW	21	26	28	28	42	30	15	30	46	49

（10）1 号机组调试阶段低压缸振动缓慢爬升，现象清晰，特征明显，判断为动静碰磨应该是无疑且迅速的。日方错误地将振动原因归于轴封系统问题，导致设备改造；同时，机组又多次启动，严重延误工期。事实上，在尝试并判断通流间隙无法靠转子自身旋转磨开后，早应果断决定揭缸处理。

这是一起因碰磨诊断错误导致新机调试工期严重拖延的典型案例。责任在日方东芝公司，但中方相关人员现场当时必须坚持申明自己的分析判断，如果调试指挥部仍决定先实施日方方案，则指挥部对整个调试工期拖延有连带领导责任。

中国国电集团 T 电厂 1 号机组投运之后，后续投产的几台哈尔滨汽轮机厂生产的 1000MW 机组，如大唐潮州三百门电厂 3 号机组、中国电力投资集团公司鲁阳电厂 1 号机组等，在投产初期都发生过低压缸碰磨，均表现为 3000r/min 定速一段时间后振动出现爬升现象，后均通过将低压缸轴封顶部及右上方间隙放大同时将低压内缸整体上抬消除了动静碰磨。

第六章

轴承油膜失稳分析诊断与处理

第一节 振动稳定性概述

一、轴系振动稳定性的基本概念

旋转机械转子-轴承系统动力特性包括三个方面：临界转速、不平衡响应和稳定性，它们决定了机组在启停机过程和工作状态下整个系统的振动力学以及结构力学行为。

高速旋转机械出现初期，动特性设计和分析集中在临界转速和不平衡响应两个方面，稳定性问题出现得较晚。其后，随着旋转机械向更高速、更高性能发展，轴系失稳问题在工业实际中出现，并逐渐成为与临界转速、不平衡响应并驾齐驱的重要工程和理论问题。

国内电力行业，轴承油膜导致的失稳——油膜振荡，最早于1972年第一台国产200MW机组在朝阳发电厂投运时出现过，后改变轴承几何参数得到消除。经过一段时间沉寂，直至二十世纪八十年代后期，全国范围内的九台国产200MW机组上几乎同时出现了油膜振荡，轴系稳定性问题成为二十世纪八十年代国内大型主力火电机组振动的一个重大技术问题。

经过国内多方面的试验和研究，到1990年，对200MW机组轴系失稳有了明确结论：这种机组失稳转速仅略高于工作转速，系统阻尼过低，稳定性能差，采用的三油楔轴承是导致这个缺陷的根本症结；同时提出了以更换三油楔轴承为椭圆轴承的处理措施，并在小范围实施取得成功，形成了一个可以大面积推广的技术方案。自1990年起，对国产200MW机组以更换轴承为主的处理方案在全国推广并取得了显著的成效，从此，油膜振荡在国产200MW机组上没有集中出现过。

但是，国内汽轮机行业的其他机型稳定性问题，现今仍然不断出现。突出的一例是十多年前我国出口到伊朗的325MW机组，有两台机组高中压轴段在300MW以上高负荷时发生失稳，处理数年之久才得以消除；国内近年投运的多台1000MW机组在某些工况下也出现了轴系失稳现象；国产300MW机组以及一些小型机组上，不断出现轴系失稳问题，有的拖延数月无法消除；至于在通用旋转机械中，如压缩机等，存在的大量失稳故障更是屡见不鲜。

美国最为著名的稳定性故障实例是发生在二十世纪八十年代初期美国航天飞机高压燃料透平泵（HPFTP）的失稳，透平转子的失稳振动使得高压燃料泵无法达到39000r/min的设计工作转速，只能在20 000r/min运行，由此造成航天飞机发射计划拖延的损失为每天50万美元。同时，高压液氧泵（HPOTP）持续存在的低频振动缺陷，致使航天飞机无法以最高推进功率进入大倾角的极地轨道运行。

从近年国外正式发表的研究报告和技术报告可以看出，轴系失稳至今仍然是高速旋转机械振动的主要故障之一，如 GE 石油天然气公司 2002 年在安哥拉凯奁芭项目建造的高压压缩机组出现失稳问题，处理一年之久才得以解决。2000 年，某化学工厂一台汽轮机驱动的 8 级内冷丙稀压缩机，转速达到 10 000～12 500r/min 时发生失稳；1999 年，美国中西部炼油厂一台转速 10 500～11 000r/min 乙稀压缩机大修后发生低频振动失稳，这两台机组的故障由美国德克萨斯莱昂多旋转设备公司人员经过多次处理方得以解决。

本章从实际工程角度介绍发电设备旋转机械轴系失稳的特征、判断、解决与处理方法，并具体介绍几个轴系失稳案例的分析判断过程、处理方案的确定以及实施效果。

二、轴系失稳的机理、分类和一般特征

转子系统的动力失稳是一种自激振动，造成这种振动的自激力来源于物体或系统的自身运动，运动停止，力随之消失。当我们用嘴去吹一个在眼前用双手拉直的水平纸条时，纸条会发生上下振动，这就是自激振动的一个最简单例子。和自激振动不同的是，强迫振动必定受到一个外力的作用，无论它是持续还是瞬间作用到物体上，物体随作用力方向发生振动，这个力也可以和自身有关，如不平衡质量在转动中产生的离心力。

当力的量值在一定范围内，物体做强迫振动的振幅是与力呈正比的线性关系，力越大振幅越大，但这个振幅是有限的；自激振动的振幅与力却不是这种线性关系，有限的自激力可以造成振幅趋于无限发展，使物体从一个可控的稳定振动状态发展成失控状态，即是失稳。

旋转机械转子系统中，造成转子发生动力失稳的作用力种类很多，常有这样一些：①动压轴承的油膜力，造成油膜涡动和油膜振荡；②密封的气流作用力，导致转子失稳；③叶轮顶隙形成的气动力；④空心转轴内滞留液体；⑤转动部件上结合面的摩擦力和材料内阻；⑥动静碰磨时产生的干摩擦力；⑦扭矩作用在不对中转轴上造成的扭转涡动。

旋转机械自激振动按其机理被划分为四大类：

①涡动和振荡；②参数失稳；③接触-相对滑移碰磨和颤振；④强迫振动的失稳。

旋转机械转子系统的振动失稳通常表现有下列共同的特征：

（1）转子横向振动频率与转子转速不同步，多为次同步，但不是整分数的固定比例关系；少数为超同步。

（2）自激振动的频率以转子本身的横向振动固有频率为主，个别情况自激振动频率与转子横向振动固有频率不符。

（3）振幅变化与转速或负荷的关系密切。

（4）失稳状态下自激振动的能量来源于系统本身的转动能量，因此振幅可能发生突然急剧增加，最大振幅受非线性作用以极限圆为界。

汽轮发电机组轴系主要的失稳形式是油膜失稳和汽流激振。使转子产生发散运动的自激力部位有轴承、轴端汽封、隔板或围带汽封、热套配合面、材料内阻等，转子的失稳分别被称为油膜涡动、油膜振荡、汽流激振、摩擦自激等。

失稳状态下转子转速和涡动频率非同步，转子不再做弓形回转，转轴断面要承受到交

变应力，失稳时的大幅值非同步振动产生的高值低频交变应力可以使转子发生疲劳损伤，甚至出现瞬间疲劳脆性断裂，还可以使转子发生严重的动静碰磨，导致转动部件破坏。

发电设备轴系稳定性直接关系到机组的安全运行和设备的可靠性。稳定性能低劣的机组，轻者可减少发电时数，增加检修费用，重者将导致重大毁机事故，如我国火电行业历史上著名的 1988 年秦岭发电厂 5 号机组油膜振荡导致的轴系断裂恶性事故。

第二节　轴承油膜失稳的振动特征和诊断

一、轴承油膜失稳的机理

重型旋转机械转子支承通常采用径向动压滑动轴承。转子转动时，轴承中轴颈与乌金表面之间的润滑油形成一层极薄的油膜，这层油膜的主要作用是产生向上的力顶起整个转子，将轴颈与乌金隔离开，达到油润滑的目的。与此同时，油膜还会产生另外两种力，一种是作用到轴颈上促使轴颈连同转子做失稳涡动的促涡力；另一种是抑制转子做这种失稳涡动的阻尼力。转子是否涡动，取决于这两种力的大小。为提高稳定性，则希望油膜产生的促涡力小，甚至为零；而阻尼力则是越大越好。当油膜中的促涡力大于油膜和系统其他部分提供的阻尼力时，没有足够的阻尼力来抑制转子涡动，振动则发生失稳。

轴承油膜失稳有两种形式：如果失稳的振动频率是转子转速之半，称之为油膜涡动；如果振动频率是转子第一临界转速，称之为油膜振荡。油膜涡动和油膜振荡是整个失稳发展过程中的先后两个阶段，油膜涡动是振幅有限，较温和的失稳，油膜振荡是大振幅的，剧烈的失稳。对一个具体转子轴系，可以只出现油膜涡动而不出现油膜振荡；也可以在油膜振荡之前不发生油膜涡动。油膜振荡时，转子转动动能的数百分之一通过油膜传递给转子，使其以转子的最低阶固有频率做大幅度振动，幅值之大远远超过通常转子过临界转速时的振动值，以致将油膜压缩到了非线性区的极限状态。机组出现油膜振荡的转速是转子第一临界转速的 2 倍或略高。以国产 200MW 机组为例，发电机转子第一临界转速为 1140～1180r/min，发生油膜振荡时转子的转速多在 3000～3300r/min 之间，涡动频率为 18～19Hz。

上述关于油膜失稳的机理，只是简单定性的说明，事实上，它还有一套严格、系统的理论和精准复杂的定量描述。从动力学角度，轴承油膜的动特性可以用通常的力学元件：弹簧和阻尼器来代替，如图 6-1 所示，弹簧刚度系数用 K_{xx}、K_{xy}、K_{yx}、K_{yy} 四个量表征，刚度系数代表了轴颈发生单位位移扰动引起的力的增量；阻尼系数 C_{xx}、C_{xy}、C_{yx}、C_{yy} 表征轴颈单位速度扰动引起的力的增量。在这些系数中，主刚度 K_{xx} 和 K_{yy} 控制着轴颈在 X 方向和 Y 方向的振动，交叉刚度 K_{xy} 和 K_{yx} 决定了促涡力的大小，直接阻尼 C_{xx} 和 C_{yy} 是阻尼力的来源。理论上，对于一个具体的滑动轴承，K_{xy} 和 K_{yx} 小，或 C_{xx} 和 C_{yy} 大，意味着该轴承稳定性能好。

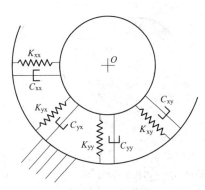

图 6-1　轴承油膜的四个刚度与四个阻尼系数

除了滑动轴承，以流体压力作为工作原理的密封也是既存在造成失稳的交叉刚度，又含有抑制失稳的阻尼力。虽然密封类似于油膜轴承，但由于密封"油膜"交叉刚度和阻尼与流体的状况密切相关，因此，它对流体压力和密度的变化更为敏感。

二、油膜失稳的影响因素

旋转机械转子-轴承系统的稳定性主要取决于下列两点。

1. 轴承形式和几何参数

旋转机械滑动轴承按结构可分为固定瓦和可倾瓦两大类。固定瓦最基本的形式是圆柱轴承，由此派生出椭圆、三油楔、多油叶、具有轴向或周向沟槽等多种形式的固定瓦轴承。不同形式的轴承或同一种形式但几何参数不同的轴承，油膜的动特性不相同。

可倾瓦轴承是瓦块能够活动倾斜的轴承，瓦块可以有不同的数量，如图 6-2 所示，通常有四瓦块、上二下三的五瓦块、上三下二的五瓦块、六瓦块四种；一般情况，瓦块沿过轴承中心的垂线对称排列，如其中一个下瓦块的支点通过垂线，这种排列形式称作 LOP型（瓦上型），如没有一个下瓦块的支点通过垂线，称作 LBP 型（瓦间型）。还经常有固

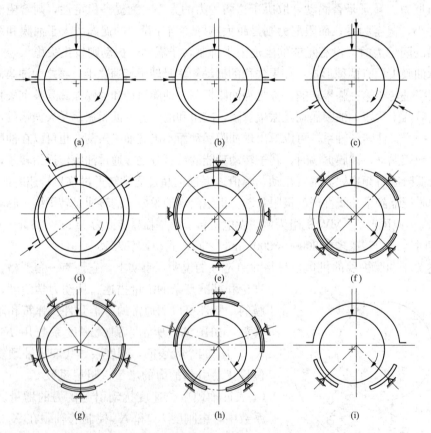

图 6-2　发电设备旋转机械常用滑动轴承形式

(a) 圆柱轴承；(b) 椭圆轴承；(c) 三油叶轴承；(d) 三油楔轴承；(e) 四瓦块可倾瓦轴承
(LOP 型)；(f) 四瓦块可倾瓦轴承 (LBP 型)；(g) 五瓦块可倾瓦轴承 (LOP 型)；(h) 五
瓦块可倾瓦轴承 (LBP 型)；(i) 椭圆瓦/可倾瓦混合轴承

定瓦和可倾瓦混合形式的轴承，上瓦块采用固定瓦，下瓦块为两可倾瓦块或三可倾瓦块。不同形式的可倾瓦轴承和不同的几何参数，同样有不同的动特性，总体上看，可倾瓦轴承的稳定性要优于固定瓦轴承。

2. 轴颈在轴承中的工作位置

轴承油膜的动特性是无量纲承载系数 ξ 的函数，也可以看作是轴颈中心（工作点）到轴承几何中心偏心率的函数。

$$\xi = W\psi^2 / (2\mu u L) \tag{6-1}$$

式中　W——转子作用在轴承上的载荷；

　　　ψ——间隙比；

　　　μ——润滑油动力黏度；

　　　u——轴颈切向速度；

　　　L——轴承长度。

式（6-1）中任何一个因子的变化都会影响到油膜的动特性，进而影响到稳定性。另一方面，机组设计时选用的轴颈工作点还会因制造加工精度、现场基础的刚度、安装时中心标高和运行参数等条件而出现差异，这些方面同样会影响到机组转子系统稳定性。

来自轴承油膜力、工质流体力、转子的内摩擦力等这些扰动力是否能够激起轴系失稳，除了取决于这些力本身的量值，还取决于相关因素。如滑动轴承的油膜力造成的失稳，除取决于交叉刚度和转子-轴承系统的阻尼力，还和转子转速与临界转速之比有关，从而造成了现场实际问题分析判断的复杂化和处理措施的多样性。

轴系各转子之间的对中状况间接地影响到稳定性。不对中所能产生的两倍频振动和稳定性无关，但不对中可能造成轴承负荷脱空而出现以低频涡动为征兆的失稳。这种情况在多支撑的机组轴系中时有发生。由于基础的变形、不均匀沉降、轴承座的热膨胀等原因，能够造成相邻两个轴承中的一个不再承受负荷，甚至原本对轴颈产生向上作用的油膜力改为方向朝下，同时相邻的另一个轴承承载增大。

从稳定性角度看，减小轴承之间的跨距，增加转子的刚性提升转子临界转速，对提高稳定性有利。

有些情况下，采用挤压油膜阻尼器可以有效地提高系统阻尼，除了可以在滚动轴承上采用，现在也已经开始在滑动轴承上采用，但应用在汽轮发电机组上国内尚无先例。应该指出，如果不是选用最佳值增加轴承的阻尼，对整个转子轴承系统来说反而可能降低系统的阻尼，使稳定状况恶化。而最佳值的确定，必须利用计算分析的方法。

三、轴承油膜失稳的特征及判断方法

汽轮发电机组发生油膜失稳时有如下振动特征。

（1）转子失稳振动的频率为单一的低频振动。半速涡动通常发生在转子转速低于两倍第一临界转速的转速区。发生失稳时，它以一个低于工作转速的频率出现，大都在当时转速之半的频率点可以观察到高的低频分量，即半频分量。

随转子转速升高，失稳振动频率同步增加，可能直至最高转速，半速涡动一直存在，也可能到了高转速的某一点后消失。转子转速变化过程，涡动频率随之变化，但它的频率

为转速之半的关系始终不变。在级联图上，这些半频振峰的频率点连线应该是一条斜率不变的直线。

油膜振荡发生在转子转速升到两倍第一临界转速时，涡动的频率是该跨转子的第一临界转速。其后如果转子转速继续上升，涡动频率将始终是第一临界转速，这是油膜振荡的关键特征。

降速时，当转速低于两倍第一临界转速，油膜振荡会立即消失。消失的转速比升速时振荡出现的转速要略低，有滞后现象。油膜振荡、半速涡动与转速的密切关联是轴系轴承失稳的一个十分确定的判据。

半速涡动或油膜振荡最有效的识别工具是频谱图，以及瀑布图和级联图。除此，在波形图上或轴心轨迹图中也都能观察到以低频为主的特征。

发生油膜振荡时，低频振幅高于一倍频振幅，此时的一倍频振幅反而会比不存在油膜振荡时的振幅要小。

图 6-3 是 L 电厂二期机组油膜振荡测点 2X 的瀑布图，这是一台工业汽轮机，工作转速 8057r/min，机组在 6000r/min 暖机后升速，从图中可以看出，存在 0.38 倍频的低频分量，随转速的增加，这个低频分量的频率同时增加，转速到 7540r/min，振幅突增，于是机组振动保护动作，主汽门关闭，开始惰走。从 7540r/min 到 7000r/min 区间，振幅随转速较缓慢下降，从 7000r/min 到 6900r/min 区间，振幅急剧下降，振动恢复正常。

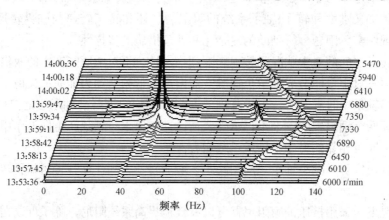

图 6-3 L 电厂二期机组油膜振荡测点 2X 的瀑布图

在图 6-4 的波特图中可以清楚地看到升速过程低频分量是如何随转速变化的。这个例子有两点特殊，一是涡动的低频频率与转速之比不是通常的 0.5，而是 0.38；二是油膜振荡没有出现在第一临界转速两倍的 5800r/min 左右，而是延迟到 7540r/min 才出现。

（2）油膜振荡的突发性。失稳的轴系可能随转速的上升先出现油膜涡动，再出现油膜振荡，但也可能只出现油膜振荡，事前无半速涡动，或仅存在很小的半速成分，一旦转子转速达到两倍第一临界转速，数秒之内，低频振幅迅速增大数倍或数十倍。

（3）油膜振荡时的轴心轨迹呈现正向涡动。

（4）与油温有直接关系。

由式（6-1）可知，润滑油动力黏度是决定轴颈在轴承中工作位置的因素之一，而润

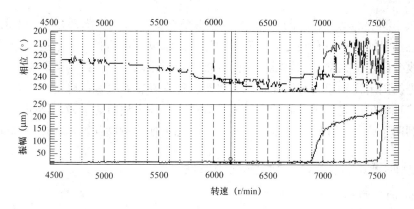

图 6-4　L 电厂二期机组油膜振荡测点 2X 的波特图

滑油动力黏度与油温度密切相关。其他条件相同的情况下，油温越高，润滑油动力黏度越小，轴颈的偏心率越大，稳定性越高。据此，现场可以用改变油温的方法试验判断机组存在的低频振动是否是油膜振荡或半速涡动。如果提高油温后原本存在的低频振幅显著减小或消失，证明很可能是油膜失稳；但这不是充分判据，有时，油温的提高也还不足够使得轴颈从失稳区域进入稳定区，这时，低频振幅就不会减小，但不能以此证明不是油膜失稳。

第三节　轴承油膜失稳的处理方法

一、油膜失稳的现场处理

对于固定瓦轴承，从理论上讲，增加承载系数，即增大轴颈偏心率的方法，一般都应该能用来提高轴承的稳定性。现场固定瓦轴承出现失稳，处理的方向是设法增大偏心率，具体有下列相应措施：

（1）减小轴瓦工作面有效宽度，增大比压 P。

（2）提高失稳轴承的标高，增大轴承承载 W。

这两项措施的目的是增大轴颈在轴承中的偏心率，提高轴承稳定性。实施的同时必须注意下列几点：①减小轴承宽度和抬高轴承会使瓦温升高，回油温度升高。这些温度的升高不应该超过运行规程控制值；②一个轴承标高的上抬会使邻近轴承的负载减轻，稳定性降低。有些情况下，会使失稳在轴承之间转移。因此，调整一个轴承的标高必须注意对邻近轴承的影响；③抬高轴承会使缸内汽封、通流间隙改变，抬高量掌握不当会造成动静碰磨。

（3）增加椭圆比，增加预载荷系数。对于圆柱轴承和椭圆轴承，现场最常用的方法是减小顶隙，即是在加工间隙（侧隙）不变的条件下减小装配间隙（顶隙）。实施中采用将上瓦中分面磨削掉一定厚度。

（4）增加间隙比 ψ。这往往要通过增大轴承轴瓦整个周向间隙来实现，但过大的间隙会使轴颈在轴承中的定位状况不好，进而引起转子一倍频振动增加。

（5）减小润滑油动力黏度μ。提高油温能将润滑油动力黏度降低，增大偏心率。实施中需要注意油温的提高是有限度的，润滑油保持高温度长期运行，易于造成油质老化。

（6）改变固定瓦瓦型。如果原瓦是圆柱轴承，可重新浇瓦，改为椭圆瓦。

（7）更换固定瓦轴承为可倾瓦轴承。对于已经存在轴系失稳故障的机组，一旦确定是轴承失稳，现场可以先采用前面的方法来处理。在上述方法行之无效的情况下，同时又定性或定量判明了原固定瓦轴承稳定性低劣，可考虑更换为可倾瓦轴承，彻底消除失稳。

二、从轴承设计上解决油膜失稳的方法

1. 轴承的选型和几何参数的确定

发电设备旋转机械设计阶段提高轴系稳定裕度的方法主要应该选用稳定性好的轴承以及选用合理的轴承几何参数。

理论研究结果表明，固定瓦轴承稳定性从优到劣的顺序为：三油叶、对称三油叶、椭圆、三油楔、圆柱，这是宏观排列；每一种具体轴承的稳定性如何，很大程度上还取决于它的具体几何参数和在轴系中的承载力范围。

理论研究还表明，可倾瓦轴承稳定性能优良。现代汽轮机组广泛的使用实践也证实了同样的结论。国内大型机组的高压转子一律采用可倾瓦轴承支承。

2. 提高转子临界转速

从设计上避免出现失稳的另一项措施是提高转子的临界转速，使两倍第一临界转速值高于工作转速，这对于防止油膜振荡是有效的，但对于半速涡动仍然无能为力。提高临界转速，通常采用缩短两支承轴承间距或增大转子直径的方法。转子直径增加会使总重量增加，支承轴承载荷和动特性也要随之变化，进而从另一个角度影响到轴系稳定性。因此，用提高临界转速的措施来增加轴系稳定性，事先必须进行全面的计算分析，统筹考虑。

3. 设计阶段利用数值计算确定轴系稳定性

旋转机械转子-轴承系统的稳定性可以在设计阶段用数值计算进行分析、预测和评估，也可以对出现失稳的机组进行校核或复验性计算。将机组轴系视为柔性多质量非对称转子-滑动轴承系统，采用由传统的计算临界转速的 Prohl 法发展而来的传递矩阵法，是分析计算轴系稳定性的有效方法。

最早建立轴系稳定性计算方法的是 J. W. Lund，他于 1974 年引入复变量对计算临界转速的 Myklested- Prohl 的递推法做了重要扩展，计算出定量表征稳定性优劣的系统阻尼固有频率。A&M 大学的 B. T. Murphy 和 J. M. Vance 于 1983 年对 Lund 方法做了改进，直接求得特征多项式系数，然后求解特征根。本书作者 1985 年对该方法又做了进一步改进，在 Riccati 和 Murphy-Vance 法的基础上，采用小阶数矩阵分块一次递推，求得系统的特征多项式，然后用 Bairstow-Newton 法解出全部复特征根（R-P 法）。北卡罗莱那大学的 Kim 和 David1992 年又对 R-P 法做了改进，将特征多项式转化为伴随矩阵特征值问题，只求解主要根，这样避免了丢根，并节省了机时。

从二十世纪八十年代中期开始的国产 200MW 机组轴系稳定性计算至今的实践说明，这种计算已经达到了较高的精度，完全可以用来对实际转子轴承系统进行有效地评估和预测。

有资料表明，现今美国工业界对汽轮机、压缩机等旋转机械轴系稳定性分析有设计计算规范《石油、化学和气体工业用轴流、离心压缩机及膨胀机-压缩机》API 617—2002，这个计算规范也是基于 Lund 算法。近年，国内汽轮机制造厂家从西方汽轮机公司新引进的轴系稳定性计算程序，同样利用改进的 Lund 算法。这种算法已被国际公认。

基于 Lund 算法的轴系稳定性计算分析涉及一个重要问题，即最终衡量轴系是否稳定的对数衰减率 δ 的标准值应该是多少？国内有人提出，不同程序有不同标准，不存在一个通用的标准。实际上，这个标准早在 1975 年美国第四届透平机械讨论会上已经有文推荐，δ 大于 0.5，系统被认为是稳定的；低于 0.25 的正值认为已处于失稳的边缘；介于 0.25 到 0.5 之间划分为中间区。根据本书作者多年对各种轴系稳定性计算分析看，这个建议的标准基本合理。本书作者对数台机组轴系稳定性计算的经验表明，δ 在 0.12～0.15 以上，稳定性良好，运行中不会发生失稳。

那么为什么国内对此会有上述意见呢？轴系稳定性计算程序复杂，对编程要求高，程序中的任何错误都会造成结果的错误。只看计算结果，往往无法判断是转子稳定性本身存在问题，还是程序不正确。国内各单位的轴系稳定性计算，普遍使用的是自编程序，仔细分析国内已经公开发表的略为详细的计算结果，可以发现国内这些自编的稳定性计算程序得到的对数衰减率多数是不正确的。

对于旋转机械轴系的复杂失稳问题，仅利用前述的定性方法处理，有时可能拖延较长时间，在实施了多种措施后仍无法解决，与其这样，不如问题开始时就采用计算的方法对整个轴系稳定性进行科学的、全面的评估，确定失稳的根源或主要部位，然后有针对性地去处理，问题会解决得更快，总体上也更经济。

三、现场处理油膜失稳的注意事项

现场处理油膜失稳一个常用的方法就是修刮轴瓦乌金，刮瓦也常常用来解决瓦温过高的缺陷，这在业内被广泛采用。但是，随着机组向大型化发展，轴承的设计越来越严格精细，瓦面轮廓线均是经过复杂的理论计算确定的，加工也都采用高精度镗床；瓦面有效工作面积越来越大。瓦面型线的任何变动都会改变轴承的特性，影响到稳定性。现场刮瓦原本是要提高稳定性，但操作时掌握不当，会产生相反效果，稳定性反而降低。在电厂经常可以发现，本体班刮瓦操作人员，甚至汽轮机的技术人员对瓦面的形状如何影响到稳定性的常识不甚了解，修刮的部位和力度难以控制。因此，刮瓦在现场应该尽量避免。对于瓦面发生研磨、划痕，必须手工刮瓦时，需要注意在操作过程中尽量不要破坏瓦面原有的基本几何型面。

机组现场安装、检修中另一个和轴系稳定性密切有关的环节是对轮找中心。找中心时要调整轴承标高，标高的变动影响轴承的承载力，进而影响轴承稳定性，扬度也能影响轴承载荷和稳定性。

运行参数中油温是和稳定性相关的重要参数。如果机组出现失稳，可以用提高油温的方法加以控制，但这只能作为短时手段。一般机组规程规定的油温在 40℃ 左右，最高容许 45℃。有的为了不出现失稳，必需要将油温提到 50℃ 甚至更高，这对油的长期使用是不利的，过高的油温也会导致瓦温升高，这也是不希望出现的。重要的还是找出产生失稳的原因，从根源上消除缺陷。

第四节　轴承油膜失稳分析诊断和处理实例

案例 6-1 国产 200MW 汽轮发电机组油膜振荡分析与处理

1. 概况和前期处理

自 1986 年到 1988 年底，全国有九台国产 200MW 机组发生油膜振荡，它们均出现在发电机的前后两瓦 6、7 号瓦，而且多是在新机调试阶段和投运前期出现。这些油膜振荡发生的一个共性是振荡前没有半速涡动先兆，信号中只含有少量低频分量，必须用频谱分析才能检查出来，机组升速到失稳转速时突然起振，立即打闸，随转速下降，油膜振荡很快消失，如果油温等工况不变，起振的转速基本相同，提高油温能使振荡暂时消除。

频谱分析表明，振荡的频率成分是 18～19Hz，与发电机转子第一临界转速一致。

全国发生油膜振荡的 200MW 机组中，徐州电厂 6 号机组最为典型，这是东方汽轮机厂生产的 D09 型三缸三排中间再热机组，1985 年 12 月投运，新机调试期间曾两次由于油温低于 38℃ 而发生油膜振荡，半年后故障加剧，油温低于 48℃ 难于维持正常运行。超速试验，即使将油温升到 50℃，每次也都要发生油膜振荡。

东方汽轮机厂生产的 200MW 汽轮发电机组轴系布置如图 6-5 所示，汽轮机转子轴系全长 18 836mm，重 50 400kg，1～5 号轴承为三油楔轴承；发电机转子总长 10 945mm，6、7 号轴承和汽轮机各轴承同为三油楔轴承。

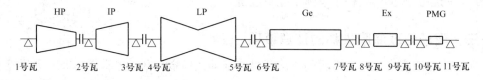

图 6-5　东方汽轮机厂 200MW 汽轮发电机组轴系布置示意图

6 号机组 1987 年 2 月小修，6 号轴承顶隙由 0.87mm 改为 0.62mm，同时调整 6 号轴承标高高于 5 号轴承 0.05mm，6、7 号轴承长径比由原来的 0.76 减小为 0.67，这些措施未能使油膜振荡消除。

1987 年 8 月又对机组进行第二次处理，再次调整各轴承标高和各对轮对中，6 号轴承标高高于 5 号轴承 0.19mm。处理后虽然机组失稳转速略有提高，但当油温低于 40℃ 时以及超速试验油温低于 48℃，仍发生油膜振荡。

关于国产 200MW 机组稳定性问题，在徐州电厂 6 号机组发生油膜振荡之前，本书作者代表中华人民共和国水利电力部、上海发电设备成套设计研究院代表中华人民共和国机械工业部已经分别做过详细计算分析和试验研究，结论认为：国产 200MW 机组 3、6、7 号瓦上用的三油楔轴承稳定性安全裕度偏低，抗干扰能力较差。将三油楔轴承改为椭圆轴承的处理方案也正式提出，椭圆轴承的具体几何参数同时被确定。

2. 更换轴承处理方案

1988 年 8、9 月，徐州电厂 6 号机组在上述措施处理无果的情况下，决定采取更换轴承的方案，3、4、5、6、7号五个轴承改为椭圆轴承。轴承几何参数设计值及实测值见表6-1。

表6-1　徐州电厂6号机组3、4、5、6、7号五个椭圆试验轴承几何参数设计值及实测值

轴承号		3	4	5	6	7
轴承公称直径		ϕ360	ϕ360	ϕ360	ϕ420	ϕ420
计算值	顶隙比 ϕ_m	1.5‰			1.5‰	
	椭圆比 δ	0.55			0.55	
	长径比 L/D	0.75			0.761 9	
设计值	ϕ_m	1.36‰～1.67‰			1.31‰～1.57‰	
	侧隙比 ψ_p	3.22‰～3.50‰			3.07‰～3.36‰	
	δ	0.524～0.578			0.532～0.581 4	
实测值	顶隙 C_m（mm）	0.55	0.58	0.57	0.67	0.63
	侧隙 C_p（mm）	1.22	1.21	1.26	1.51	1.52
	ϕ_m	1.53‰	1.61‰	1.58‰	1.60‰	1.50‰
	δ	0.549	0.521	0.548	0.556	0.586

新的3～5号椭圆瓦的上、下瓦为完整连续的圆弧面，6、7号上、下瓦由制造厂在油膜破裂区分别开有两条轴向沟槽，各轴承瓦面加工光洁度高，▽6（▽为表面粗糙度，此处表示表面粗糙度 Ra 上限值为1.6 μm）以上，轴瓦的接触角在25°～30°之间。2号瓦因磨损严重，更换为新的三油楔轴承，1号瓦未换。换瓦的同时对各对轮对中及各瓦标高进行了调整。

3. 处理结果

（1）油膜振荡消除、低频分量减小。处理后多次启停机的现场测试表明：机组没有发生油膜振荡和类似性质的低频振动，改瓦后油膜振荡已经消除。

频谱分析显示，超速到3300r/min和冷油器出口油温降低这两种对稳定性最不利的工况下，6、7号瓦（或轴）各测点的19.7Hz的低频分量绝对值不超过1 μm，均小于一倍频分量的6%。

为避免轴瓦实际工作油温变化滞后于冷油器出口油温变化而产生的错误试验结果，保持油温36℃10h后观察6号瓦垂直振动的变化，发现随时间的延续6号瓦的低频成分逐渐减小。

（2）临界转速及振动值。由于轴瓦形式的更改，轴系各临界转速较之三油楔轴承时发生了少许变化。机组正常情况下过临界转速时最大轴振80 μm，最大瓦振50 μm，汽轮机各瓦从2600r/min到3250r/min之间未出现共振峰。超速到3290、3340r/min，3号瓦和5号瓦垂直振动呈上升趋势。从2900r/min升到3100r/min时，6号瓦垂直振动从10 μm增大到32 μm。

6号机组换瓦过程中轴系调整的数据说明，椭圆瓦稳定性能优良，适应性强，对轴系标高的要求也相应较低，因此能在中心变化较大，基础刚度较弱的各种工况下安全运行。

（3）瓦温及流量。6号机试验的前一阶段，3号瓦温偏高，达到97℃，平均93℃，其余各瓦温在80℃以下。利用顶轴油压判断，3号瓦负荷较大。为此进行处理：抬高4号瓦标高，3号瓦下瓦进油边刮出油囊，处理后情况改善，3号瓦温降低15～30℃，同时，顶

轴油压也显示 3 号瓦压力低于处理前。

对换瓦后的 6 号机组及三油楔瓦的 7 号机组油流量测试结果表明：椭圆瓦的油流量比三油楔瓦的稍小或近似相等，回油温度未过高，但椭圆瓦的绝对温升要大，这意味着轴瓦功耗增大。

徐州电厂 6 号机组更换椭圆瓦消除油膜振荡为解决国产 200MW 机组失稳提供了样板，也反证了过去做出的三油楔轴承稳定性差的结论的正确性，并为秦岭发电厂 5 号机组断轴事故分析提供了重要依据。

必须指出，6 号机组所采取的换瓦、调整标高和加工接长轴上述三条措施中，后两条措施作用不大。轴承对中和标高的调整在这之前已经采用过，结果证明是无效的；对接长轴的处理只能影响到轴系的一倍频振动，不能消除失稳，这是处理油膜失稳的基本常识。6 号机组油膜振荡得以消除的有效措施只有一条：更换轴承。

同时还应该说明，计算结果表明三油楔轴承的轴系稳定性低，这是对国产 200MW 机组轴系整体的结论，并非每一台采用三油楔轴承的国产 200MW 机组都要发生油膜振荡。从二十世纪八十年代后期国内国产 200MW 发电机三油楔轴承更换椭圆轴承后的整体效果看，油膜振荡已经彻底消除，这进一步佐证了前期所做的理论计算分析是正确的。

国产 200MW 机组轴系稳定性问题曾是二十世纪八十年代后期国内大型机组振动的重大技术问题。在当时的电力部和机械委的组织下，经过国内多个单位共同攻关研究，到 1987 年，对该型机组的失稳问题产生的原因已经有了明确的结论，采用的三油楔轴承是导致这一缺陷的根本症结。

1988 年 2 月，秦岭发电厂 5 号机组（东方汽轮机厂和东方电机厂生产的 200MW 机组）发生了轴系断裂重大事故。分析表明，这次事故与轴系振动稳定性有直接关系。这是用惨痛代价进一步旁证了秦岭发电厂 5 号机组事故前的 1987 年所得出的国产 200MW 机组稳定性低劣的结论。

八十年代对国产 200MW 机组油膜振荡的解决，是将理论分析与现场实际相结合，成功解决重大工程技术难题的一个典型范例。其间，首先是轴系稳定性计算分析从理论角度查明了根本原因，突破了国内轴承界关于三油楔轴承稳定性高的传统的、错误的观念；紧接着又在现场进行了实机试验，从实践角度证明了理论分析结论和处理方案的正确性。

这些工作是在当时计算、测试手段远不及现今的条件下完成的。当时没有能够现场进行 FFT 频谱分析的测试仪器；没有计算速度较快的微机，只有利用穿孔纸带输入程序和数据的国产 DJ-14 速度极慢的计算机；没有网络可以查询国外新的计算方法，只有从图书馆影印的国外技术刊物上得到少量宝贵的文章。虽然如今的条件大大优于二十世纪八十年代，但对汽轮机故障诊断分析和处理的思路和方法，至今没有变化，当时对国产 200MW 机组油膜振荡的整个分析诊断和处理过程至今仍有重要借鉴意义。

案例 6-2 **上海 M 公司 2 号机组油膜振荡分析与故障诊断**

上海 M 公司 2 号机组是上海汽轮机厂和上海电力机械厂生产的 50MW 供热机组，最大可超发到 56MW。汽轮机转子由 1、2 号椭圆轴承支撑，发电机两瓦为 3、4 号圆柱轴承，励磁机两瓦为 5、6 号轴承。机组 2001 年投运，2002 年大修，2003 年 4 月小修，5

月小修更换了原绝缘存在问题的励磁机转子，到同年 7 月 22 日，该机振动一直正常，1～4 号瓦垂直振动均小于 20 μm。机组带高负荷时间不多。

1. 突发性振动现象和特征

2003 年 7 月 22 日，机组带高负荷时，1～4 号瓦突然出现大振动，运行人员降低负荷，振动消失。经过数小时运行，增加负荷，大振动再度出现。用手持测振表测量，发现 3 号瓦振幅最大，245 μm，其余三个瓦振较小；频谱分析表明，高振动的主频约为 20Hz。然后作者用本特利 DAIU-208 测振仪对机组带负荷工况和升降速过程的振动进行了全面测量。

图 6-6 为发生大振动时 1、3 号瓦的时间趋势图，图 6-7 为 1～4 号瓦的振动瀑布图，图 6-8 为 1、3 号瓦的振动频谱图。

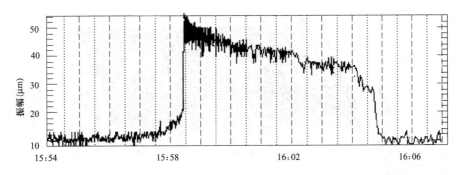

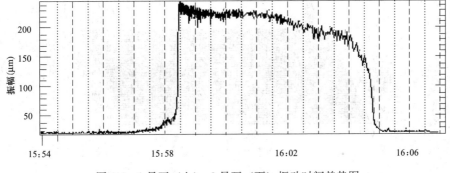

图 6-6　1 号瓦（上）、3 号瓦（下）振动时间趋势图

上述测试结果说明：振动是突发性的；大振动以低频 20Hz 为主；振动突发时 3 号瓦振最大，其余次之；4 个瓦振动突发的时刻相同，观察不到先后；负荷降低或转速减小，振动消失。

为进一步确定振动性质，又对升降速过程振动进行了分析，得到的 1、3 号瓦升降速过程波特图（见图 6-9）。

2. 振动性质与振动原因分析

对 2 号机组振动测试数据分析，可以初步确定振动为转子失稳。根据负荷变动引起振动突发或减小，以及低频为主这两个特征看，像是汽流激振，但从 3 号瓦振幅最大看，振动似乎以发电机转子为主，而不是汽轮机转子；另外，20Hz 的自振频率和汽机转子固有频率 22.3Hz（1340r/min）不符，因而无法肯定振动性质为汽流激振。

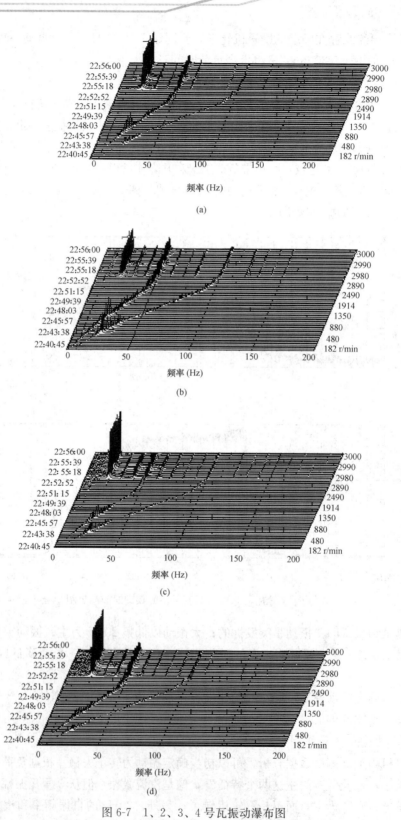

图 6-7　1、2、3、4 号瓦振动瀑布图

(a) 1 号瓦振动瀑布图；(b) 2 号瓦振动瀑布图；(c) 3 号瓦振动瀑布图；(d) 4 号瓦振动瀑布图

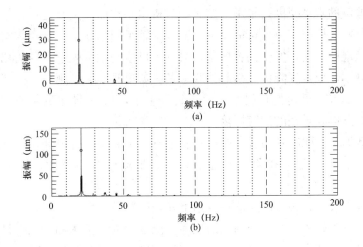

图 6-8　1、3 号瓦振动频谱图

(a) 1 号瓦振；(b) 3 号瓦振

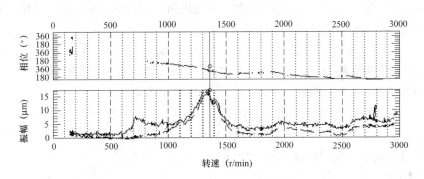

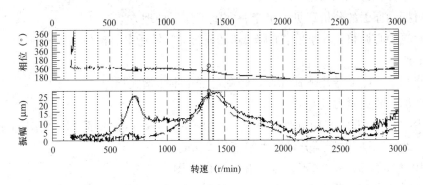

图 6-9　1（上）、3 号瓦（下）升速过程波特图

　　如果是油膜振荡，应该和转速相关，不应该由负荷变动引起，振动频率可以低于半速频率或发电机的固有频率。升降速测试结果显示，该机汽轮机和发电机的临界转速均为 1330～1350r/min，无法以此来判断振动是以哪根转子为主出现。

　　正在难于最终确定振动性质的时候，停机前做的打闸降速-升速试验表明，转速升到 3000r/min 时再次发生了低频振动，这次和带负荷无关。根据这种现象，很快基本确定了振动是油膜振荡，故障性质和原因的最终确认还需要根据解体的测量值。

造成油膜振荡的常见原因是轴承。鉴于 2 号机组是在已经正常运行 2 年后的现在才发生油膜振荡，分析其原因，一个可能是轴瓦磨损使轴承间隙变化，垂直方向间隙增大，形成了立椭圆，稳定性恶化，发生油膜振荡；另一个可能是轴承脱空，负载减小，轴颈在轴承中的偏心率减小，稳定性降低，引起油膜振荡。如果是后者，则对负荷变化为振荡的起因可以得到合理解释。负荷变化引起汽轮机转子上抬，1、2 号瓦负载加重，同时牵连 3 号瓦负载减轻，形成 3 号瓦的油膜振荡。

根据振动数据，排除叶片飞脱，进入复水器检查末级和次末级叶片，没有发现问题；检查平衡块，也没有问题。排除通流碰磨，碰磨虽然也有突发性，但不会是 20Hz 的低频。

如果上述推断成立，解体后应该在轴承上发现问题。

机组温度降下来解体，对 4 个轴承的顶隙、侧隙检查，基本和厂家设计值、4 月份小修回装测量值符合；扬度检查 2 号瓦较上次测量值增大，其余各瓦扬度没有问题；对轮张口没有变化。但发现了三个重要情况：

(1) 对轮中心圆周偏差由过去的 0.04mm 变化到 0.78mm，即汽轮机对轮中心高出发电机对轮中心 0.39mm。

(2) 2、4 号瓦下瓦乌金表面磨损严重，3 号瓦面磨痕轻。

(3) 3 号瓦块翻转约 7mm，4 号瓦块翻转约 1mm，2 号瓦块没有翻转。

这些情况表明：3 号瓦脱空；大振动以发电机转子为主。

至此，关于 2 号机组振动性质和原因，确定为以 3 号瓦为主的发电机转子的油膜振荡；3 号瓦负载过轻，造成 3 号瓦稳定性降低，产生油膜失稳。

至于 3 号瓦脱空，相对标高变化的原因，尚待进一步分析。

3. 处理方案确定、实施及处理结果

根据对振动原因的分析意见，确定并实施了如下处理方案：

(1) 对轮中心调整：2 号瓦中心降低 0.05mm，3 号瓦中心抬高 0.33mm，4 号瓦中心抬高 0.35mm。

(2) 修刮 2、3、4 号瓦下瓦瓦面，修刮过程中不得增大顶隙。

(3) 增加 3 号瓦紧力到 0.05mm。

2003 年 7 月 30 日，机组处理后冲转，监测带 50MW 以上负荷 8h，振动正常，没有低频振动，23、24Hz 的低频分量最大幅值为 2 μm。

图 6-10 为负荷 51～53MW 时 3 号瓦振动瀑布图。

满负荷时 3 号瓦瓦温 64℃、回油温度 62℃，明显高于修前。

本次上海 M 公司 2 号机组振动分析和故障诊断处理是在振动测点有限，时间紧迫条件下进行的。由于缺少轴振测点，无法知道轴颈静态位置，增加了诊断难度。现场环境温度 50℃，机组就地放置大量冰块降温，检修人员工作条件艰苦，2h 轮班连续作业，因此对我们振动专业人员要求必须确保分析诊断准确，处理措施要绝对得当，实施后一次成功。

诊断中利用起振工况、振动频谱、瓦温参数，得到了初步结论；然后利用解体后检查结果，最终确定了故障性质和直接原因；在此基础上制订了合理的处理方案，实施后使故

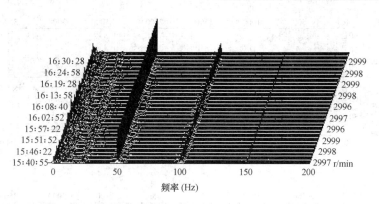

图 6-10　修后 51～53MW 时 3 号瓦振动瀑布图

障成功得以消除。

案例 6-3　黑龙江 M 电厂 2 号机组现场动平衡和油膜振荡处理

M 电厂 2 号汽轮发电机组为上海汽轮机厂 100MW 机组，轴系结构如图 6-11 所示。

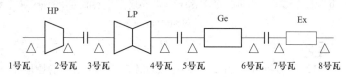

图 6-11　2 号机组轴系结构图

2003 年 12 月大修后启机，振动大，动平衡加重三次：

第一次：发电机转子后端加 $p_6 = 555g$。

第二次：低压转子加 $p_3 = -p_4 = 360g$。

第三次：发电机转子加 $p_5 = p_6 = 489g$。

12 月 21 日 8：05 冲转，3000r/min 定速，3～6 号瓦垂直、水平瓦振都小于 50 μm。做超速试验转速升到 3210r/min 时，5、6 号瓦瓦振急剧增大，最高 170 μm，立即打闸，振动情况如图 6-12～图 6-14 所示。

5、6 号瓦振最大时转速 3217r/min，振幅分别为 133 μm 和 166 μm。频谱分析结果显示振动剧增时的频率成分是 22.5Hz，与发电机临界转速（1350r/min）一致，降速后大振动很快消失。

根据上述特征，立即判断出超速的大振动为油膜振荡。

2 号机组 5、6 号瓦为三油楔轴承，这是一种稳定性能低劣的固定瓦轴承，二十世纪八十年代曾广泛应用于国产 200MW 机组，导致了多台机组发生油膜振荡，后已改用椭圆轴承。

但采用三油楔轴承并非一定会发生油膜振荡。2 号机组 4 个月前曾做过超速，当时振动没有问题。从上次超速试验至今，轴系发生已知变化的就是本次启机过程现场高速动平衡的加重，无论从理论上还是机组振动处理实践，动平衡均不会导致油膜振荡。当时冷油器出口油温为 41℃，正常。但有一个重要的事实，6 号轴承顶隙塞尺检查为 0.75mm，这个值明显偏高。

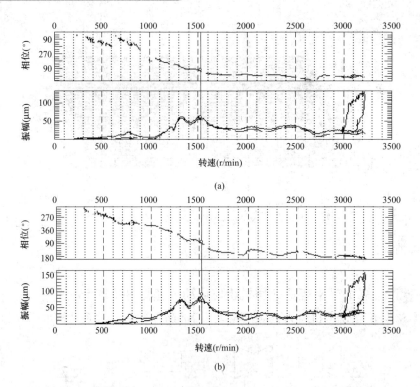

图 6-12　2 号机组 12 月 21 日超速试验时 5、6 号瓦瓦振急剧增大

（a）5 号瓦瓦振；（b）6 号瓦瓦振

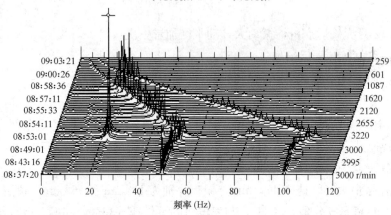

图 6-13　2 号机组 12 月 21 日超速试验时 5 号瓦振瀑布图

12 月 21 日翻 6 号瓦，用内径千分尺查轴瓦间隙，发现 6 号轴承顶隙为 0.79mm，侧隙 0.50～0.60mm，显然，6 号轴承已经是"立椭圆"，这对于稳定性原本不佳的三油楔轴承来说，稳定性进一步恶化。

基于工期和各方面情况，经多方研究，决定将 6 号瓦中分面铣去 0.50mm，使 6 号轴承顶隙减小 0.40mm。

22 日加工中分面并回装，23 日 7：53 冲转，7：57 冲转到 560r/min，6 号瓦瓦温到 90℃。停机处理。翻 6 号瓦重新调整间隙，下瓦球面和瓦窝的接触状况，紧力调到 0.01mm。

12 月 23 日 18：48 再次冲转，6 号瓦瓦温正常。19：51 到 3000r/min，随后两次做超

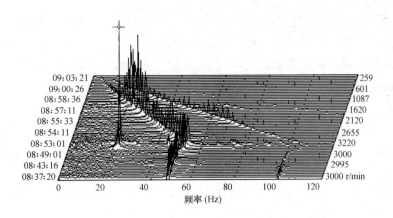

图 6-14　2 号机组 12 月 21 日超速试验时 6 号瓦振瀑布图

速试验，危急保安器 3270r/min 动作，5、6 号瓦瓦振正常。

6 号瓦处理完毕后的超速试验 6 号瓦瀑布图如图 6-15 所示，图中没有 22.5Hz 的低频分量出现。

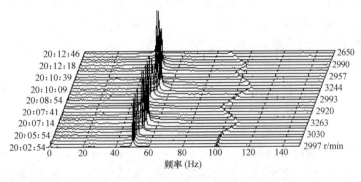

图 6-15　2 号机组 6 号瓦处理后超速试验 6 号瓦瀑布图

本次 2 号机组出现的油膜振荡是由于 6 号轴瓦磨损、顶隙增大、稳定性降低所致。

如果今后 2 号机组再次发生油膜振荡，建议更换备件三油楔轴承；从长久考虑，可订购一个椭圆轴承备用。

这是一起较简单的油膜振荡处理案例，但有这样几点可以借鉴：

（1）油膜振荡发生在动平衡之后，这和动平衡加重无关，问题出在轴承上。

（2）处理 6 号瓦后，第一次启机 6 号瓦瓦温高，也不是因为中分面减尺寸，而是回装时没有装正。

（3）此类问题的处理，大方向是消除"立椭圆"，细节上处理的量值必须掌握得当，过大会引发其他问题，过小，可能缺陷得不到消除。

案例 6-4 **广东 F 电厂 10 号机组低压转子-轴承系统振动失稳**

1. 概述

（1）机组简况。F 电厂 10 号机组为东方汽轮机厂生产的 300MW、N300-16.7/537/

537-4、亚临界中间再热、两缸两排凝汽式汽轮机，2001年3月投入商业运行。

轴系共有6个支持轴承，一个独立结构的推力轴承。1、2号轴承原为椭圆瓦，2005年改造为可倾瓦轴承，双侧进油。3、4号轴承为椭圆轴承，单侧进油，另一侧开有排油孔，上瓦开周向槽。发电机5、6号轴承为椭圆瓦。

TSI系统为BENTLY3500，轴振高一值报警值127μm，高二值为250μm，达到高二值保护动作，机组跳闸。机组轴封系统采用SSR自密封系统。

厂家给出的轴系临界转速计算值：第一阶（电机转子一阶）1399r/min；第二阶（高中压转子一阶）1679r/min；第三阶（低压转子一阶）1753r/min。电厂2009年实测轴系临界转速：低压转子1335r/min，发电机转子1460r/min，高中压转子1680r/min。

（2）机组两次突发性振动跳机。该机2012年2月11日～3月16日B级计划检修。汽缸本体主要实施汽封改造，调整通流间隙，达到提高汽缸效率、消除轴端漏汽、解决润滑油带水目的。3月17日机组冲转、超速试验均正常，3月18日开始满负荷运行。

3月23日2：55，机组带220MW运行，主蒸汽压力14.1MPa，主蒸汽温度539℃，真空−95.2kPa，油温40.8℃。因真空高，运行人员执行停止A循环水泵操作，轴振3X由108μm升至126μm，高一值报警，最高升至150μm，3Y最高137μm；4Y从71μm最高升至126μm。重新启动A循环水泵，3、4号轴振回复变化前数值。3：26就地检查设备无异常，停止B循环水泵，3X、3Y报警，3X160μm，4Y130μm，瓦振从15μm升至20μm，重新启动B循环水泵。3、4号轴振又回复如初。机组维持该负荷点运行。5：49，3X、3Y、4Y再次报警并呈上升趋势，急减负荷，5：57，3Y252μm，高二值报警，汽轮机保护动作，跳闸。

3月24日2：00，220MW运行，3X、3Y分别为132、126μm。2：20，214MW运行，汽轮机1、3、4号各轴振爬升。5：35，3X、3Y分别升至230、241μm，4X、4Y分别升至76、190μm，启动交流润滑油泵准备停机，3X、3Y瞬间分别降至170、175μm，4Y降至130μm，润滑油压由0.1MPa升至0.134MPa，于是机组改停机为维持交流油泵运行。8：00，3X、3Y升至220μm并呈波动上升趋势，8：32，3X、3Y均超250μm，汽轮机保护再次动作，跳闸。

2. 振动试验和测试结果

为搞清机组异常振动的原因，立即安排了相关试验，并安排专业人员到现场进行测试分析。

（1）变润滑油温试验。3月24日14：38，主油温由41.6℃调到44℃，3X、3Y分别上升至110、108μm。15：30，300MW运行，16：46，主油温38.9℃，3X、3Y分别为119、109μm。没有发现油温与振动的明显相关规律。

（2）变轴封温度试验。16：52低压轴封温度由127℃开始调整，18：35温度提高至143℃，3X125μm报警、3Y113μm。

（3）变真空试验。3月24日20：30维持润滑油温42℃，真空由−95kPa调至−92kPa，20：33，3X、3Y均超230μm；启动交流润滑油泵，3X、3Y下降至130μm以下。

3月25日09：05，302MW，真空由−92kPa调至−94kPa，振动增大，最高3X191μm，

3Y185 μm；启动交流油泵，真空降至－92kPa 后，3X 降至 135 μm 左右波动。10：22 停止交流油泵 2～3min，3X 增大最高至 180 μm，启动交流油泵后，3X 降至 130 μm。12：12 停运交流油泵。12：38 轴振再次增大最高至 180 μm，启动交流油泵后轴振又回落。

（4）变负荷试验。3 月 25 日 16：30 开始降负荷，在 285MW 及 275MW 停留时，轴振趋势较平稳。18：24 负荷降至 264MW，3X、3Y 增大，分别为 164、160 μm，4Y 由 94 μm 增至 123 μm。18：30 负荷增至 274MW，轴振开始下降，19：30 负荷降至 270MW，振动增大，启动交流油泵运行。20：20 加负荷到 300MW，振动趋于稳定。23：01 停运交流油泵。23：15 3Y 达 195 μm，启动交流油泵运行，3Y 降至 120 μm。

3 月 26 日 8：52 停运交流油泵，维持机组 300MW 负荷运行。11：43，3Y 增大至 190 μm，启动交流油泵运行，3Y 降至 120 μm。

在上述各项试验中，没有发现该机突发性振动与润滑油温、轴封温度、真空、有功负荷有明显的规律性关联；唯一确定的关联是投交流润滑油泵，3、4 号瓦振动降低。

（5）振动测试结果。3 月 25 日变负荷试验中采用专业测振仪测得的时间趋势图如图 6-16、图 6-17、图 6-18 所示，瀑布图如图 6-19、图 6-20 所示。

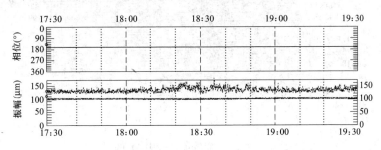

图 6-16　3 月 25 日变负荷试验中 3X 的时间趋势图

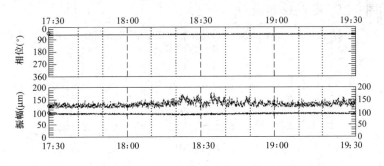

图 6-17　3 月 25 日变负荷试验中 3Y 的时间趋势图

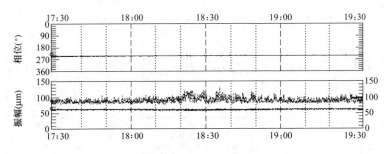

图 6-18　3 月 25 日变负荷试验中 4Y 的时间趋势图

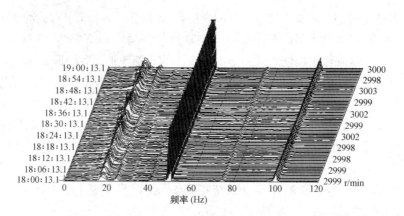

图 6-19 3 月 25 日变负荷试验中 3Y 的瀑布图

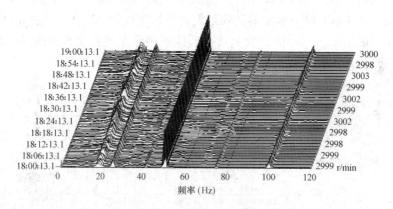

图 6-20 3 月 25 日变负荷试验中 4Y 的瀑布图

频谱图如图 6-21、图 6-22 所示。

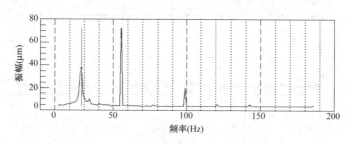

图 6-21 负荷 264MW 3Y 的频谱图

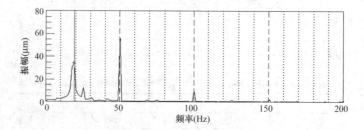

图 6-22 负荷 264MW 4Y 的频谱图

根据测试，对该机异常振动得到如下结果：

1）突发性振动主要发生在 3、4 号轴振；1、2 号轴振同时也增大，但幅值较小。

2）振动增高的成分是 18/19Hz 的低频。

3）起振时没有发现间隙电压明显变化。

4）高振动的出现与负荷、真空、交流油泵等运行状况有关；低频出现后，如不及时调整运行参数，振动会增大直至发散；控制低频的一个有效方法是开启交流油泵。

3. 振动分析和故障诊断过程

该机组本次 B 级检修揭高中压缸后，开机、常规试验、带负荷都比较正常。首次出现振动增大是 220MW 负荷下，停运循环水泵导致真空变化约 2kPa 时诱发出来，尤其是 3、4 号轴振均较为敏感，启动循环水泵操作能暂时抑制振动发散。随后的试验也反映出真空变化对轴振稳定性有影响。

相对而言，该机组在高负荷区间振动较为稳定。降负荷时振动开始增大发散的初始节点在 220MW，第一次机组跳闸时减负荷操作没能抑制振动发散，包括对后面做降负荷试验情况的分析，负荷越低运行越不稳定。经过两次振动大保护动作跳机后，不稳定负荷区间增大，起振的负荷节点提高，以致到最后 274MW 甚至 300MW 都表现出振动不稳定。机组整体运行稳定性越来越差，必须开启交流油泵才能确保不跳机。

测试结果表明，3、4 号轴振发散时波动较大，一旦出现后，不会消失；提高润滑油温到 42～44℃，有一定抑制作用；高真空更容易诱发振动发散；启动交流油泵对抑制振动发散有明显效果，当振动增大，启动交流油泵能马上降低低频分量波动幅度，确保振动不发散；增加润滑油流量及提高润滑油压力有利于机组运行稳定。

在对该机组进行专业振动测试分析之前，单从振动增大的速率、幅度、工况看，故障像动静碰磨，加之考虑到本次检修进行了汽封改造，通流、轴封间隙重新调整，同时标高也做了调整，这些工作都可能导致碰磨，因而判断倾向于碰磨。

但其后进行的专业测试结果显示，这个突发性振动增高的成分是 18/19Hz 低频，怀疑方向因此立即转向轴系失稳。失稳有两种可能：轴承油膜失稳和汽流激振。3、4 号轴振增大的同时，高中压转子的 1、2 号轴振也增大，且从汽流激振的其他案例看，有些汽流激振并非发生在满负荷，而是如同 10 号机组一样，发生在高中负荷，满负荷振动反倒稳定，因此在分析中汽流激振并不能完全排除。

高的突发性低频振动主要表现在 3、4 号瓦，低压转子不可能存在汽流激振，则最大的可能是低压转子/轴承系统的失稳，但在明确给出这个结论前必须解决两个问题：一是 300MW 机组低压转子的 3、4 号椭圆轴承承载很高，能否出现轴承油膜失稳？有无先例？二是该机的低频振动成分是 18/19Hz，如果是轴承失稳，低频应该和低压转子的临界转速完全一致或十分接近。该转子 2009 年现场实测的临界转速是 1335r/min（22.25 Hz），厂家提供的计算值为 1753r/min（29.22 Hz），均高于 18/19Hz。从机理上讲，如果找不到 18/19Hz 的来源，则轴承油膜失稳判断的可信度将大打折扣。

经查实，国内有 300MW 机组低压转子轴承失稳的案例。

对于 18/19Hz 的来源，当时考虑的一个可能是 4 号瓦瓦温低，该瓦脱空或部分承载，造成低压转子临界转速降低，从 1335r/min 降到了当前的 1080～1140r/min。原本对轴系临界转速的变化可以用数值计算的方法给出较明确的答案，但限于时间等原因，无法进行。

3月27日降速过程，4Y 在 1100r/min 有小峰，如图 6-23 所示，同时，如同 2009 年记录，在 1334r/min 有高峰；同时存在一个重要数据：瓦振 4 号瓦垂直时转速为1139r/min时有明显高峰。

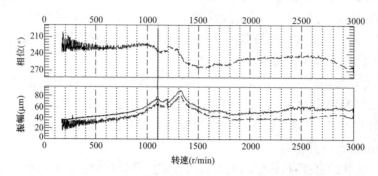

图 6-23   3 月 27 日停机惰走过程 4Y 波特图

DCS 记录显示了类似情况，在惰走至 1174r/min 时，3X、3Y 均从 38 μm 分别飞升到 74 μm 和 79 μm；4Y 飞升更为明显，以 45 μm 爬升最高达到 136 μm。

这些峰对应的转速正好与 18/19Hz 一致，这就对 18/19Hz 的来源给出了明确依据。

现场实际机组的故障诊断，往往是对多个现象和表征进行分析；而这些现象和表征有时是相互矛盾的。一些现象支持这种故障，另一些现象却又否定这种故障，支持另外的故障。一般情况，现场机组轴系油膜失稳的分析诊断难度不是很大，可以很容易或较易给出确定性意见，但对这台机组却需要慎重反复考虑。

经验表明：机组振动故障分析诊断中，首先要抓住主要现象，不可脱离主线而被次要现象分散、迷惑。本台机组的故障表征主要是低频，这是关键证据。低频意味着"失稳"，不应该是"动静碰磨"，这也应该十分明确地肯定；另外，突发性振动最明显的部位是 3、4 号瓦，故障来自发电机的可能性应该排除；同时，低压转子不可能出现汽流激振；另外，故障来自高中压转子汽流激振的可能性也予以排除。这样分析推论下来，逐渐明朗：问题出在低压转子本身，来自 3、4 号瓦的可能性最大。

对比检修前后各轴瓦温度（见表 6-2）可以发现：2 号轴瓦瓦温修后比修前明显升高，4 号瓦温修后比修前低。因 2、3 号瓦间有中低压靠背轮连接，4、5 号瓦间有低发靠背轮连接，反映出 2 号瓦负荷偏重，4 号瓦负荷偏轻。轴瓦负荷偏轻会造成轴瓦稳定性差。

表 6-2 检修前后各轴瓦温度 （℃）

轴 瓦	1 号	2 号	3 号	4 号	5 号	6 号
修前瓦温	72/67	78/93	67	62	75	76
修后瓦温	71/65	81/103	66	58	76	80

注   1 号瓦和 2 号瓦均有两个瓦温测点，其余瓦仅有一个。

初步判断是 3、4 号瓦的标高问题，尤其是 4 号瓦。经过讨论研究，决定立即停机，做进一步检查，然后根据检查结果，确定最终处理方案。

3 月 27 日 3：24 机组停定转入检修。

4. 检查及处理情况

停机翻 2、3、4 号瓦，发现 4 号下瓦磨损严重，如图 6-24 所示，原椭圆瓦型面已被破坏成了圆柱瓦，3 号下瓦也磨损。这些缺陷是导致轴瓦稳定性变差，低压转子-轴承系统出现低频涡动的主要原因。检查中，同时安排常规测量各项相关数据，包括顶隙、侧隙、扬度等。

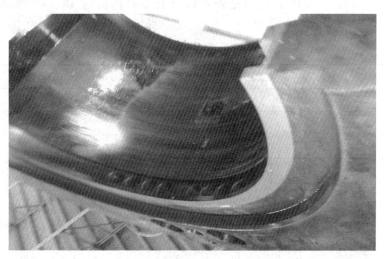

图 6-24　4 号轴承下瓦磨损情况

检查表明，4 号瓦瓦面磨损变形，但是没有脱空。根据检查结果分析，停机前推测的 4 号瓦脱空造成低压转子临界转速降低是有误的，低压转子 1335r/min 的临界转速也没有降低；瓦面变形后油膜特性的变化，致使在 1335r/min 之前又多出了一个 1139r/min 的副峰。根据失稳机理，油膜失稳力产生后，推动转子以系统的最低阶共振频率涡动，对于当前的系统，即以 19Hz（1139r/min）涡动。

由于不断强化的调度生产管理需要，当前国内电厂对运行机组振动故障的分析诊断和处理，尤其对热态机组的处理，往往要求振动专业人员对故障原因和性质给出明确的结论，要求一次性处理成功，不得反复。诊断是重要环节，处理方案的确定同样重要。本例根据轴承标高、各轴承负荷分配、瓦面磨损情况，确定了处理实施方案。

最终实施的处理措施：

（1）对 3、4 号瓦下瓦均做仔细的手工修刮，恢复轴瓦椭圆型面。

（2）考虑到汽封、通流间隙等已调整好，机组冲转过程较为理想，决定不调整中低压靠背轮状态；将 2 号轴瓦下瓦抽 0.10mm 垫片，降低 2 号瓦载荷。

（3）磨削 4 号瓦上瓦中分面，最终前后顶隙分别由 0.79、0.90mm 减小为 0.66、0.77mm。

（4）将 4 号轴瓦标高上抬 0.12 mm。

5. 机组处理后振动情况

该机组处理后 4 月 4 日冲转，3000r/min 定速振动数据见表 6-3。

表 6-3 3000r/min 定速振动数据 （通频：μm）

	1 号瓦	2 号瓦	3 号瓦	4 号瓦	5 号瓦	6 号瓦
X	—	—	59	—	—	—
Y	36	55	72	57	48	45

4月5日9：26，300MW，振动见表6-4，4月5日高负荷3Y、4Y振动趋势图如图6-25、图6-26。

表 6-4 300MW 负荷振动

项目	1 号瓦	2 号瓦	3 号瓦	4 号瓦	5 号瓦	6 号瓦
X （μm）	—	—	82	46	—	—
Y （μm）	65	48	83	72	46	46
瓦温（℃）	70/65	73/92	71	59	75	79

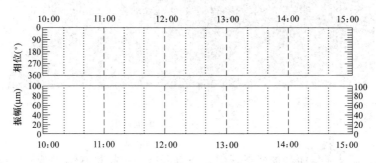

图 6-25 4月5日高负荷 3Y 的时间趋势图

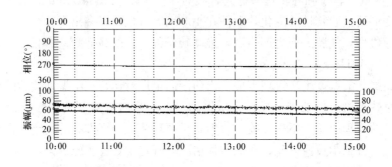

图 6-26 4月5日高负荷 4Y 的时间趋势图

经过上述处理，机组从冲转到满负荷运行、降负荷调峰等监测情况表明，突发性振动消除，3、4号轴瓦低频分量消失，达到长期稳定运行的条件。

6. 小结

（1）本案例是一台300MW机低压转子重载椭圆轴承上的突发性低频振动故障。现象表明，它和转速没有直接关系；振动在满负荷正常，却在中高负荷段异常；欲根据运行参数的调整变化来判断故障，有多个不确定性。最终，立足故障两个主要特征：18/19Hz低频以及3、4号瓦是突发性振动最明显部位；分析诊断过程中排除碰磨，排除汽流激振，排除发电机故障后，确定故障为3、4号瓦油膜失稳。

（2）停机后的检查结果表明：4、3 号瓦下瓦严重磨损，原椭圆瓦型面已成圆面，是导致低压转子-轴承系统出现低频涡动的主要原因。虽然停机前诊断和停机后的检查结果有差异，但停机前诊断的方向正确，由此保证了停机处理的决定妥当及时，保证了抢修处理准备工作针对性强。

（3）本例根据轴承标高、各轴承负荷分配、瓦面磨损情况确定的处理实施方案正确得当，使得该机组轴系失稳的处理一次成功。

案例 6-5　**某电厂 6 号机组大修后轴承失稳处理（本案例为非本书作者完成）**

某电厂 6 号机组为东方汽轮机厂生产的 200MW 机组，2000 年 5 月 15 日～7 月 19 日大修，7 月 20 日第一次开机。由于 2、3 号轴承振动大，造成 6 号机组不能顺利开出，通过多次启、停机，寻找轴承振动的原因，最终故障得以消除，但诊断历时过久，从中可汲取有益的教训。

1. 事件经过

（1）7 月 20 日大修后首次开机，除了 6 号轴瓦过临界的振动 0.128mm 偏大外，其他指标正常。定速后发电机并网，带 30MW 负荷；

21 日 9：57 带 17MW，因热工信号误发，MFT 动作跳机，10：44 重新并网。

21 日下午解列，做自动主汽门、调速汽门严密性，试验合格，然后做超速试验，飞锤动作转速合格，由于中调不给负荷，停机备用。

（2）7 月 29 日和 8 月 3 日开机。7 月 29 日开机，16：07 并网，17：45 因发电机后端 7 号密封瓦漏油严重，被迫停机。在此期间，发电机转子加平衡块，6 号瓦加重 2003g、7 号瓦加重 1630g。

8 月 3 日 1：18 冲转，500r/min 暖机时，高压内下缸壁温下降，上、下缸温差大，达 48℃，打闸停机。

8 月 3 日 18：04，冲转，6 号轴瓦过临界的振动为 0.125mm，18：52 定速 3000r/min，各轴承振动合格，18：54，由于中调不给负荷，打闸停机备用。

（3）带负荷后振动。8 月 5 日 11：55 冲转，12：42 定速 3000r/min，12：51 并网，带低负荷暖机。8 月 6 日 4：35，转厂用电时发电机解列，负荷从 138MW 减到 0，维持 3000r/min，5：08 重新并网。

6：50，3 号瓦振动开始增大，达 65 μm，2 号瓦振动 55 μm，负荷从 110 MW 减到 11MW，振动减小，重新加负荷到 90MW。

14：50，3 号瓦振动增大到 65 μm，2 号瓦振动 55 μm，负荷从 90 MW 减到 5 MW，振动值减小，逐步再加负荷。

17：55，负荷 77MW，3 号瓦振动开始增大。

18：49，3 号瓦振动 70 μm，2 号瓦 55 μm，打闸停机。

18：53，重新挂闸、升速、定速 3000r/min；19：01，3 号瓦振动又升到 70 μm，打闸停机。

（4）8 月 14 日之后再次升速、带负荷。8 月 14 日中午开机，升速、过临界过程中，轴承振动正常，但到 3000r/min 定速约 1min，2、3 号瓦振动急剧上升，2 号瓦 100 μm、

3 号瓦 130 μm，打闸停机，2950r/min 后振动快速下降。

8 月 14 日晚再次冲转，升速过程比较顺利，但到 3000r/min，2、3 号瓦的振动直线上升到 100 μm，打闸停机。

8 月 15 日，检查各轴承浮动油挡，发现 2、3 号轴承油挡浮动环磨损、变形、中分面螺栓松掉，而且 1～5 号瓦内侧油挡浮动环没装定位销，将 1～5 号瓦内侧油档浮动环加装定位销，2 号瓦前油档浮动环由于变形严重，没装。

8 月 16 日上午再次冲转、3000r/min 定速，12：15 并网，带低负荷暖机。

16：53，负荷 44MW，2 号瓦振动上升到 80 μm，3 号瓦振动急剧上升到 100 μm，打闸停机。重新挂闸、定速、并网，逐步加负荷，最高负荷达到 180MW。

8 月 17 日 4：31，负荷 97MW，2、3 号瓦振动突然增大到 100、84 μm，打闸。

4：41 重新挂闸，4：51 定速 3000r/min，4：56 并网，逐步加负荷。

15：11，2 号瓦上升到 67 μm，3 号瓦振动急剧上升到 88 μm，打闸停机。重新挂闸、升速到 3000r/min、并网。

15：40，由于电气保护动作跳机，重新挂闸，发电机并网，带 10MW 负荷运行。

16：37，3 号瓦振动急剧上升到 77 μm，2 号瓦上升到 60 μm，打闸停机。

16：42，重新挂闸，升速、到 3000r/min 定速，16：51 并网。

16：57，3 号瓦振动急剧上升到 76 μm，2 号瓦上升到 60 μm，打闸停机。

17：03，重新挂闸，升速。

17：10，3000r/min 定速，3 号瓦 70 μm，2 号瓦 60 μm，打闸停机。

17：15，重新挂闸，升速到 2900r/min，维持 2900r/min 空转，将汽缸温度拖低。

23：18，汽缸温度从 441℃ 降到 300℃，打闸停机。

2. 振动处理及结果

通过对以上几次振动现象的捕捉，根据频率信息，充分证明 2、3 号轴承的振动属于半速涡动。调整轴瓦顶隙，2 号瓦顶隙由 0.49mm 减为 0.41mm，标准为 0.35～0.45mm；3 号瓦顶隙由 0.60mm 减为 0.46mm，标准为 0.40～0.50mm。

8 月 22 日 13：37 汽轮机冲转，14：03 定速 3000r/min，14：15 并网，逐步加负荷，最高负荷到 138MW。

8 月 27 日，6 号机组再次启动，8：25 冲转，9：06 定速 3000r/min，9：15 并网加负荷；20：00，负荷 200MW，各轴承振动见表 6-5。

表 6-5　　　　　　8 月 27 日 200MW 负荷下 6 号机组各轴承振动　　　　(通频：μm)

轴承	1 号	2 号	3 号	4 号	5 号	6 号	7 号	8 号	9 号
振动	7.5	10	19	9	16	24	28	19	26

3. 小结

记录显示，这台机组从 8 月 6 日 2、3 号瓦振出现异常到 8 月 17 日确定故障性质，共经历 11 天，其间因振动大打闸停机达 12 次之多。

一台合适的测振仪，加上一定的现场经验，对 6 号机组这样轴承失稳的诊断，应该是件简单的事情。现在业内流通的测振仪都有频谱分析记录功能，对 6 号机组的测试，选择安装好测点，设置合适的采样方式，则只需开机一次，即可捕捉到完整的起振过程和振动数据，从而进行故障判断。

　　当然，故障部位的确定需要经验，因为它关联到处理范围；部位确定的越准确，处理的工作量越合理，效果也会越好。

　　该厂 6 号机组这次故障经过如此多次的启停才被确定，代价实在太大，这是现场振动专业人员应该尽量避免。现场诊断，一是要求准确，二是要求迅速，要求在最短的时间内，以最少的运行上配合的工作量，给出确切的原因分析结果和处理意见。

第七章

汽流激振分析诊断与处理

第一节 汽流激振的机理

一、概述

汽流激振引发的轴系振动失稳是现代高参数汽轮机组重要故障，危害性在于造成突发性的强烈振动，机组主轴将承受与转速非同步的高周交变应力而导致疲劳损伤或迅速的疲劳破坏，甚至可能引发轴系断裂灾难性事故，造成巨大的经济损失和社会负面影响。

过去三十年，国外汽轮机转子动力学界对汽流激振失稳机理与发散的抑制，从理论、数学描述、数值计算、实验台和实机试验，到现场诊断处理进行了广泛深入的研究。

近些年，国内机组汽流激振仍有多例发生，且有些久治未愈。如我国出口的 325MW 机组高负荷工况下的汽流激振失稳，采取多种措施，处理了数年才得以解决；国内利用西门子技术设计制造的 EHNG40/32/25/40 工业汽轮机，2004 年投运后多台发生汽流激振失稳，四次开缸处理无效，不得不重新设计制造新机；绥中发电有限责任公司 800MW 机组，湛江电厂 300MW 机组、湘潭电厂 300MW 机组汽流激振均历经多次处理才被消除；近年投运的百万机组，现场多台发生汽流激振，这些故障给企业带来了巨额经济损失。

从机理上分类，发电设备旋转机械汽流激振，造成的转轴低频涡动自激振动有两类：气流动力特性造成的失稳和气动耦合失稳；按激振力来源的部位可以分为密封激振、叶片顶隙激振和叶轮-扩压器耦合激振三种。

二、汽流激振的机理

1. 密封激振

密封产生激振力的机理类似于流体动压轴承。由于转子在汽封中偏心形成类似于油楔的气楔，在表征这个气楔动力特性的刚度、阻尼中，交叉刚度产生促使偏心转子在密封间隙圆内围绕转轴转动中心涡动的涡动力，也就是低频涡动的切向作用力；直接阻尼则是起到抑制失稳的功效。

为减少蒸汽泄漏提高热效率，汽轮机轴系中大量使用了非接触式密封，例如迷宫密封，这些部位成为造成轴系失稳的一个重要激振源。随着机组设计向高参数、大容量，高效率方向发展，密封产生激振力的概率和强度显著增大。

迷宫密封激振力大小与密封腔室的几何参数、间隙、转轴转速、入口汽流预旋速度等因素有关。

2. 叶片顶隙激振

叶片顶隙激振的假说最早是 1947 年由 GEC 的 A. H. Fiske，D. McClurkin 和 R. O. Fehr 提出。二十世纪六十年代中期，Alford 从理论上揭示了间隙激振的机理。顶隙激振较多地发生在压缩机。

热机设计人员通常采用提高工作转速和增加级数的方法提高机组的效率和性能，但是级数的增加使得转子跨距变长，临界转速降低；转速的增加又使得工作转速与临界转速之比变大，这两个结果都会导致轴系稳定性下降。

汽轮机中与负荷相关的间隙激振的机理 1958 年首先由 Thomas 提出，他假设转子的弯曲使得通流部分的径向间隙发生变化，一侧的间隙变小，与之反向的另一侧的间隙变大，间隙变小的一侧热效率增加，对面则减小，这就导致了一个切向力作用在轴颈中心，使之沿旋转方向做正向涡动。

Alford1965 年对压缩机的失稳提出了类似的顶隙激振假设。他认为间隙最小处的叶片应该比间隙大的更易于承受载荷，与旋转方向一致的失稳作用力造成了正向涡动的趋势。但如果考虑到小间隙处的叶片在整个横断面要承受更高的静态压力，并因此要比间隙大处的叶片负荷更高，则得出这样的结论：失稳作用力可以与转向相反，使转子做反向涡动。

Horlock 和 Greitzer 研究了顶隙激振发生周向变化时切向力的变化，他们得出：涡动转子切向力变化的转动效应要远远大于静止转子。Vance 和 Laudadioz 在 1984 年实测了一台压缩机转子的静态失稳作用力，试验数据覆盖了转速和扭矩的整个范围，显示了激振力和扭矩有关，同时也和速度有关；激振力和扭矩之间不存在一个简单的线性关系，他们的数据同样表明了存在正向和反向两种涡动方向的可能。

叶顶间隙激振力的大小是与该级叶轮上分担的功率成正比的。当单级功率增大时，Alford 力迅速增大，这就限制了机组的极限功率。随着国内大容量机组和超临界机组的增多，如何在设计和制造安装阶段减小和消除 Alford 力是一个需要重视和解决的问题。

3. 叶轮-扩压器耦合激振

Thomas 和 Alford 的顶隙激振研究结果对汽轮机和轴流压缩机给出了一个合理的解释，但这个模型却不适用于离心泵和离心式压缩机，对失稳的离心式压缩机试验表明，叶轮同样参与了失稳作用力的生成。

先于空气压缩机叶轮的试验，Jery、Adkins、Bolleter 等得出了离心泵叶轮的试验结果，这些试验考虑了叶轮出口处作用力。对失稳力的测量显示，只要转速超过转子第一阶固有频率的 2.5 倍，便可产生失稳。1985 年，Bolleter 等用了更为接近实际情况的围带-壳体间隙得出了更大的失稳力。对作用在泵叶轮围带上力的研究结果表明：叶轮围带可以产生非常大的失稳力；若沿叶轮围带的泄流量守恒，则进入密封环的流动可产生很高的切向力；由于磨损导致的出口密封间隙增大会使围带上及进入密封的流动切向速度增大。如果经气体压缩机围带的流体的马赫数足够小，上述对水泵流体激振的研究结论也同样适合于气体压缩机。

目前，对叶轮、泵及压缩机这类流体激振机理的深入研究还很缺乏。

为克服研究失稳力时出现的不确定性，有人在 1983 年提出了推断多级离心式压缩机稳定性的较为粗略的经验公式。这种方法是基于以下观察结果：①随转速对一阶临界转速的比值的增加，压缩机趋于失稳。②功率和工作介质密度增加时，压缩机趋于失稳。

叶轮-扩压器相互作用激振，不仅存在于压缩机中，还存在水泵中。

第二节　汽流激振的振动特征和分析诊断

一、汽流激振的振动特征及诊断依据

（1）汽流激振多发生在高参数机组的高压转子上，国外报道的实例多是超临界机组，但国内低参数机组同样有多起案例发生。

（2）从汽流激振出现的过程看，一个十分重要的特征是振动和机组负荷密切相关，往往低负荷时不出现，而是出现在满负荷，或者在接近满负荷的某一高负荷段，升到满负荷时失稳反而消失。

（3）汽流激振的振动信号有如下特征：

1）自激振动的涡动频率为接近转子横向振动固有频率的低频。

2）有时，涡动频率也会呈现为略小于转速的 $\frac{1}{2}$。

3）对于一个以流体作为工质的转子-密封系统，其涡动频率可能低至 $0.1X$，也可能高达接近 $1X$。

4）涡动-振荡自激振动的进动方向通常是向前的，轨迹是圆或近似圆形。

（4）汽流激振造成的大振动可以是突发性的，也可以是渐增的，或长时间维持在一个中等、超限的振幅水平上。

上述汽流激振的振动特征同样是分析诊断时的依据。

二、汽流激振的处理方法

汽流激振发生的根本原因是汽流力的作用，汽封、顶隙、叶轮/扩压器间隙产生的汽流激振力作用在转子上导致低频涡动。

实际中还有另一种情况，进汽口汽流力作用使转子轴颈相对轴承产生偏移发生油膜失稳，同样表现为转子做以临界转速为准的低频涡动，但严格地讲，将这类失稳归属于汽流激振是不正确的，因为真正激起转子低频涡动的是油膜力，它应该属于油膜失稳。

这两类失稳同与汽流有关，处理方法有同有别。相同之处是轴承都是要重点考虑的对象，虽然间隙汽流激振和轴承没有直接关系，但对转子-轴承-密封这样一个整体系统来说，在存在间隙激振力的条件下，转子是否能起振，作为能够向转子提供阻尼的唯一部件的轴承起到十分关键的作用。如果轴承油膜能够提供足够的阻尼，即使汽封存在一定强度的间隙激振力，转子也不会发生涡动；相反，如果油膜不能够提供一定的阻尼，较弱的汽流激振力也会造成转子失稳。

处理两类失稳的不同之处在于对间隙激振，重点方向是确定激振部位，消除或减小间隙激振力，增大轴承油膜阻尼力为辅。对汽流使轴颈偏移发生的油膜失稳，主要方向是消除偏移。

从现场实际，具体处理可以考虑采取下列措施：

（1）增大激振力部位的密封间隙，以牺牲热效率换取激振力的减小。实施这项措施的关键是事前必须准确确定激振部位。

（2）改变调门开启次序，从而改变作用在转子上的汽流作用力方向，通常是使汽流对转子产生向下的作用力，以增大轴颈在轴承中的偏心率。

（3）提高轴承稳定性裕度，用增加油膜阻尼力的方法来抑制汽流激振力，具体如下：

1）提升或降低相关轴承标高。

2）改变轴承的几何形状。

3）增加油膜的径向刚度。对 360°滑动轴承，可利用增加流体静态压力来提高稳定性，流体静态压力高能直接提高油膜径向刚度并改善转子的稳定性。实践中，可以采用提高轴承进油压力的方法。

（4）采用合适的汽封类型。蜂窝汽封现在已经比较成熟，常被用做高压转子轴封，相较于梳齿汽封，它容易产生蒸汽紊流，对周向连续旋流形成干扰。

（5）可倾瓦轴承由不连续的各段构成，几乎不可能产生周向连续旋流。利用可倾瓦轴承原理，将汽封开轴向槽，可以有效地抑制汽流激振。

（6）利用反涡旋技术，逆转向注入蒸汽流，干扰汽流的周向运动，从而提高失稳转速界限。这种技术对设备不会造成负面危害，因而被积极推荐使用，成为消除密封间隙失稳的主要手段。但反涡旋技术的实际使用有一定难度，如对汽轮机的诸多密封，具体在哪个密封段注入反涡旋汽流？反涡旋流的压力、流量如何掌握？这些在国内尚无定式，国外汽轮机实施反涡旋技术处理汽流激振的经验介绍缺少详细数据。

（7）提高润滑油温。

（8）增加转子的刚度。如果一台新机组在设计或开发阶段出现了失稳问题，通常需要减小转子长度或增加直径以增大转子刚度，提高转子的临界转速。

第三节　汽流激振诊断处理实例

案例 7-1 广东 G 电厂 10 号机组异常振动测试、分析诊断及处理

G 电厂 10 号机组为东方汽轮机厂 300MW 高中压合缸机组，1～4 号轴承为椭圆轴承。2001 年投运以后运行基本稳定，2002 年检查性大修，其后发现在做汽门关闭试验时，1 号瓦振动有瞬间增大的现象。厂里正欲利用 2004 年 3 月小修机会进行详细测试检查，3 月 18 日 10：39：05 和 16：17：59，两次在满负荷运行时 1 号轴承振动超限，保护动作，发生跳机。

1. 根据 DCS 记录对振动原因的初步分析

DCS 记录显示，3 月 18 日上午 10：39：05，机组负荷 294.93MW，顺序阀进汽，1 号瓦轴振 1X 突增到 260 μm，1Y 增大到 238 μm，振动保护动作，跳机。跳机时 2 号瓦轴振 2Y 约 145 μm，2X 约 45 μm，3、4 号瓦轴振同时略有增大。跳机时 2 号瓦振显著增加，

由正常的 8 μm 突增到 92 μm，1 号瓦瓦振增加的幅度小，由正常的 8 μm 增到 35 μm，其余各瓦振有增加，幅度不大。

记录曲线显示，1 号瓦轴振保护动作前的 27s，即 10：38：38，瓦振、轴振开始出现爬升，持续 19s 后，振动开始突增，8s 后，保护动作。运行人员反映当时没有任何操作，DCS 记录表明，跳机前膨胀、差胀正常，1～4 号瓦瓦温分别为 72、84、66、58℃，润滑油温 39℃，油压在此之前呈现缓慢增加趋势。

第二次跳机发生在同天下午 16：17：59，进汽方式已改变为单阀，负荷 293MW。跳机时 1X、1Y 分别为 332、310 μm，比第一次跳机大，其余各轴振较前略有增加；1、2 号瓦振分别为 54、79 μm。振动增大始于 16：17：39，15s 后 1 号瓦轴振开始急剧增加，5s 后跳机。与第一次跳机情况类似，运行没有操作，高缸膨胀、差胀正常，1～4 号瓦瓦温分别为 70、83、69、60℃，润滑油温 41.6℃。

DCS 曲线表明，两次跳机前主蒸汽温度、压力十分稳定，但再热汽压有微量增加的趋势。

由于缺少跳机时 1、2 号瓦瓦振、轴振的频谱记录和间隙电压数据，尚无法对当时异常振动的性质给出准确定论，但从两次跳机前振动发展的速率看，高中压转子的这种异常振动应该是轴系失稳。

这里，首先可以排除 TSI 系统故障，因为振动异常同时出现在几乎所有的振动测点，各测点最大振动量值不同，而且上下午分别发生两次，本特利 3300 系统如果存在故障，只可能一块板卡的两个通道同时发生问题，不可能出现 18 日这样的多测点同时增大的情况，这也就是说，当时 10 号机组的跳机确实是振动过大造成的。

一般情况，运行机组振动突发性增大有三个可能原因：转动部件飞脱、轴系失稳、动静碰磨。如果发生叶片、围带等转动部件飞脱，振动会阶跃增加到一个固定值，其后不会恢复。10 号机组的问题显然不在于此，因为如是这样，第二次启机刚到 3000r/min 就会出现振动异常。

机组正常运行中发生动静碰磨也会引起振动增大，多数情况振动缓慢增大，少数情况振动急剧增大，这时通常伴随有运行操作或膨胀、胀差的异常，调门开度的变化也会造成轴颈和转子位置变化，进而引起碰磨。第三种引起突发性振动的原因是轴系失稳，有两种失稳形式，一种是油膜振荡，另一种是汽流激振。

区别碰磨和失稳的关键判据是大振动的频率成分，但 10 号机组缺少这样的数据。对振动原因可以排除转子热弯曲和中心孔进油。

结合上述 DCS 记录，同时考虑到：①当时运行没有任何操作，外界没有扰动；②机组跳机后随转速下降时 1 号瓦轴振迅速减小；③过去该机组没有发生过动静碰磨；④大振动发生在高压转子；⑤1、2 号瓦为椭圆瓦。

据此初步判断，1、2 号瓦的大振动是高中压转子出现了失稳。至于这种失稳是汽流激振，还是油膜振荡，或是两种的混合形式，当时尚无法定论。如果运行上确实没有调整高调门开度，可以排除汽流激振，则是单纯的油膜振荡型的轴系失稳。

2. 对轴瓦解体检查的分析意见

3 月 27 日停盘车和油泵后，首先检查了 1、2 号瓦，各测量尺寸见表 7-1。

名称	位置	侧隙		顶隙	球面间隙	瓦盖紧力
厂家标准		0.575~0.625		0.45~0.65	0~0.05	0.05~0.1
实测值		左	右			
	前	0.5	0.65	0.6	0.02	0.04~0.05
	后	0.5	0.65	0.6		

表 7-1 （上方标题）2 号轴承 2004 年 3 月 29 日测量值 （mm）

为保证测量准确，将 1、2 号瓦下瓦均翻出与上瓦拼合测量垂直和水平间隙，所得值与压铅丝和塞尺测得的顶隙、侧隙吻合。上述数据中，2 号瓦顶隙偏大，左侧隙偏小，其余数据基本正常。

各瓦乌金瓦面磨损状况：1 号瓦上瓦完全无磨痕，下瓦的垂直正下方瓦面有较轻微磨损，张角约 45°；2 号瓦上瓦完全无磨痕，下瓦磨损严重，垂直下方的大量乌金顺转向向左方转移，在轴瓦的左侧间隙中堆积，堆积层最厚处约 0.30mm，由于轴颈的旋转，形成了与轴颈严格吻合的圆筒形连续的乌金弧面。这个新形成的瓦面宽度约为 2 号瓦整个乌金面宽度的 2/3，它完全改变了原有的椭圆形瓦面的型面。

按稳定性的优劣，各种类型轴承的排列顺序为：可倾瓦、多油叶瓦、椭圆瓦、三油楔瓦、圆筒瓦，圆筒瓦的稳定性为最劣，椭圆瓦的稳定性较好，但比可倾瓦差。

从 2 号瓦下瓦乌金的磨损迁移状况看，2 号瓦已经由原来的椭圆瓦变成了圆筒瓦，使得稳定性降低。联想到 10 号机组运行情况，之所以发生这种变化，有两个可能的原因：一是因为 2 号瓦轴封漏气严重，使得 2 号瓦标高受温度影响上抬，负荷过重造成瓦面磨损；二是因为油中带水，油黏度降低，润滑性能变差，油膜减薄，造成瓦面磨损。运行中 2 号瓦瓦温最高，说明这个瓦相对邻瓦负荷重。瓦面乌金的变化有个时间积累效应，因而 10 号机组刚投运时稳定性没有问题，只是在运行到今天才出现。同时，失稳的发生也是有一个从量变到质变的过程，瓦面的形状逐渐变化到一定的临界程度，才会发生明显故障。在这之前做汽门活动试验时出现的大振动实际上已经是本次故障的前兆。

发生失稳时整个轴段做低频涡动，支撑这个轴段的两个轴承都会有所表现，时间上是同时出现大振动，难于以此判断是哪个轴承的问题。10 号机组虽然保护动作是 1 号轴振，但同时 2 号瓦振也增大，起因在 2 号瓦是完全可能的。

上述分析仅是建立在 DCS 记录和轴瓦检查结果上，由于缺少详细的振动测试数据，所得结论尚有待于启机后再核实。

广义上考虑，当然还不能完全排除碰磨和汽流激振的可能。即便是碰磨，当前也还缺少揭高压缸的足够理由；如果是汽流激振，目前最可行的处理方法也是提高轴承的稳定性以抑制汽流激振力。因此，将提高 1、2 号瓦的稳定性作为本次处理的方向应该是正确的。

3. 处理方案

根据上述分析，本次处理的方向是提高高中压转子稳定性，结合轴瓦检查结果，决定采取下列措施：

（1）修刮 2 号瓦下瓦，上瓦中分面磨削，要求处理后的顶隙、侧隙在标准值之内。

（2）上抬 1 号瓦，同时可以降低 2 号瓦负荷。

（3）同时决定，2 号瓦标高不做调整；中低压对轮不解。

（4）3 号瓦侧隙偏小不做处理。

4. 第一次处理后的振动测试和分析

（1）升速过程振动。10 号机组经上述处理后于 4 月 4 日 19：35 冲转，1250r/min 和 2000r/min 两次暖机，23：30 冲转到 3000r/min。升速过程振动正常。升速过程轴振 1X、2X 波特图如图 7-1、图 7-2 所示。

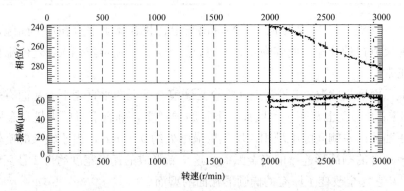

图 7-1　轴振 1X 从 2000r/min 到 3000r/min 波特图

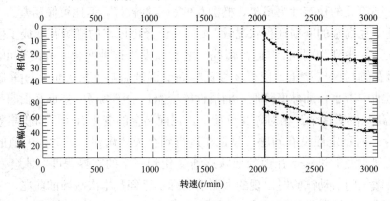

图 7-2　轴振 2X 从 2000r/min 到 3000r/min 波特图

（2）定速及带负荷振动。3000r/min 及升负荷各测点振动数据见表 7-2。

表 7-2　　　　　　　3000r/min 及升负荷各测点通频振动数据　　　　（通频：μm）

时间	工况	1X	1Y	2X	2Y	3Y	4Y	3 号瓦振	4 号瓦振
4 月 4 日 23：15	3000r/min	61	38	51	54	114	98	39	42
4 月 5 日 0：00	8MW	32	21	48	44	112	98	41	—
4 月 5 日 8：45	200MW	27	19	35	28	117	59	30	40
4 月 5 日 14：00	220MW	46	26	36	41	97	34	—	—
4 月 5 日 19：32	300MW	54	31	30	32				
4 月 5 日 23：06	锅炉故障跳机								
4 月 6 日 8：53	294MW	67	45	30	38	150	83	—	—
4 月 6 日 10：20	307MW	67	39	30	29	132	61	—	—

续表

时间	工况	1X	1Y	2X	2Y	3Y	4Y	3号瓦振	4号瓦振
4月6日11：09	280MW	开始单阀切顺序阀，11：20，切换完成，升负荷。							
4月6日11：47	297MW	65	31	28	28	—	—	—	—
4月6日16：24	309MW	67	33	27	30	125	60		
4月6日16：52	311MW	67	35	27	27	123	61	—	—
4月7日10：42	202MW	开始做汽门活动试验，11：30试验完成，升负荷							

（3）阀切换的振动。单阀切顺序阀过程1X、2Y振动变化如图7-3所示。

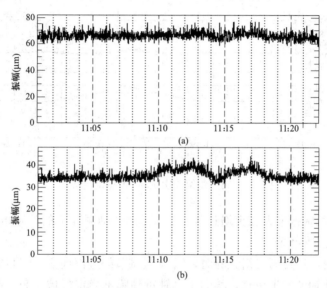

图7-3 单阀切顺序阀过程1X、1Y振动趋势图

(a) 1X振动；(b) 1Y振动

4月6日11：09，280MW，开始单阀切顺序阀，11：20切换完成，升负荷。切换过程1X振动基本没有变化；1Y有波动，但最终呈下降趋势。

（4）汽门活动试验的振动。4月7日11：00，进行了汽门活动试验，首先做第一组，关闭2、3号高压调节门，开启1、4号高压调节门，各测点振动正常。然后进行第二组试验，关闭1、4号高压调节门，开启2、3号高压调节门，开启过程，1X、1Y振动突增，试验两次，均中途中止，为避免发生跳机，决定不再进行。

各测点振动正常。将单阀切换为顺序阀，切换过程1X的振动变化如图7-4、图7-5所示。

记录数据表明如下特征：

1）随2、3号调节门从25%开启（1、4号调门同时关小），1号瓦两个方向轴振上升，增大的成分是一倍频。

2）2、3号调节门开启到约40%，1号瓦两个方向轴振突增，增大的成分是半频25Hz。

3）立即关小2、3号调节门，开大1、4号调节门，1号瓦轴振迅速减小。

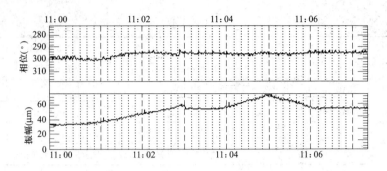

图 7-4　第二组第一次试验 1X 振动趋势图

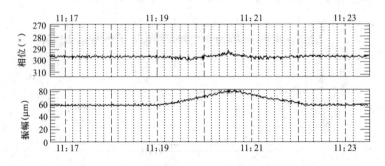

图 7-5　第二组第二次试验 1X 振动趋势图

4）上述 1 号瓦轴振增大和突增过程，1 号瓦两个轴振探头的间隙电压发生规律性变化，1 号轴颈向左方偏下移动。

这些特征表明，进行第二组试验时，2、3 号调节门进汽而 1、4 号调节门不进汽，汽流作用使得 1 号瓦轴颈发生位移，移向 1 号轴承油膜不稳定区域，激发起油膜半速涡动，造成突发性振动（见图 7-6、图 7-7），这是一种解释。

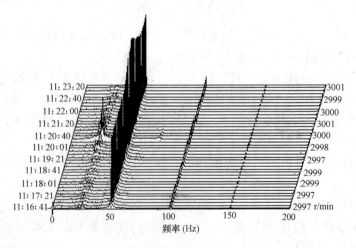

图 7-6　第二组第二次试验 1X 瀑布图

还可以从汽流激振角度进行解释：第二组试验时，同样的调门进汽方式使得通流间隙变化，引发汽流激振，同时，1 号瓦轴颈在汽流作用下移向 1 号瓦轴承油膜阻尼小的区

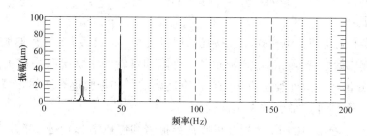

图 7-7　第二组第二次试验 1X 频谱

域，阻尼无法抑制汽流激振，从而显现出突发性低频振动。

本次对 10 号机组的振动处理，解决了满负荷顺序阀运行 1 号瓦轴振突发性振动的故障，同时印证对轴承的处理方向和实施措施是正确的。

但由于当时缺少跳机时和早先做汽门活动试验的详细振动数据，故表明本次处理过程对 1 号瓦的调整力度不足。

3 个月后，G 电厂 10 号机组又发生振动跳机，下半年间隔同样时间又发生两次。经多方研究，决定更换 1、2 号轴承的原椭圆瓦为可倾瓦，以便彻底消除故障。

5. 轴承更换为可倾瓦轴承及结果

G 电厂于 2005 年 3 月 14 日～4 月 5 日安排了一次扩大性小修，进行轴承更换。

(1) 可倾瓦轴承几何参数。新的 1、2 号可倾瓦轴承由东方汽轮机厂设计制造，采用 LBP 型的上 3 下 2 瓦块布置的可倾瓦，直径间隙 0.55～0.65mm，安装紧力要求 0.02～0.05mm。新轴承瓦面加工略有缺陷，乌金表面有微小气泡，由于气泡直径较小，决定采用。

(2) 小修后启机振动测试。10 号机组更换轴承后于 2005 年 4 月 6 日 4：56 冲转，1200r/min 和 2000r/min 进行两次暖机，7：53 冲转到 3000r/min。

从 70MW 的测试数据分析，换瓦前 1、2 号瓦轴振存在的 25Hz 左右的低频波动消失，通频振幅十分稳定。机组升到满负荷各测点振动情况见表 7-3。

表 7-3　　　　　　　　　　4 月 14 日 16：00，300MW 各测点振动　　　　　　　　　(通频：μm)

项目	1 号瓦	2 号瓦	3 号瓦	4 号瓦	5 号瓦	6 号瓦
X	16	38	39	16	22	69
Y	23	39	31	25	19	77
垂直瓦振	2	3.3	5.4	6.3	6.2	10.5
瓦温℃	76	87	69	62	76	74
进油温度℃	43	43	43	43	43	43

该机组 4 月 22 日进行汽门活动试验，左右两组顺利完成，其间 1、2 号瓦各测点振动变化微小。这表明本次更换轴承消除轴系失稳取得了完全的成功。

本次换瓦后的相关情况汇总如下：

(1) 振动。

1) 高中压转子振动。换瓦后启机过程高中压转子的 1、2 号瓦振动良好，升速中最高振动的 2Y 小于 40 μm；负荷 70MW 时 2Y 为 45 μm；1、2 号瓦各轴振通频振幅稳定，没有出现波动现象；汽门活动试验顺利进行；这些说明本次更换的可倾瓦轴承稳定性明显高于原有的椭圆瓦。

2）低压转子振动和发电机振动。换瓦后启机过程 3、4、5、6 号瓦轴振较之换瓦前略有增加，其中 6Y 最大到 80 μm。分析原因，可能和对轮对中状况改变有关。所有增加的量都是一倍频分量，不做处理运行是完全没有问题的，如振幅逐渐增加，可用动平衡方法降低，从相位关系估计，平衡效果应该较好。

（2）瓦温。厂家给出的 1、2 号瓦可倾瓦温报警和停机值分别是 105、115℃，比原椭圆瓦温报警和停机值 95℃ 和 105℃ 各高出 10℃。一般情况，可倾瓦乌金材料要好于固定瓦，耐温高，同时考虑到当前 2 号瓦回油温度最高为 57℃，因而，虽然 2 号瓦瓦温比换瓦前高出 5～10℃，但应该不存在问题。

案例 7-2　辽河 F 公司二期机组异常振动测试及故障分析

1. 前言

辽河 F 公司二期的汽轮机为杭州汽轮机股份有限公司（以下简称杭汽）设计制造的 T6530 抽汽背压机组，容量 20MW，工作转速 8057r/min，后接法国 FLENDER 公司的 F-67402 ILLKIRCH Cedx 减速箱带动济南电机厂的 QFNW-22-2 发电机组，转速 3000r/min。

该汽轮机为杭汽单台设计的样机，国内没有同型机组。汽轮机转子 1260.31kg，两支承跨距 2535mm，支持轴承为下 2 上 3 的 5 瓦块瓦间型（LBP）可倾瓦轴承，内径 160mm，宽 75mm，西门子公司设计制造，杭汽外购。

机组于 2004 年 5 月 18 日首次试转，升速到工作转速振动正常，但负荷加到 9MW 左右，汽轮机两块瓦发生突发性振动。

出现异常振动后，从 5 月底到 7 月底的两个多月，由杭汽按汽流激振处理，其间两次揭缸，主要采取了下列措施：

（1）检查与处理与汽轮机连接的所有蒸汽管道，排除管道作用力使汽缸跑偏的可能。

（2）将汽轮机两轴承转动 180°，呈下 3 块，上 2 块的瓦上型布置。

（3）调整猫爪垫片厚度，纠正汽缸右偏和高压端上翘。

（4）扩大了通流部分局部径向间隙。

（5）可倾瓦恢复为下 2 上 3，加大瓦枕紧力；并将瓦块宽度从 75mm 减到 55mm，间隙比从 0.0015 减到 0.0012。

（6）去除转子中间汽封体的汽封齿，在中间汽封体上开两个轴向孔，以产生扰动汽流。

经过上述处理，振动缺陷仍然存在。

2. 第一阶段振动测试结果与振动原因的初步分析结论

本书作者于 7 月 25～29 日对机组进行了第一次振动测试和原因分析。测试中捕捉到的两次振动突增情况如下：

（1）7 月 27 日，冲转、升速、定速、并网成功；13：56，负荷 3.8MW，第一次振动大跳机，记录如图 7-8 所示；升速，14：14 误跳，再次升速、并网，连续带低负荷。

（2）7 月 28 日，加负荷试验，11：37 负荷加到 4.8MW，第二次振动大跳机；再升

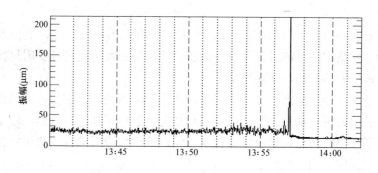

图 7-8　跳机时测点 1Y 时间趋势图

速、并网。

根据测试结果，得到主要振动状况和特征：

（1）升速过程，各测点振动正常，汽轮机两瓦临界转速振动 40 μm；汽轮机、发电机、减速箱各转子原始动平衡良好。

（2）汽轮机临界转速为 2900～3000r/min，工作转速 8057r/min 以下没有出现第二临界转速。

（3）转速升到 5500r/min，汽轮机各测点开始出现低频振动分量，低频频率为 0.37 倍频；升到 8056r/min，这个低频分量缓慢增加到一个稳定值；它与一倍频振幅之比为 0.3～0.5。

（4）并网瞬间，振动没有明显变化；升负荷过程，负荷在 3MW 以下，各测点振幅、相位稳定；7 月 27 日 13：37，负荷升到 3.8MW，发生第一次振动超限，保护动作，跳机，最高振幅 140 μm；28 日 11：37，负荷升到 4.8MW，发生第二次振动超限跳机，最高振幅 370 μm。记录表明：从振动增大到跳机，仅 6～8s，汽轮机各瓦起振时间相同；汽轮机 4 个测点最高振幅基本相同。

（5）频谱分析表明：造成振动增大的频率分量是 49Hz；大振动时的 1、2 号轴颈轴心轨迹为正向涡动；记录显示，各测点起振之前的 30～40s，各测点通频振幅出现明显波动，波动的成分是 49Hz 分量；波动过程，49Hz 分量振幅时而超过一倍频振幅；起振瞬间，减速箱各测点振动同时略有增大，但增大幅值远小于汽轮机测点；起振瞬间，发电机各测点振动也略有增大，幅值更小；跳机后的惰走过程振动正常。

进而对振动性质进行了判断，并分析了振动原因。根据测试数据和分析结果，确定机组的异常振动性质为汽轮机轴段随负荷发生的突发性低频振动，属于轴系失稳的自激振动。这个低频分量为 49Hz，与汽轮机转子临界转速一致，与汽轮机工作转速频率之比为 0.37。

对振动原因的分析，得到下列初步结论：

（1）关于异常振动部位，通过本次测试确定振动缺陷位于汽轮机轴段；基本排除缺陷主要原因位于变速箱的可能；同时确定缺陷与发电机轴系无关。

（2）初步确定可能的振动原因为汽流激振或油膜失稳。确切原因尚需做进一步测试和分析。

3. 处理方案的技术依据和现场实施

在上述两个原因中，本书作者倾向于汽流激振和轴承稳定性裕度偏低联合作用的结果。

数据分析表明，28 日 11：37 第二次起振时轴颈有上抬现象，这种上抬改变了轴颈在轴承中的位置，所造成的可能后果之一是油膜失稳；另一种可能是油膜阻尼减小，轴承无法抑制汽流激振引发的振动，从而发生突增。

起初提出了两条处理措施，改变汽门开启次序和复算轴承稳定性，局部检查原设计是否存在问题，必要时更换轴承。同时，对轴承稳定性进行了计算，计算比较了三种轴承的稳定性：西门子原供货的五瓦块可倾瓦轴承、杭汽改动参数后的五瓦块可倾瓦轴承和杭汽正在加工的一对瓦间型四油叶轴承。

进行轴承计算的目的是想从这三种轴承中选定一个稳定性最好的，如果三种都不行，看是否可以对这些轴承做一些修改，使之满足需要。

依据计算结果中的直接阻尼和交叉刚度得知：

（1）西门子原设计的五瓦块可倾瓦轴承和杭汽的瓦间型四油叶轴承都可以满足本机组转子系统的需要。

（2）西门子原设计的五瓦块可倾瓦轴承阻尼特性好于杭汽改动参数后的五瓦块可倾瓦以及四油叶轴承；

（3）瓦间型四油叶轴承阻尼特性好于瓦上型四油叶轴承（杭汽原设计的瓦间型四油叶轴承转 45°）。

2004 年 8 月 4 日、5 日，对机组进行了如下处理：

（1）更换汽轮机 1、2 号瓦的五瓦块可倾瓦轴承为瓦间型四油叶轴承。更换的考虑是根据原西门子公司生产的五瓦块可倾瓦和杭汽更改后的五瓦块可倾瓦均在低负荷发生低频振动；虽然本次换瓦前解体检查没有发现原五瓦块可倾瓦有明显缺陷，如瓦块几何参数、瓦块活动程度、瓦块磨损等，但无法确定这种五瓦块可倾瓦是否存在其他隐形缺陷；计算结果表明瓦间型四油叶轴承的阻尼低于五瓦块可倾瓦，但也应该满足要求；同时，打算对瓦型做较大变动，观察其对轴系稳定性的影响。因此，决定换上瓦间型四油叶轴承。本次使用的新加工的瓦间型四油叶轴承，瓦宽 80mm，顶隙 0.26mm 和 0.23mm，预负荷系数 0.837。

（2）更换阀序。根据此前测试的数据，起振时的负荷是 3MW，正是 2 号调节门开启时，起振的同时发现 1 号轴颈向右上方位移。为阻止这种位移，将原阀序 1—2—3—4 改为 1—4—3—2，利用 3MW 后 4 号调节门的开启压低转子的上浮，避免起振。

2004 年 8 月 14 日 8：52 冲转，暖机充分，最后从 6000r/min 暖机完成工作转速升速时，在 7400r/min 振动突然增大，发生跳机。大振动的测点为汽轮机前后两瓦的四个轴振，最高振幅约 300 μm，主频率 49Hz。连续升速三次发生同样现象。

这种振动的性质是油膜振荡，显然出现油膜振荡的原因是因为采用了瓦间型四油叶轴承；鉴于机组未能升到工作转速，没有验证更改阀序的效果。同时考虑到原五瓦块可倾瓦轴承曾运行到 9MW，决定停机更换瓦间型四油叶轴承为五瓦块可倾瓦轴承。

8 月 16、17 日换瓦。瓦块为西门子五瓦块可倾瓦备品瓦块。顶隙 0.25mm（前）和 0.26mm（后）。8 月 18 日 8：10 冲转，13：02，8057r/min 定速，14：25，负荷 2.5MW；14：38：17，负荷升到 5.82MW，跳机，测点 1X 振幅 375 μm，2X 振幅 418 μm，

主频均为 49Hz（见图 7-9）。19：53，负荷升到 4.7MW，测点 1X、2X 振幅波动剧烈，降负荷到 3.8MW。

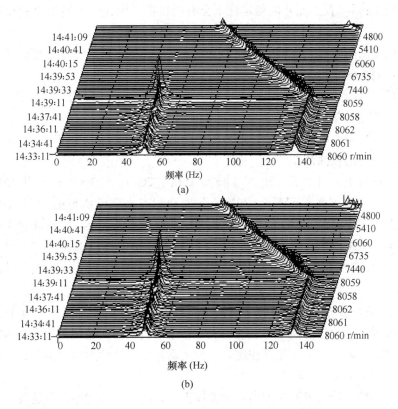

(a)

(b)

图 7-9　8 月 18 日起振时测点 1Y、2Y 的瀑布图
(a) 1Y 瀑布图；(b) 2Y 瀑布图

机组低负荷运行一夜，19 日 8：00，发现减速箱前瓦、2X、1X 等振动大，主频为 105Hz，试探加负荷。随负荷增加，振动波动增大。

上述情况表明，该机组振动缺陷没有得到解决。

本次处理说明这样几个问题：

(1) 通过本次处理的结果确定，该机组振动原因是以汽流激振为主的轴系失稳，失稳的发生与进汽量有直接关系；进一步的处理应该围绕确定汽流激振部位，消除激振点进行。

(2) 数据同时说明，该机组汽流激振力量值很高，更改阀序对抑制失稳没有效果。

(3) 轴承对该机组的失稳起到关键作用。

2004 年 8 月 20 日～9 月 10 日，再次进行处理，处理按照杭汽的意见进行。8 月 22 日，辽河转来杭汽 8 月 19 日新提交的处理方案，主要有如下几点：①给联轴器 2～3mm 的轴向预拉量；②减小轴承间隙；③重新调整中心；④瓦间型四油叶轴承旋转 45°；⑤将五瓦块可倾瓦下瓦块宽减小到 55mm，上瓦宽不动；⑥运行中提前投抽汽。

对此，本书作者有下列意见：

(1) 联轴器是否存在预拉量，不应该是出现 48、49Hz 振动跳机的根本原因，最多只能影响到 105Hz 分量的出现。

（2）瓦间型的四油叶轴承（杭汽原参数）已经用过，8月4日换上，8月14日开机，实际情况证明这种轴承的稳定性不如五瓦块可倾瓦；计算结果同时也说明，杭汽原设计的四油叶轴承转45°后（瓦上型）的稳定性不会有所提高，因此，他们提出的现场试验没有必要。

（3）杭汽提出的所有减小轴承间隙和上宽下窄的方案，缺乏技术依据；建议不可凭想象或简单的猜测来确定具体实施措施。

最终，现场实施了如下措施：

（1）联轴器弹簧垫片调整出3.8mm的轴向预拉量。

（2）重新调整中心，汽轮机中心低齿轮箱中心0.335mm，下张口0.01mm。

（3）运行中提前投抽汽。

处理后的机组于9月8日13：35冲转，1000、2000、5000r/min分别暖机。20：24定速、并网，21：05负荷5MW。汽轮机各振动测点出现较明显的49Hz的低频分量。机组降负荷到4MW运行一夜。9月9日8：25开始升负荷，8：39负荷4.7MW振动保护动作，跳机。机组惰走，重新挂闸升速，并网，开始投抽汽试验。10：51，负荷2～3MW，投抽汽，抽汽压力小于2.5MPa，振动出现明显波动，波动成分为49Hz。

4. 对该机组振动性质及原因的进一步分析

（1）转子-轴承系统自激振动的一般情况。自激振动的发生以横向振动形式出现，以转子的低阶临界转速为振动频率，它的出现与转速或负荷密切相关。维持自激振动的扰动力是由它自身的运动所产生并受其控制，一旦运动停止，扰动力随之消失；自激振动频率与外界激振力频率无关。

滑动轴承油膜失稳造成的半速涡动和油膜振荡，以及汽流激振是汽轮发电机组轴系动力失稳的主要类型。除此之外，由于转轴材料内阻引起的不稳定振动、转轴和套装叶轮之间的内摩擦以及中心孔进油造成的振动等，也是在实际中时而可见的失稳。

（2）一般的3000r/min汽轮发电机组发生油膜失稳或汽流激振不难判断。辽河二期机组一个重要特点是转速高，汽轮机与发电机之间设有减速箱，这些增加了原因分析的难度。

（3）关于变速箱。各次开机过程变速箱存在两个问题，一是热态停机后立即挂闸启机，减速箱输入轴振动大发生跳机；二是刚开启的机组，运行十多个小时后，减速箱输入轴出现105、106Hz的振动分量。

我们对减速箱各次升降速记录进行了分析，没有发现变速箱两根轴存在与105、106Hz对应的临界转速，但从声音分析，似乎减速箱输入轴后轴承有些不正常。

虽然存在105、106Hz的振动分量，但该机组所有的各次跳机均是48、49Hz造成的。如果减速箱轴承是油膜失稳的根源，跳机时自身振动应该首先增大或与汽轮机振动同时增大，实际情况不是如此。另外，变速箱标高的变化可能会影响到2号瓦的负荷，从而激发2号瓦失稳。但考虑到2号瓦距离减速箱输入轴前瓦较远，而且中间经过一个柔性对轮，这种影响应该不明显。

基于这些考虑，目前基本排除这台机组异常振动原因来自于减速箱的可能。

（4）关于发电机。二期机组的结构造成了发电机振动可以通过变速箱耦合到汽轮机轴上。实际测试也发现，这种耦合是存在的。升降速过程从 5500r/min 到 8057r/min 之间，汽轮机各振动测点有明显的发电机振动耦合分量。如果最终带负荷跳机是由发电机引起的，则应该是 50Hz 分量，但实际是 48、49Hz 的分量；另一个重要判据是跳机时发电机前后瓦以及变速箱输出轴各测点振动均不大，由此可以完全排除振动原因来自发电机的可能。

（5）振动原因的确定。根据多次测试数据和对处理效果的分析，我们确定，辽河二期机组异常振动是由汽流激振为主造成的轴系失稳。振动原因与发电机、变速箱无关，激振部位在汽轮机高压段，与对轮及对中关系不大，与汽缸跑偏、管道约束或作用力关系也不大。

该轴系是否起振与轴承有直接关系，轴承性能在很大程度上决定了这台机组轴系的稳定性。

（6）关于机组设计缺陷。通过各次测试和处理工作，分析表明，造成该机组出现异常振动的根本原因是机组在原始设计上存在三方面重要缺陷：

1）临界转速过低。该机组工作转速与临界转速之比接近 3（8057r/min/2650r/min），稳定性显著减弱。

2）轴系动特性的气动性能差，如叶轮级数过多、调节级叶轮直径小、叶高过小等，这些情况造成通流面积小，蒸汽流速高，预旋速度高，气动激振力大，激振状况复杂。

3）前汽封，调节级结构为整体套筒式，造成缸内间隙难于控制。

上述这些缺陷，导致该机组存在高强度的汽流激振力，且再三处理无法消除。

（7）下一步处理的意见和建议。不推翻原设计的处理建议：

1）对机组的汽流激振部位和激振点进行详细深入的定量计算分析，与同类机组进行对比性计算，准确确定激振部位；制定有效的降低激振力的处理措施。

2）计算转子-轴承稳定性，包括对数衰减率随转速的完整数据（计入和不计入汽流激振力）；对轴承参数进行优化，选用稳定性最佳的可倾瓦轴承，特定加工。

3）基于减小经济损失的角度，可以考虑再次安排一次开缸，确定并处理通流部分的汽流激振部位或激振点；更换高性能特制轴承。

4）所有前期计算分析，必须经过复验；最终实施的处理方案，必须经过充分周全的技术论证。

推翻原设计，设计制造新机组的处理建议：

利用现有基础、管线、外缸，重新设计新汽轮机；设计过程必须进行全面的轴系动力特性计算，包括：①转子汽流激振扰动力计算；②转子-轴承稳定性计算，包括对数衰减率随转速的完整数据（计入和不计入汽流激振力）；③轴承参数进行优化计算，选用稳定性最佳的可倾瓦轴承。

5. 新更换机组启机振动测试分析

杭汽于 2004 年末开始，进行了新机 T5530 的设计和制造，于 2005 年 6 月完成。新机主要做了如下改动：①工作转速降为 6769r/min；②进汽室为上下两部分；③更换减速箱两轴，箱体依旧。汽轮机两瓦仍采用老机的西门子可倾瓦轴承，发电机不动。

新机于 2005 年 7 月 25 日安装完毕，7 月 27 日首次冲转。各主要阶段振动测试结果：

测试结果说明，升速过程各测点振动正常。

汽轮机临界转速：升速为 3450r/min；降速为 3350r/min，较老机的 2900～3000r/min 提高了 450r/min。

升负荷及投抽汽过程，振动如图 7-10～图 7-14 所示。

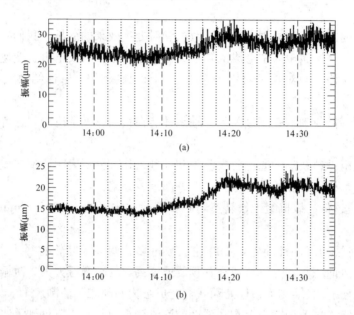

图7-10　负荷从 0.7MW 升到 5.3MW，测点 1Y、2Y 振动趋势图

（a）测点 1Y；（b）测点 2Y

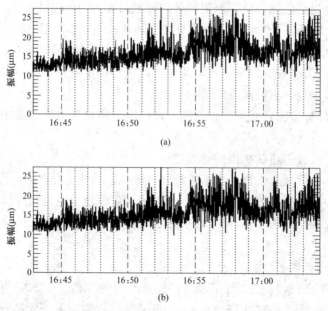

图7-11　负荷从 8.6MW 升到 12.9MW，抽汽量从 0 增加到

85t/h，测点 1Y、2Y 振动趋势图

（a）测点 1Y；（b）测点 2Y

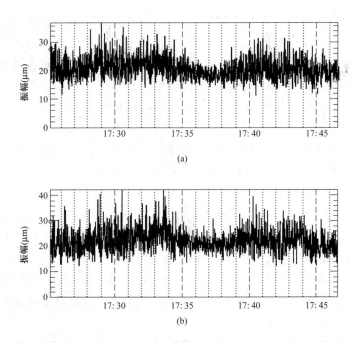

图 7-12　负荷从 12.9MW 升到 16.7MW，抽汽量从 85t/h
增加到 130t/h，测点 1Y、2Y 振动趋势图

（a）测点 1Y；（b）测点 2Y

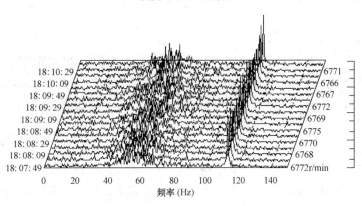

图 7-13　负荷 16.7MW，抽汽量 130t/h，测点 2Y 振动瀑布图

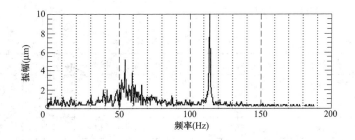

图 7-14　负荷 16.7MW，抽汽 130t/h，测点 2Y 振动的频谱图

上面的测试结果说明如下情况：

（1）工作转速、空负荷时各瓦振动良好；汽轮机在厂家动平衡质量良好。

（2）随负荷和抽汽量增加，汽轮机两瓦轴振出现波动现象，造成波动的主要是低频成分，即54、59Hz的分量，这仍然属于与汽流激振相关的转子稳定性问题。

（3）当运行有增加负荷或抽汽的操作时，会同时瞬间激起高振动；停止操作，振动波动会逐渐自行减小，趋于稳定。

（4）由于新机工作转速较之老机降低，临界转速提高，虽然新机仍有较高的汽流激振力和失稳的趋势，但机组最终升到额定负荷，振动没有发散。

（5）新机组稳定性能良好，能够抑制住汽流激振力引发的低频振动失稳。

根据本次对新机启机过程振动测试数据的分析，新机的设计、制造和安装是成功的，消除了老机存在的汽流激振引发的转子失稳；虽然在高负荷和大抽汽量时仍然存在较高的激振力，但高振动能够被抑制且不发散，使机组达到额定出力。

为保证该机组安全运行，在加强振动监测的同时，运行操作应力求平稳，避免对转子产生过大的扰动力，导致振动发散；运行上控制油温不要过低，避免发生轴承油膜失稳。

案例 7-3 伊朗 A 电厂 3、4 号机组高中压转子失稳（本案例由东方汽轮机厂及东方进出口公司完成，陆颂元参与部分分析诊断工作，以下关于案例的文字陈述，除其中注明为本书作者的以外，其余均为根据东方进出口公司 A 电厂现场人员提供的材料整理所得）

1. 振动简况

伊朗 A 电厂 3、4 号机组是我国东方汽轮机厂设计制造的 325MW 机组。

3 号机组 2001 年 11 月 2 日 16 时首次启动，11 月 5 日凌晨到 3000r/min，此时机组振动 $3X$ 89 μm，$4X$ 73 μm，其余均在 70 μm 以下。11 月 6 日 17：19 机组首次并网。11 月 10 日对汽轮机低压转子进行了动平衡。

2001 年 11 月 28 日 11：00，3 号机组首次准备升满负荷，负荷升至 297MW 时，2 号瓦轴振 $2X$ 突然增大到 179 μm，降负荷到 260MW，振动降低到 60 μm 以下。同日下午，负荷再次升到 312MW，振动正常。21：20 左右，负荷从 300MW 降到 290MW 过程中，$2X$ 又升至 114 μm。12 月 3 日负荷由 300MW 缓慢升到 302MW 时，$2X$ 再次突升到234.5 μm，机组降负荷，振动随之减小。

2001 年 12 月 4 日测试数据见表 7-4。

表 7-4　　　　　　　　　　　2001 年 12 月 4 日测试数据

测振人员就地记录 $2X$ 数据（振幅：μm）				集控室数据（振幅：μm）			负荷（MW）	记录时间
一倍频	二倍频	二分之一倍频	合计	$2X$	$2Y$	2BCV		
43	5	5~21	52~68	59	30	7~9	290	21：42
43.5	5	3~22	70~90	70~79	30	7	295	21：49
43.5	5	2~17	53~75	60~63	30	8	295	21：55

测振人员就地记录 2X 数据（振幅：μm）				集控室数据（振幅：μm）			负荷（MW）	记录时间
一倍频	二倍频	二分之一倍频	合计	2X	2Y	2BCV		
43.5	5	3～21		58～73	30	7～8	295	22：08
44.5	5	4～17	50～80	57～68	26～31		300	22：20
44.5	5	4～23		80～100			300	22：40
44.5	5	5～35		100～148				
44.5	5	5～40	100～160	110～180				

注　2X、2Y、2BCV 分别对应 2 号瓦 X、Y 方向轴振、2 号瓦垂直瓦振。

制造厂东方汽轮机厂现场人员对振动原因给出结论：开启Ⅲ高调门转子向左上位移，发生碰磨，产生突发性振动。降负荷转子右移，碰磨部位脱离，振动下降。

2. 四次缸外处理

随后，现场针对 2X 振动问题安排了四次不揭缸的处理。

（1）第一次处理（2001 年 12 月 14 日～2002 年 1 月 7 日）。2 号瓦检查，发现各瓦块的定位销长度均超过设计值，进行了修整；2 号轴承进油节流孔尺寸修改，由 $\phi 32$ 增加到 $\phi 35$。

处理结果：2002 年 1 月 7 日机组启动，1 月 10 日负荷 300MW，2X 振动 55～65 μm；升负荷至 316MW，2X 振动 60～80 μm，降负荷至 310MW 运行约 30min，2X 突然加剧，并引起 1、3、4 号轴振增大，2X 最高 272 μm，振动保护跳机，首次处理失败。

（2）第二次处理（2002 年 1 月 21 日～2002 年 2 月 12 日）。根据东方汽轮机厂意见，采取下列措施：2 号瓦中心下调 0.1mm；5 号瓦块增加一人工油楔；2 号瓦顶隙由 0.6mm 调至 0.48mm 以增加轴承稳定性；调整高压调节阀序，由设计要求Ⅰ＋Ⅱ→Ⅲ→Ⅳ改为Ⅰ＋Ⅱ→Ⅳ→Ⅲ，同时保持Ⅳ阀开启由 115°提前到 110°。

处理结果：负荷 270～280MW 时振动仍旧发生突增。2002 年 2 月 19 日测试数据见表 7-5：

表 7-5　　　　　　　　　**2002 年 2 月 19 日测试数据**

测振人员就地记录数据（振幅：μm）								2BCV	负荷（MW）	记录时间
2X					2Y					
一倍频	二倍频	三倍频	二分之一倍频	合计	一倍频	二分之一倍频	合计	合计		
35	4.5	2	1～12		22	0～4			250	
36	5	2	1～6	45～48	22	0～5	25～29	3.6～4.2	250	
36	5	2	1～13	41～54	22	0～5	25～29	3.2～5	260	18：00
35	5	2	1～9	41～49	22	0～5	25～29	3.1～4.5	260	21：40
36	4.5	2	1～11	42～53	21	0～5	25～31	3.7～5	370	22：30
36	4.5	2	1～13	40～56	21	0～5	25～31	3.7～5	270	23：07
35	5	2	2～16	40～65	21	0～5	26～34	3.8～5.4	273	23：15
35	5	2	80～140	140～240					275	23：50

东方汽轮机厂现场工作组认为：2号瓦的振动现象为汽流激振和摩擦振动所产生的复合型振动；同时认为机组安装质量较差，也是振动原因之一。

关于摩擦振动的原因分析，制造厂认为：机组安装时，高中压缸扣缸后，通流径向间隙变化，二次灌浆前后HIP-LP转子靠背轮对中尺寸变化大；高压导汽管、中压进汽管、各抽汽管焊接对汽缸跑偏有影响，因此汽轮机在某一工况下有"摩擦振动"的可能。

(3) 第三次处理（2002年2月21日～2002年3月5日）。阀序复旧，即Ⅰ＋Ⅱ→Ⅲ→Ⅳ，并保持Ⅳ阀提前5°开启；为消除摩擦振动，进行以下外部调整，使机组的动静间隙在一个安全范围内：①增加安全间隙裕度，将2号瓦中心上调0.10mm，3号瓦中心上调0.05mm；②将1、2号瓦顶隙调至0.50～0.55mm。

处理结果：2002年3月5日机组启动，3月11日负荷258MW，2X141μm，此次调整失败。

(4) 第四次处理（2002年3月12日～2002年3月22日）。根据以上调整结果，东方汽轮机厂现场工作组认为，机组中压通流存在异物，必须开缸检查，清除异物，对此提出要求开缸处理。指挥部决定再进行一次缸外调整处理：增加中-低压转子之间对轮螺栓的紧力，螺栓伸长值达到0.26mm；2号瓦轴承顶隙由0.52mm增加到0.57mm。

处理结果：3月21日3：40，负荷升到263MW，2X到140μm，3月22日1：41，负荷247MW，2X139μm，此次开机，采取切除3号高压加热器，增加发电机的无功功率，润滑油温由52℃降低到47℃等措施，均对2号瓦振动没有任何改善，至此宣告3号机缸外调整失败，必须开缸检查处理，重新复测并调整通流，彻底消除引起摩擦振动的因素。2002年3月21日测试数据如下：

表7-6 2002年3月21日测试数据

测振人员就地记录数据2X					负荷 (MW)	记录时间
一倍频 [μm/(°)]	二倍频 [μm/(°)]	三倍频 [μm/(°)]	二分之一倍频 (μm)	通频 (μm)		
44/200			6～16		240	
43/200	5/257	1～3/243	5～13	56～73	250	
43/198	4/257	2/243	1～12		260	
42/199	4/259	2/243	7～15	55	220	
43/198	4/259	2/243	2～12	54	230	3：15
44/198	4/257	1/236	25～37	69～110	250	3：20

3. 东方汽轮机厂对测试结果分析意见

东方汽轮机厂振动专业人员认为，三次测试结果基本相同，负荷从250MW增加到300MW，2X的一倍频、二倍频振幅、相位稳定；半频幅值在1～140μm范围内，相位在20°～350°范围内变化，极不稳定。因此他们可以判定：3号机2X突变主要是由于二分之一倍频振动突变引起的；同时，根据降负荷后2X能回到原水平的特点，初步判定为在高负荷下，因部分进汽度产生不平衡力从而激发转子产生振动。二分之一倍频振动突变主要是由汽流激振和摩擦振动所产生的复合型振动引起的。

4．2002年的开缸处理

2002年3月22日停机，开始对3号机组进行开缸处理。

（1）开缸检查结果。4月6日揭开高中压外缸，发现在2号隔板套与高压内缸间，中压一级隔板入口处有5根长200～300mm，直径为2.5～3mm的不规则铁丝（焊条），铁丝已被高温蒸汽冲刷变色，并有碰磨痕迹，如图7-15所示。

揭开高压内缸、1～3号隔板套、吊开高中压隔板，在中压一级隔板左侧中分面处围带汽封齿与转子围带间卡有2根长约80mm的钢丝。

在中压2～4级隔板及喷嘴室围带汽封弧段背面均卡有钢丝段及钢渣，导致围带汽封无退让间隙；中压1、2级隔板严重损伤，中压各级围带汽封、叶根汽封均不同程度的夹有铁丝等异物；高中压转子叶片也有轻微的损伤，高压喷嘴出汽边有击伤痕迹，高中压隔板叶片有不同程度的损伤。

图7-15 中压一级隔板的钢丝段

（2）现场东方汽轮机厂给出初步结论：从揭缸检查结果分析，3号机组高中压转子各级隔板汽封间隙、轴端汽封间隙都处于设计的下限值；转子上有明显磨痕；中压各级围带汽封、叶根汽封均有铁丝等异物，围带汽封弧段背面有钢丝段及钢渣，导致汽封无退让间隙。因此判断：摩擦是引起3号机组的2号瓦振动的根本原因。

由于中压1、2级隔板严重损伤，中压其余各级隔板静叶也有不同程度的损伤，高压喷嘴出汽边有击伤痕迹，蒸汽流经受伤的叶片时会产生扰动，导致作用在汽轮机高中压转子上的蒸汽力发生改变，呈不规则变化，在机组高负荷时，加剧转子的不平衡量，造成机组的振动加剧。

（3）本书作者当时上述的分析意见。2002年4月15日，本书作者向现场提供了如下不同于东方汽轮机厂上述的分析意见。

1）3月30日3号机组开缸前，根据现场提供的数据，初步分析认为振动原因是汽流激振，主要理由：①高振动的出现与负荷关系密切；②高振动主频为27～28Hz，与高中压转子临界转速1700r/min符合。

同时排除动静碰磨是主因的可能，因为发生动静碰磨的振动频率应该以一倍频（50Hz）为主，可能伴有整倍数高频成分，同时还应该发现一倍频的相位应该有逐渐增大的现象，这些在当时提供的数据中均没有出现。

2）4月8、9日现场揭缸检查结果，我方注意到其中两点：发现大量异物；发现转子中段有磨痕，隔板左上方有磨痕。磨痕的轴向部位和径向方位和预测是一致的，但如果振动是通流夹杂的异物与转子碰磨引起的，碰磨主要的后果是摩擦造成转子的热弯曲，增大转子的不平衡质量，应该造成大的一倍频振动，不可能出现以自振频率为主的大振动。我在国内现场处理过多台大机组工作转速下的碰磨，从没有发现过碰磨导致低频振动大的情况。

3）从4号机振动来看，两台机振动现象和规律很相似。根据记录曲线，1、2号瓦振动增大时，高压左右调门的开度发生了变化，主蒸汽流量也有明显变化，这些量的变化和振动变化是同步的。这表明 4 号机振动原因是汽流激振的可能性大，同时也旁证了 3 号机振动出自同一个原因的可能性。

4）现综合两台机组的情况分析，对振动起因，我的意见仍倾向于是汽流激振，除非现有理由预测 4 号机组高中压通流也掉入异物。确切原因的分析还需要知道 4 号机组高振动时的频谱。如果起因是汽流激振，碰磨则应该是大振动造成的后果，不是主因。建议现场根据摩痕仔细检查，是否转子上的所有摩痕都可以在静止部件上发现对应的异物，如果不是这样，则无法肯定振动起因是摩擦。

5）建议现正在进行的 3 号机组开缸消除缺陷工作，应该充分考虑 4 号机组刚发生的情况。处理措施主要仍应从两方面着手：一是消除碰磨点；二是消除汽流激振源，增大系统阻尼，避免把成功只押在单一方面。希望在清除通流异物的同时，注意通流左上间隙，扣缸前可能还是需要做适当的放大调整。由于本次开缸工作量较大，希望问题一次解决，建议凡能想到的处理措施，只要不会带来不利影响，都应该要求检修部门尽量设法实施。

6）鉴于两台机组同时出现低频振动，要求制造厂设计部门很快复查高中压转子稳定性计算结果；建议适当加大 1、2 号瓦负荷，增加 1、2 号瓦扬度。如果稳定性指标确实偏低，可以借助这次开缸机会对原安装要求值做适当调整（另请注意 1、2 号机组和 3、4 号机组润滑油牌号是否相同）。

7）对于 4 号机组当前的运行，有下列建议：

a. 要求现场对 4 号机组从 TSI 机柜抽取 1、2、3、4 号轴振信号和键相信号，接入便携式测振仪（如美国本特利公司 ADIU-208 振动分析仪，如没有可用类似仪器），连续记录振动数据以获取大振动时的频谱，用于其后的分析。记录振动信号的同时，也应该记录下来间隙电压、高中压调门开度、蒸汽流量、油温、瓦温、胀差、膨胀、窜轴、内外缸温等变化。

b. 要求电厂运行注意冷油器出口油温不可偏低，油黏度高会造成轴颈偏心小，发生失稳性质的低频振动。

c. 要求电厂 4 号机组运行人员密切观察 1、2 号瓦振动，如果再发生振动增大，1 号瓦超过 160 μm，2 号瓦超过 220 μm，持续 1min 以上，必须立即减负荷，防止对大轴造成损伤，发生事故。

2002 年 6 月开机，高负荷振动故障依旧。

5. 本书作者 2002 年 6 月意见

本书作者 2002 年 6 月再次就 3 号机组振动提出下列意见：

3 号机组振动根本原因是汽流激振，而不是摩擦。高中压通流上间隙过小，造成与负荷有直接关系、以低频为主的汽流激振，摩擦是汽流激振的"果"，不是"因"。摩擦振动一个最显著的特征是一倍频振幅增大，另外相位要发生变化，3 号机组数据没有反映这些情况。虽然通流有异物，但它们的作用只能是加剧汽流激振后的摩擦振动后果。

关于隔板静叶损伤加剧转子的不平衡量，这个论断从理论上不通，从实践上也无法看懂。个别叶片的缺陷不应该影响汽流的整体流动，对转子的影响十分小。

另外，四次缸外检查，调整有反复，其中的一些措施不尽合理，如降 2 号瓦标高、减小 2 号瓦顶隙。

6. 2002 年 9 月处理

A 电厂现场对这次处理有下列汇总：

3 号机组 2002 年 9 月底停机后，于 10 月 3 日处理完 2 号瓦和 3 号瓦的标高调整。根据总部意见，国内专家的建议和现场对 3 号机组开缸复装过程的复审，这次调整主要是要提高 2 号瓦的负荷分配，增加 2 号瓦的稳定性和增大阻尼。具体措施是将 2 号瓦中心上抬 100 μm，3 号瓦降 100 μm。

10 月 6 日上午满负荷，在 9：54：15，2X 突然升到 232 μm，同时其他各瓦轴振均被带动升高，运行立即降负荷，振动立即减小到正常，于是现场决定机组在 280MW 以下维持运行。

由于电厂厂长要求在伊朗总统来现场剪彩时 3 号机组须带 300MW 以上负荷，因此现场将机组维持在 290MW 左右运行，计划过两天再升至 300MW 运行。

现场就此次 3 号汽轮机振动进行了广泛讨论和集中研究，虽然激烈的争论后没有最终方案，但仍然有如下共识：第一，继续运行两周左右，等总统参加庆祝仪式后，再带满负荷；第二，这次调整虽然没有成功，但目的是达到了，通过 2 号瓦瓦温的提高（瓦温比调整前提高了 4~5℃）能够判定 2 号瓦负荷是有大幅度增加；第三，这次 2 号瓦的调整很可能影响了高中压缸通流的上下汽封间隙，现场怀疑汽流激振频率的变化跟上下汽封间隙的变化有关，如何才能将转子固有频率和汽流激振频率拉开一定距离是这次讨论的焦点。

3 号汽轮机经过 9 月底 10 初的调整后，在 10 月 6 日启动带大负荷时仍然发生突发性大振动，这次振动处理没有成功。事后，现场立即组织了两次大范围的讨论分析，同时考虑到伊朗总统要参加 A 电厂正式投产的"落成仪式"，经大家一致同意继续带负荷运行，在振动许可的情况下尽量带大负荷；同时做切高压加热器运行，希望能够找出专家说的激振源位置，或对激振源位置有一初步判断，以便于国内专家分析。

10 月 21 日电厂落成仪式完后，现场于 22 日组织讨论分析会，准备下一步方案。会上，厂家拿出了 21 日收到本部的有关传真，大家认真就此次的振动现象并结合传真进行了细致的分析讨论，最终形成纪要。首先大家均认为这次调整很可能是因为 2 号瓦的抬高（安装实测抬高量为 165 μm；实际加垫为下垫块 100 μm，左 40 μm，右 50 μm）使得上下通流间隙比变坏（破坏了上下通流间隙的均匀），从而使汽流激振加剧，甚至引起激振频率的改变（从 26.25Hz 变为 27Hz）。此次 2X 突发除了第一次在 1017t/h，以后数次均为 940t/h 左右，包括切除 1 号高压加热器运行，突发大振动（2X 为 87 μm）也是在流量 937t/h 时发生的（其他参数均正常，真空为 -67.6kPa，油温 52℃，2 号瓦瓦温 92~97℃）；降油温到 47℃ 运行，也是流量在 943t/h 时，2 号瓦突发大振动（其他参数正常，检查各膨胀值也正常）。而原来突发大振动流量为 1040t/h 左右。

有关揭开靠背轮检查中心标高差问题，现场非常重视，多次开会研究，主要是因为经过一段时间的运行对中情况肯定是变了，如果揭开靠背轮检查，发现了中心左右不对或张口不对将很难调。若中心上下重新调整到设计值，又失去了这几次调整的基础，到时垫片该怎么加？这也是一直都没有揭开靠背轮的原因，除非缸彻底调整。另外，怎样使汽流激振频率远离高压转子固有频率？怎样使汽流激振力大幅减小？怎样使 2 号瓦稳定性大大提高？

伊朗方面当时要求东方汽轮机厂 10 天内提出 3 号汽轮机振动处理方案和程序，并将有无成熟的方案与 4 位处理振动的专家和领导的返签号挂钩，并且又一次强调要从技术发达国家请专家。到 2003 年，中方又提出基础下沉是振动原因。

7. 2003 年 10 月 17 日本书作者向现场指挥部提交的关于 4 号机组振动的意见

（1）4 号机组今年 9 月份的处理，决定抬 1 号瓦、降 2、3 号瓦的做法是不周全的，因为这样处理后，虽然 1 号瓦的负载增大，但同时 2 号瓦必然减轻。事前是否已经明确确定高负荷的大振动是起源于 1 号瓦？如果 2 号瓦是真正的振源，这样处理对高中压转子的稳定性只有负面作用。对这台机标高的调整，除了需要基于扬度测量值，还要同时考虑大振动时 1、2 号轴颈位置的变化，何况现场扬度测量不准。

（2）看了东方进出口公司现场工作人员 10 月 13 日报告，关于 4 号机振动的根本原因，作者从技术角度基本倾向 MAPNA 毕总的意见。4 号机振动最可能的根源之一是 5 瓦块可倾瓦稳定裕度不足，轴瓦无法提供足够的阻尼抑制满负荷时发生的汽流激振，调整标高等只能在小范围内有限度地降低振动，从而这种调整有时有效，有时无效。关于 5 瓦块可倾瓦稳定性的评价，很容易计算算得，制造厂至少应该提供计算结果（包含与 300MW 机组高中压转子稳定性数值的比较），以便决定下一步的处理方案。如果多方确认设计存在缺陷，晚改不如早改。

（3）基础下沉非不治之症，从来没有一台机组因为基础下沉而报废。如果的确是基础下沉，对标高、缸体位置进行补偿，仍然不会有振动问题。更重要的是，如果 4 号机组存在基础下沉，早就应该判明，采取对策，这样做对双方都有利，至于责任、商务则是另一方面次要的问题。实际上，现在已无法完全推卸掉迟判或误判的责任。

（4）关于下一步处理，首先必须根据测试数据搞清振动性质这个基本问题。像 4 号机组这样高负荷下随蒸气流量振动增大有三个可能的机理，一是 4 号调门开启后汽流造成转子过大的位移，在通流部分或汽封处使转子相对内缸或汽封套产生径向偏心，构成适当的间隙参数，发生汽流激振；二是造成转子过大的上移，轴颈在轴承中的偏心减小，轴瓦负载减轻，轴承稳定性降低，发生油膜失稳；三是转子偏心过大，造成通流部分径向间隙或轴端汽封间隙消失，引发动静部件碰磨。这三种情况有不同的振动特征和不同的处理方案。如果过去没有测过，现场提出进行振动实测则是必要的。

（5）从现场本次提供的机组升速和升负荷各阶段数据看，没有必要进行动平衡。

（6）现在没有足够依据开缸。至于是否需要抬缸，事先必须根据数据分析清楚是否缸内上部间隙偏小。

8. 伊朗方面 2003 年 11 月意见

伊朗 A 电厂现场经理 2003 年 11 月致中方的函件阐述了伊方意见：

"我们不相信 4 号机组的扬度变化是因为轴承基础的沉降造成的。如果振动是因为基础沉降，那么振动也会出现在其他负荷。"

2002 年，伊方曾请过一位俄罗斯技术人员和德黑兰 Sharif 科技大学的教授研究 3、4 号机振动问题，并提交了报告。俄罗斯人 Souchko 认为振动的主要原因：

（1）1、2 号可倾瓦轴承工作不可靠；

（2）2、3 号瓦负载分配不合理；

（3）1、2 号轴承球面安装不合理。

德黑兰 Sharif 科技大学教授 Dr. Behzad 指出，3 号机振动原因是轴系与轴承调节不当，轴承动特性设计不正确。

建议东汽不要再浪费时间将责任推给伊方，而是就此问题请教真正的专家，采纳他们的意见，处理好 4 号机的振动问题。

9. 后续处理

2004 年，中方决定对 4 号机组揭缸处理，揭缸后 4 号机组振动问题依旧。直到 2005 年，振动才得以消除。

10. 现在对处理过程的反思

A 电厂东方两台 325MW 机组高中压转子失稳的处理，是我国汽轮机振动专业历史上一起重要的惨痛失败典型案例。它们的处理从 2001 年到 2005 年共历时四年，耗费了大量的人力、物力，机组数年带不到满负荷，严重延误工期，更重要的是对我国汽轮机行业的国际声誉带来了严重的负面影响。在事后的 20 年的今天，本书作者作为当时的参与者之一，反思整个过程，有三点沉痛的教训。

（1）该故障的解决拖延如此之久，最关键在于当时东方汽轮机厂现场振动技术人员和东方汽轮机厂技术部门缺乏足够的振动故障分析诊断处理技术，错误诊断振动为摩擦振动；汽流激振和摩擦振动所产生的复合型振动；蒸汽流经叶片时产生扰动，导致蒸汽力发生改变，加剧转子的不平衡量，造成机组的振动加剧，以及最终又提出的基础下沉。这些推断无论从现场振动诊断实践，还是理论上，都是完全错误的。错误的诊断结论，导致了错误的处理措施，最终造成处理失败。

（2）东方汽轮机厂现场和国内与该工程相关的领导技术管理存在问题是另一个重要原因。对这样重大的技术问题，如果厂家没有把握，必须及时组织国内有关专家会商。国内电厂对于类似重要的机组缺陷，通常依靠非厂家单位处理，如电科院或高校。中国电力行业内都知晓，厂家遇到这种问题通常是采用推卸责任为主的处理策略和方法，没有客观地去分析、解决问题。A 现场中方领导组织大家对 3、4 号机的问题广泛讨论，殊不知振动是一项非常专门的技术，必须有专业理论知识和现场经验，绝非走群众路线大鸣大放能找到出路的。

（3）东方汽轮机厂在伊朗现场工作的中方人员很辛苦，但重大工程技术问题的现实是客观的、残酷的，在它们面前不需要眼泪和恻隐之心；对于一个疑难故障，纵是历经千辛万苦，没有解决就是没有解决，有的只是刚性的结果，没有半点怜悯和同情。任何一个长期从事现场振动处理的人员都知道这个铁的规则。

本书作者 1983 年刚开始进入振动领域初期，曾独立在现场耗费五天五夜进行一台国产 200MW 机组动平衡，最终以失败告终。原因有作者经验的缺乏，有技术上的难度，但失败使作者从此以一个更客观的角度认识了这个行业。

案例7-4 上汽-西门子型百万机组补气阀投运过程中诱发的振动故障分析（本案例由浙江省电科院童小忠、吴文健等完成）

1. 简况

上汽-西门子型百万机组高压缸采用了全周进汽滑压和补汽调节的组合。在机组配套的最大流量比额定工况流量更大的情况下，补汽阀可以使机组出力性能得到提升。1000MW 机组中采用补汽阀技术是在原主汽门后、调门前引出一个管道，接入一个补汽阀，该补汽阀的结构与主调门相同，位于高压缸下部。蒸汽从阀门引出后进入高压第 5 级后。

采用补汽调节阀的优点：

（1）使滑压运行机组在进汽压力达到额定值时，进一步提高全周进汽滑压运行模式的带负荷能力。

（2）使机组实际运行时不必通过主调门的节流就具备调频功能，避免节流损失，而且调频反应速度快，减少锅炉的压力波动。

（3）厂家称提高 1、2 号瓦的稳定性。1000MW 机组在大部分工况下，进汽方式均为全周进汽，1、2 号瓦不会因汽流激振诱发振动。而在额定负荷及最大出力时，投入补汽阀，提高级组的调峰能力。

浙江省内 8 台同类型机组运行中具有一个共同特征，即夏季工况，补汽阀开度大于20%，高压转子振动会快速爬升，有些机组振动会爬升至停机值（130 μm）或更高。因此，8 台机组的补汽阀一直未能投入运行。

通过对北仑电厂 7 号机组补汽阀开启试验的振动测试，分析判断高压转子振动快速爬升的原因为汽流激振，可以为机组运行中投运补汽阀提供指导性建议。

2. 补汽阀技术简介

补汽阀是上汽-西门子超超临界汽轮机所特有的一种配汽方式，设置这一汽门的目的是增加机组的过负荷能力与负荷响应速度；同时，避免传统机组的调门在顺序阀运行时的汽流激振故障。

全机设有两只高压主汽门、两只高压调节汽门、一只补汽阀、两只中压主汽门和两只中压调节汽门，补汽阀由相应管路从高压主汽阀后引至高压第 5 级动叶后，补汽调节阀与主、中压调节汽门一样，均是由高压调节油通过伺服阀进行控制。该机组补汽阀与高调门具体布置系统图如图 7-16 所示，补汽阀入口的轴向截面图如图 7-17 所示。

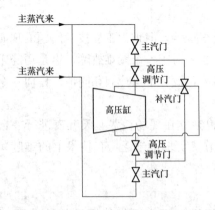

图 7-16　汽轮机阀门布置示意图

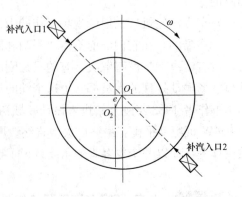

图 7-17　补汽阀入口的轴向截面图

3. 补气阀开启振动测试试验

北仑电厂 7 号机组试验的目的是探讨补汽阀投运的规律。

810MW 的补汽门开启试验。2010 年 6 月 22 日 13：25，7 号机组带 810MW 负荷时开始进行较低工况的补汽门开启试验。补汽门逐渐开启，35min 后，补汽门开度 40％，20：30，补汽门开度逐渐减小，4min 后，补汽门完全关闭，试验过程见表 7-7，试验过程中的振动曲线如图 7-18～图 7-23 所示。

表 7-7　　　　　　　　　　810MW 工况下补汽阀投运试验过程

序号	时间	试验内容	试验结果	试验曲线
1	13：25	负荷 810MW，协调撤出，补汽阀限设置为－5％，手动增加汽轮机负荷指令，高调门全开，补汽阀开度指令到 100％	1 号轴承振动：0.6/0.5mm/s 1 号合成轴振：39 µm 2 号轴承振动：1.3/1.2mm/s 2 号合成轴振：45 µm	—
2	13：29	开始以每次增加 2％的指令增大补汽阀阀限，补汽阀按阀限值开启	1、2 号轴处振动缓慢增大	
3	13：52	补汽阀开度到 30％	1 号轴承振动：1.7/1.3mm/s 1 号合成轴振：80 µm 2 号轴承振动：1.5/1.5mm/s 2 号合成轴振：75 µm	
4	14：03	补汽阀开度到 40％，随后开始缓慢降低补汽阀阀限	1 号轴承振动：2.1/1.6mm/s 1 号合成轴振：102 µm 2 号轴承振动：1.6/1.6mm/s 2 号合成轴振：70 µm	图 7-18 图 7-19 图 7-20 图 7-21
5	14：09	补汽阀阀限到 0	—	
6	14：15	负荷 820MW 左右，补汽阀阀限值由 0 修改为 10％，补汽阀快速开到 10％	快开过程中振动均无明显突变	
7	14：18	补汽阀阀限值由 10％修改为 20％，补汽阀快速开到 20％，随后将阀限设置为 0，补汽阀直接关闭	快开、快关过程中振动均无明显突变	

注　1. 图 7-18～图 7-21，上半图为相位，下半图实线为通频振动值，虚线为一倍频振动值。
　　2. 图 7-22、图 7-23 为约 800MW 负荷时，补汽阀开到 40％开度时振动高点的频谱图。
　　3. 1 号轴承和 2 号轴承振动均有两个测点。

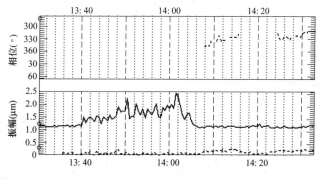

图 7-18　1 号瓦振趋势图（800MW）

810MW 补汽门的开启试验表明：

（1）810MW，补汽门开度小于 20％，高压转子 1、2 号瓦振较稳定，不受补汽阀投

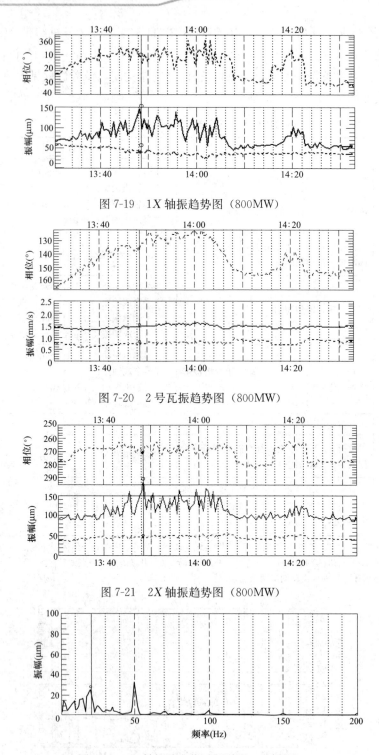

图 7-19 1X 轴振趋势图（800MW）

图 7-20 2 号瓦振趋势图（800MW）

图 7-21 2X 轴振趋势图（800MW）

图 7-22 1X 轴振最大值时频谱图（800MW）

运的影响。

（2）补汽门开度大于 20％时，高压转子 1、2 号瓦瓦振出现爬升现象，受补汽阀投运的影响较大。

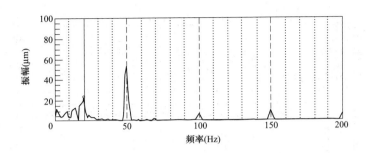

图 7-23 2X 轴振最大值时频谱图 (800MW)

（3）1、2 号瓦频谱图显示低频（20Hz）分量较大；1、2 号瓦振较小时，低频（20Hz）较小。

试验结果显示：补汽门开启，高压转子轴振低频成分逐渐出现，随补汽门开度增大快速攀升，其中 1X 最为显著；振动增大主要是低频成分。结合该机型结构特点，判断振动故障的原因为汽流激振。

970MW 的补汽门开启试验：在 810MW 补汽阀全关的基础上，14：53，负荷稳定在 970MW 负荷时，7 号机组补汽门逐渐开启，9min 后，补汽门开度达到 20%，15：02，将补汽门完全关闭。试验过程见表 7-8，试验过程中的振动曲线如图 7-24～图 7-29 所示。

表 7-8 970MW 工况下补汽阀投运试验过程

序号	时间	试验内容	试验结果	试验曲线
8	14：53	负荷到 970MW，开始以每次增加 5% 的指令增大补汽阀阀限	1 号轴承振动：0.6/0.7mm/s 1 号合成轴振：30 μm 2 号轴承振动：1.5/1.4mm/s 2 号合成轴振：41 μm	
9	15：02	补汽阀阀限为 20%，随后直接将补汽阀阀限设置为 0	1 号轴承振动：1.1/1.7mm/s 1 号合成轴振：67 μm 2 号轴承振动：1.4/1.2mm/s 2 号合成轴振：64 μm 快关过程振动无明显突变，负荷从 965MW 下降到 946MW	图 7-24 图 7-25 图 7-26 图 7-27
10	15：06	补汽阀阀限值由 0 修改为 10%，补汽阀快速开到 10%	快开过程中振动均无明显突变，负荷从 963MW 上升到 975MW	
11	15：09	补汽阀阀限值由 10% 修改为 20%，补汽阀快速开到 20%	快开过程中振动无明显突变，负荷从 977MW 上升到 985MW	
12	15：12	直接将补汽阀阀限设置为 0，补汽阀全关	快关过程振动无明显突变，负荷从 978MW 下降到 969MW	

注 1. 图 7-24～图 7-27，上半图为相位，下半图实线为通频振动值，虚线为一倍频振动值。

2. 图 7-28、图 7-29 为约 970MW 负荷时，补汽阀开到 20% 开度时振动高点的频谱图。

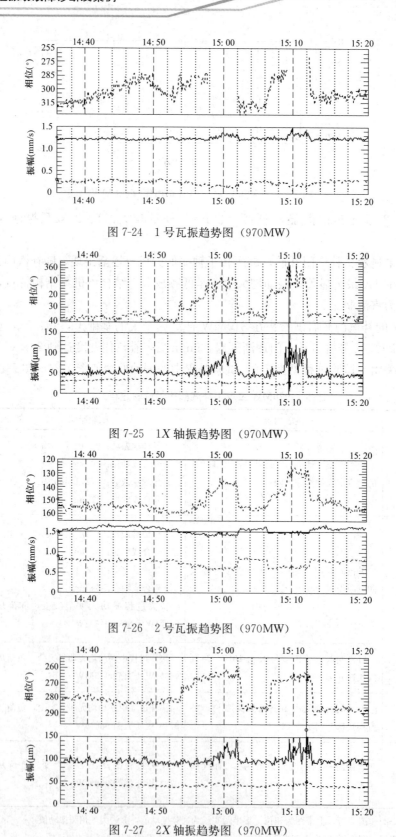

图 7-24　1 号瓦振趋势图（970MW）

图 7-25　1X 轴振趋势图（970MW）

图 7-26　2 号瓦振趋势图（970MW）

图 7-27　2X 轴振趋势图（970MW）

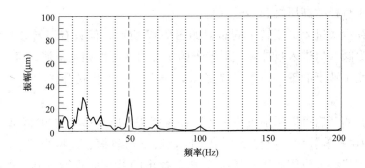

图 7-28 1X 轴振最大值时频谱图 （970MW）

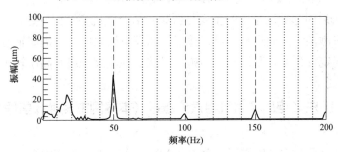

图 7-29 2X 轴振最大值时频谱图 （970MW）

970MW 补汽门开启试验表明：

1）970MW，补汽门开度小于 18％，高压转子 1、2 号瓦振较稳定，不受补汽阀投运的影响；开度接近 20％时，1、2 号瓦振爬升较明显。

2）1、2 号轴振频谱图显示，低频（20Hz）分量较大。该振动原因和 810MW 补汽阀投运时出现的振动爬升原因同为汽流激振。

4.分析与建议

根据 810MW 与 970MW 工况下补汽阀投运试验分析，结论如下：

（1）补汽阀开度对 1、2 号轴振有明显影响。负荷 810、970MW 时，补汽阀开度在 20％以上不断开大时，1、2 号轴振逐渐爬升，1 号轴振最大大于 100 μm，影响到机组的安全运行；补汽阀开度在 20％以下时，1、2 号轴振均在 70 μm 以下，轴承振动均在 1.5mm/s 以下，机组可安全运行。

（2）补汽阀以不大于 20％的幅度快速开启不会引起 1、2 号轴处振动的突变。

（3）补汽阀开度大于 20％时，1、2 号轴振均以一倍频为主，但 20Hz 左右的振动也较为明显。

（4）额定负荷，补汽阀小开度，即小于 20％开度变化时，负荷变化最大为 15MW。

根据振动测试图表，1、2 号瓦振动爬升时存在 18～20Hz 振动，诱发原因可能为汽流激振。

该机型设计采取了一定的措施避免蒸汽激振出现，按照资料介绍，包括有：

（1）高压转子跨距相对同等容量机组小，一阶临界转速为 2640r/min，临界转速相对高一些，可以避免汽流激振的发生。

（2）大部分工况下，采用全周进汽方式，以避免高压转子的汽流激振。

(3) 采用小直径的高压缸和多道汽封。

百万机组补汽阀进入高压转子的布置如图7-17所示，但只有当转子与汽缸完全同心时，从两个补汽阀入口进入缸体蒸汽对转子的作用力才可以相互抵消。机组运行过程，补汽阀的投运改变了转子的轴心位置，致使1、2号瓦振动发生爬升。

5. 小结

(1) 补汽阀的开启可以增加机组出力，提高负荷响应与一次调频性能，虽然开度对汽轮机1、2号轴振影响较大，但在20%以下时，1、2号轴振、瓦振均较小，可确保机组安全运行，因此建议将补汽阀阀限设置为20%；提出的补气阀投运措施，能使机组在夏季额定工况运行时，补汽阀投运后的出力最大可增加15MW。

(2) 补汽阀开启引起振动增大的主要是低频，结合该机型结构特点，认为造成振动增大的主要原因为汽流激振。因此运行中可以适当提高润滑油温度，以提高轴承的稳定性；检修可从提高轴承的稳定性角度，采取相应措施，以减少补汽阀开启对高压转子振动的影响。

案例 7-5 山东Z电厂7号机组汽流激振（本案例由吴峥峰整理）

1. 概述

Z电厂7号机组是东方汽轮机厂首台1000MW机组，N1000-25/600/600，轴系布置结构图如图7-30所示。轴系各转子采用刚性联轴器，1～4号轴承为落地式，5～8号轴承坐落于低压缸体上，推力轴承位于2号轴承后。高压转子、中压转子采用可倾瓦轴承，低压转子、发电机转子为椭圆轴承。高压缸由1个双流调节级与8个单流压力级组成，反向布置。

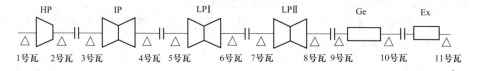

图 7-30　Z电厂7号机组轴系布置结构图

2. 振动现象

7号机组2006年12月投产发电，运行良好。2007年夏季出现振动异常，特征如下：

(1) 升速过程以及950MW以下运行时整个轴系轴振、瓦振处于优良水平。

(2) 振动主要发生于950MW以上，高压转子2号瓦尤为明显，3、4号瓦也同时出现小幅度波动。

(3) 振动异常与负荷关系密切，950MW以下2号瓦振动较小，基本上稳定在30 μm；高于此负荷，2号轴振波动，最大94 μm，振动发生时减负荷，能迅速恢复；重复性好，如图7-31所示。

(4) 试验发现振动波动和润滑油温度以及轴封供气压力等参数没有关联；振动波动时，润滑油压力没有出现显著变化。

3. 原因分析

用本特利DAIU-208振动分析仪测试，发现大负荷时1号瓦和2号瓦振动波动成分主要是29Hz分量（见图7-32、图7-33），与高压转子的一阶临界转速实测值接近（设计值1960r/min，实测值1674～1795r/min）。从2号瓦振动特征看，可以判断发生了轴系失稳。

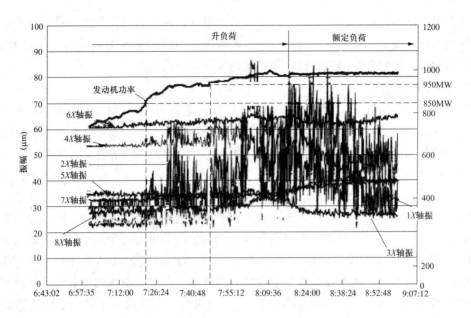

图 7-31　振动随负荷变化关系

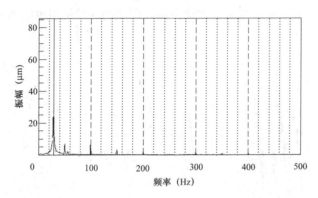

图 7-32　1X 轴振突升及波动时频谱图

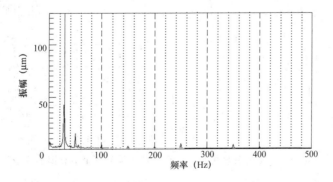

图 7-33　2X 轴振突升及波动时频谱图

　　常见的轴系失稳包括轴瓦失稳和汽流激振。机组升降速以及冬季工况振动良好，夏季工况下只有在 950MW 以上负荷段才发生振动，与负荷关系密切；机组高压转子和中压转子均采用稳定性高的可倾瓦轴承，设计阶段的稳定性计算也认为轴承没有问题；机组的安装严格按照设计要求进行；从现场运行来看振动发生时润滑油压力并没有发生显著变化。综合上述情况，排除轴承油膜失稳，确定振动原因是汽流激振。

4. 日立公司意见

2007 年 6 月 28 日 Z 电厂、东方汽轮机厂、日立公司就 7 号机组振动问题进行了讨论，并形成会议纪要，要求东方汽轮机厂和日立公司提供两套方案，一种是不揭缸的处理方案，一种是彻底治理的方案。会后东方汽轮机厂和日立公司代表将 7 号机组运行数据和相关振动测试数据发往日立公司总部。

2007 年 7 月 10 日，日立总部发来传真，认为根据机组相关数据分析，汽流激振的原因难以排除，但是可能性小，认为推力轴承润滑油供油不足是最可能的原因，并提出分析的六点判据：①振动波动的发生跟机组负荷密切相关；②机组负荷改变时，轴系轴向推力也是随之变化的；③振动波动的主要频率成分为 29Hz，接近高压转子的临界转速值；④机组振动没有发散，机组发生汽流激振的可能性低；⑤日立制造的类似型号机组在另一电厂曾经遇到类似现象（频谱图见图 7-34），一旦机组负荷达到一个特定值，机组振动就会发生波动，增加推力轴承供油量对改善振动有效，该机组的推力轴承参数跟 7 号机组推力轴承完全一样；⑥如果该现象是汽流激振，同型的 8 号机组也应该发生该现象，事实上 8 号机组振动一直正常。

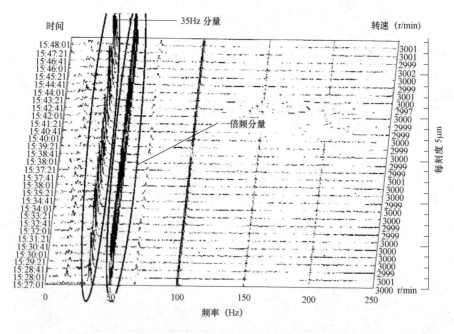

图 7-34　日立公司一类似型号机组发生推力轴承供油不足引起振动故障的频谱图

日立公司随后给出了处理建议：①试验确定轴承供油压力对振动波动的影响，确定合适的供油压力；②测量实际节流孔板尺寸，对推力瓦进油孔尺寸进行改善，如果支持轴承的进油孔尺寸比日立公司原设计要大，很可能带来推力瓦供油不足的问题；③当前机组振动在允许范围内，正常运行没有问题，一旦机组振动达到报警值，建议机组限负荷运行。

5. 处理情况

（1）运行措施。由于正在夏季，且当前振动基本处于可接受，状态可控，厂里决定机组正常运行。对机组夏季工况发生振动而冬季工况振动平稳的现象分析认为，夏季的低真空带来了蒸汽流量增大，导致汽流激振力的变化。针对此情况，电厂在运行中开启三台循环水泵，设法降低机械真空泵运行水温，提高机组真空，以减少蒸汽流量，收到一定效果。

（2）检修处理。

1）轴瓦检查情况。检查 1 号瓦和 2 号瓦的间隙、接触情况，以及前后油挡相关参数，未发现异常。

2）日立公司更换节流孔板措施无效。2007 年 11 月 5 日，机组有了停机机会，按照日立公司要求核查了机组 1～11 号轴承和推力轴承进油节流孔板尺寸，并根据日立公司提供的尺寸更换了进油节流孔板，但是在 12 月 7 号机组开机时，9 号瓦和 10 号瓦瓦温突升，无法开机，又换回原安装的节流孔板，机组才正常开机。

3）修改 4 号调节门特性曲线。汽流激振在现场最根本的治理方式是找到激振源，进行针对性处理，在不揭缸的情况下，常进行调油温、调节门阀序和阀门特性曲线的尝试。本台机组 950MW 负荷以上运行时，4 号调节门主要参与调节，高中压转子振动波动，4号调节门也波动较大。为了排除伺服阀的影响，调出阀位指令与 4 号高压调节门位返曲线，如图 7-35 所示，图中可以看出曲线关系很紧密，即调节门不存在自身的波动，而是严格随指令进行调整，伺服阀不存在问题。另外，在振动波动时间段对主机抗燃油油质进行了化验，结果是 Nash6 级，合格。4 号高压调节门阀位高负荷波动主要因负荷指令在97%时是 4 号调节门主要参与调节，一次调频等因素引起总阀位波动，负荷指令在 97%

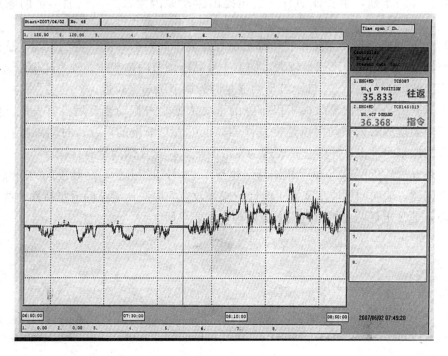

图 7-35　4 号高压调节门阀位与指令关系曲线

时，总阀位每向上动 1％，4 号调节门相应会变化 23％，阀门特性曲线较陡。

2007 年 11 月 5 日，电厂利用停机机会修改了 7 号机组 4 号调节门特性曲线，曲线由东方汽轮机厂提供。

（3）处理结果。经过 11 月 5 日调整后，直到 2008 年 5 月份大修前机组带满负荷时，振动未出现爬升和波动。2008 年 5 月大修中对汽轮机动静间隙进行了调整，大修后机组调节级压力比修前降低较多，出于节能方面的考虑，2008 年 6 月初 4 号机组高压调门特性曲线改回原方式，机组未发生振动突升和波动现象。

6. 8 号机组 2008 年振动情况

2008 年 6 月 27 日 11：40，8 号机组协调控制方式，负荷 993.9MW，凝汽器真空 −90.2kPa，给水流量 3123t/h，主汽压力 24.6MPa，汽轮机负荷指令由 98.38％ 升至 100％ 时，2 号瓦轴振 X 向由 41 μm 突升至 185 μm，Y 向由 28 μm 突升至 154 μm，同时其他轴承均有不同程度突升。电厂运行人员立即解除机组协调控制，手动将汽轮机主控降至 96.97％，4 号高压调节门开度由 100％ 降至 32％，2 号轴承 X、Y 向轴振分别降至 37 μm 和 26 μm 后趋于稳定。8 号机组振动突发时，瓦温和回油温度变化不大。随后，电厂人员按照 7 号机组的做法，修改了 8 号机组 4 号高压调节门的流量特性曲线，8 号机组再未出现过振动突升。专业仪表并没有测到 8 号机组这次振动突升的实时数据，但是从振动发生部位、振动爬升、波动速率以及采取措施后振动快速恢复来看，可以判断情况和 7 号机组类似。

7. 小结

（1）Z 电厂 7 号机组和 8 号机组的异常振动为汽流激振，从本书给出的汽流激振判断准则应该很容易推断，事实证明日立公司提出振动原因为推力瓦供油不足的意见是错误的。

（2）7、8 号机组振动突发和波动都是出现在夏季高负荷、低真空的工况，这是因为夏季真空较低，高负荷蒸汽流量较大，加上 4 号高压调节门调节曲线较为陡峭，这些因素加剧了汽流激振的发生。2 号轴承波动明显是因为调节级离之较近。

（3）日立公司认为汽流激振可以排除的重要依据之一振动爬升后没有发散。实践证明，汽流激振造成的大振动可以是突发性的，也可以是渐增的，或长时间维持在一个中等、超限的振幅水平上，并不总是表现为发散的形式，这在国内早有认识。

（4）东方汽轮机厂 1000MW 机组从 Z 电厂 7、8 号机组开始，后续投产的同型机也多存在类似问题，表明问题应该来源于设计阶段。改造 4 号高压调节门流量特性曲线，调整动静间隙，是 Z 电厂两台机组汽流激振处理的主要手段。

第八章

发电机振动故障分析诊断与处理

第一节 发电机振动故障特征

汽轮发电机组振动故障中包含发电机或励磁机故障，这部分故障通常有两个原因：电气原因和机械原因。按频率特性有一倍频振动故障、二倍频振动故障之分。

一、一倍频振动故障

和汽轮机组的情况类似，发电机和励磁机发生振动故障最多的是一倍频振动大，原因大多是质量不平衡。

发电机转子在制造厂做过高速动平衡，超速试验到 3600r/min，从技术上讲，制造厂单转子高速动平衡质量是有保证的。因为除了启动次数的便利，还有加重位置的便利，这在现场是根本无法做到。

但是，新机组发电机转子振动过大在现场屡见不鲜，主要原因有三个：

1）现场和制造厂平衡坑内转子的支撑条件差异。制造厂高速动平衡机上的轴承和轴承座与现场机组的实际情况不可能完全相同，甚至会相差较大。制造厂的驱动连接部件也会给平衡精度带来误差。

2）单转子和轴系的差别。在制造厂平衡好的单转子在现场连成轴系后，振动要受邻近转子的影响，如果邻近转子平衡状况不好，必定会影响原已平衡好的转子的振动。另外，它还要受到对轮连接状况和对轮本身平衡状况的影响。

3）发电机转子的热弯曲。热弯曲是发电机转子常见的质量不平衡的一个来源，它的产生是由于转子的冷却通风不均匀或电流作用，通风不均是其中最重要、最常见的原因。

这种热弯曲在制造厂平衡过程中不会发生，只有机组投运后才可能表现出来。故障特征主要是一倍频振动随带负荷时间的持续逐渐增大，到一定程度后维持不再变化，振动形式多呈一阶振型，这样，降速过第一临界转速的振动必然明显高于升速。

造成老机组发电机或励磁机一倍频振动大的质量不平衡主要来自转子上部件的移位。护环、联轴器在大修中的重新套装、线棒的更换等都可能使原本平衡状态好的转子出现新的质量不平衡。

二、两倍频振动故障

在汽轮发电机组的振动中，两倍频通常由下列原因产生：

（1）电磁激振：①磁力不对中；②匝间短路等。

（2）联轴节不对中。

（3）转子裂纹。

（4）轴刚度不对称。

（5）结构共振。

（6）动静碰磨。

发电机组的两倍频振动原因除了转子本体刚度不对称外，主要是来自于电气。

三相同步发电机一般是在三相对称负载条件下或基本对称的条件下运行。但是，负载不对称的情况也常常可能发生，例如大容量冶金电炉、电气机车等单向负载会使发电机处于稳定的不对称负载状态。如果有机车启动、单相断电、分相停电检修或不对称短路等情况，则会迫使发电机在短时间内带不对称负载运行。

不对称分量可以分解成正序、负序和零序三个对称分量。因为汽轮发电机定子绕组通常为 Y 形接线，中性点一般不接地，这时只存在两个对称分量：正序电流分量和负序电流分量。正序电流分量在定子三相绕组内产生一个顺序旋转磁场，它和转子旋转方向相同，转速相等。负序电流在定子三相绕组内产生一个逆序旋转磁场，它和转子旋转方向相反，转速相等，称为负序旋转磁场。在气隙均匀的汽轮发电机内，负序磁场幅值不变，与转子的相对转速是转子转速的两倍。

当转子绕组开路时，负序磁场在转子表面及转子绕组内感生出两倍频的交流电势，在转子表面产生涡流，引起损耗和发热。转子绕组闭路时，除转子表面涡流仍然存在外，励磁绕组内也会出现两倍频交流电流，它和定子磁场作用会引发发电机定子和转子产生两倍频，即 100Hz 的振动。

在气隙不均匀的汽轮发电机内，负序磁场除了相对转子以两倍转速的频率旋转外，幅值也要以两倍频的周期变化，这将加剧发电机定子和转子之间两倍频的作用力，也使得两倍频振动加剧。

从上面这些原因看，发电机转子存在两倍频负序旋转磁场是不可避免的，发电机转子和定子上存在两倍频振动也是必然的，只是量值有大有小而已。

除了三相负载不平衡会造成上述情况，轴向磁力不对中、转子线圈匝间短路等也会造成同样的结果。

判断发电机两倍频振动是否是电磁激振所致的最有效的方法是观察两倍频振幅随转子电流的变化情况。

发电机存在两倍频振动的另一个常见的主要原因是转子刚度的各向异性。由于结构特点，使得发电机转子在大齿和小齿两个主轴方向上刚度不相等。当这种具有不对称刚度的转子水平放置时，在重力作用下的变转速振动响应会在各个临界转速的一半时有一个响应峰，其振动频率是转速的两倍。

第二节　发电机振动故障分析处理实例

案例 8-1 贵州 H 电厂 3 号机组发电机转子裂纹故障的分析诊断

1. 简况

H 电厂 3 号机组，32MW，20 世纪 60 年代末投运，发电机转子由 4、5 号瓦支撑，运行到 2001 年 10 月，振动出现如下问题：

(1) 3000r/min 各轴承振动小于 45 μm，在合格范围内；并网前加励磁电流，电压为额定值 10.5kV 的过程，振动基本没有变化；在油开关合闸瞬间，振幅和相位出现明显变化，其中变化最大的是 5 号瓦，相位变化 30°。

(2) 带负荷后，随负荷增加振幅增大，5 号瓦水平、轴向振动最高到 100 μm。

(3) 在某一负荷点运行，振动有继续增加的趋势。

(4) 负荷降低，振动降低，在特定负荷点，降负荷的振动大于原先加负荷时的数值。

(5) 解列时，振幅、相位同样发生突变，很快恢复到 3000r/min 的振动值。

2. 高速动平衡

为消除和分析故障，根据上述情况，确定先进行高速动平衡，这是基于发电机转子存在不稳定的热不平衡假设做出的决定。

共进行了三次加重：

(1) 10 月 25 日，在发电机本体后端，5 号瓦侧，加 747g/224°。

(2) 10 月 26 日，在发电机本体前端，4 号瓦侧，加 560g/270°，取得了发电机前后端面加重的影响系数后，进行第三次加重。

(3) 10 月 27 日，在发电机本体前、后端分别加 200g/310°和 1100g/275°，定速后带负荷，振动增加，见表 8-1。

表 8-1　　　　H 电厂 3 号机组动平衡加重数据　　　　［一倍频振幅/相位：μm/ (°)］

时间	工况	4 号瓦垂直振动	4 号瓦水平振动	5 号瓦垂直振动	5 号瓦水平振动
10 月 24 日 12：32	3000r/min	39/82	8.6/94	31/36	68/120
10 月 25 日，加重 $P_5=747g/224°$					
10 月 25 日 15：10	3000r/min	39/70	8/106	23/59	56/123
影响系数 α_5		0.010 5/152		0.019 1/296	0.025 6/56
10 月 26 日，加重 $P_4=560g/270°$					
10 月 26 日 15：29	3000r/min	34/72	12/90	31/55	64/136
影响系数 α_4		0.012 6/336		0.013 2/129	0.029 7/273
10 月 27 日，加重 $P_4=200g/310°$，$P_5=1100g/275°$					
10 月 27 日 15：29	3000r/min	41/68	10/118	14/73	46/116
10 月 27 日 16：33，并网					
10 月 27 日 17：02	5MW	47/68	5/58	16/38	73/96
10 月 27 日 19：00	8MW	51/73	8/27	22/15	96/92

3. 故障分析

经过上面的三次加重，升负荷后，5 号瓦水平振动仍旧很高。对动平衡过程的数据分析，发现有如下几点异常：

（1）在 4 号瓦侧加重对 5 号瓦水平振动的影响系数，反而高于 5 号瓦侧加重对 5 号瓦水平振动的影响系数。

（2）最后的 4、5 号瓦侧两平面联合加重，3000r/min 的 5 号瓦水平振动，没有如预计的那样降低。

（3）两平面加重后，并网带负荷过程，5 号瓦振动增长过快（见图 8-1）。

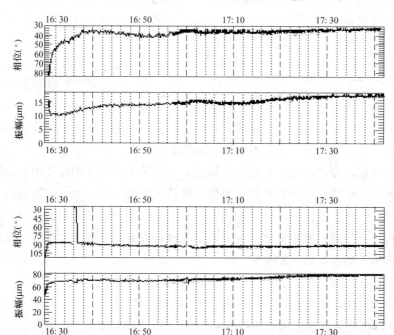

图 8-1　5 号瓦垂直（上）、5 号瓦水平（下）振动时间趋势图

根据数据和上述异常情况，对该机组的故障分析，排除存在动静碰磨，排除发电机转子的热弯曲，也排除轴承座二次灌浆或轴承座台板存在缺陷。

对 4、5 号瓦升降速波特图分析发现，在约 710r/min 时，4、5 号瓦振动存在一个 2X 的峰（见图 8-2），而 710r/min 接近发电机转子临界转速的 $\frac{1}{2}$。

综合考虑各方面情况，本书作者最终提供给厂方一个结论：发电机转子可能有裂纹，裂纹应该在转子的 5 号瓦侧，且可能在某角度位置，建议抽转子检查。

4. 检查结果和处理

11 月初电厂安排抽发电机转子，经过检查，果然在转子后端发现裂纹，如图 8-3 所示。这种转子为三段组合式结构：4 号轴颈体、发电机本体、5 号轴颈体。5 号轴颈体为整锻钢件，有五个爪子与本体接触，止口定位，螺栓联结。发现的裂纹在其中一个爪子的止口根部，已有数十毫米的深度，该爪子的周向位置与我方事前估计的角度一致，同时在邻近的另一个爪子的止口位置发现有浅裂纹。

鉴于生产原因，厂里决定对裂纹进行补焊，回装启机后振动有所好转；焊后运行约一个月，振动又增大；再次抽转子检查，发现上次焊的裂纹已经断开；最终决定不再处理，转子报废。

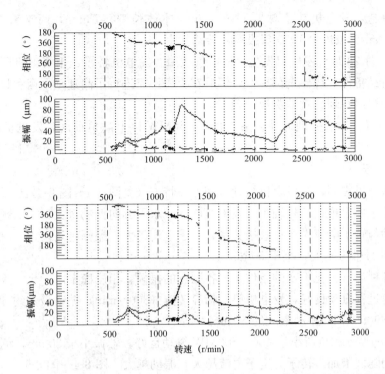

图 8-2 4 号瓦垂直（上）、5 号瓦垂直（下）通频和二倍频振动升速波特图

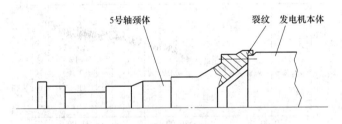

图 8-3 发电机转子裂纹示意图

这是一起对发电机转子裂纹准确成功判断的实例，避免了可能发生的恶性事故。可以想象，如果 5 号轴颈体上的裂纹没能发现，机组继续运行，裂纹扩展到一定深度后，止口处将突然断裂，5 号轴颈体与发电机本体失去定位，数秒内引发严重的动静碰磨，整个发电机转子组合体会立即断裂。

这次判断的成功不是取决于知道了某一个决定性判据，而是综合分析的结果。发电机转子在临界转速之半存在 2X 的振动峰是经常有的现象；发电机带负荷过程振动增大，更是现场习以为常的事情；利用单独任何一个特征，都不能肯定地给出裂纹的结论，只有汇总这些信息，全面考量它们在整个故障中的比重、它们定量的程度，才有可能得到正确的结论。

案例 8-2 **广东 Z 电厂 1 号发电机转子冷却受阻振动分析诊断**

1. 简介

Z 电厂 1 号机组（700MW），汽轮机为日本三菱公司（MHI）产品，发电机为美国西屋公司设计制造，发电机转子总长 12 910mm，本体长 10 973mm，两支承为 7、8 号轴承，轴颈 508mm。该机组 1999 年投运，振动优良。

1999 年 9 月 28 日，发电机发生严重电气故障。发电机转子送上海电机厂，西屋公司派员及发来备品备件，线棒全部更换，然后在上海厂家进行了高速动平衡和超速试验，振动合格，定子绕组在现场就地更换处理。

2000 年 4 月，机组处理完恢复后，带到 450MW 以上高负荷时，发电机前轴承水平振动明显偏高。

2. 振动特征

现场测试结果表明，该发电机振动呈现如下特点（见图 8-4～图 8-6）：

（1）振动主要表现在 7 号轴承（发电机前瓦）水平方向振动过大，一倍频为主。

（2）振动与转子电流大小有直接关系，转子电流越大，振幅越高。

（3）7、8 号轴振不大，小于 50 μm。

（4）在各种运行工况不变的条件下，各测点的振幅、相位稳定。

（5）升速过程振动良好，发电机第一临界转速（800r/min）振动最大约 60 μm，第二临界转速（1890r/min）振动最大约 50 μm。

（6）3000r/min 和负荷小于 400～500MW 振动良好，轴振小于 30 μm，负荷增大到高负荷时，振动随之增加。转子、定子电流越大，振动越大（图 8-4～图 8-6）。

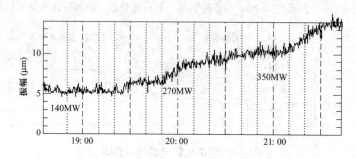

图 8-4 7 号瓦垂直振动通频振幅随负荷的变化

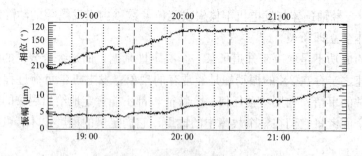

图 8-5 7 号瓦垂直振动一倍频振幅和相位随负荷的变化

（7）最显著的高振动在 7 号轴承水平方向，最大达到 82 μm。

从 2000 年 5 月 7 日到 5 月 15 日，由日本总承包方 MHI 进行第一次处理，实施了下列措施：

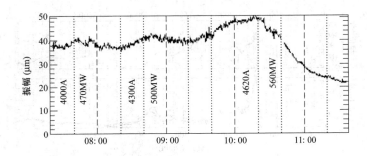

图 8-6　7 号瓦水平振动通频振幅随负荷的变化

（1）在发电机底座和台板之间加垫片，消除间隙。

（2）紧固地脚螺栓。

（3）调整低/发对轮对中。

经过处理，振动略有减小，部分测试记录数据如下。

（1）发电机轴振见表 8-2。

表 8-2　　　　　　　　　　1 号机组日方 MHI 处理后发电机轴振　　　　　　（通频振幅：μm）

时　间	工　况	7X	7Y	8X	8Y
5 月 18 日 8：57	700MW/5271A	44	42	45	39
5 月 18 日 9：39	700MW/5380A	47	47	45	39
5 月 18 日 10：57	700MW/5376A	49	49	46	40
5 月 18 日 12：31	700MW/5037A	38	37	47	43
5 月 18 日 15：28	700MW/5386A	50	50	47	41
5 月 18 日 13：20	700MW/5108A	39	38	50	44

（2）发电机轴承振动见表 8-3。

表 8-3　　　1 号机组日方 MHI 处理后发电机轴承振动　　　［一倍频振幅/相位：μm/（°）］

时　间	工　况	7BV	7BH	8BV	8BH
5 月 17 日 14：33	700MW	36/60	77/151	9/163	31/189
5 月 18 日 8：13	700MW/5256A	30/70	58/160	7.6/168	26/197
5 月 18 日 9：39	700MW/5380A	33/62	70/156	8/160	28/192
5 月 18 日 12：31	700MW/5037A	30/68	57/164	8/169	27/201
5 月 18 日 15：28	700MW/5386A	35/62	73/157	8.4/162	30/190

注　BV 为垂直瓦振，BH 为水平瓦振。

（3）升降速振动记录。为判断发电机转子是否存在热变形，记录了冷态启机升速和带负荷解列降速 7 号瓦振和 8 号瓦振的波特图（见图 8-7、图 8-8），比较第一阶临界转速振动，发现降速时明显大于升速，见表 8-4。

表 8-4　　　　Z 电厂 1 号机组升降速第一阶临界转速振动　　　［一倍频振幅/相位：μm/（°）］

工　况	时　间	转速	7BV	8BV
冷态启机升速	6 月 13 日 13：33	740r/min	50/358	45/345
带负荷打闸降速	6 月 14 日 13：00	745～737r/min	79/20	65/356

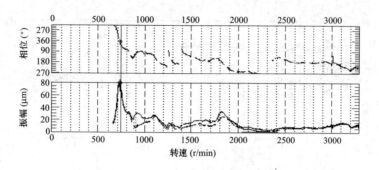

图 8-7　测点 7 号瓦垂直瓦振降速波特图

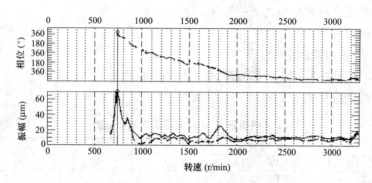

图 8-8　测点 8 号瓦垂直瓦振降速波特图

3. 分析诊断过程

（1）分析诊断初期面临的三个问题。对故障原因的分析，由外方和中方各自进行、交换意见，共同讨论。在分析工作的初始阶段，主要集中在以下问题上：

1）这样的振动状况能否接受？

2）振动原因是什么？

a. 电气事故是怎么影响转子部件的？

b. 电气事故是怎么影响发电机基础的？事故中发电机定子前端的上抬能否造成地脚承载变化？

c. 事故处理后回装过程有无缺陷，如对中、轴承等？

d. 转子返厂处理中是否存在问题？

3）下一步如何处理？

（2）各方意见。对该机组振动问题，各方表示了不同的意见。

业主认为应从基础—对轮对中—电磁三个方面分析原因；美国西屋公司认为发电机转子本身存在缺陷的可能性不大。日方从国内调来振动专业人员，调整发电机地脚承载，低/电对轮加重进行动平衡。

本书作者当时根据测试数据和各方面情况分析，对该机振动和相关处理给出了下列意见：

1）对轮对中的检查和调整应该进行，但可以预测，这种调整对 7 号轴承振动的减小不会有显著的影响。对轮外圆的晃度可以显著影响到 7 号轴承振动一倍频分量的大小，因此应该密切注意晃度的量值。

2）台板间隙的调整应该恢复到四个角承载的状况。因为现场的测试数据表明，发电机汽端的水平振动过高，似乎前端的台板存在间隙。

3）台板的螺栓紧力很重要，必须确保每个螺栓都有足够的紧力。

4）基础下沉的可能性较小，因为基础建造时间很短。即使基础有些下沉，也不应该对 7 号轴承振动产生当今的影响。

5）7 号轴承振动以一倍频振动为主，其量值和转子电流相关，因此，产生的原因很可能是质量热不平衡。

6）一种处理方法是对转子进行检查，在不抽出转子的情况下对转子的端部进行检查，查找可能导致质量发生热变化的原因，并予以消除。

7）建议做一些详细的试验和测试，如记录机组热态停机惰走过程临界转速振动，和冷态启机升速过程的临界转速振动进行比较；如进行改变氢压氢温试验等。

8）发电机转子振动随温度增加而增大的现象，在上海进行动平衡时就已经存在（见表 8-5），应从制造厂找原因。

表 8-5　　　　　　　　　　　发电机转子在制造厂时振动随温度变化情况

转子加热温度（℃）	40	130
发电机转子振动（μm）	48	73

9）转子可能存在通风道不畅，线圈、绕组等可以引起转子发生热变形的缺陷。

这是 2000 年夏季，当时故障根源还没有查清时，我方提交给西屋公司和中方的分析意见。关于振动原因，总的意见倾向于转子存在热变形。

4. 故障根源（本段内容引自东方电机厂付自清材料）

2000 年下半年，抽发电机转子，转子第二次返上海电机厂检查，发现以下问题：

（1）转子本体通风道多处堵塞。该转子本体端部圆周有一系列横向绝缘块，每个绝缘块跨两个线圈，绝缘块中部应该开有通风槽，与转子本体的轴向通风孔对齐，形成通风通道。但这里发生了一个十分低级的错误，绝缘块中部通风槽没有做出（见图 8-9、图 8-10），造成端部出风口堵塞。

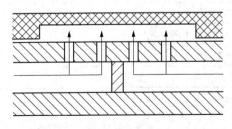

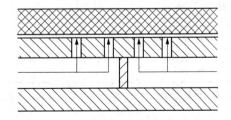

图 8-9　正常开槽的绝缘块　　　　图 8-10　实际 2～8 号线圈的横向绝缘间隔块

本体两端绝缘块与本体端部的贴紧程度不同，励磁机端有缝隙，汽侧端部无缝，阻挡气流严重。汽侧端部周向的贴紧程度也不同，因而整个转子本体周向冷却程度有差异，造成了励磁电流高时端部铜线严重过热（见图 8-11～图 8-14），发生转子热弯曲，振动随负荷增加。

图 8-11 S 极汽侧端部第 6～8 号线
圈弧线部位下凹

图 8-12 汽侧 N 极 8 号线圈

图 8-13 汽侧 S 极 4 号线圈

图 8-14 汽侧护环内 S 极挡风板未取出时的情况

（2）转子多点匝间短路。发现转子存在五处匝间短路点，位置均在汽端弧线中部，经计算发现被短路匝的剩余电流很小，均为金属性短路。具体部位见表 8-6。

表 8-6　　　　　　　　　　　Z 电厂 1 号发电机转子短路点部位

极号	线圈号	短路匝号	位置	剩余电流 $(I_f - I_k)/I_f$
P1(N)	7 号	4～5	汽端弧线中部	11%
P1(N)	8 号	5～6	汽端弧线中部	3.4%
P2(S)	4 号	5～6	汽端弧线中部	1.8%
P2(S)	6 号	5～6	汽端弧线中部	1.0%
P2(S)	7 号	4～5	汽端弧线中部	8%

注　匝号顺序为从底匝至顶匝，I_f 为励磁电源，I_k 为短路电流。

5. 处理与反思

发电机转子 2000 年 9 月底在上海电机厂开始重新下线，10 月底完成下线并套装护环，随后进行转子装配，11 月 1 日转子进入动平衡超速试验间，五天后完成超速试验和动平衡，又进行了最终电气试验、气密试验、通风检查和其他检查，全部工作历时近三个月结束。

转子回 Z 电厂回装投运后，没有发生任何故障。

6. 本次故障的反思

（1）从 1999 年 9 月底 Z 电厂 1 号发电机发生电气故障，到 2000 年 11 月发电机转子二次处理完毕回装开机，共历时一年二个月，当时一台 700MW 机组如此之长的处理，对供电形势十分紧张的广东电网造成巨大的经济损失。

（2）这起事件的根本原因是美国西屋公司在上海对发电机转子处理时使用不当备品备件所致，西屋公司承担全部责任。西屋承担全部责任。该公司因此次事件，经济、声誉损失惨重。

（3）从 2000 年 4 月底第一次修复后的转子在现场出现振动问题，到转子 9 月份第二次返厂检查，其间的振动故障分析诊断共历时 4 个多月。对一个转子通风不畅造成的振动随负荷增大的故障来说，这个故障分析诊断时间过长。本书作者 2000 年 5 月正式提交给西屋的发电机存在缺陷的分析意见，西屋当时拒绝接受。这 4 个月中，总承包方三菱同样进行了错误的分析，从日本调集力量到 Z 电厂进行无功的处理，这些大大拖延了缺陷消除。

（4）这里不扩大化，不延伸，就事论事，仅在 Z 电厂 1 号发电机故障诊断这个问题上，西屋和三菱的处理均是十分不当的。技术问题，不要迷信任何权威、重事实、重数据、独立分析、相信自身是故障诊断工作中一条非常重要的原则。

案例 8-3　广东 K 电厂 1 号发电机匝间短路异常振动分析

1. 机组简况

广东 H 发电有限公司 1 号机组为日立-东方电气集团公司联合生产的 N600-24.2/566/566 型、超临界、一次再热、三缸四排、双背压凝汽式汽轮发电机组，轴系布置结构图如图 8-15 所示。

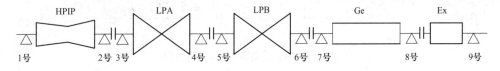

图 8-15　1 号机组轴系布置结构图

2. 机组振动情况和特点

1 号机组 2006 年 12 月 28 日首次冲转到 3000r/min，7Y50 μm，12 月 31 日第二次冲转到 3000r/min 时 7Y85 μm。2007 年 1 月对 7 号瓦解体检查，未发现异常。回装后启机，3000r/min7Y58 μm。1 月 31 日首次带满负荷，到 4 月上旬，7Y 呈逐渐上升趋势，最高 100 μm，存在振动随励磁电流增加的现象。4 月 13 日 11：36 满负荷，在未进行操作的情况下 7Y 短时间内由 98 μm 增加到 137 μm。4 月 14 日负荷 401MW 时 7Y 又在短时间增大，从 95 μm 增加到 121 μm。4 月 28 日满负荷，7Y 达到 150 μm，8Y126 μm，7 号瓦瓦振 80～90 μm，严重超标。

表 8-7 是机组从首次带负荷到 4 月底 7Y 通频振幅随时间和负荷的变化。图 8-16～图 8-18 是 7Y、8Y 及 7 号瓦垂直振动随负荷变化的趋势图。

表 8-7　　　　　　　　　　　7Y 通频振幅随时间和负荷的变化

日 期	1 月 31 日	1 月 31 日	2 月 11 日	2 月 18 日	3 月 5 日	3 月 12 日	4 月 28 日
负荷（MW）	437	620	600	410	602	601	600
振幅（μm）	54	90	79	47	99	101	150

对 1 号机振动数据和历史记录分析发现：

（1）7Y、8Y 与励磁电流、无功有直接关系，与有功无关。

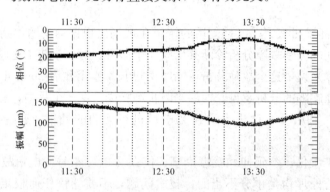

图 8-16　7Y 随负荷变化的趋势图

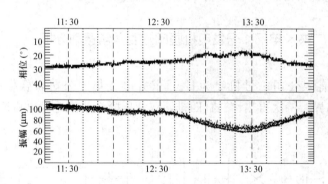

图 8-17　8Y 随负荷变化的趋势图

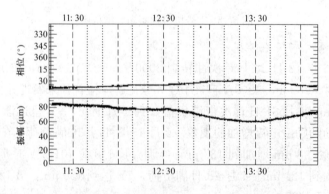

图 8-18　7 号瓦振随负荷变化的趋势图

（2）变负荷试验表明，从 300MW 到 600MW，7Y、8Y 的振动增量达到 80 μm，相位变化不大，呈现出一阶振型增量。

（3）4月13日7Y突变之后，振动随励磁电流变化的灵敏度变大。

（4）对发电机的差别振动测试，当7号瓦垂直振动90 μm，机壳前端左右地脚振动分别为11、16 μm，邻近的基础振动分别为7、12 μm。

3. 振动原因初步分析

变励磁电流试验中7Y、8Y变化以一倍频为主，同时相位变化不大，说明发电机转子上存在着不稳定的不平衡质量。它的一个常见来源是转子本体或转动部件热变形，通风道不畅、发电机转子绕组匝间短路、转子和静子动静碰磨、密封瓦碰磨等都可能造成热变形。

由于1号机组7Y、8Y随着负荷变化重复性较好，同时变密封油压试验未发现振动有明显变化，排除密封瓦碰磨可能。

7Y和8Y与有功无关，与无功有关，在排除通风道堵塞后想到的一个可能原因是发电机转子绕组存在匝间短路。匝间短路可以产生两种效应：①使部分绕组无效，产生随励磁电流变化的不均匀电磁力，转子受到不平衡径向力作用，引起两端支撑的7、8号瓦轴振变化；②造成转子受热不均匀和热不平衡，局部或整体产生热变形，同样会使得7Y、8Y增大。

1号机带负荷7Y、8Y增量偏大的另一个可能原因是转子由于机械原因造成的热弯曲。转子锻件在制造厂时效处理不充分，以及转子组件"热老化"过程不足同样可以造成运行中的新转子发生热弯曲。

发电机前瓦差别振动测试结果说明发电机机壳地脚与基础垫铁和二次灌浆连接状况良好，没有松脱和基础下沉迹象，由此可以排除7号轴承本身存在机械缺陷的可能。

综合以上分析得到1号机组振动原因为发电机转子存在如匝间短路等电气故障；同时不排除转子热弯曲较严重的可能。具体原因需要进一步检查确定。

4. 专项振动试验和电气试验

（1）振动试验。从2007年5月份起，7Y、8Y振动略有减小，具体原因不明。

到2007年9月，厂里决定对1号发电机振动进行处理，安排了冷态启机振动测试和相关试验。振动试验发现存在下列情况：

1）机组空转的振动与满负荷振动变量过大，远远超出常规值。

2）交流阻抗测试过程的振动监测发现，发电机振动曾多次发生明显变化；与运行参数比对，确定变化与电气试验中加停励磁直接关联。

3）9月28日16：00到22：30在短路状态下录波和测交流阻抗过程中，没有发现发电机振幅、相位随励磁电流加减出现明显变化。

查阅历史记录数据发现，1号发电机机组空转到满负荷振动变量过大的情况过去就已经存在。

对振动试验数据的反复分析和斟酌，越来越倾向于这台发电机存在匝间短路故障的可能性。

（2）电气试验结果。在振动试验的同时，厂领导安排了1号发电机的电气试验。结果表明，2007年9月21日在3000r/min时测得的发电机转子交流阻抗，较2007年1月新机交接试验时超速试验前后的测试值减小；2007年9月21日在3000r/min测得的发电机功率损耗，较 2007 年 1 月新机交接试验时的测试值有所增加。

根据电气试验结果，同样得出 1 号发电机可能存在匝间短路故障的结论。

（3）探测线圈录波。根据上两项试验的结论，进一步安排了探测线圈录波，由厂家来现场测试，确认录波波形有缺损，测试结果明朗了存在匝间短路。

5. 抽转子返厂检查结果和处理

最终经电厂和集团公司决策，于 2007 年 10 月抽出 1 号发电机转子返厂。在制造厂对发电机转子绕组检查发现，励端有两处匝间短路点，如图 8-19 所示。

图 8-19　1 号发电机匝间短路点

厂家随后对短路点进行了处理。2007 年 11 月，机组重新投入运行，振动基本正常。

6. 讨论

匝间短路是发电机的重要电气故障。过去，火电厂小型发电机出现不严重的匝间短路时，如果振动不大，往往带病运行，直至合适机会检查处理。现在，大型发电机设备安全关系重大，不容许带有匝间短路的缺陷继续运行。数年前，Z 电厂 1 号 700MW 发电机拖延数月没有确诊振动异常的故障原因，最终发现转子绕组有四处匝间短路，险些酿成重大事故。

发电机匝间短路的消缺处理工作量大，因此处理之前对故障的判断必须准确无误。现场单一从振动或电气角度进行分析判断容易误判，必须两者结合起来综合分析，才能确保得到正确结论。

据了解近年东电投运的同型机组，多台存在类似振动故障，并有数台发电机转子返厂查出匝间短路。根据厂家和现场多方面的情况分析，600MW 发电机振动异常的一个主要原因是转子在制造厂热老化过程不足，热老化包括转子本体锻件的时效处理，线棒、线圈组件的热老化、热疲劳等，同时发现，发电机转子在制造厂动平衡过程加热工艺（原日立工艺）过分简化；转子装配过程中可能存在缺陷，如线棒焊接后打磨工艺不严格，导致突出的焊点毛刺在运行过程中不断振动导致线棒间绝缘层磨穿；转子端部绝缘层人工放置和裁剪工艺粗糙，也会使得转子在运行中绝缘发生移位、松动，在高电压、大电流作用下击穿短路。

运行操作不当同样能够造成发电机转子匝间短路，对 H 厂 1 号发电机，2007 年 3 月曾在运行中发现汽轮机主油箱油位下降，进一步检查确认发电机进油。2007 年 10 月抽转子后，发现转子通风槽内有较多油污集聚。这种进油情况，对转子绝缘和运行工况会产生较大影响。

K 电厂 1 号机组 7 号轴振随励磁电流增加是由于匝间短路引起的电磁力不平衡和局部热变形，表现为一倍频成分的变化。

国产引进型 600MW 超临界机组投运后有较多 7 号轴承振动缺陷，但具体原因和处理方法不尽相同，需要对机组异常振动特征深入分析，才能做出准确诊断，并据此制定出有效处理措施。

广东 R 电厂 2 号发电机匝间短路分析诊断

R 电厂 2 号机组（东方电机厂 600MW 发电机）2010 年 12 月发生断油烧瓦。修复启机后，自 2011 年 1 月 11 日到 2 月 17 日对 2 号机组振动进行了多次测试、动平衡加重、振动原因和故障分析，测试过程、结果和分析意见如下。

1. 振动测试和动平衡情况

（1）断油烧瓦抢修后的启机。1 月 11 日抢修后启机，第一次 3000r/min 定速以及负荷 155MW，发电机振动见表 8-8。

表 8-8　　　　　　　　　　抢修启动后 2 号发电机运行振动　　　　　　　　（通频：μm）

工　况	7X	7Y	7 号瓦振	8X	8Y	8 号瓦振
3000r/min	47	26	16	34	56	22
155MW	34	40	20	29	52	22

1 月 12 日，严密性和超速试验，振动正常。其后 15：27 重新并网，并网前加励磁和并网瞬间振动均未呈现明显异常。

振动曲线如图 8-20、图 8-21 所示。

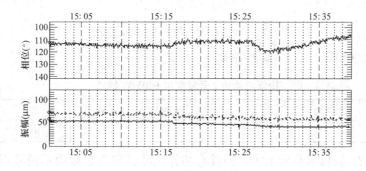

图 8-20　并网前加励磁和并网瞬间 7Y 振动趋势

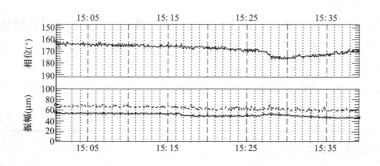

图 8-21　并网前加励磁和并网瞬间 8Y 振动曲线

1 月 14 日 9：00 开始往满负荷升，10：30，负荷 500MW，加励磁到 3999A 时，7Y、8Y 出现过一次突增，振动趋势如图 8-22、图 8-23 所示。

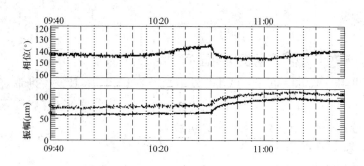

图 8-22　励磁加到 3999A 瞬间前后 7Y 振动趋势

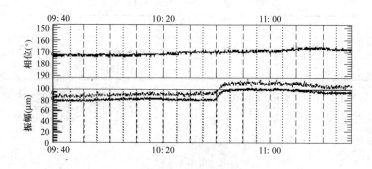

图 8-23　励磁 3999A 瞬间 8Y 振动趋势图

负荷升至 600MW，2 号发电机振动见表 8-9。

表 8-9　　　　　　　　　　抢修启动后 2 号发电机 600MW 振动　　　　　　　　（通频：μm）

工况	7X	7Y	7 号瓦振	8X	8Y	8 号瓦振
600MW	51	106	27	45	100	27

虽然 7Y、8Y 较修前有所增大，但没有超标，经研究决定振动不做处理，继续运行。这是经过本次抢修，部分揭缸，更换五个轴承，对轮、中心重调后，不经振动专项处理、迅速发电的最好结果。

（2）锅炉抢修后启机的振动。2 月 5 日 2 号锅炉爆管，2 月 8 日停机抢修。2 月 11 日开出，刚 3000r/min 定速，8Y107 μm，振幅大于修前；升负荷过程，7Y、8Y 急剧爬升，其间出现一次突增。

2 月 13 日 10：20，负荷 450MW，7Y、8Y 分别为 141、160 μm，远大于修前（见表 8-10）。

表 8-10　　　　　　　　　爆管抢修启动后 2 号发电机 450MW 振动　　　　　　　（通频：μm）

工况	7X	7Y	7 号瓦振	8X	8Y	8 号瓦振
450MW	55	141	23	69	160	43

决定先采用动平衡，设法压低发电机振动。

（3）第一次动平衡加重。先在低压 A 转子试加一次，然后 2 月 14 日在低压 A 转子、低压 B 转子、低/电对轮和滑环共 6 个平面同时加重，本次加重目标是降低高负荷发电机振动，同时兼顾两个低压缸的盖振，加重前后数据见表8-11。

表8-11　　　　　　　　2月14日6个平面加重前后2号发电机振动　　　　（通频：μm）

工况	7X	7Y	7号瓦振	8X	8Y	8号瓦振
加重前 450MW	55	141	23	69	160	43
计算预期	—	94	—	—	102	—
加重后 450MW	36	103	—	64	134	—
加重后 600MW	44	119	25	67	144	35

本次加重表明，动平衡加重对降低7Y、8Y有效，但比预期小，根据我方对该台机组加重规律的掌握判断，机组情况反常。

2. 加励磁瞬间相位突变现象是匝间短路关键证据

加重后的开机过程发现一个重要现象：并网前加励磁瞬间，7Y相位突变120°，8Y相位突变60°；7Y振幅突降，8Y振幅突增（见图8-24、图8-25）。

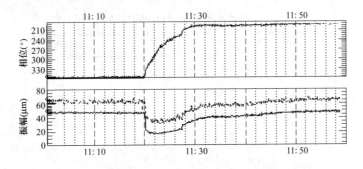

图8-24　并网前加励磁和并网瞬间7Y振动趋势图

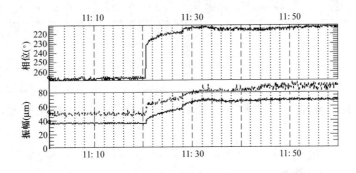

图8-25　并网前加励磁和并网瞬间8Y振动趋势图

2号机组振幅、相位的这种大幅突变是第一次出现，和2007年9月1号机组情况类似，表明2号发电机可能同样出现了诸如匝间短路的电气故障。

考虑到1号机组小修计划，又考虑到动平衡加重有效，且动平衡后的发电机可以在满负荷保持稳定的振动，研究决定两方面同时进行，对发电机进行录波；同时再做一次动平衡，设法将满负荷的8Y振幅降低到100～110 μm，使2号机组先稳定运行。

3. 第二次动平衡加重

2月16日在低压A转子、低压B转子和低/电对轮共5个平面同时加重，加重后2号机组振动情况见表8-12。

表8-12   第二次动平衡加重后2号机组振动数据   (通频：μm)

项目	工况	7Y	8X	3号瓦振	4号瓦振	5号瓦振	6号瓦振
计算预计	3000r/min	71	44	40	25	26	53
	300MW	27	54	21	19	25	18
	600MW	78	108	10	29	38	34
实测值	3000r/min	71	44	27	21	25	55

加重后3000r/min，2号机组振动良好，但重要的是带负荷情况。

4. 录波试验中的振动

在17日凌晨进行的录波试验中，随励磁电流的增大，7Y、8Y同样出现了15日并网前加励磁时类似的变化（表8-13）。

表8-13   2号发电机录波试验中的振动   (通频：μm)

时间	工况	7Y	8Y
23：37	3000r/min，0A	85	42
23：57	300A（10%额定）	86	43
0：07	600A（20%额定）	87	42
0：17	930A（30%额定）	86	43
0：25	1570A（50%额定）	86	43
0：30	2200A（70%额定）	88	46
0：40	3200A（100%额定）	74	29
1：09	3167A（100%额定）	37	4
1：12	0A	48	13
1：21	0A	66	27

因为录波试验时励磁是手动调节，振动变化没有投自动时变化剧烈，但变化趋势相同。

5. 从振动角度对故障原因的分析

根据下列振动现象，判断2号发电机出现匝间短路：

（1）7Y、8Y振幅随无功（励磁电流）显著增大，常见原因：

1）发电机通风道不畅造成的转子热弯曲。

2）本体材质造成的转子热弯曲。

3）密封瓦碰磨。

4）匝间短路。

2号机组7Y、8Y的增加与励磁电流密切相关，且随动性好；带负荷时振幅增加但相位基本不变，这些是匝间短路的特征。

（2）高负荷时的发电机振动过大。

（3）加励磁瞬间，7Y、8Y振幅、相位变化量过大。

（4）动平衡加重有效果，但与预期计算值有差距。

6. 动态匝间短路波形试验（以下文字和照片引自广东电科院张征平材料）

电厂对2号发电机进行了动态匝间短路波形试验，在探测线圈上获得的动态匝间短路波形如图8-26所示。

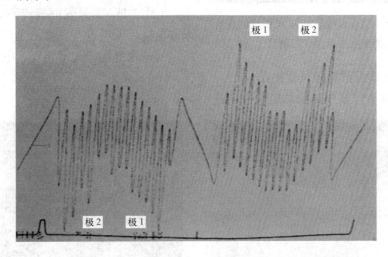

图 8-26　2 号发电机转子的动态匝间短路波形

图8-26中显然可以看出，极1绕组的7、8号线圈、极2绕组的4、6、7号线圈均有可能发生了匝间短路。

7. 发电机转子轴检查处理情况

依据振动测试结果，结合电气试验结果，确认2号发电机转子匝间短路；集团公司和厂领导立即安排故障处理，发电机转子返厂，处理匝间短路。

3月2日，在对2号发电机转子绕组进行拆出的过程中，发现转子绕组存在以下三种缺陷。

第一种：两级绕组在多个线圈上均发生了匝间短路故障，如图8-27～图8-29所示。

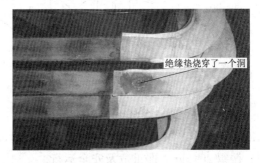

图 8-27　极 1 的 4 号线圈第 1、2 匝之间拐角处匝间短路点（励侧）　图 8-28　极 1 的 7 号线圈第 2、3 匝之间邻近拐角处匝间短路点（励侧）

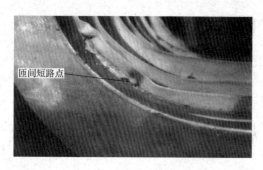

图 8-29　极 1 的 8 号线圈第 1、2 匝之间拐角
处匝间短路点（励侧）

第二种：线圈在汽励两侧端部均发生严重的位移，匝间绝缘垫偏出正常位置，并产生挤压变形，如图 8-30 所示，很容易使上下两匝之间发生磨碰，最终造成匝间短路。

第三种：汽端个别"Ω"接口部位出现了裂缝，如图 8-31 所示，存在重大危及发电机转子、定子安全运行的故障隐患。

3 月 2 日，2 号发电机转子绕组拆出后，东方电机厂人员进行线圈清洗，转子清理和后续的绝缘更换、线圈装复、电气试验等工作，以最短工期完成转子修复工作。

发电机转子回 R 电厂回装后运行良好。

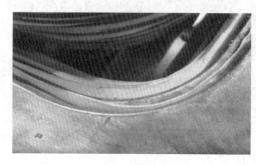

图 8-30　拐角处普遍存在位移发生变化的
线圈及挤压变形的绝缘垫

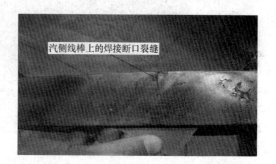

图 8-31　汽侧线棒上的焊接端口裂缝

案例 8-5　广东 P 电厂 4 号发电机振动分析诊断

P 电厂 4 号机是上海电气集团公司制造的超临界 600MW 汽轮发电机组，轴系由高中压转子、两个低压转子、发电机转子和励磁机转子组成，9 个轴承支撑，如图 8-32 所示。

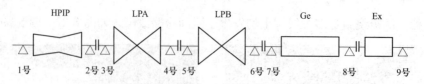

图 8-32　P 电厂 4 号机组轴系示意图

1. 机组振动概况及特征

4 号机组 2006 年 12 月完成调试交付生产后，发电机 7 号轴振持续偏大，2007 年 3 月 12 日发生过 300MW 的跳机，其后 7Y 随时间爬升现象加剧，运行到 4 月 9 日晚 500MW，7Y 振幅 204 μm，严重危及安全运行。

4 月 9 日停机临修，7 号瓦解体检查，发现下瓦磨损、瓦枕接触不良、油挡有磨痕，密封瓦正常。修复后机组在 4 月 20 日 21：35 启机，过临界 7Y 130 μm，21 日 2：20 升速到 3000r/min，7Y 和 9Y 分别为 108、109 μm，7 号瓦 43 μm；7：46 带负荷 245MW，7Y 126 μm，显然，4 号机组的振动问题依然存在。7：53 机组由于其他原因跳机。通过对数据分析，决定利用此次机会在低/电对轮处加重。加重后 3000r/min 定速，7Y 75 μm，振动明显减小，瓦振 30 μm，9Y 90 μm。4 月 23 日 15：17 满负荷，7Y 103 μm，7 号瓦 37 μm；9Y 99 μm。图 8-33、图 8-34 是 7Y、9Y 随负荷变化趋势图。

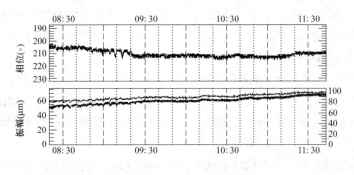

图 8-33　7Y 振动趋势图

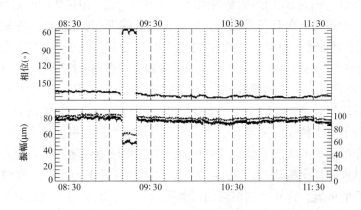

图 8-34　9Y 振动趋势图

本次加重表明 4 号机在空载和满负荷情况下的振动得到了明显改善，尽管满负荷时 7Y 仍然超过 100 μm，但在加强监测情况下，能够维持机组安全运行。

满负荷 7Y 稳定在 100 μm 左右约两个月后，又开始逐渐爬升。6 月 19 日 7Y 和 9Y 分别为 121、87 μm，7 号瓦振为 34 μm；7 月 20 日满负荷 7Y 137 μm，9Y 和 7 号瓦振变化不大，分别为 82、33 μm。

通过对 4 号机组测试数据分析，得到以下特征：

（1）7Y 长时间缓慢爬升，与励磁电流无明显关联，相位变化不大。

（2）7Y 以一倍频为主，也存在较大的二倍频分量。

（3）7 号轴承的间隙电压自 4 月份以来一直处于变化中。

（4）7Y 和 8Y 相位接近反向。

（5）转速超过 2700r/min 接近 3000r/min 时，7 号瓦振急剧增大，增大的成分以一倍频为主。

2. 振动原因分析

由于 7Y 的主要成分是一倍频分量，可能原因有质量不平衡、动静碰磨、转子热弯曲、电气缺陷和支撑系统刚度不足等。

质量不平衡包括原始质量不平衡和转动部件飞脱不平衡。由于该机没有振动突增，部件飞脱应该排除；考虑到 7Y 临界转速振动较大，说明发电机转子存在较大的不平衡质量。

该机自 2007 年 3 月份之后的一个多月内，振动一直在缓慢增加，据此，不能完全排除动静碰磨的可能。经验表明，有的机组动静碰磨可以长期存在，间隙无法磨开，从而始终存在振动随时间逐渐增加的现象。

能引起转子热弯曲的原因通常有转轴内应力过大或材质不均、高温转子与冷水冷气接触。该机组虽是新机组，但已经过数月运行，材质热应力如果存在，在调试阶段就应该有所表现，对汽缸和疏水系统检查未发现异常，故可排除上述疑点；鉴于振动不随励磁电流变化，又可以排除存在电气故障的可能。

在各种可能的原因中，发电机转子支撑系统动刚度偏低也会造成一倍频大。支撑刚度包括下瓦与瓦枕的接触刚度、支撑的结构刚度、发电机端盖轴承的接触刚度，还包括定子与台板之间的接触刚度。一台投运机组的结构刚度通常不会变化，但接触刚度则可能随着运行时间和条件改变。观察 4 月 21 日 7 号瓦振升速波特图，接近 3000r/min 时振动急剧增大，说明 7 号轴承在工作转速附近可能存在结构共振。同时，电厂反映 7 号瓦附近基础存在下沉的可能，引起 7 号轴承的标高下降，导致轴承载荷减轻，油膜动特性变化，致使振动变化。

关于 7Y 中存在较大的二倍频成分，可能的原因有发电机转子本体刚度不对称和电气故障。刚度不对称使转子在旋转一周中静挠曲线改变两次，产生与电磁力无关的二倍频激振力，这是由转子力学特性所决定。电磁激振是发电机二倍频振动最常见的原因，发电机在加励磁电流和带负荷的状态下总会或多或少产生二倍频电磁激振力，使转子—轴承系统出现二倍频的轴向和径向振动。4 号机组 7Y 在空载时就呈现较大的二倍频分量，应该排除来自电气故障的可能。这样，二倍频的可能原因是该发电机转子在厂家加工或装配过程中造成了较大的刚度各向异性。

3. 后续的停机处理

由于 4 号机负荷紧，2007 年夏秋季没有安排停机做进一步处理。从设备和生产安全角度，只要加强振动监测，同时避免跳机对轴系产生负面扰动，7Y 维持在 160 μm 以下，机组应该可以坚持运行到年底的大修计划。此期间如果 7Y 万一超标，或有机会短时间停机，可以再次在低/电对轮进行动平衡加重，这应该能够降低 7Y。2007 年 10 月，4 号机组 7Y 增大到 170 μm，于是安排了一次停机，由省电科院加重，效果明显。该机组运行到 12 月份开始大修，大修中电厂对 7 号轴承和支撑进行了彻底检查与处理。

检查发现汽端轴承支座（瓦枕）绝缘垫片磨损，从安装时厚度为 2mm 变为 0.35mm（最薄处），并且有过热发黑的痕迹，炉侧垫块固定螺栓松动，轴承支撑刚度大大下降，如图 8-35～图 8-37 所示。

处理：更换新的轴承支座，研磨合格后进行回装；更换新材质的绝缘垫片。同时对发电机定子做了负荷分配测试调整。

大修后启机，没有进行动平衡，振动状况良好。

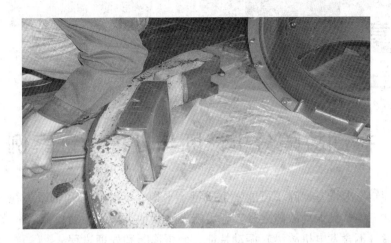

图 8-35　发电机汽端轴承支座

图 8-36　磨损的 L 形绝缘垫片

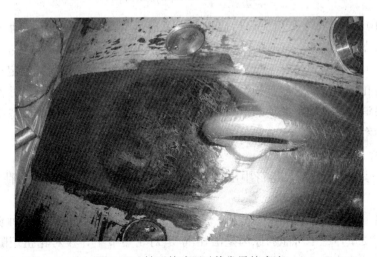

图 8-37　轴瓦外球面过热发黑的痕迹

第九章

振动故障分析诊断与处理杂证案例

实际的旋转发电设备，除了可能发生质量不平衡、动静碰磨和轴系失稳（油膜失稳、汽流激振）这三类常见振动故障之外，还可能发生其他类型的振动故障，本节介绍 8 起杂证案例的故障（不含发电机故障）振动特征、分析诊断和处理过程。

案例 9-1　天津 S 电厂 4 号机组汽轮机转子中心孔进油振动故障分析

1. 概述

带有中心孔的汽轮机转子中心孔进油是引发机组振动异常的原因之一，虽然发生率较低，但诊断困难，查证困难，常常要经过多次反复启机，在排除了所有其他可能的故障后，才能集中到中心孔进油的分析与确诊上。

S 电厂 4 号机组为哈尔滨汽轮机厂生产的 51-50/1 型 50MW 凝汽式机组。汽/电对轮半挠性联轴器，机组轴系结构如图 9-1 所示。

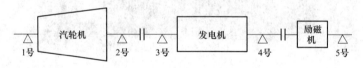

图 9-1　4 号机组轴系结构

2005 年 10 月 4 日，4 号机大修后启机，带负荷运行一周，2 号瓦振动出现随负荷增大的现象，最高到 40～50 μm。在汽/电对轮加重后，3000r/min 时 2 号瓦振动有所降低，但带负荷仍偏大，同时，还有 1 号瓦瓦振短时增大。经过分析、诊断，确定故障原因是汽轮机转子中心孔进油，同时伴有轴系失稳。处理后机组启动，3000r/min 时各轴承振动正常，失稳现象消除，各轴承振动随负荷增大的程度减小，这是国内同类故障中较快确认故障的一个实际案例。

2. 振动特征及原因分析

S 电厂 4 号机组大修后，运行中出现 2 号瓦水平方向一倍频振动随负荷增大的现象，如图 9-2 所示。

根据一倍频增大的幅值和速率分析，原因应该是质量不平衡。产生这种随负荷变化不稳定的不平衡质量，一个可能的原因是出在汽/电对轮短节上，在对轮扭矩随负荷增大时出现微小位移，造成不平衡质量分布状况改变，这一般会造成对轮两侧的 2 号和 3 号轴承振动同时增大，且振动相位应该是同相。但 4 号机组大修后的带负荷运行过程中，发电机

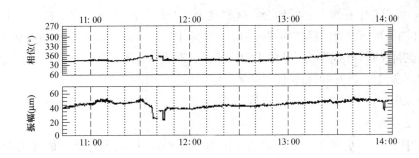

图 9-2　S 电厂 4 号机组升负荷 2 号瓦水平振动时间趋势图

3、4 号轴承振动稳定，不随负荷增加，均在 3 丝以下，因此诱发 2 号瓦异常振动的故障源应该在汽轮机侧，而非对轮。

随负荷的不稳定不平衡质量来源的另一个可能原因是汽轮机滑销系统卡涩导致汽缸膨胀不畅，使轴承座刚度降低，这时汽轮机轴承振动会随负荷增加变大。在升负荷过程中，观察 4 号机组汽缸胀差，汽缸前后左右膨胀均匀，由此排除汽缸膨胀不畅的可能。

随蒸汽参数的提高转子出现热弯曲也会造成 2 号瓦振动随负荷变化，转子热弯曲的主要原因有：转子材质不均、动静碰磨、转子冷却不均匀、中心孔进油。

4 号机组已运行多年，大修前没有出现过随蒸汽参数增加转子发生热弯曲的现象，因此转子本身材质不均造成弯曲的可能性不大。

另一方面，如果运行中发生动静碰磨，会使转子弯曲，引起一倍频增大，同时振动相位要连续改变。考虑到 4 号机大修后，曾高负荷运行一周左右时间，其间 2 号瓦瓦振动正常，之后才开始出现随负荷增加的现象，而且停机后再次开机振动变小，带负荷后振动又增大，几次开机比较，振动有逐渐恶化趋势。

因此分析初期，对振动原因有两点：

一是动静碰磨，这个碰磨不一定初次开机时就存在，可能运行数日后才出现。

二是转子中心孔进油，进油后随负荷增加，转子发生热弯曲，一倍频振动增大，相位同时变化。

考虑这些原因的同时，还不能完全排除 2 号轴承座裂纹对振动的影响，需要根据测试和加重结果进一步判断。

排除转子本身存在缺陷的可能，如叶片松动、对轮松动；排除转子裂纹的可能，因为大修中做过仔细的探伤；排除制造厂转子动平衡残余振动过大的可能。

鉴于该机组同时还存在 1 号轴承失稳的缺陷，决定先打开前箱检查 1 号轴承，同时对汽轮机转子中心孔进行检查，并检查 2 号轴承。

3. 检查结果和处理

10 月 19 日夜，对 4 号汽轮机进行检查处理。

（1）脱开前箱主油泵，打开大轴前堵头，发现中心孔内有油，估算共约 300g，用棉纱清理干净。

（2）1 号瓦上瓦侧隙、顶隙基本正常，但瓦面大面积磨损，翻下瓦，瓦面垂直下方约

90°的弧面，堆积有上瓦擦下来的乌金，这些乌金已与轴颈磨合成为完全符合的圆弧面，这相当于 1 号轴承瓦面成为了标准的圆柱轴承，实际上，中分面测得的侧隙是假象。正是这种与轴颈完全吻合的圆弧面造成了油膜失稳。于是，对 1 号瓦下瓦做了修刮，恢复椭圆瓦形。

（3）2 号瓦上、下瓦面无磨损，状况良好，按原样恢复。

（4）汽/电对轮原加的 680g 质量保持不动。

4．处理后的振动

机组故障处理后启机运行，轴承通频振幅见表 9-1，机组定速后到最高负荷过程，1、2 号瓦振动略有增大，但增大的幅度小于处理前；1、2 号瓦振动时间趋势图如图 9-3、图 9-4 所示，图中显示高负荷时 1、2 号瓦振动还有些偏高，主要是一倍频成分，这表明对中心孔进油的判断与处理是正确的。

表 9-1　　　　　　　　　4 号汽轮机处理后轴承通频振幅　　　　　　　　（通频：μm）

时间	工况	1 号瓦垂直	1 号瓦水平	2 号瓦垂直	2 号瓦水平
16：31	3000r/min	25	20	19	20
17：33	4.8MW	25	19	19	26
18：32	15MW	37	29	20	33
19：32	25MW	29	30	17	35
20：18	38MW	34	33	24	34
20：33	50MW	34	33	18	29
21：02	52MW	35	33	25	30
22：02	50MW	34	33	18	29
22：22	45MW	32	31	24	34

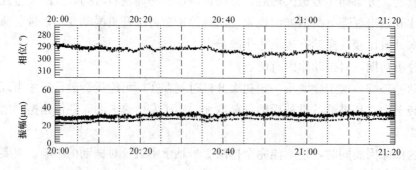

图 9-3　高负荷时 1 号瓦垂直振动时间趋势图

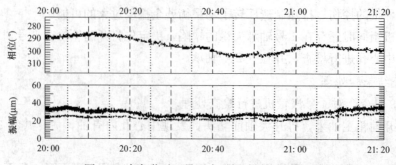

图 9-4　高负荷时 2 号瓦水平振动时间趋势图

整个升负荷过程没有发现 1 号瓦低频振动增大，约 21：00 最高负荷时，曾将油温降到 36℃，振动依然正常，1 号瓦原有短时出现的低频振动已经同时消除。

5. 中心孔滞留液体振动的机理

中心孔滞留液体后会使转轴出现振动故障，根据诱发振动的机理不同分为两类故障：轴系失稳、质量不平衡。

转子中心孔进油造成振动失稳的力分析如图 9-5 所示，图中显示了高速旋转轴中心孔内存有液体造成轴系失稳的机理。由于转轴旋转，孔内液体沿径向被甩偏，在液体黏性剪切力的作用下，旋转的内孔表面会拖动液体沿转动方向移动一个角度，转子离心力相对于液体产生的离心力有一个滞后角 θ，这样，离心力可以分解出一个与转子同步涡动方向一致的切向力，这个力促使转子向前做次同步涡动，产生失稳。这个失稳转速总是大于转子临界转速，但小于 2 倍转子临界转速，涡动频率与转子转速的比值是 0.5～1。

中心孔进油除可能造成失稳，还会导致转子不稳定的质量不平衡。如果中心孔内存有液体而未被充满，高转速下液体便会受到离心力的作用而甩向内腔四壁。由于中心孔的几何中心与转轴的旋转中心不重合，贴向四壁的液体厚度在圆周方向上也不相同。转子加热到一定温度，黏附在中心孔壁上的润滑油与孔壁发生热交换，这种热交换在转子径向方向上是不均匀的，于是转子出现不对称温差，发生热弯曲，进而产生不平衡质量引起振动增大。

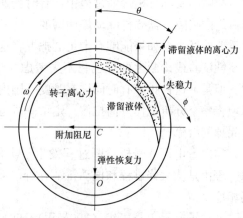

图 9-5　转子中心孔进油造成振动失稳的力分析
O—涡动中心，C—转动中心，
OC—涡动矢量，ω—转速，ϕ—涡动速度，$\omega > \phi$

汽轮机转子中心孔进油在现场时有发生，进油的原因有两种可能，一是中心孔探伤完后油没有清理干净，残存在孔内；二是中心孔堵头不严或中心孔与外界有相通之处，如孔、缝隙等。机组带负荷后，孔内的油气化膨胀而散出，停机转子冷却后，孔内气体凝结，形成负压，透平油吸入。随着启停次数增多，转子被多次加热和冷却，孔内积油逐渐增多，造成带负荷后转子热弯曲逐渐加剧，振动越来越大。

从现场机组发生中心孔进油的实例看，振动特征有共同之处，即都出现工频振动增大的现象。具体有如下细节：

（1）工频振幅随时间缓慢增大，时间度量大约是数 10min 或 1～2h，出现的工况一般在定速后空负荷或带负荷过程。

（2）故障的出现通常在新机调试阶段或机组大修后。往往初始的一、二次启动没有异常，后几次越来越明显。因此，判断的一个很重要的依据是将几次开机的振动值进行比较。

根据现场振动处理实例，50MW 机组汽轮机转子中心孔进油 200～300g 即可引起较明显的振动，孔内油量越多，异常振动越显著。

S电厂4号机组在初始启动时没有表现出振动异常，但随后的几次开机中心孔进油逐渐增多，机组振动则呈恶化趋势。造成4号汽轮机进油的位置有两处可能，一是大修回装时前箱主油泵处转子堵头未封严，透平油由此被吸入转子；二是在汽/电对轮处，汽轮机转子中心堵头开有排气孔，中心孔与外界相通，也会导致进油。

转子中心孔进油与转子动静碰磨故障的振动特征有相似之处，诊断时往往难以区分，本例若按动静碰磨处理，必定延误工期。与动静碰磨相比，判断中心孔进油的一个重要依据是将几次开机的振动值进行比较。一般情况下，机组初始启动时不会表现出振动异常，但随后的几次开机中心孔积油逐渐增多，机组振动越加严重。

分析诊断中，必须慎重考虑各种可能的原因，在依据不充分的前提下，切忌武断地排除某一原因或认定某一原因，除非有十足的把握。在分析本次故障中，如果肯定中心孔不可能进油，显然依据不足。

故障的实际分析诊断过程中，有时会遇到需要排除某个可能的故障，如本次S电厂4号机组的故障，需要排除动静碰磨的可能。这种场合，排除一个故障和认定一个故障有同样重要的意义。如果能够有十足的把握将这种故障排除，其后的分析将不再去考虑，一切诊断性试验或诊断性处理也将不去考虑，整个怀疑范围将缩小，分析思考因此会更为集中。但是，这种排除有时同样有难度。国内现场实际诊断中，时有发生错误地排除某种故障，将整个分析工作方向扭偏；走了一段弯路后最终才发现，故障的真正原因就是前面被排除掉的故障。

本次S电厂4号机诊断过程发生了类似的情况，分析中，有人将中心孔进油完全排除，理由是从大修过程和振动特征分析，都没有理由怀疑中心孔内有油。但最后的事实与之相反。

沙岭子电厂1号机组（300MW）1991年新机调试时，发生振动异常，分析诊断中，有单位技术人员坚决排除动静碰磨的可能，认为是支承刚度不足，按此分析方向，处理数十天之久，问题没能解决，最终揭缸查明，通流已严重碰磨，故障原因就是当初被排除的动静碰磨。

案例 9-2 **江苏 T 电厂 12 号机组启机过程振动分析与动平衡**

1. 简况

T电厂12号机组是国产200MW机组，机组轴系布置结构图如图9-6所示。2000年底通流改造后，5号瓦振动大。2001年6月、2002年2月小修期间，揭瓦测紧力、间隙等，做过调整。2002年5月起，5号瓦振动逐渐显著增大，垂直振动50 μm，轴振190～210 μm。2002年10月，又进行过处理，振动一直偏高。

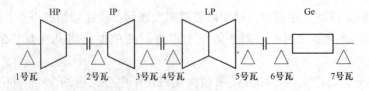

图 9-6　12 号机组轴系布置结构图

自 2002 年 11 月起，本书作者陆续对 12 号机组进行了数次测试，分析判断振动主要原因是质量不平衡。经和电厂讨论商定，决定利用 2003 年 1 月的中修机会进行高速动平衡。

中修期间及开机时，12 号机组实施两次加重，平衡效果良好。

2. 启机和动平衡过程

（1）原始振动。2002 年 11 月 28 日，12 号机 188MW 时振动通频值见表 9-2；2002 年 12 月 31 日，165MW 时振动见表 9-3；2003 年 1 月 31 日停机前，170MW 时振动见表 9-4，147MW 时振动见表 9-5；135MW 时振动见表 9-6。

表 9-2　　　　　　　　　　　　　12 号机组 188MW 时振动　　　　　　　　　　（通频：μm）

项目	1 号瓦	2 号瓦	3 号瓦	4 号瓦	5 号瓦	6 号瓦	7 号瓦
X	89	152	84	107	186	84	79
Y	103	90	81	124	134	44	46
X 向瓦振	21	11	18	15	50	15	12
Y 向瓦振	3	15	24	15	47	11	14

表 9-3　　　　　　　　　　　　　12 号机组 165MW 时振动　　　　　　　　　　（通频：μm）

项目	1 号瓦	2 号瓦	3 号瓦	4 号瓦	5 号瓦	6 号瓦
X	88	129	84	125	180	83
Y	108	83	73	142	130	41
X 向瓦振	16	12	16	18	51	8
Y 向瓦振	3	16	23	17	48	11

表 9-4　　　　　　　　　　　　　12 号机组 170MW 时振动　　　　　　　　　　（通频：μm）

项目	1 号瓦	2 号瓦	3 号瓦	4 号瓦	5 号瓦	6 号瓦
X	89	110	89	131	185	90
Y	118	92	76	149	133	46
X 向瓦振	17	37	16	17	55	12
Y 向瓦振		16	25	13	54	12

表 9-5　　　　　　　　　　　　　12 号机组 147MW 时振动　　　　　　　　　　（通频：μm）

项目	1 号瓦	2 号瓦	3 号瓦	4 号瓦	5 号瓦	6 号瓦
X 向轴振	90	85	90	113	184	87

表 9-6　　　　　　　　　　　　　12 号机组 135MW 时振动　　　　　　　　　　（通频：μm）

项目	1 号瓦	2 号瓦	3 号瓦	4 号瓦	5 号瓦	6 号瓦
X 向轴振	104	75	75	124	132	48

（2）停机后轴瓦检查。1 月 31 日 12 号机停机开始中修。翻 1、2、3、4 号瓦，间隙测量值见表 9-7，检查发现各瓦间隙基本合格；5 号瓦紧力 150 μm，在正常范围；低/发

对轮晃度前 75 μm，后 60 μm，晃度正常。

表 9-7　　　　　　　　12 号机组中修翻瓦检查各瓦间隙值　　　　　　（通频：μm）

项目	1 号瓦	2 号瓦	3 号瓦	4 号瓦	5 号瓦
顶隙	41.5~48	58~38	65.5~63.5	47~45	49~59

（3）动平衡过程。利用中修停机机会，机组进行第一次加重，加重量：低压转子前加重 $P_4 = 370g/260°$，低压转子后加重 $P_5 = 370g/80°$。

2 月 19 日中修结束后开机，转速升到 1330r/min，1、2、3 号轴振过高，如图 9-7 所示，分别达到 180、108、144 μm，2 号瓦振到 110 μm，打闸停机。

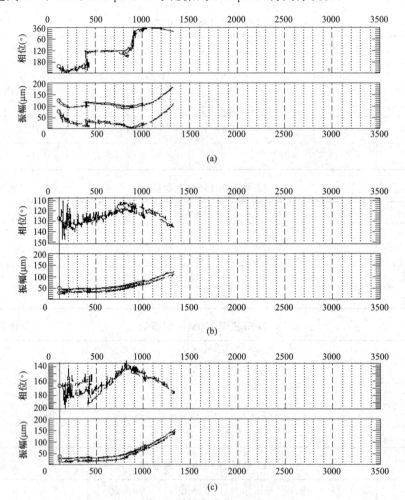

图 9-7　轴振 1X、2X、3X 升速波特图
(a) 1X；(b) 2X；(c) 3X

检查 2 号瓦处大轴晃度发现，本次冲转前及打闸停机后，大轴晃度 46~50 μm，高于过去常规值。会议分析认为，振动高与大轴存在暂时性弯曲有关，决定盘车直轴。

盘车 4h 后，13：53 再次冲转。900r/min 2 号轴振动仍然偏高，决定保持转速。2h 后升速 1600r/min，2、3 号瓦轴振达到最高值，分别为 126、129 μm。

3000r/min 定速时的振动值（一倍频）见表 9-8。

表 9-8　　　　　　　　　12 号机组第一次加重后定速 3000r/min 振动　　　　（一倍频幅值：μm）

项目	1 号瓦	2 号瓦	3 号瓦	4 号瓦	5 号瓦	6 号瓦
X	154	97	119	127	44	27
Y	95	59	61	87	43	12
X 向瓦振	4	16	12	29	16	1
Y 向瓦振	2	6	14	27	21	4

数据表明，经过本次加重，5 号瓦轴振、瓦振均明显减小，但 1～4 号瓦轴振还偏高。

检查 1 号瓦轴振动波形记录发现，转子每转动一周振动波形存在三个异常脉冲，如图 9-8 所示，原因是 1 号涡流传感器对着的轴颈部位表面有凹槽之类的机械损伤，由此产生了异常脉冲，导致振动测试数据的误差。

各方对 1 号轴振高的分析表明，1 号轴振同时存在热态不稳定。

对于 2、3、4 号瓦的振动，决定继续加重。第二次在接长轴中对轮加重，加重量 $P_{中}$ ＝512g/102°。

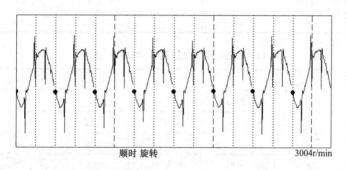

图 9-8　3000r/min 轴振 1X 波形图

2 月 20 日 22:16 冲转，升速过程 1X 轴振在 1650r/min 达到最高值通频 256 μm，一倍频 219 μm。3000r/min 振动值（一倍频）见表 9-9。

表 9-9　　　　　　　　　12 号机组第二次加重后定速 3000r/min 振动　　　　（一倍频幅值：μm）

项　目	1 号瓦	2 号瓦	3 号瓦	4 号瓦	5 号瓦	6 号瓦
X	133	86	35	85	86	34
Y	88	69	28	69	65	15
X 向瓦振	2	12	8	15	20	2
Y 向瓦振	1	16	15	21	21	3

从平衡角度看，3、4 号瓦振动经本次加重，已显著降低。但 1 号瓦轴振偏高，这种情况与平衡加重计算的预估值不符。机组进行电气试验，同时观察 1 号轴振的变化。10h 后，1 号轴振一倍频降低到 87 μm。2 月 21 日 8:55 并网，并网后带低负荷振动正常。

2 月 21 日 12:27，负荷 61MW 振动见表 9-10。

表 9-10   **12 号机组第二次加重后 61MW 振动**   （振幅：μm）

项　目	1 号瓦	2 号瓦	3 号瓦	4 号瓦	5 号瓦	6 号瓦	2 号瓦瓦振
X（一倍频）	58	83	40	76	94	53	11
通频	131	89	49	114	117	61	24

12:33，打闸，做严密性试验，然后并网带负荷。高负荷振动如下：2 月 21 日，19:20，负荷 173MW 振动见表 9-11；20:05，负荷 200MW，振动见表 9-12；3 月 5 日，10:01，负荷 196MW，振动见表 9-13。

表 9-11   **12 号机组第二次加重后 173MW 振动**   （振幅：μm）

项　目	1 号瓦	2 号瓦	3 号瓦	4 号瓦	5 号瓦	6 号瓦
X（一倍频）	53	93	49	70	78	44
通频	162	104	64	116	101	52
Y（一倍频）	41	77	38	65	60	21
通频	127	86	51	93	71	24
X 向瓦振（通频）	11	27	10	11	29	16
Y 向瓦振（通频）	2	16	11	22	25	11

表 9-12   **12 号机组第二次加重后 200MW 振动**

项　目	1 号瓦	2 号瓦	3 号瓦	4 号瓦	5 号瓦	6 号瓦
X（一倍频）	58	100	55	65	77	46
通频	174	111	67	112	100	55
Y（一倍频）	40	74	37	64	59	24
通频	133	84	49	92	70	27
X 向瓦振（通频）	9	19	9	10	31	11

表 9-13   **12 号机组第二次加重后 196MW 振动**   （振幅：μm）

项　目	1 号瓦	2 号瓦	3 号瓦	4 号瓦	5 号瓦	6 号瓦
X（一倍频）	63	98	58	63	88	45
通频	153	105	70	96	106	54
Y（一倍频）	53	78	32	63	72	20
通频	147	83	45	80	85	23
X 向瓦振（通频）	12	20	11	9	30	16
Y 向瓦振（通频）	2	12	11	18	26	10

3. 分析及讨论

（1）12 号机组经过本次动平衡加重处理，5 号轴振由原来的 186 μm（X 向）、134 μm（Y 向），降低到 106 μm（X 向）、88 μm（Y 向），瓦振降为 30 μm；2、3、4、6 号瓦轴振、瓦振均有所降低，基本达到了预期的平衡效果。

（2）满负荷 2、4、5 号瓦 X 方向轴振在 100 μm 左右，利用本次加重的影响系数初步计算表明，对平衡质量进行调整，这几个瓦的轴振可以降低到 60 μm 以下，瓦振降低到 20 μm 以下。建议 T 电厂利用适当机会，安排在 3 号瓦末级叶轮、4、5 号瓦末级叶轮和接长轴对轮同时加重，进一步降低各轴振、瓦振。

（3）1 号瓦轴振通频振幅 150 μm 左右，一倍频振幅很小，约 60 μm。通频振幅过高是由于 1 号轴颈表面存在机械损伤造成的信号脉冲导致的假象。运行人员只能看到 DCS 上显示的通频振幅，无法得知 1 号轴颈的真实振动值，只有专业测振仪可以测得。且通频振幅和一倍频振幅之间的差值不是恒定的，它随一倍频振动相位的变化而变化。这种缺陷影响到运行人员对机组实际振动状况的判断。建议 T 电厂安排机会消除此故障，可采取修复轴颈表面或移位涡流传感器的方法。

（4）对 12 号机组多次启停机振动测试数据表明，该机组 1、2 号瓦振动不稳定。虽然这是北京重型汽轮机厂 200MW 机组的通病，但 T 电厂 12 号机组表现尤为明显。如第二次接长轴中对轮加重后的升速，1650r/min 时 1X 轴振一倍频振幅 219 μm，但其后的降速及升速过程同一转速下均未再出现这样高的值，严密性试验中，1X 轴振 1590r/min 达到最高值，通频 169 μm，一倍频 128 μm。

案例 9-3　J 电厂一起凝汽器泄漏事故中振动数据的漏判

1. 事故经过（本段引自 J 电厂内部技术资料）

J 电厂 1 号机是东方集团生产的 600MW 超临界机组，2003 年投运，2010 年 4 月 4 日开始 C 级检修。2010 年 5 月 4 日检修工作完成后启机。

5 月 4 日 0:45，锅炉热态冲洗合格，机组冲转至 1500r/min 暖机；9:12，3000r/min 定速，汽轮机主汽门、调门严密性试验合格；11:58，相关试验结束，发电机并网。5 月 5 日 1:00，负荷带至 300MW，检查机炉各辅助系统及运行参数正常。

5 月 5 日 1:30，化学值班报告，凝结水钠含量快速增大，主蒸汽品质恶化。其后，凝汽器真空持续下降，水汽监测指标严重恶化。10:10，主管生产副总经理现场召开专业会议，决定向中调申请停机处理。11:20，机组打闸停机。安排检修人员查漏。15:00，凝汽器内外侧各查到 2 根钛管泄漏；20:00，凝结水泵停运，打开两个凝汽器喉部检查汽侧钛管，在凝汽器高压侧靠给水泵汽轮机排汽口处发现有 7 根钛管受到严重损伤，并发现有 2 块金属异物。

5 月 7 日 1 号机组再次启动。9:20，凝结水水质开始变差，又重新隔离凝汽器外侧交检修查漏，没有发现漏点。11:10，汽水品质基本好转，经现场讨论决定汽轮机冲转，12:05，并网，带负荷至 120MW，投入高、低加热器，汽水系统继续排补冲洗。

5 月 9 日 1:35，1 号机组负荷加至 300MW 时，阀位指令、调节级压力、轴向位移、推力轴承温度等参数明显较 5 月 4 日及小修前异常，根据此次启机及水质情况，初步分析为汽轮机通流部分可能结垢。

19 日揭缸，发现低压 A 转子反向第五级和反向第六级各有一根叶片断裂，反向第五、六、七级叶片和隔板均有不同程度的损伤，如图 9-9 所示。

2. 事故后的振动分析

2010 年 6 月 11 日，1 号机组通流部分清洗、换叶片等检修工作结束后启机，本书作

图 9-9　低压 A 转子反向第五级一根叶片断裂

者赴现场进行了振动监测和动平衡加重。

动平衡工作完成后，作者根据 TSI-TDM，查到 1 号机组近期与这次事故相关的一些振动记录。

（1）2010 年 4 月 4 日 C 修停机的振动记录（见图 9-10、图 9-11）显示，4 月 4 日停机过程：3：11（此为 J 电厂 TDM 时间，较标准时间慢约 35min，下同）振动正常；3：28 打闸；3：29 降到 2957r/min，2Y196 μm，3Y143 μm；其后降速惰走到 2857r/min 时，3 号瓦垂直振动：104/358°，4 号瓦垂直振动：90/161°。

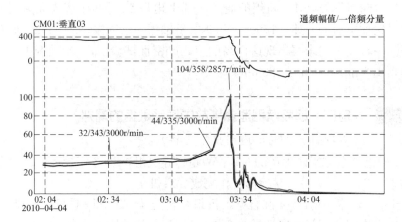

图 9-10　2010 年 4 月 4 日小修停机过程 3 号瓦振动趋势

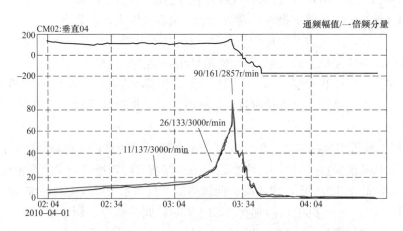

图 9-11　2010 年 4 月 4 日小修停机过程 4 号瓦振动趋势

（2）2010 年 5 月 4 日小修后启机。5 月 4 日启机过程（见图 9-12、图 9-13）：0：11，387r/min，暖机后的升速过程，8：15 升到 2846r/min，3 号瓦垂直振动：105/354°，4 号瓦垂直振动：93/158°；3000r/min，3 号瓦垂直振动：58/35°，4 号瓦垂直振动：13/217°。

（3）追溯事故一年前，2009 年 4 月 6 日，动平衡加重后启机（见图 9-14、图 9-15）。

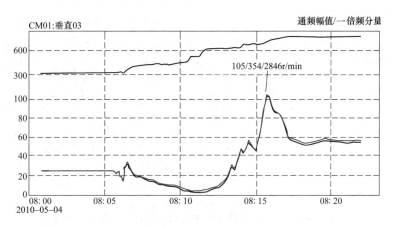

图 9-12　2010 年 5 月 4 日小修后启机 3 号瓦振动趋势图

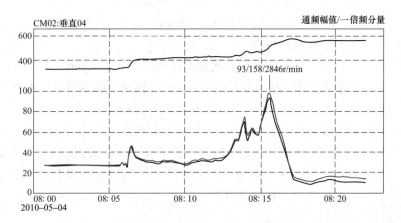

图 9-13　2010 年 5 月 4 日小修后启机 4 号瓦振动趋势图

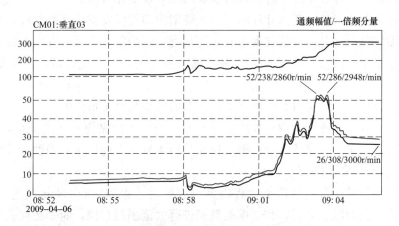

图 9-14　2009 年 4 月 6 日动平衡后启机过程 3 号瓦振动趋势图

4 月 6 日启机过程：8:53，1500r/min，暖机后的升速，9:03 升到 2860r/min，3 号瓦垂直振动：52/238°，4 号瓦垂直振动：42/50°；9:04，3000r/min，3 号瓦垂直振动：27/312°，4 号瓦垂直振动：10/114°。

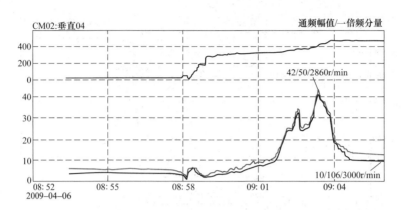

图 9-15　2009 年 4 月 6 日动平衡后启机过程 4 号瓦振动趋势图

（4）分析和结论。比较上述数据可以得到如下重要发现：

1）2010 年 5 月 4 日小修后启机升速 2846r/min，3、4 号瓦振远大于 2009 年 4 月 6 日的数据，但和一个月前停机时的相同。

2）再查 2010 年 4 月 4 日停机数据，发现刚打闸降到 2957r/min，2Y、3Y、3 号瓦垂直振动、4 号瓦垂直振动都有明显突增（由于 TDM 存储时间间隔原因，在图 9-10、图 9-11 上未能反映）。

3）联系到其后发现的低压 A 转子叶片断裂，可以推断：断裂应该发生在 4 月 4 日的停机过程。打闸瞬间转速略有飞升，该瞬间随转速升高，叶片离心力加大，造成飞脱。

4）5 月 4 日启机过程没有主要碎片或大碎片飞脱，所以振动没有出现突变。大质量的主要碎片应该在 4 月 4 日早已经飞脱掉。

3. 由振动分析得到的反思

上述分析以及叶片在 4 月 4 日停机时断裂的结论，是在目前已知叶片断裂后反向追踪得出的；如在 4 月 4 日就判断出叶片断裂，小修期间即可以安排检查和揭缸，其后启机中断和通流结垢均可以避免。这从技术上有较高难度，因为断裂飞脱是发生在转速变化的瞬态过程，而非稳态，对其间出现的振动突变难以判断是转速变化造成的，还是其他因素所致。

但从中可以看到，当时对其中两个关键环节的分析是至关重要的：

（1）对于 4 月 4 日停机过程出现的振动异常，当时可以做更深入的分析，查找原因，设想更多的可能情况；这里的一项重要工作，是将 4 月 4 日的记录和前面的 TDM 数据进行仔细的比较，判断问题所在。

（2）对于小修后 5 月 4 日启机过程临界转速振动过大和 3000r/min 定速时的振动变化，当时也应该及时深入分析，和前面的数据进行大范围的对比，而不是仅和当时数小时的数据进行局部比较，同时，振动数据的对比，不仅对比振幅，还要对比相位，这样才可以发现更多重要问题。

第一次对 4 月 4 日数据漏判，第二次对 5 月 4 日数据再次漏判，5 月 4 日错误开机，致使汽轮机通流部分结垢，最终酿成 1 号机重大事故。从另一方面讲，欲根据 4 月 4 日、5 月 4 日数据对机组状况做出准确判断，不是现场非振动专业人员力所能及的事情。

案例 9-4 **贵州 B 电厂 2 号机组高中压转子大轴弯曲振动分析及处理**

1. 概况

B 电厂 2 号机组系东方汽轮机厂 N300-16.7/537/537/-8 型亚临界、中间再热、双缸双排汽凝汽式汽轮机，2003 年 8 月 12 日完成整套试运移交生产。

2 号机组轴系由高中压转子、低压转子和发电机转子组成，如图 9-16 所示，高中压、低压和发电机转子之间采用刚性联轴器，轴系共 6 个支承轴承，1、2 号轴承为可倾瓦轴承，其余为椭圆轴承。

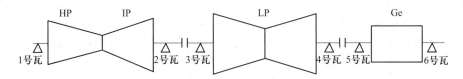

图 9-16　2 号机组轴系结构示意图

从第一次冲转到 2003 年底，2 号机组振动一直稳定，过临界和定速后的各项轴振和瓦振均属优良。2003 年底停机检修结束启动冲转过程中，发生多次振动超标跳机的现象，被迫盘车一天后冲转勉强通过临界。从此之后，无论是极热态，还是温态、冷态开机，$1X\sim4X$ 轴振过临界转速总是超标，经常造成保护动作，升速失败，致使 B 电厂被迫将跳机定值提高到 350 μm，给机组安全带来极大危险。自 2005 年底以来，该现象愈演愈烈，不但临界转速振动越来越大，定速后 $1X$ 轴振也呈上升趋势，由原来的 110 μm 逐步增大到 160 μm。2006 年 5 月该机组大修，经过分析处理，6 月底启动，这一重要振动缺陷被成功消除。

2. 汽轮机振动的发生发展过程

(1) 2 号机组调试期间振动状况。2003 年 7 月 27 日 13：03，机组首次冲转，980r/min，3 号轴振 135 μm；1200r/min，115 μm，15：04 到 3000r/min，各测点振动正常。7 月 30 日 17：00，第二次冲转，980r/min 3 号轴振最大 85 μm。8 月 4 日，2 号机组消缺后第三次冲转，升速过程，3 号轴振最大 142 μm。甩负荷试验各轴承振动无明显变化。8 月 30 日，冷态开机，振动无异常变化，升速过程 3 号轴振最大 160 μm。

这一阶段，机组冷态开机过程中，除 3 号轴振外，各轴承瓦振、轴振均不大，没有明显峰值，空负荷及并网带满负荷过程中，振动在优良范围。

(2) 2003 年底 2 号机组热态启机异常振动。12 月 23 日 2 号机组热态启动，冲转前，大轴晃动 30 μm，盘车电流 21A，无晃动，均正常。冲转至 500r/min 检查无异常，升速率设为 200r/min/min，继续升速。转速 1517r/min，轴振 4X250 μm，1X223 μm，2X165 μm，振动保护动作跳闸。其后，升速率提高为 300r/min/min，再升速，1290r/min，4X250 μm，再次跳机。转子静止投盘车，电流 20A，大轴晃动 50 μm，待降到 30 μm，盘车电流 21A；第三次冲转，1200r/min，4X220 μm，定速暖机。01：43，2 号瓦振突升至 100 μm，立即手动停机，惰走 45min，02：28 主机转子静止，真空至零，停运轴封汽，投入盘车时发现盘车电流满挡不能返回，停运电动盘车，改为手动盘车，03：40 投连续盘车，大轴晃动 30 μm。

12月24日10:23，2号机组冲转，冲转参数：主蒸汽压力5.5MPa，主蒸汽温度452℃，再热蒸汽压力0.3MPa，再热蒸汽温度450℃，高缸胀差0.44mm，低缸胀差3.71mm，总胀16.17、17.11mm，升速率300r/min/min，目标3000、1400r/min时，4X224 μm，1X238 μm，2X175 μm，1号瓦振80 μm，此后开始下降；10:32，转速3000r/min，发电机并列。

（3）2004年6月7日2号机热态启动振动。2004年6月7日，2号机组消缺工作结束，低转速877r/min，轴振3X130 μm，2X82 μm；1560r/min，1X257 μm，2X126 μm，3X97 μm，4X257 μm，保护动作跳闸。解除轴振保护，再次冲转。转速1627r/min，1X282 μm，2X144 μm，3X117 μm，4X271 μm；转速2878r/min，1X降到108 μm，2X降到66 μm，3X降到104 μm，4X降到27 μm；3000r/min时，各轴振基本稳定，发电机并列。

（4）2004年8月至2006年5月大修停机前振动。图9-17是2005年7月19日跳机后重新升速过程波特图，图9-18是2006年5月18日大修前停机过程波特图。

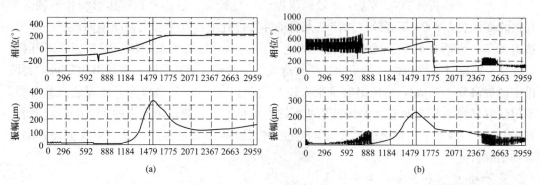

图9-17　2005年7月19日跳机后升速过程波特图
(a) 1X；(b) 2X

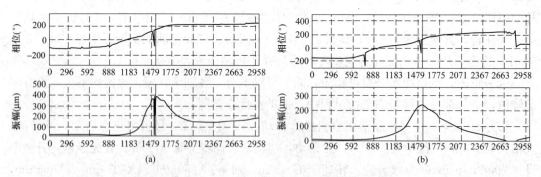

图9-18　2006年5月18日大修前停机过程波特图
(a) 1X；(b) 2X

从2004年8月至2006年5月大修前，2号机组有数次启停，振动故障的特征基本相同：

1）1500～1630r/min区间，1、2号轴振最大，通常到260 μm以上。

2）1、2号轴振最大时，两端相位接近。

3）3、4 号轴振在同一转速区也偏大，但低于 1、2 号轴振。

4）该转速区的振动，随启机次数和运行时间，呈逐渐恶化的趋势。2003 年 12 月 24 日至 2006 年 5 月 18 日大修前，2 号机组 3000r/min1X 轴振从最初 110 μm，逐步增大到 150～160 μm，1Y 轴振也从原来的 70 μm 增大到 140 μm。其他轴承振动在优良范围内。

表 9-14 给出了这一期间升降速过临界转速振动幅值和相位的变化情况，其间曾改变进汽压力、真空、负荷、单顺阀进汽形式等，但都对 1X、2X 轴振影响不大。

表 9-14　　　　　　　　　　　　2 号机组数次升降速振动情况对比

日　期	峰值振动转速 （r/min）	1X[一倍频 振幅/相位： μm/(°)]	2X[一倍频 振幅/相位： μm/(°)]	3X[一倍频 振幅/相位： μm/(°)]	4X[一倍频 振幅/相位： μm/(°)]	定速后 1X （通频：μm）
2004.09.16	1552	281/131	219/121	61/226	109/39	111
2004.09.26	1573	280/140	229/131	213/117	126/45	115
2004.10.15	1599	412/143	353/133	118/213	219/35	120
2005.03.02	1593	311/149	308/151	146/27	146/27	120
2005.07.19	1531	335/143	230/136	58/220	123/131	130
2005.12.14	1523	341/147	243/138	209/33	204/30	130
2006.02.10	1566	346/158	241/144	105/217	200/45	135
2006.05.18	1548	385/145	238/135	58/224	138/30	145

3. 振动原因分析和确定

1500～1600r/min 是该型机组高中压转子临界转速。2 号机组 1、2 号轴振升降速的异常振动是较典型的临界转速振动过大；3、4 号瓦的振动，有可能是 1、2 号瓦振动影响的结果；也有可能是低压转子本身存在问题。

该机组是 B 电厂的第二台 300MW 机组，之前和之后投运的三台同型机组振动都处在优良状态，甚至临界转速振动峰没有显现。为确定准确原因，首先对这四台机组的轴系中心、基础情况等安装原因进行对比，又对运行参数，如油膜压力和轴瓦温度等做了对比（见表 9-15、表 9-16）。

表 9-15　　　　　　　　2 号机组与其他同型号机组各轴承油膜压力比较

机号	润滑油温 （℃）	润滑油压 （MPa）	3 号瓦油膜压力 （MPa）	4 号瓦油膜压力 （MPa）	5 号瓦油膜压力 （MPa）	6 号瓦油膜压力 （MPa）
1	38.5	0.22	4.8	5.1	4.0	3.4
2	38.2	0.215	4.6	5.0	4.0	3.5
3	38.8	0.23	5.0	5.0	4.0	2.5
4	40.0	0.22	5.0	5.2	4.0	3.2

表 9-16　　　　　　　　　2 号机组与其他同型号机组轴瓦温度比较

机号	润滑油温（℃）	润滑油压（MPa）	1 号瓦瓦温（℃）	2 号瓦瓦温（℃）	3 号瓦瓦温（℃）	4 号瓦瓦温（℃）
1	40.0	0.22	73.8	93.6	67.3	68.9
2	38.4	0.215	72.4	89.0	66.8	71.5
3	39.2	0.23	74.3	83	68.3	71.1
4	39.6	0.22	68.3	80.3	65.6	68.9

比较的结果表明，2 号机组与其他机组无任何特殊，因此可以排除安装原因。

从检修角度查找，2 号机自投产以来虽经历 9 次检修，但只有 2003 年 8 月 168h 后的第一次检修有条件断油进行轴系检查。该次检修发现由于盘车齿轮罩壳固定不牢造成罩壳垮塌，磨损低发靠背轮，如图 9-19、图 9-20 所示。

图 9-19　2003 年 8 月发现的盘车齿轮罩壳垮塌

图 9-20　2003 年 8 月发现的低/发对轮磨损

由于磨损均匀且振动没有超标，故未做处理。轴承检查，瓦面接触良好，未发现问题。

安装时期，高中压/低压对轮止口紧力 0.03mm，但实际测量发现间隙为 0.02mm。该缺陷与东方汽轮机厂交涉未果，没做处理。

根据对 2 号机组振动数据的进一步分析，得到如下特征：

（1）稳定的工频振动在整个信号中占主要成分，一倍频分量占通频的比例大于 80%。

（2）一倍频振动相位稳定。

（3）一倍频幅值与相位随转速的变化以及定速后随时间的变化规律重复性很好。

（4）一倍频分量为主的状况在各种工况也是稳定的，包括各次升降速过程、不同的运行参数，如负荷、真空、油温、氢压、励磁电流等。

正常运行时，1X、1Y 频谱如图 9-21 所示。

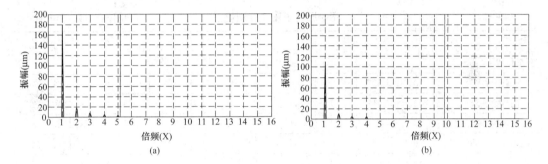

图 9-21　工作转速 1X、1Y 轴振频谱图
(a) 1X；(b) 1Y

根据上述特征，认为 2 号机组振动为典型的质量不平衡。

深入分析，需要确定质量不平衡产生的原因是什么？这里存在三种可能：①转动部件有松动或飞脱；②大轴弯曲；③转子本身质量不平衡。

针对问题③，查阅汽轮机转子出厂动平衡记录发现，各轴承振动烈度均在 1.0mm/s 左右，并且从第一次冲转到 2003 年底的半年时间里，虽然出现过对轮罩壳动静摩擦，但并没有振动问题，该疑问可排除。

针对问题①，由于是 1、2 号轴承振动最突出，原因最有可能出自高中压转子，如果松动或飞脱部件在转子中部，则质量应该大约在 3kg 以上。查阅出厂动平衡记录，其中部没有加重块，第 9、15 级平衡槽内平衡块加起来也不到 3kg，这样，最有可能是围带、叶片飞脱，就国内现在的制造水平而言，高中压转子出现该可能的几率微乎其微。

针对问题②，查阅 2003 年 12 月停机消缺的记录发现，12 月 23 日开机前一天，曾经出现过油泵断油，供检修人员处理一个漏油点。处理完后由于盘车 PLC 故障，造成盘车延迟启动，时间跨度大约 2h，缸温 400℃ 左右。这个重要情况当时没有引起专业人员重视，未及时闷缸直轴，这样，23 日开机时，大轴实际上已经弯曲，冲转过程中大振动又产生动静碰磨，造成恶性循环。24 日开机时也是勉强冲过临界。至此，认为这次启机造成了转子永久弯曲，并成为其后 2 号机组临界转速振动大的主要原因。

还注意到 4X 过临界时也偏大，但由于 3、4 号轴承振动定速后一直稳定，都在优良范围，振动只体现在临界转速。4、5号轴承之间的对轮罩壳动静摩擦后至2003年底，也未出现异常，所以对轮罩壳碰磨不是振动增大的主因。观察冲转$3X$、$4X$振幅相位，发现变化很大，因此，该处振动的原因应该是多种因素造成的，包括转动部件松动、高中压转子振动影响、低压转子自身残余不平衡量等，但该处振动不应是处理的重点。

分析中同时考虑了汽流激振、油膜振荡的可能，鉴于完全没有这两种故障对应的特征，故都应该排除。

4. 2006年5月大修振动处理和效果

（1）解体检查结果。2006年5月2号机组大修，轴承、汽缸解体检查，发现了以下可能影响到振动的问题：

1）低发靠背轮平衡槽内有重约200g的平衡块存在松动，可以在槽内滑移。

2）高中压转子弯曲度严重超标，见表9-17。

表 9-17　　　　　　　　　　高中压转子弯曲度测量值　　　　　　（单位：$\times 0.01$mm）

测量位置 \ 测点	1	2	3	4	5	6	7	8	高点
高压后汽封	50	52	52	58	56	57	56	50	5-1 最大：6
高压第5级后	55	51	55	59	61	63	63	60	6-2 最大：12
高压第2级后	58	52	52	59	65	68	70	65	7-3 最大：18
高中压第1间汽封	56	52	48	66	74	76	72	67	6-2 最大：24
高中压第2间汽封	49	51	52	66	71	76	70	64	6-2 最大：25
中压第9级后	56	52	54	63	71	75	72	64	6-2 最大：23
中压第11级后	53	51	53	62	69	75	70	61	6-2 最大：24
中压第13级后	55	53	54	61	67	71	68	61	6-2 最大：19
中压后汽封第1级	48	51	52	61	58	59	56	55	5-1 最大：10
中压后汽封第2级	48	52	51	52	52	53	52	50	5-1 最大：4
推力盘前	54	54	52	51	51	49	50	52	2-6 最大：5
高中压转子对轮	49	51	48	40	35	34	37	43	2-6 最大：17

注　1. 1～8为表的编号，以低压转子联轴器靠高压侧做的记号为"0"开始逆时针编号。

2. "5-1"表示1与5对应，"6-2"表示2与6对应，其余类同。

3. 转子最大弯曲处为高中压第2间汽封处，弯曲度：0.125mm。

高中压缸检查发现，通流间隙合格；汽封有碰磨痕迹；转子平衡块、叶片、围带无脱落等异常情况；各瓦良好，无乌金被碾现象，侧隙、顶隙和紧力正常；轴承座地脚螺栓无松动；低压转子弯曲度正常。

基于检查结果，认为以前的判断是正确的，高中压转子大轴弯曲是轴系振动的主要原因，0.12mm的弯曲度已经是正常值的3倍，足以引起轴系振动严重超标。低发靠背轮平衡槽内的松动平衡块，也证实了当初对3、4号轴承振动的推断。

（2）处理方法的决策。对高中压转子如此大的弯曲如何处理？当时有四个方案：

1）加热直轴。这种方法处理时间长，约1个月，直轴后还需高速动平衡。曾有直轴后运行又回弹先例。

2）车削，即重新上车床加工，但所有径向尺寸都要改变，汽封、隔板均要重新调整，还有可能动汽缸或更换轴瓦来迎合轴颈尺寸。该方式处理时间长，车削后也要进行高速动平衡，存在运输风险。

3）生产现场进行高速动平衡加重，需要至少 2 次以上的试加重取得影响系数，300MW 机组热启动一次费用约 15 万，处理直接费用 50 万左右。重要的是，对 2 号机组高中压转子而言，最好的加重位置是在轴中部，但现场只能在轴两端平衡螺栓孔加重，且螺孔配质量有限，从动平衡技术角度论证，效果不会理想。

4）直接返厂进行高速动平衡，将转子弯曲作为永久弯曲，用加重抵消弯曲带来的质量不平衡。该方式简便、快捷，但其中一个关键是转子平衡槽有限，如需加的平衡质量过大，将无法实施。

通过计算，转子中段 0.12mm 的弯曲量，加重量在 5000～7000g 之间，而该转子中间和前后两端的平衡槽、平衡螺栓最多加重量大约为 8000g，这样估算，返厂高速动平衡加重是可行的。至于运输风险，由于沿线全高速公路，其风险不大。

（3）返厂高速动平衡情况。6 月 4～6 日，该转子送东方汽轮机厂做动平衡。第一次试转，500r/min，前后轴承振动烈度已经达到了 0.2～0.3mm/s，远大于正常值 0.01mm/s。按趋势估计，1500r/min 时，1 号轴承振动烈度大约在 15mm/s 以上，与生产现场 1600r/min1X 超过 350 μm 接近。仪器显示前后轴承振动相位几乎相同，进一步证实该转子永久弯曲就是振动的根源。

整个动平衡过程，共配重 8 次，最后，中间平衡槽加重约 1251g，占 1/3 圆弧段，两侧平衡孔和平衡槽加重约 4520g，总配重 5770g。所加配重大部加在转子弯曲的凹段相位。加重后，升速过程中无明显临界点，与 B 电厂其他三台机组类似。1500r/min 时，前后轴承一倍频振动烈度大约为 0.30 mm/s 和 0.15mm/s；3000r/min 时，烈度为 2.46mm/s 和 1.13mm/s，符合 ISO 10816-2 中的 2.8mm/s 的标准，换算到位移大约为 20 μm 和 10 μm，基本达到预期效果。

（4）机组冲转的振动。在其后的大修中，将低/发对轮平衡槽的平衡块按原来出厂记号铆死，按厂家标准进行轴系找中，对轮高差和张口均取中间值。

2006 年 6 月 28 日大修后第一次冲转。高中压转子临界转速振动见表 9-18，1X、2X 波特图分别如图 9-22、图 9-23 所示。

数据显示，2 号机组原有的临界转速振动大的问题已经得以解决。

至此，该机组的振动处理圆满结束。

表 9-18   **2 号机大修后临界转速振动**

转速（r/min）	1X（μm）	1Y（μm）	2X（μm）	2Y（μm）
1456	—	97	—	—
1559	140	—	130	—
1710	—	—	—	57

5. 结论

（1）2 号机组振动异常表现为稳定的一倍频振动占主要成分，相位稳定，随转速变化

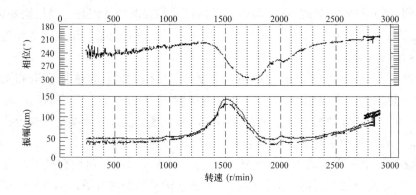

图 9-22　2 号机组大修后 1X 波特图

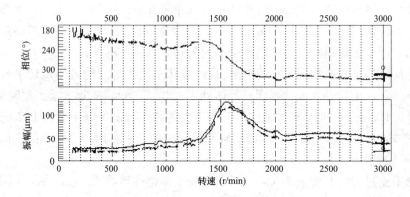

图 9-23　2 号机组大修后 2X 波特图

以及随时间变化重复性好，确定为质量不平衡。

（2）对运行、检修、安装等情况和数据的分析，认定 2003 年 12 月 23 日开机过程造成了转子永久弯曲，并成为其后 2 号机组临界转速振动大的主要原因，这为大修提供了方向和侧重点。

（3）2006 年 5 月大修解体检查发现高中压转子弯曲度严重超标。

（4）在对处理措施周密分析的基础上，将转子返厂动平衡；处理决策果断，方法得当，快捷有效。从该机组的大修进度看，高中压转子外送处理没有影响大修工期，达到了利益最大化。

（5）大修启机后的振动测试结果表明，高中压转子临界转速振动大大降低，2 号机组原有的临界转速振动大的问题得以成功解决。

（6）为避免类似事故的发生，必须严格规范盘车等有可能影响大轴弯曲的操作，避免低级错误。

案例 9-5　浙江 B 电厂 7 号机组 1、2 号轴振测试系统故障分析诊断（本案例由浙江省电科院童小忠、吴文健等人完成）

1. 概况

国电 B 电厂三期 7 号机组为上海汽轮机有限公司与德国西门子公司合作生产制造的

1000MW 超超临界、中间再热式、四缸四排汽、单轴、凝汽式汽轮机。

7 号机组整套启动试运期间，主机投盘车后，在 VM600 系统（瑞士 Vibro-Meter 公司开发的 TSI 系统）中 1、2 号瓦轴振动一直波动，波动的周期性和规律性非常明显，振动值也较其他同类型机组高，4 月 8 日 360r/min 停留时间很短，9 日在 360r/min 暖机约 1h，每次停机后回到盘车转速晃度就比原来盘车转速下晃度大，见表 9-19。

4 月 8 日，怀疑盘车回转装置影响 1 号瓦振动测量，检查回转设备，无异常。4 月 9 日冷态开机至 360r/min 定速暖机，1 号轴振动持续爬升，1 号瓦振没有任何变化，但因轴振已大于 200 μm，且仍未稳定，不得已停机。

表 9-19	几次盘车转速晃度			(μm)
日　　期	1X	1Y	2X	2Y
4 月 7 日	89	26.5	57.7	69
4 月 8 日	116	40.6	78	70
4 月 9 日	216	143	78	70

2. 振动原因分析与确定

综合这几次的振动测试，1 号瓦 X、Y 方向轴振有如下振动特征：

（1）盘车时 1 号轴振晃度就比较大，频谱分析显示就有谐波分量，但 1 号瓦振仅为 0.3mm/s，频率正常。

（2）360r/min 定速，频谱显示有 1X～30X 倍频的丰富谐波分量，如图 9-24 所示，谐频类似梳子，谐波分量分布广且平坦。频谱图上整体噪声、干扰比较小。

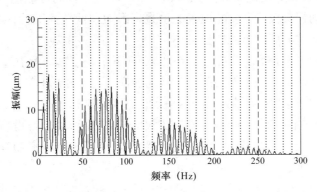

图 9-24　B 电厂 7 号机组 1X 振动异常频谱图

（3）时域波形存在两个向下的尖峰，如图 9-25 所示。

（4）盘车状态下的间隙电压基本不变。

（5）4 月 9 日，定速 360r/min，1 号轴振持续爬升，未见稳定值，振动爬升过程，所有频率成分的幅值都在增加。

（6）盘车状态 1 号顶轴油压波动，8 日油压为 6～7.5MPa，9 日油压波动为 0.5MPa，而 6 号机组 1 号顶轴油压波动约 0.20MPa。关闭盘车电磁阀，转速下降至 2r/min，晃度

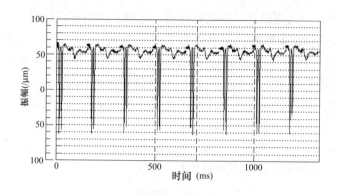

图 9-25　B电厂 7 号机组 1X 振动异常时域图

仍然波动，频率变缓。降低 1、2 号瓦顶轴油压到零，晃度波动和频率无改变，可以排除顶轴油系统油膜不稳定引起的干扰。

（7）几次开机后，1 号轴振就增大，表明转子膨胀对振动有影响；10 日上午，缸温由 275℃下降到 240℃，1 号轴振由 216 μm 下降至 190 μm。

2 号轴振频谱图和时域图与 1 号轴振相似，2 号轴振振幅较 1 号轴振小很多，在定速暖机时，未出现轴振爬升现象，2 号瓦振也比较小，仅 0.2mm/s。

由于轴振大、瓦振小，且时域图上存在冲击现象，怀疑轴振动测试系统存在问题，分别从测量物体表面、测量探头、电涡流振动探头的安装、测量回路分析。首先，怀疑被测表面存在凹槽或锈斑等影响振动测量的部件，但在定速后，1 号瓦轴振持续爬升现象无法解释。对 TSI 机柜接地干扰进行检测无异常，更换 1X、3X 通道，振动没有变化，说明前置器至振动 VM600 框架的测量回路无问题，排除电气干扰的可能性。不能排除振动探头故障，特别是振动探头校验和安装位置的检查，因为在低转速下就存在这么大的振动，需要很大的激振力，这方面的可能性比较小。

为了验证 1 号轴振是否为真实振动，4 月 10 日下午，解体 1 号瓦上瓦盖，对 1 号轴颈架百分表测量晃度，加装涡流探头测量 1 号瓦轴振。当 1 号瓦上瓦盖一揭开，立即发现 1X、1Y 电涡流探头安装太靠近轴颈端面（电涡流探头安装位置应有 15mm 见方的圆柱体空间），1X 探头与转轴端面仅 5mm，1Y 探头仅 8mm。在轴颈处架设新涡流探头，未发现如图 9-25 的冲击现象，晃度也显示轴颈没有跳动，说明 1 号瓦振动异常是由于探头与轴颈端面安装间隙过小。

涡流传感器固定支架太短，探头与侧面间隙过小，超过探头安装要求的限值，造成探头产生的磁场受到侧面金属壁影响，在大轴被测量面和转轴端面都产生电涡流，反映到测量值表现为振动值偏大。

振动随转子膨胀爬升的原因是探头与膨胀后的端面越来越近。

3. 小结

由于 1 号轴承涡流传感器安装位置不正确，导致测量轴振出现虚假数值，特别是定速下振动爬升现象，对正确判断原因起了干扰作用，而未能正常开机。2 号轴承也存在类似电涡流传感器端面间隙过小的问题，但其振动幅值不是很大。采用涡流传感器进行振动测量时，安装位置必须正确。

案例 9-6 浙江 N 电厂 6 号机组 1 号轴振动波动分析（本案例由浙江省电科院童小忠、吴文健等人完成）

1. 概况

N 电厂 6 号机组是上海汽轮机有限公司与德国西门子公司合作生产制造的 1000MW 超超临界、中间再热式、四缸四排汽、单轴、凝汽式汽轮机。轴系布置结构图如图 9-26 所示。

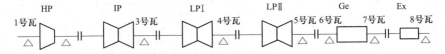

图 9-26　1000MW 机组轴系布置结构图

6 号机组自投产以后，带负荷运行中高压转子的 1 号轴振经常会出现突发性爬升、波动，威胁机组安全运行。

振动数据见表 9-20～表 9-22（TN8000 采集）。

表 9-20　　　　　　　6 号机组高、中压转子振动数据表

［通频／一倍频幅值／一倍频相位：μm/μm/(°)］

时　间 测　点	2009.12.14 11:30	2010.01.04 05:00	2010.01.04 05:30	2010.01.04 06:00	2010.01.04 06:30
工况	1034MW	503MW	506MW	586MW	687MW
1X 轴振	91/88/246	138/132/307	145/139/310	195/183/297	170/163/306
1Y 轴振	62/54/6	82/75/56	82/75/56	127/123/45	106/103/53
2X 轴振	75/63/54	81/75/56	81/75/65	73/65/58	77/66/61
2Y 轴振	47/39/195	51/44/201	51/44/201	40/33/206	44/37/201
3X 轴振	113/108/133	101/95/125	101/95/125	95/90/130	99/94/128
3Y 轴振	16/13/177	19/16/154	19/16/154	15/12/167	18/14/165

表 9-21　　　　　　　6 号机组高、中压转子振动数据表

［通频／一倍频幅值／一倍频相位：μm/μm/(°)］

时　间 测　点	2010.01.04 09:00	2010.01.04 09:32	2010.01.04 10:30	2010.01.05 06:10	2010.01.05 06:42
工况	1000MW	957MW	985MW	702MW	703MW
1X 轴振	146/131/278	147/138/277	156/143/265	185/174/304	195/182/299
1Y 轴振	78/69/38	77/70/38	88/82/36	97/94/73	108/103/69
2X 轴振	74/68/51	85/73/58	81/74/57	84/77/67	87/78/66
2Y 轴振	49/42/191	58/49/195	54/46/190	55/49/196	54/47/197
3X 轴振	109/102/128	110/103/130	109/103/126	108/102/132	108/103/132
3Y 轴振	18/15/167	20/16/168	19/16/165	20/17/161	20/17/162

表 9-22   **6 号机组高、中压转子振动数据表**

[通频/一倍频幅值/一倍频相位：μm/μm/(°)]

时间 测点	2010.01.05 07:06	2010.01.05 07:19	2010.01.05 07:42	2010.01.05 11:31	2010.01.05 12:04
工况	800MW	900MW	997MW	954MW	950MW
1X 轴振	198/183/298	201/191/282	141/126/273	126/106/264	98/92/253
1Y 轴振	104/100/60	112/106/55	79/70/142	63/46/25	54/46/3
2X 轴振	82/73/65	86/75/64	84/77/57	90/84/60	82/80/57
2Y 轴振	52/44/200	50/43/197	55/47/193	66/58/194	62/53/193
3X 轴振	113/105/130	113/106/166	114/108/130	116/110/129	115/109/131
3Y 轴振	20/16/168	19/16/166	18/15/165	18/15/161	17/14/161

机组 2010 年 1 月 1~5 日 1、2、3 号瓦的轴振、瓦振、负荷、轴封汽参数的变化趋势如图 9-27～图 9-29 所示。

根据表 9-20～表 9-22，图 9-27～图 9-29，1 号瓦振波动较大，1 号瓦 DCS 合成轴振动数值由 75 μm 变化至 125 μm，瓦振由 1.5mm/s 变化至 2.5mm/s。根据 TN8000 的振动数据，1 号瓦轴振在 95～201 μm 之间波动，以一倍频为主。

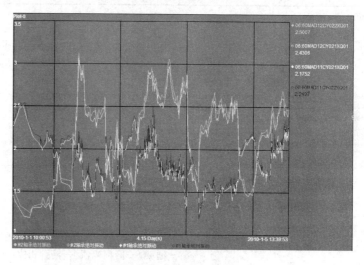

图 9-27   1、2 号瓦振随时间变化曲线 (2010.1.1～5)

2. 1 号瓦振大原因分析

从图 9-27～图 9-29 可知，1 号机轴封汽温度变化大时，1 号瓦振波动大；当轴封汽参数较稳定时，1 号瓦振逐渐减小。因此，1 号瓦振波动的原因可能为：

（1）轴封汽温度波动引发的高压转子与静子部件的轻微碰磨。

（2）1 号瓦在运行中稳定性逐渐变差，进汽参数、轴封进汽参数变化时 1 号瓦轴振出现大幅波动。

3. 检修发现的问题

2010 年 2 月检修，发现 1 号瓦进油管存在错口，校正到设计位置；同时，将 1 号瓦垫高 50 μm，以提高稳定性。

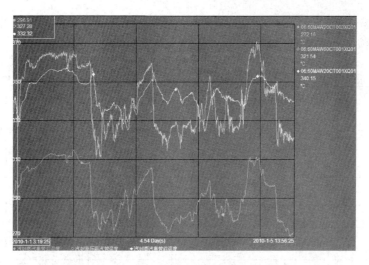

图 9-28 1、2 号瓦轴振随时间变化曲线（2010.1.1～5）

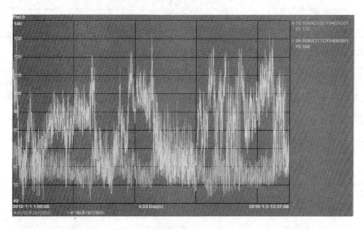

图 9-29 6 号机组轴封汽参数随时间变化曲线（2010.1.1～5）

检修结束后，2010 年 2 月 28 日开机，1、2 号瓦轴振、瓦振数据见表 9-23。

表 9-23 2010 年春节临修后 1、2 号瓦振动

工况\测点	2010.03.01 11:08	2010.03.04 11:08	2010.05.02 11:08	2010.07.01 8:36	2010.07.06 16:46
	500MW	1000MW	581MW	1030MW	850MW
1X 轴振	43/33/235	74/66/230	102/98/231	126/115/256	130/120/259
1Y 轴振	72/65/5	58/50/350	102/93/30	86/77/28	85/80/59
1 号瓦振	1.3/0.9/194	2.1/1.7/204	1.7/1.3/206	2.2/1.9/183	1.8/1.4/197
2X 轴振	54/49/33	87/72/20	70/62/39	88/77/27	83/71/42
2Y 轴振	19/7/76	45/38/144	34/24/136	42/33/151	52/45/159
2 号瓦振	1.7/1.5/95	1.6/1.2/73	1.9/1.5/112	1.8/1.5/86	1.6/1.5/119

注 轴振单位为通频/一倍频幅值/一倍频相位：$\mu m/\mu m/(°)$。

瓦振单位为通频/一倍频幅值/一倍频相位：mm/s/mm/s/(°)。

根据表 9-23 的数据，1 号瓦的振动仍然较大，且存在爬升现象，2010 年 10～11 月的大修中，再次将 1 号瓦标高垫高 30 μm。开机过程中的振动数据见表 9-24。

表 9-24   2010 年 A 修后 1、2 号瓦振动

工 况 测 点	2010.11.13 14:15	2010.11.13 14:20	2010.11.13 21:08	2010.11.13 23:42	2010.11.15 16:33
	3000r/min	3000r/min	3000r/min	3000r/min	3000r/min
1 X 轴振	50/38/322	37/26/347	20/7/30	24/11/62	38/32/251
1Y 轴振	131/105/18	139/104/29	150/78/32	90/71/35	112/61/34
1 号瓦振	1.4/1.5/—	—	—	—	1.0/0.6/108
2X 轴振	91/62/25	108/78/30	100/73/38	86/59/44	85/64/62
2Y 轴振	47/22/64	55/29/71	59/34/120	52/24/111	60/38/159
2 号瓦振	2.0/2.0/—	—	1.3/1.1/270	—	1.9/1.7/291

注 轴振单位为通频/一倍频幅值/一倍频相位：μm/μm/(°)。

  瓦振单位为通频/一倍频幅值/一倍频相位：mm/s/mm/s/(°)。

根据表 9-24，1 号瓦振有波动，X 向轴振波动较小，Y 向波动较大，初步查明，Y 向探头前置器存在质量问题。同时，1、2 号瓦振一倍频较大，在高压转子 2 号瓦侧加重 0.31kg，逆转向 330°。开机后，6 号机组 1、2 号瓦振见表 9-25。

表 9-25   2010 年 A 修后 1、2、3 号瓦振动

测 点 时 间	工 况	方向	1 号瓦	2 号瓦	3 号瓦
2010.11.29 11:12	3000r/min	X	51/50/9	90/71/32	20/14/280
		Y	109/99/46	38/20/71	18/14/206
		瓦振	2.4/1.7/319	1.8/1.6/72	1.7/1.7/90
2010.11.29 11:40	3000r/min	X	56/55/30	90/71/43	20/15/80
		Y	115/109/61	38/17/77	18/15/197
		瓦振	2.0/1.5/336	1.8/1.6/86	1.9/1.8/58
2010.11.29 12:27	268MW	X	44/39/27	69/52/70	25/18/97
		Y	67/64/71	27/4/220	22/17/210
		瓦振	1.4/1.2/333	1.6/1.5/121	1.3/1.2/90
2010.11.29 19:26	500MW	X	47/40/12	42/23/70	23/21/79
		Y	66/63/55	32/16/20	19/14/178
		瓦振	1.3/1.0/317	1.6/1.3/137	2.3/2.2/78
2010.11.30 21:06	750MW	X	23/15/63	59/47/84	32/27/104
		Y	68/64/79	47/26/142	19/16/187
		瓦振	1.0/0.7/308	2.0/1.7/140	3.0/3.0/130

续表

时　间 ＼ 测　点	工况	方向	1号瓦	2号瓦	3号瓦
2010.12.1 08:34	1000MW	X	21/9/37	56/37/70	39/34/96
		Y	43/39/66	40/19/148	19/15/183
		瓦振	1.1/0.7/301	1.8/1.5/131	3.3/3.1/111
2010.12.1 09:10	1005MW	X	20/8/32	58/42/73	40/35/102
		Y	41/40/64	42/21/158	20/16/188
		瓦振	1.2/0.8/303	1.7/1.5/130	3.3/3.1/115

注　轴振单位为通频/一倍频幅值/一倍频相位：$\mu m/\mu m/(°)$。

瓦振单位为通频/一倍频幅值/一倍频相位：$mm/s/mm/s/(°)$。

表 9-25 显示，处理后，1、2 号瓦轴振分别为 68、60 μm，瓦振最大为 2.0mm/s，均为优秀，定速 3000r/min 时，1 号瓦轴振 110 μm，但并网后逐渐减小，最大 68 μm。原因为 6 号机组空负荷高压缸进气量较小，上下缸温差较大，高压转子发生轻微碰磨，并网后高压缸进气量增加，上下缸温差变小，碰磨消失。

4. 总结

N 电厂 6 号机组 1 号瓦振动波动表明：

（1）标高偏低是引起 1 号瓦振动波动的原因之一，适当提高 1 号瓦标高，可提高 1 号瓦稳定性。

（2）1 号瓦的进油管容易发生错口，使进油出现脉动，这也是导致 1 号瓦振动波动的另一个原因。

（3）采用动平衡降低 1 号瓦轴振，是解决 1 号瓦轴振波动的一个可选方法。

案例 9-7 贵州 T 电厂 1 号机组材质缺陷的振动分析与处理

1. 机组简介和振动异常情况

T 电厂 1 号机组系哈尔滨电气集团生产超临界 600MW 机组，轴系结构如图 9-30 所示。

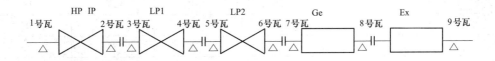

图 9-30　600MW 机组轴系结构

2012 年 7 月 5 日，锅炉辅机系统异常导致炉膛负压波动大，MFT 动作跳机。13:02，汽轮机挂闸冲转，转速 1473r/min 时 1 号瓦 X 向轴振 234 μm、2 号瓦 Y 向轴振 256 μm，轴振保护动作跳闸；13:10，汽轮机第二次冲转，转速升到 1482r/min 时 2Y 250 μm，保护动作跳闸；13:42，第三次冲转，转速 1490r/min 时 1X 250 μm，动作跳闸；13:53，再次冲转，暖机 1h 升到 1500r/min，1X 250 μm，动作跳闸。

此后，T 电厂放大振动保护限值，才使得机组到 3000r/min 定速。

2012 年 7 月 20 日 18:22，由于发电机励磁故障机组跳闸，降速过 1541r/min 时 1、2 号轴振最大 291μm，而后重新挂闸升速，1541r/min 时 1、2 号轴振最大 288μm。

2013 年 3 月 3 日机组升速至 1530r/min，1X423μm，1Y303μm，2X301μm，2Y370μm。

2013 年 4 月 9 日机组降速至 1466r/min，1X 超过表计量程（500μm），1Y414μm，2X298μm，2Y388μm。

2. 振动原因分析

查阅历史数据发现，该机振动异常并不是 2012 年 7 月 5 日才出现，自 2012 年 4 月 5 日调试启动以来，高中压转子过临界振动一直在恶化之中，过临界振动数据变化如图9-31 所示，只是 7 月 5 日机组因过临界振动大定速困难才引起电厂关注。

调取机组自 5 月 4 日带负荷以来的数据，高中压转子振动也一直在恶化。表 9-26 为取同一负荷点，振动稳定时的数据。

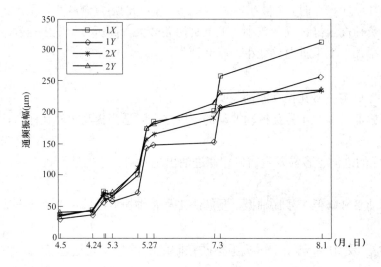

图 9-31　机组调试启动后 4 个月内高中压转子过临界振动数据变化

表 9-26　　　　　　　　　高中压转子带负荷振动情况

日期	负荷（MW）	1X（μm）	1Y（μm）	2X（μm）	2Y（μm）
2012 年 5 月 4 日	450	50	34	19	18
6 月 4 日	420	60	69	43	19
6 月 11 日	450	70	64	39	19
7 月 4 日	451	97	94	66	45
7 月 5 日	450	87	85	66	36
7 月 13 日	450	109	89	52	32
7 月 29 日	447	113	101	52	30
2013 年 4 月 9 日	400	178	154	80	59

高中压转子振动变化过程中，轴振和瓦振同步变化，相邻转子振动也随之有变化，可以排除数据采集系统异常的可能。机组投产初期定速和带负荷振动较好，说明转子原始质

量平衡是好的。运行中虽然出现了长期性的振动缓慢爬升，但是在升降速和带负荷时，振动变化均以一倍频为主要增量，二倍频没有变化，且振动特征主要表现为临界转速振动大。转子进行过探伤，排除转轴裂纹可能。转子位置测量和现场观测也排除了基础下沉的可能。

该机带负荷运行中，高中压转子两端轴承振动主要呈现同相成分。转子一阶不平衡质量如此之大，可能原因有较大质量部件脱落或转子弯曲。查看历史数据，没有发现它的幅值和相位有过突然变化，都是渐进的，因此排除部件飞脱。转子弯曲分为临时热弯曲和永久弯曲。临时热弯曲又包括转子材质不均、局部受冷、中心孔进油、动静碰磨、套装部件紧力不足，冷却不均匀、部件热位移等情况。根据 1 号机组情况，全面分析后，判断转子发生了永久弯曲。这个结论从转子偏心记录也可以得到证实，见表 9-27。

表 9-27　　　　　　　　　　　　　1 号机组偏心变化

日期	时间	偏心值（μm）	日期	时间	偏心值（μm）
2012 年 4 月 6 日	04:49	103	6 月 29 日	19:49	129
5 月 17 日	04:24	108	9 月 2 日	11:30	146.5

机组基建阶段，主油泵小轴在现场曾意外摔落，使转子初始偏心即达 103 μm，但在调试启动后 5 个月内增加了 43 μm。

机组调试以来的数据显示，带负荷后振动增幅加快，带大负荷后进一步加快；同时，转子临界转速振动从第一次启动时的 40 μm 逐步发展到后来需要提高保护动作值才能启动成功，体现了与时间以及转子温度的相关性，与操作、启停无关，这符合材质缺陷的特征，转子发生了永久弯曲。

电建单位人员在原因分析会上认为他们的每一项工作都是按照标准进行，且都在业主监督之下，故障应该从运行或设备本身去找原因；电厂运行人员认为除了因生产需要不得以提高临界振动保护动作值，其他都是按规程要求操作，也没有发现运行上的其他异常操作；制造厂人员认同转子发生了永久弯曲，认为动静摩擦是导致转子弯曲的可能原因，不排除材质原因但可能性小，认为国内外合金钢冶炼技术、锻造技术以及热处理工艺已经相当成熟。制造厂人员的不排除是因为他们也承认本身有过材质缺陷导致转子振动恶化，甚至最终报废的先例。

值得注意的是，国内多台哈尔滨汽轮机厂生产的同型机组出现过类似振动现象。

制造厂提到的动静摩擦，在恶性发展时确实会有使转子弯曲的可能。动静摩擦常表现为振动的快速爬升和波动两种现象，而塘寨这台机组在短期（3、4 天）内振动基本稳定，升降速也有很好的重复性，振动爬升的速率和碰磨是不相符的。另外，动静摩擦发生后间隙应当逐渐磨开，振动好转，但这台机组表现出的是振动逐步恶化。

从验证角度，转子永久弯曲在揭缸后可以通过测量直接确认。但是，碰磨有时候是振动的原因，有时候是结果。如果揭缸后发现高中压转子存在碰磨，会给从直接证据上寻找原因带来干扰。

3. 振动处理

（1）现场动平衡。2012 年 9 月，考虑到工期因素以及机组带负荷振动在合格范围，电厂决定维持机组正常运行，等待检修机会处理。

2013 年 4 月，利用小修机会对机组进行了动平衡处理，选择高中压转子跨中平衡螺孔作为加重位置，加重 2kg，加重前后振动数据见表 9-28。

表 9-28 　　　　　　　　　　加重前后高中压转子振动情况对比　　　　　　　　　　（μm）

加重前、后	工况	1X	1Y	2X	2Y
加重前	过临界	＞500	414	298	388
加重后	过临界	220	151	193	211
加重前	500MW	175	151	77	58
加重后	500MW	68	59	41	34

通过一次加重，高中压转子临界转速振动回到保护动作值以下，带负荷振动达到优良水平。从动平衡结束到大修的 9 个月时间内，高中压转子过临界振动略有增大，但也在 300 μm 以内，发展速度明显变缓，确保机组可以安全运行。

（2）转子返厂检查以及处理情况。2014 年 1 月底 1 号机组大修，揭缸后未发现高中压转子有明显磨痕，测量发现高中压转子发生永久弯曲，最大弯曲处跳动 170 μm。

大修期间转子返厂，制造厂将转子车加工后做动平衡，高中压转子电端加重 396g，调端加重 983g，中间位置加重 1571g，电端联轴器加重 141g。

大修结束启机，该机振动都回到优良范围。自大修后，高中压转子振动基本没有再发展，运行平稳。

4. 小结

（1）虽然目前大型机组转子的冶炼和锻造技术确实已经很成熟，但由于锻件生产周期短，质量控制不严，仍有个别转子锻件毛坯材质出现质量问题。通常情况，毛坯锻件应放在室外较长时间进行释放残余热应力的时效处理，或在恒温炉内进行退火使得残余内应力降至合理范围，然后再机械加工。据了解，T 电厂 1 号机组高中压转子系国内某机械公司制造，近年生产任务非常繁重，产品热处理可能存在一些不足。

（2）对于材质缺陷引起高中压转子弯曲的情况，可以在现场尝试动平衡处理，考虑到大振动带来动静碰磨的风险（尤其是启停频繁的机组），应尽早实施动平衡，具体加重时应优先考虑跨中位置。

（3）考虑到现场加重部位和加重量值的限制，对于弯曲度较大的转子，返厂处理是一种更好的选择。

案例 9-8 华能 I 电厂 4 号机组莫顿效应实例

1. 概况

旋转机械的多种振动故障各自有不同的内在机理、表现特征、分析方法以及处理措施。时至今日，人们对绝大多数故障的机理都已经掌握，但现场仍有一部分异常振动无法找到已知的故障与之对应，从而延误诊断和处理，其中同步振动的失稳和波动是典型的一类。这类故障表现为突发性一倍频振动或一倍频振幅、相位随时间波动，特征与动静碰磨类似，却又找不到碰磨点。

华能 I 电厂 4 号机组是引进的西屋公司生产的 350MW 亚临界机组，轴系由高中压、低压、发电机转子和励磁机转子组成，各转子间刚性对轮连接。1~6 号轴承为可倾瓦轴承，7 号轴承是固定瓦块轴承。励磁机转子全长 4848mm，重约 10.35t，与发电机转子组成三支撑结构，副励呈外伸端。轴系布置结构图如图 9-32 所示。

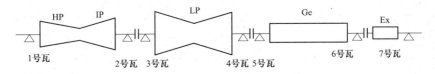

图 9-32 4 号机组轴系布置结构图

2. 振动异常现象简况

本书作者在对该机组 7 号轴振进行临界转速振动现场动平衡中，发现一个异常现象，7 号轴振降速的临界转速振动远大于升速，且该现象重复性很好。升速过程 2~5 号瓦最大轴振小于 70 μm。励磁机 $7Y_a$（Y 向绝对轴振）最大为过临界转速 1920r/min 时 105 μm，励磁机其余各测点均小于 80 μm。过 960r/min 左右时，励磁机各测点呈现较大的 2X 共振峰。降速过临界转速 6、7 号轴振明显高，1999 年 8 月 13 日测得降速过程 1896r/min 时 $7X_r$、$7Y_r$ 和 $7Y_a$ 分别达到 278、325、413 μm。

经过 1999 年 10 月两次平衡，冷态启机升速过程，6、7 号瓦的临界转速振动小于 50 μm，已经达到最好程度。定速、升负荷和满负荷，6、7 号轴振也在合同规定限值之内，但降速时临界转速振动仍然很高，是升速时的 10 倍之多，如图 9-33 所示。

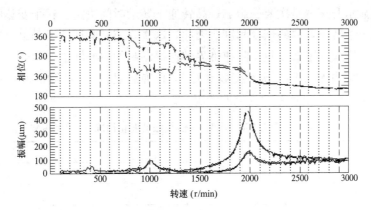

图 9-33 冷态启机试验升降速测点 $7Y_a$ 波特图

3. 专项试验结果

为进一步判断原因，专门安排了试验：机组冷态冲转，升速到 2900r/min，不停留，立即打闸，观察惰走时临界转速振动。试验的目的是比较转子在 2900~3000r/min 停留时间长短对降速临界转速振动的影响，以确定振动原因。

测得的励磁机各测点升降速临界转速振动见表 9-29。

表 9-29 励磁机振动试验各测点升降速临界转速振动

[通频/一倍频幅值/相位：μm/μm/(°)]

工况	$6X_r$	$6Y_r$	$6Y_a$	$7X_r$	$7Y_r$	$7Y_a$
升速 1920r/min	40/18/127	43/18/24	53/21/18	34/13/81	35/16/350	40/15/342
降速 1920r/min	102/90/89	132/110/1	131/111/0	141/126/83	61/156/71	201/190/0
再升速 1920r/min	5435/88	70/43/356	69/45/354	69/50/62	79/61/349	90/70/341
热态降速 1920r/min (通频：μm)	—	169	—	208	271	397

4. 当时的分析意见

这次试验升速在 2900r/min 仅停留了 5min，就使得升降速临界转速振动产生如此大的差别。在这样短的时间内使励磁机转子出现大的第一阶不平衡质量的一个最合理的解释就是碰磨。碰磨使转轴局部受热，出现弯曲，使原本已经平衡得很好的转子产生了新的第一阶质量不平衡，造成降速临界转速振动高。这个新产生的第一阶不平衡质量不可能立即消失，进而使得随后的惰走过程临界转速振动高于冷态启机时的振动。如果转子在 3000r/min 停留时间增长，降速时的临界转速振动还会高。

几次打闸惰走过程，1920r/min 时 $7Y_a$ 均为 400 μm。同样，如果降速到零转速并经过较长时间盘车，升速时的临界转速振动会小。

上述情况说明，临界转速振动的大小很大程度上取决于时间。虽然它和升速率有一些关系，但数据显示升速率是次要的影响。高转速下转动时间决定了转子变热的程度，盘车的时间长短决定了转子弯曲的恢复程度。因此，这次降速试验证实了励磁机转子存在碰磨的可能性较大，它应该是造成热态降速临界转速振动高的主要缺陷。

表 9-30 是励磁机转子第二次平衡后 8 月 17 日晚启机，19:06 到 3000r/min 定速后的 2h，测点 $7X_r$ 和 $7Y_a$ 一倍频振动变化的情况。

表 9-30 测点 $7X_r$ 和 $7Y_a$ 一倍频振动变化情况 [一倍频振幅/相位：μm/(°)]

时间	$7X_r$	$7Y_a$
19:06	13/18	22/357
19:30	5/30	5/84
21:04	4/196	4/188

数据表明，定速后 30min，振幅减小到 1/3~1/6；经过 2h，相位变化约 180°。正是这种变化，使得第一阶不平衡量已经很小的转子出现了新的第一阶不平衡量，从而降速过程临界转速振动非常高。

5. 用莫顿效应的解释

根据经验，造成振幅和相位出现这种变化的最可能的原因是动静碰磨。由此产生的往往是第一阶质量不平衡，其后果的最显著表现是降速过程过第一临界转速振动比升速时的大。

通常情况，造成励磁机振动过临界转速冷态开机较小，热态停机大的另一个可能的原因是转子上存在可移动部件，如槽楔、线棒等。转子达到高转速时这些活动部件由于离心力的作用向外移动，降速过程它们不能立即复位，造成临界转速振动高。待转速为零，经过一定时间的盘车，活动部件复位，再次启机过程临界转速振动正常。

该转子曾返回制造厂做过高速动平衡，但回装后，仍然存在降速临界转速振动过大的现象，不得不又进行了现场动平衡。

其后利用检修机会，仔细检查了可能产生动静碰磨的部位，没有发现任何碰磨的痕迹；没有发现转子上存在可移动部件，也没有发现励磁机转子或支撑系统其他紧固件松动。对数据的进一步详细分析表明，7号轴振这种异常来自发电机转子振动影响的可能性应该排除。

只是在对励磁机转子更全面的现场动平衡之后，该现象征兆有所减轻。

现今，只有利用莫顿效应才可以较好地解释这台励磁机的异常振动。7号轴承后是外伸端，质量重；一倍频振动异常，降速临界转速振动远大于升速；低速盘车后再升，临界转速振动正常；3000r/min时发现7号轴振振幅相位明显变化；最后，又始终找不到碰磨点。综合所有这些情况，一个最合理的解释就是轴颈发生了热弯曲，导致外伸端对轴振产生影响。

6. 国外关于莫顿效应研究进展情况

1994年，荷兰的F. M. de Jongh和英国的P. G. Morton发表了一篇关于海上起重机的天然气压缩机同步振动失稳的研究报告，描述了出厂升速试验中出现的突发一倍频振动，减轻对轮质量的处理过程，以及其后在类似转子上进行的轴颈温度测试试验，最终确定故障是滑动轴承中油膜的黏滞剪切能量造成了轴颈表面出现一个"热点"，与这个热点对应的直径方向上存在温度梯度，导致轴颈圆周产生温差，最终造成轴颈临时性热弯曲，振动增大。虽然之前已有类似现象的报告发表，但莫顿的文章是首次发表的最详细的试验研究结果，其后该现象被命名为"莫顿效应"。

P. G. Morton在20世纪70年代已经有文章注意到发电机和燃机上出现的这种振动的热不稳定现象；P. G. Morton和Hesseborn分别在1976年和1978年设计并进行了相关试验；Schmied1987年首次提出这种现象可能来自滑动轴承润滑油膜的假设；1993年，Keogh和P. G. Morton初次明确了在滑动轴承中可以存在由于油膜黏滞剪切产生的轴颈温差导致的热弯曲。1994年，de Jongh和P. G. Morton发表了对一台离心式压缩机同步振动失稳的处理和详细试验及结果。该压缩机额定最高连续工作转速11 947r/min，离厂前的升速试验9000r/min以下非驱动端（外伸段）轴振很小，升至11 000r/min振幅和相位波动，进一步升到11 400r/min振动急剧爬升，降至10 000r/min后3min振动恢复，测试同时表明振动为二阶振型。

进一步的工作排除了故障源于大不平衡的可能，排除了油挡和汽封动静碰磨的可能，却发现减轻外伸端质量，振动有明显改善。同时，测试数据以及振动爬升、延迟时间给出了存在某种热作用的启示。为确定真正原因，Morton在试验转子上进行了轴颈温度测试，结果表明，10 500r/min 振幅为轴承间隙的 8%，轴颈表面温差 3℃左右，被称之"热点"的温度最高点略滞后于同步涡动的高点，且相位差随转速变化。升到 11 500r/min，振幅以每分钟 15% 轴承间隙的速度爬升，轴颈表面温差同时增大，振幅达到间隙 30%，降到 10 500r/min 约 2min 后，振幅、相位和轴颈温差恢复到爬升前水平。试验中还发现，转速提升到 13 600r/min 振动又变得稳定，在其附近又重建热和振动的稳定区。

从 1994 年至今，莫顿效应越来越引起领域内的关注，国外有多人从理论、数值模拟计算分析和实例研究等方面发表了研究报告。1997 年 Faulk 报告了一个径向流外伸端透平发生同步振动失稳后的处理过程；1998 年 de Jongh 和 van der Hoeven 利用莫顿理论和试验数据，首次计算了热弯曲轴颈不平衡质量分布和振动响应，他们用试验数据建立轴颈截面的温度分布，得到的复增益向量作为稳定性判据；2000 年 Kirk 对热弯曲模型转子采用轴颈表面温度分布的能量方程计算外伸端的不平衡，得到发生失稳的界限不平衡量，计算表明热稳定区域有时是不连通的，此外，计算结果表明减轻外伸端质量可以明显提高失稳转速阈值。

7. 莫顿效应的机理和转子动力学特征

转子运动由自身转动和绕静态平衡点的涡动两部分组成。无论是正向还是反向同步涡动，转速和工况不变的条件下，轴颈表面上一点（即"高点"）较之表面上其他点会始终距离轴承内表面最近，轴颈温度梯度的生产如图 9-34 所示，每转一周，这个点会以最小高度掠过油膜最薄处，也即黏性剪切力最大、油膜黏滞能量最大处，由此使该点温度较之轴颈圆周表面其他处高，它被简称为"热点"，同时，热点对应直径方向的另一端点始终距轴承内表面最远，使其温度相对较低，这样，在该直径方向上产生一个温度梯度，两端温差造成轴颈发生热弯曲，最终导致振动发生变化。

莫顿效应振动的机理与动静碰磨类似，都是转轴的单侧受热引起热变形。其后，热弯曲产生的不平衡质量和转子上原始存在的、固定的不平衡质量合成，使高点逆转，振幅相位随之变化，同时热点也会逆转，形成新的弯曲点并产生新的临时性不平衡质量，它与原始不平衡质量再合成，又使高点进一步逆转，直至高点转动一周，然后开始新的循环。

试验已经证明，由于热延迟，热点滞后于高点（见图 9-34 中 α），且这个相位差随轴承形式、转速、负荷、回油温度等变化；高点、热点转动的同时，振动矢量也转动。在 Marsche 研究的一个压缩机双外伸端转子莫顿效应中，曾测得热不平衡质量在一个周期中变化了 360°，而系统振动响应相位变化了 60°左右。轴表面温差造成的热弯曲会进一步导致轴颈与轴承间隙减小，温差加大，热弯曲加剧，振动随之增大。Balbahadur 和 Kirk 对实例的研究发现，高转速、小轴承间隙、低润滑油温、小偏心率、大的振动幅值、热力不平衡质量与原始不平衡质量之间小的夹角等，易于产生莫顿效应的同步振动失稳。

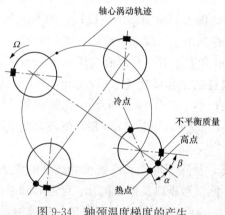

图 9-34　轴颈温度梯度的产生

8. 莫顿效应同步振动失稳和波动的诊断与处理方法

莫顿效应一般发生在滑动轴承支撑的外伸端转子上。

它的表现有以下特点：

（1）莫顿效应造成的同步振动失稳与转速关系密切，造成的同步振动波动表现为有限振幅的周期性。

（2）外伸端质量对振动有明显影响，质量加减可以造成莫顿效应的加剧或减轻。

（3）莫顿效应同步振动波动在极坐标图上表现为一倍频振动的环形曲线，幅值和相位均为周期性，周期从数分钟到数小时。

（4）对于波动性的非稳定同步振动，通过改变油温可以较显著改变振动周期和振幅，这对于现场诊断有重要意义。

（5）莫顿效应和动静碰磨故障有类似机理，从轴心轨迹图和极坐标图上可以分辨二者。碰磨的非线性使得振幅、相位的重复性差，在极坐标图上表现为一簇略离散的圆环，莫顿效应的线性使得极坐标图上圆环呈现较好的重复性。

莫顿效应诊断过程中有两点必须予以特别的注意，一是注意和碰磨的区别；二是注意对于一个稳定运转的转子，滑动轴承油膜状态的变化会造成油膜刚度阻尼改变，最终后果同样也是振动的变化。在确定振动根本原因来自莫顿效应之前，应该先有充分依据将其排除。

莫顿效应振动失稳的处理有如下措施：改变轴承几何参数，减小轴承长度，以抑制轴颈表面形成大的温差；对轴颈材料进行改良，提高轴颈导热性能，减小温度梯度；有人做过各种运行参数和莫顿效应相关性的试验，结果表明提高油温能使莫顿效应得到明显改善。

第十章

现场动平衡

第一节　动平衡的基本知识和理论基础

一、转子质量不平衡产生的原因

转子质量不平衡是引起发电设备旋转机械振动的最常见原因。理论上，转子的理想平衡状态是惯性主轴与转动轴线重合，但这在实际中不可能做到。因此，由于两者不重合产生的离心力和力矩必然存在，并作用在转子和支承系统上，过大的不平衡量可以导致转子、轴承以及基础大幅值的振动和作用力，超过一定的限度，会造成转子或支承系统的损坏，甚至造成轴系断裂的灾难性事故。

转子上的不平衡质量来自制造和检修两个方面。转子在制造厂或在现场机加工过程中，由于机床的精度和人为操作的原因，不可避免地会使转轴的同心度存在径向误差；另外，叶片装配时对称位置叶片的质量不均、叶轮或护环套装时轴线不正而套偏等，同样会造成转轴的质量不平衡。

运行中的旋转设备轴系，也会由于种种原因出现质量分布发生恶化的情况，进而造成振动的增大。常见的原因有：

(1) 运行中叶片、围带或拉金断裂飞脱、平衡块飞脱。

(2) 转子部件磨损或松动引发的局部质量径向位移。

(3) 径向或轴向动静碰磨引起的转轴热变形。

(4) 转轴残余应力随时间的释放导致的转轴弯曲。

(5) 叶片或叶轮的不均匀腐蚀。

(6) 对轮连接状态变化次生的质量分布变化。

(7) 轴系受外界冲击扰动，如非同期并网，导致部件径向位移等。

(8) 运行操作不当，汽缸进水、进冷空气，造成的转子热弯曲。

为减小质量不平衡产生的高的一倍频振动，现场高速动平衡是最有效的常规处理手段。

旋转机械转子上存在的不平衡质量可能是在一定的轴向长度范围内连续分布，如轴弯曲形成的质量不平衡，也可能是集中分布，如叶片断裂，在断裂叶片对面局部位置即存在一个集中的不平衡质量。

无论不平衡质量以哪一种形式存在，实践中都无法对它进行直接测量，不能直接确定它在转轴上的位置、大小与分布形态。因为这种不平衡质量通常只有数百克，最多数千克，相对于数十吨重的转子微乎其微，只有在高转速下才能以振动的形式表现出来，因此，确定不平衡量最有效的方法就是通过振动测量来间接地做出判断。即使如此，也只能推断出来存在着哪一阶不平衡或不平衡质量的笼统部位，不可能给出准确的轴向位置。因而，动平衡所加重的质量块与转轴原始存在的不平衡质量的轴向位置可能一致，也可能相差甚远，但只要新添加的质量块产生的振动与原始不平衡质量产生的振动相抵消，就达到了加重平衡的目的。

二、刚性转子和挠性转子

从动平衡的角度，转子分为刚性转子和挠性转子两类。

就平衡而言，如果转子最高工作转速与该转子的第一临界转速之比小于 0.7，转子被认为是刚性转子；大于 0.7，则是挠性转子。例如，转速为 3000r/min 的汽轮机组，如果某轴段的临界转速为 4500r/min，是刚性转子；如果临界转速为 1650r/min，应该属于挠性转子。

对刚性转子，在低于它的第一临界转速 0.7 倍转动时，由振动造成的转轴挠曲变形很小，可将转子的形状视为在整个变转速范围内始终保持不变。这时，转子不平衡力主要来源于由于不平衡质量偏离转子转动轴线而存在的质量偏心，这个偏心距在整个转速变化范围内是不变的。对于这根转子，不平衡质量产生的离心力只与转速平方成正比，因此刚性转子在任一转速点，利用施加加重块的方法抵消了偏心质量，做好了动平衡，在工作转速范围内的其他转速点也将都是有效的。如一台风机，工作转速是 900～1400r/min，它的临界转速 2120r/min，最高工作转速与临界转速之比是 0.66，属于刚性转子。理论上，对这个转子在 900r/min 进行平衡加重使振动降到了零，其后升速到 1400r/min，振动同样应该也是零。当然，实际中由于测试精度和加重精度等问题，1400r/min 的振动不可能绝对如此。

挠性转子与刚性转子不同，它的轴线形状要随转速变化，变形的形状取决于与它的工作转速接近的临界转速的阶数，变形的大小取决于两者靠近的程度，挠性转子的这种形变特点，决定了它不平衡振动的规律和动平衡的复杂性。

同一根转子，可以划归为刚性，也可以划归为挠性，具体是那一种，取决于它的工作转速和临界转速。

一个特定的转子划归于哪一类，仅关联到它的动平衡方法，与除此而外的其他方面特性和性能毫不相干。就动平衡而言，刚性转子和挠性转子动平衡有不同特点。挠性转子工作转速高于临界转速，动平衡的目的首先是升速过程中转子的振动能够通过临界转速，然后是降低工作转速的振动。因此，对挠性转轴的动平衡必须考虑它沿轴线的挠曲变形，据此决定相应的动平衡步骤和方案。

三、挠性转子振动特点

挠性转子振动属于多自由度梁类弹性体的振动，从理论上了解并掌握它的振动特点，对更好地理解、使用动平衡方法会有帮助。

1. 挠性转子振动挠曲线的主振型

转子可以被视为由一串连续质点组成的轴线，如不计重力，这根轴线为直线。转动中的挠性转子，轴线上的各质点将由于振动偏离初始位置，形成一条空间曲线，即振动挠曲线。转子在第一临界转速转动时，这个挠曲线会呈现一个固定的形状，称之为第一阶振型；在第二临界转速转动时，挠曲线又会呈现另一种固定的形状，称之为第二阶振型；依此类推。转子在每一个临界转速对应的变形形状，即是主振型。

一个两端刚性铰支的圆截面等直转轴，第一阶振型是严格的半个正弦曲线，第二阶、第三阶振型分别是完整的准正弦、准余弦曲线。旋转机械转子和等直轴类似，振型形状也和等直轴相似，但不是严格的三角函数。

2. 转子的振动挠曲线随转速变化

如果转轴转速不是正好在临界转速，它的振动挠曲线由多个振型组成。例如，转子转速介于第一临界转速和第二临界转速之间，则它的振动挠曲线主要由第一阶主振型和第二阶主振型组成，同时还含有第三、第四阶等振型。如果转速发生变化，其振动形状也会随之改变。与刚性转轴不同，振动不是随转速的增加呈线性增大，而是组成它的各个振型做非线性变化，使得合成的振型表现为类似的非线性。如果转速变化到与某一阶临界转速相等，这时整个转子将变得只以与这阶固有频率对应的振型振动，其余各阶振型将不表现出来。

就转子轴线上的某一个特定点来看，转子转动后，由于振动，这一点会偏离原始直线上的位置，偏离距离不与转速的平方成正比，而是时大时小，呈非线性变化。

3. 不平衡量按主振型的分解

转轴转动时其上的不平衡质量产生的离心力是使转子做强迫振动的激励源。与振型的分解原理一样，不平衡质量也可以分解为一系列与各阶主振型对应的各阶分量，每一阶不平衡质量只能激起同阶主振型的振动，对其余各阶振动不起作用。

第二节 动平衡方法

一、低速动平衡和高速动平衡

动平衡实施中，有低速动平衡和高速动平衡两类。低速动平衡的转速通常是 $200\sim400\mathrm{r/min}$，这时将转子按刚性转子处理，高速动平衡的转速范围是从低速到工作转速，将转子按挠性转子处理。

制造厂对单转子做的低速动平衡在固定式动平衡机上进行，汽轮机转子的制造厂高速动平衡必须安排在抽掉空气的真空舱中，发电机转子高速动平衡在平衡坑中完成。近年，国内有的电机厂高速动平衡已经不仅是单根转子做，开始对发电机和励磁机联成的局部轴系做。

制造厂高速动平衡采用影响系数法。对于定型的批量转子，使用已经积累的影响系数可以较快地将振动平衡下来。制造厂动平衡加重轴向平面多，启动容易，相对于现场动平衡，技术较为简单，一般效果都较好。现在，国内汽轮机厂高速动平衡厂标：振动速度 $2.1\mathrm{mm/s}$，振动速度均方根 $1.5\mathrm{mm/s}$，绝对位移峰峰值 $13.5\mathrm{\mu m}$。

低速动平衡按刚性转子平衡，消除的是低转速下转子上以力或力偶形式呈现的不平衡质量，高速动平衡是平衡掉以弹性体形式振动的转子上的不平衡质量。从振动理论上来说，低速时振动小，高速时振动可能小，但也可能大，两种没有必然的关联；低速动平衡有利于降低转子振动，但不能代替高速动平衡；反之，高速动平衡可以代替低速动平衡，即低速动平衡可以不做，只做高速，除非低转速振动很大，甚至 1000r/min 都升不到，那只好先做低速，这种情况多发生在制造厂，现场这种情况罕见。

国内电力行业，汽轮机、发电机转子现场出现了质量不平衡，通常都是在现场安排做平衡，一个原因是现场的状况，主要是转子支承状况和对轮联结状况，即设备实际运行的状况，与制造厂平衡机上的状况有差别；制造厂做动平衡时如果对外伸端、对轮等处理不当，或平衡机的驱动端连接不正，看似动平衡做好，返现场连接后的振动状况会发生变化，有时，由于制造厂动平衡台和现场转子实际支承条件的不同，甚至可以造成临界转速相差数百转。倾向于现场动平衡的另一个原因是运输过程中存在风险。

对于一些情况特殊的现场转子，有的不得不返回制造厂做动平衡。这里往往有两种考虑，一种是由于现场加重平面不够而使得现场做不下来，还有一种是从经济方面考虑，转子振动特殊，现场动平衡需要多次的启停，且效果上把握不大，从耗费的人力物力权衡，与其现场做，不如送制造厂，当然，这样做同时会存在另一个重要问题：工期必须允许。

基于这些情况，现场对于一个质量不平衡转子，是在现场做高速动平衡，还是返回制造厂做，要根据具体情况分析决定。

二、刚性转子和挠性转子动平衡的异同

转子动平衡就是人为地在转子上加上或减去一些质量（也称校正质量、平衡块），以抵消转子上原本存在的不平衡质量产生的离心力和变形，达到减小振动的目的。这项工作大体的步骤是：

（1）首先对被平衡转子进行振动测试，确定转子当前振动。

（2）根据测试的振动幅值与相位，制定动平衡方案，确定加重平衡块的轴向位置，以及加重质量和径向角度。

（3）实施加重，并测试加质后的振动。

（4）再修正加重量或加重位置，或者不再修正，动平衡完成。

现场动平衡有影响系数和振型平衡两种方法。从影响系数法看，刚性转子和挠性转子的动平衡过程基本相同，不同的是加重轴向位置的选取和加重块滞后角度的量值，以及平衡转速的选定。刚性转子仅考虑工作转速即可，挠性转子除工作转速，还要考虑临界转速。

振型平衡法是对转子振动和不平衡质量按振型分解后分别进行平衡的一种方法，它只适用于挠性转子。

刚性转子的平衡比挠性转子简单，因为刚性转子的平衡转速低，升降速过程振幅和相位均呈单调增变化，加重量和振动变化多为线性关系；挠性转子平衡转速高，升降速过程要经过 1、2 个临界转速，其间振幅和相位变化复杂；加重量和振动为非线性关系，轴向加重点对各测点的影响也是非线性，且可能是非互逆的。

第三节 挠性转子动平衡影响系数法

挠性转子有三种基本的平衡方法，一种是振型平衡法；另一种是影响系数平衡法；还有一种是两者结合衍生的谐分量法。

两平面影响系数法 1934 年由塞爱勒提出，20 世纪 60 年代，古德曼和隆德等人将其发展成以最小二乘算法为基础的多平面影响系数法，这个方法基于激振力与响应之间为线性关系的假设，仅从数学角度考虑，不计转子振动的模态等力学内涵，只求解系统的输入与输出构成的传递函数，进而以最小输出，即最小残余振动为目标，求最佳加重质量组。影响系数法在美国等西方国家被广泛采用。

影响系数平衡法除了可以用来进行挠性转子的高速动平衡，还适用于刚性转子平衡。两种场合的具体实施步骤类似，不同的是高速动平衡时影响系数平衡法要考虑由于转轴挠性造成的振动随转速的变化。

一、单平面加重影响系数法基本原理

影响系数平衡法的物理意义是：已知在转子上某个（或某几个）平面加重对测点的振动产生何种影响的前提下，寻找最佳的加重量，使得加重后振动减至零或最小。

在转子某一个轴向平面加单位重径积（质量乘以加重半径）后造成的测点振动变化量，称为这个平面加重对相应测点振动的影响系数，通常记为 α。一个已经存在的转子，其上提供的能够用来加重平衡块的圆的半径是固定的，这样，影响系数则演变为单位质量，而不是单位重径积，引起的振动变化。

对于单平面加重，已经知道原始振动 A_0 后，影响系数的获取用试加重的方法。非单位质量的试加重，影响系数按式（10-1）计算：

$$\alpha = \frac{\Delta A}{P_t} = \frac{(A_1 - A_0)}{P_t} \tag{10-1}$$

式中　α——影响系数；

　　A_0——试加重前的振动；

　　P_t——试加重量；

　　A_1——试加重后的振动；

　　ΔA——效果矢量，即试加重前后振动变化量。

这里的 α、A_0、A_1、ΔA 和 P_t 均是矢量。

对影响系数法的原理可以做如下解释：在转子上施加重块 P_t 可以引起原振动发生 ΔA 的变化，现如果加一个重量，能使原振动产生（$-A_0$）的变化，则正好可以用来抵消原有振动 A_0，使之为零，这样就达到了动平衡的目的。

如何确定这个重量？

由加重量与振动变化的对应关系，可以列出下列比例式：

$$\frac{P_t}{\Delta A} = \frac{P}{-A_0}$$

上式意味着，使振动产生（$-A_0$）变化的重量 P 按式（10-2）求得：

$$P = P_t \times \frac{-A_0}{\Delta A} = \frac{-A_0}{\alpha} \tag{10-2}$$

即 P 为将原始振动 A_0 降为零需要施加的重量。

现给出一个单平面加重的实例，说明上述过程。

如图 10-1 所示，K_0 为鉴相设某转子试加重前某一固定转速的原始振动 A_0 为 78 μm $\angle 85°$。先在转子 230° 的位置试加重量 $P_t = 600g \angle 230°$，加重后，同一转速振动 A_1 为 71 μm $\angle 109°$，这个施加重块引起的振动变化为

$$\Delta A = A_1 - A_0 = 71 \text{ μm} \angle 109° - 78 \text{ μm} \angle 85° = 31.73 \text{ μm} \angle 199.5°$$

将具体值代入式（10-2），得

$$P = P_t \times (-A_0)/\Delta A = 600g \angle 230° \times (-78 \text{ μm} \angle 85°)/ 31.73 \text{ μm} \angle 199.5° \tag{10-3}$$
$$= 1475g \angle 296°$$

这里，$\alpha = \Delta A/P_t = (A_1 - A_0)/P_t = 31.73 \text{ μm} \angle 199.5°/600g \angle 230° = 0.0529(\text{μm/g}) \angle 330°$

于是，P 也可以直接从 α 求得：

$$P = (-A_0)/\alpha = (-78 \text{ μm} \angle 85°)/ 0.0529(\text{μm/g}) \angle 330° = 1474g \angle 295° \tag{10-4}$$

即最终需要加重 1475g $\angle 296°$，它可以造成振动发生 -78 μm $\angle 85°$ 的变化，从而使原始振动为零。同时必须取下试加重的 600g $\angle 230°$。

式（10-3）和式（10-4）求得的加重量是一样的，但两式的使用略有不同，式（10-4）由原始振动和影响系数算得加重量；式（10-3）计算加重量时，影响系数隐含其中。

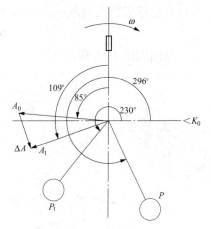

这是一个单平面加重的例子，说明了影响系数法的基本原理和步骤。实际使用中有几个环节需要注意：

（1）图 10-1 是形象表示动平衡分析和加重块确定的基本图形，实践中经常要用到。这个图形显示

图 10-1　单平面加重示意图

的是转子转动过程中，转轴上的键相缺口和键相传感器重合的瞬间，各振动向量、不平衡质量和加重块的空间位置。图形的生成必须注意：①转轴转向；②键相传感器位置；③振动矢量的起点和转向；④不平衡质量、加重块的起点和转向。

（2）振动相位的起点和转向，取决于实际使用的仪表，不同的仪表有各自的规定，使用前应该搞清楚；以 DAIU-208 为例，振动相位以传感器为起点，逆转向计。

（3）加重量相位的起点通常为转轴上的键相缺口，转向与振动的计法相同；按 DAIU-208 规定，加重量相位以键相缺口为起点，也是逆转向计。加重量相位的起点和振动相位的起点可以不一致，一旦确定后，在该台机组这次的整个动平衡过程中，所有这些起点均不能再改变。

（4）动平衡计算用的振动量是由质量不平衡造成的一倍频振动矢量，不是通频，也不

是分频或倍频。一倍频振动矢量在空间是随转轴同步转动的，但它相对于转轴的物理位置在转动中是固定不变的，除非原始的不平衡质量发生了变化。

（5）式（10-1）、式（10-2）等计算较为简单，可以手算。

二、单平面加重影响系数法应用实例

某台 200MW 机组，大修后启机，升速到 3000r/min，3 号瓦垂直方向振动约 100 μm，决定现场进行高速动平衡。

影响系数法的平衡计算过程如下：

（1）机组升速到 3000r/min 测原始振动：$A_{03} = 97\ \mu m \angle 277°$；

（2）接长轴前对轮（见图 10-2）试加重：$P_t = 781g \angle 135°$；

（3）再次启机 3000r/min，测得试加重后的效果向量：$A_{13} = 140\ \mu m \angle 269°$；

（4）利用影响系数法计算得到影响系数：

$$\begin{aligned}
\alpha &= (A_{13} - A_{03})/P_t \\
&= (140\ \mu m \angle 269° - 97\ \mu m \angle 277°)/781g \angle 135° \\
&= 0.058\ 9(\mu m/g) \angle 116.9°
\end{aligned}$$

（5）算得最终加重量：$P_3 = 1646.9g \angle 340°$；

（6）加重后启机到 3000r/min，结果：

$$A_3 = 17\ \mu m \angle 121°$$

矢量图如图 10-3 所示：

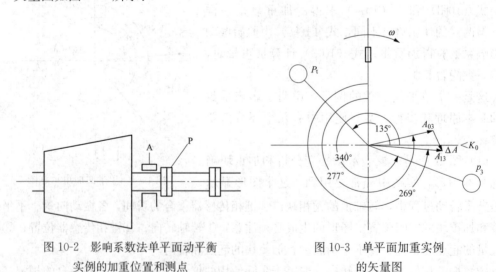

图 10-2　影响系数法单平面动平衡
实例的加重位置和测点

图 10-3　单平面加重实例
的矢量图

三、两平面加重影响系数法

旋转机械的实际转子都有一定长度，支承设在两端，仅利用一个平面加重往往无法将振动降低到满意的程度，且有可能在转子一端平面的加重会使另一端振动增大，这种情况下，必须采用在转子两端同时加重的两平面加重法。

两平面平衡影响系数法是单平面影响系数法的延伸，实施方法两者类似。设一转子两端均有各自的加重平面和测点，左端编号为 1，右端编号为 2，影响系数法的具体进行步骤如下：

（1）将转子升速到平衡转速 N，测取转子两端振动分别为 A_{01}，A_{02}；降速。

（2）在左端施加试加重量 P_{t1}，升速到 N，测取转子两端振动分别为 A_{11}，A_{12}，降速，分别计算 P_{t1} 对测点 1 和测点 2 的影响系数：

$$\alpha_{11} = \frac{\Delta A_{11}}{P_{t1}} = \frac{A_{11} - A_{01}}{P_{t1}}$$

$$\alpha_{12} = \frac{\Delta A_{12}}{P_{t1}} = \frac{A_{12} - A_{02}}{P_{t1}}$$

（3）取下 P_{t1}，在右端施加试加重量 P_{t2}，升速到 N，测取转子两端振动分别为 A_{21}，A_{22}，降速，分别计算 P_{t2} 对测点 1 和测点 2 的影响系数：

$$\alpha_{21} = \frac{\Delta A_{21}}{P_{t2}} = \frac{A_{21} - A_{01}}{P_{t2}}$$

$$\alpha_{22} = \frac{\Delta A_{22}}{P_{t2}} = \frac{A_{22} - A_{02}}{P_{t2}}$$

（4）设在转子两端分别加重 P_1、P_2，根据加重量与振动变化的对应关系和影响系数的定义，P_1、P_2 将使点 1 的振动变化量为 $\alpha_{11} \times P_1 + \alpha_{21} \times P_2$，希望这个变化量与测点 1 原始振动 A_{01} 之和为零，即：

$$\alpha_{11} \times P_1 + \alpha_{21} \times P_2 + A_{01} = 0 \tag{10-5}$$

同理，可以得到测点 2 的关系式：

$$\alpha_{12} \times P_1 + \alpha_{22} \times P_2 + A_{02} = 0 \tag{10-6}$$

联立解式（10-5）和式（10-6），便求得 P_1、P_2，最终在转子两端实际施加 P_1 和 P_2。

四、多平面加重影响系数法算法

1. 基本算法

对于被平衡的挠性转子，首先需要确定下列基本参数：

（1）平衡时需要参与考虑的测点数 n。

（2）转子上用来施加平衡重的平面数 m。

设各测点在各转速时的原始振动为 A_1、A_2、$\cdots$、A_n。α_{ji} 为在 j 平面加重，在测点 i 处得到的影响系数，它表示了转子 j 处的单位不平衡重量造成 i 处振动的变化量。需要求得的每个平面应该施加的平衡重量分别为 P_1、P_2、$\cdots$、P_m。

根据影响系数的定义，可以得到线性方程组：

$$\begin{cases} \alpha_{11}P_1 + \alpha_{12}P_2 + \cdots + \alpha_{1m}P_m + A_{10} = 0 \\ \alpha_{21}P_1 + \alpha_{22}P_2 + \cdots + \alpha_{2m}P_m + A_{20} = 0 \\ \qquad\qquad\vdots \\ \alpha_{n1}P_1 + \alpha_{n2}P_2 + \cdots + \alpha_{nm}P_m + A_{n0} = 0 \end{cases} \tag{10-7}$$

方程组（10-7）中每个方程表示动平衡过程，人为在所有 m 平面加质量对测点 i 的贡献与该点的原始振动 A_n 相反，使最后在该点合成的振动为零。

方程组（10-7）用矩阵形式表示为

$$CP = A \tag{10-8}$$

这里

$$C = \left\{ \begin{matrix} \alpha_{11} & \alpha_{12} & \cdots & \alpha_{1m} \\ \alpha_{21} & \alpha_{22} & \cdots & \alpha_{2m} \\ \vdots & \vdots & & \vdots \\ \alpha_{n1} & \alpha_{n2} & \cdots & \alpha_{nm} \end{matrix} \right\}$$

$$P = \{P_1, P_2, \cdots, P_m\}^{\mathrm{T}}$$

$$A = \{-A_{10}, -A_{20}, \cdots, -A_{n0}\}^{\mathrm{T}}$$

对于加重平面数与测点数相等的情况，即 $m = n$，方程组（10-7）的系数矩阵为方阵。该方程组有唯一的零解。

需要注意，这里的测点数 n 是广义的，n 的一般表达式为：

$$n = 平衡时计算使用的测点 \ n_1 \times 需平衡的转速数量 \ n_2$$

n_1 包括振动大的测点和振动虽小但相邻的测点，它们可以是瓦振、轴振，而且垂直方向、水平方向都可以同时混合放入；n_2 是平衡时要同时顾及的工作转速和临界转速的个数。

多平面影响系数法实际应用中会出现一个重要情况：加重平面数 m 小于测点数 n，即 $m < n$，这时方程组（10-7）成为矛盾方程组，没有零解。即对于方程组（10-7）中各个测点 n 的方程，其右边不再是零，也就是说，不可能求得一组加重质量组，它能使各测点残余振动都为零，但利用误差理论中的最小二乘法，可以确定一组质量组 P，它能使各测点残余振动的平方和为最小。

这样求得的各测点的残余振动中，有的测点的振动可能仍然较高，再利用加权迭代，使高振动下降，低的振动增大，各测点残余振动趋于平均。

单平面影响系数法的计算可以手算或画图；多平面影响系数法的计算必须利用专用动平衡计算程序。

2. 多平面加重影响系数的获取

影响系数法的核心就是通过试加重求得各个影响系数，一旦得知了方程组中的每个影响系数，加重量的求解仅是一个不复杂的数学运算。

多平面平衡影响系数的获取和单平面平衡影响系数的获取方法类似，按下列步骤进行：

（1）首先需测试各测点的原始振动值 A_{10}、A_{20}、$\cdots$、A_{n0}。

（2）在第 j 平衡平面加试重 P_{tj}，测取各测点的振动 A_{1j}、A_{2j}、$\cdots$、A_{nj}，则影响系数为

$$\alpha_{ij} = \frac{A_{ij} - A_{i0}}{P_{tj}} \tag{10-9}$$

对于 m 个加重平面，总共需试加重 m 次，得到 $m \times n$ 个影响系数；代入方程组（10-7）求解需要加重的质量组（P_1、P_2、$\cdots$、P_m）。

第四节　模态平衡法

模态平衡法是基于振动理论中的振动由若干阶基本模态（振型）所组成的原理进行平

衡的方法，首先把转子振动按振型分解，根据各阶振型分别添加平衡重量，抵消掉原本存在的各阶不平衡质量，使转子在整个转速范围内不再受到不平衡质量离心力的作用出现挠曲变形。

从理论上讲，作为连续弹性体的转轴有无穷阶主振型和无穷阶不平衡质量，欲使转轴达到绝对平衡，应该将所有的不平衡质量全部平衡掉，实际中没有必要这样做，也是做不到的，现实中的做法往往是只对前几阶平衡。

现代汽轮发电机组轴系各转子在工作转速之下一般存在着第一阶临界转速或第一、第二两阶临界转速。这意味着，汽轮发电机组挠性转子工作转速的振动主要由第一、第二，还可能有第三阶振型组成。其中低阶振型在振动挠曲线中起主要作用，高阶的作用相对要小得多。

模态平衡法就是分别消除转轴的前 N 阶不平衡质量，使转轴挠曲变形基本消除。将转子上存在的原始不平衡量按振型分解，当施加校正质量产生的不平衡与转子原始存在的不平衡大小相等，方向相反时，即达到了平衡目的。计算方法同时要求，欲平衡前 N 阶不平衡质量，必须有 N 个供施加重量的校正平面，这是模态平衡法中的 N 平面法。

模态平衡法平衡过程不用测取工作转速下的振动，也不专门考虑如何平衡工作转速振动。方法的原理说明，只要将工作转速以下的各阶振动平衡好，工作转速的振动自然可以保证。

N 平面平衡法按下列步骤实施：

（1）确定被平衡转子工作转速之下的临界转速阶数、加重平面数及其位置，计算或实测各临界转速下各阶振型在加重平面位置的振幅。

（2）由平衡方程计算对应各阶振型须施加的平衡质量组中各质量的比例关系。首先求出平衡第一阶振型的相对校正质量组，按此比例确定一组实际加重量进行试加，然后测试加重后振动，进而根据效果矢量计算出最终加重量。

（3）对于第二或第三阶振型的平衡，重复上述过程。即求解第二、第三组试加重量，试加，然后确定最终加重量。如需要平衡更高阶振型，继续重复上述过程。

N 平面平衡法对应任意一个平衡振型的校正质量组可能破坏原刚性转子的平衡条件，只做到了使转子的挠曲最小，轴承动反力将不为零。

如果将 N 平面平衡法的计算方程添加两个轴承反力为零的条件，然后联立求解，可以得到即使转子挠曲最小，又不引起轴承附加动反力的校正质量。但这样方程组中方程的个数增加到 $N+2$，要得到唯一解，校正质量平面数也要相应增加两个，这是（$N+2$）平面平衡法。

（$N+2$）平面法实施步骤和 N 平面法类似，校正质量仍为 N 组，但每组由（$N+2$）个平衡质量组成。

实际机组的转轴不是理论推导时采用的等直圆轴，其上有若干变直径台阶和叶片产生的附加质量，两端支承的刚度也不会无限大，各单转子连成轴系后转子端部受到约束，这些状况不会改变等直轴系各阶理论振型的基本形状，但要求振型平衡法在实际应用中应该满足下列条件：

（1）与可以平衡的主振型对应的临界转速，实际平衡时必须能够达到。

(2) 必须能在所确定的平衡质量加重位置实施加重。

从上述模态平衡法的过程和要求可以看出，模态平衡法比较适用于汽轮发电机制造厂内的高速动平衡，电厂现场应用的最大困难是加重轴向位置的限制。

第五节 谐分量法

动平衡实践中，由模态平衡法和影响系数法派生出一种被称为"谐分量"的方法。该方法将转子看作为两端对称或基本对称，在此基础上对转子振型进行模态分解，选取加重方式，该方法要点如下：

(1) 取转子两端轴承处的瓦振或轴振，联合进行对称（同向）分解和反对称（反向）分解。同相分量的振动被认为是由第一阶不平衡质量所引起，反相分量的振动被认为是由第二阶不平衡量引起。

(2) 加重平面选取转子跨内两端接近轴承的位置，分别试加同向试加重和反向试加重，测定效果矢量，计算影响系数。

(3) 利用影响系数法确定最后的加重量。

这个方法简便有效，实用性强。

根据作者经验，在对转子两端振动做粗略分析后，直接试加同向试加重和反向试加重，得到影响系数，然后计算加重量，最终效果和首先进行谐分量分解的效果相同，且计算工作量可以减少。

下面给出一个谐分量法平衡计算实例。

一台国产 200MW 机组，3000r/min，低压转子 4、5 号瓦垂直方向振动分别为 49 μm ∠314° 和 41 μm∠97°，现进行动平衡。

平衡与计算过程：

(1) 测原始振动：$A_{40} = 49$ μm∠314°，$A_{50} = 41$ μm∠97°。

(2) 用谐分量法分解：$A_{40同} = 14.8$ μm∠10.6°，$A_{50同} = 14.8$ μm∠10.6°。
$A_{40反} = 43$ μm∠297°，$A_{50反} = 43$ μm∠117°（见图 10-4）。

(3) 低压转子两个末级试加重：$P_{t4} = 400g∠160°$，$P_{t5} = 400g∠340°$；测点和加重位置如图 10-5 所示。

(4) 再次启机，3000r/min 效果矢量：$A_{41} = 25$ μm∠345°，$A_{51} = 27$ μm∠69°。

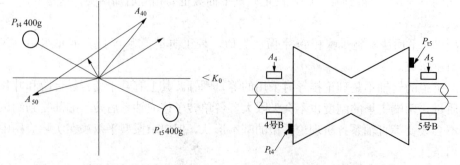

图 10-4　谐分量法矢量分解图示　　　　图 10-5　测点和加重位置

（5）用谐分量法分解：$A_{41同} = 19.3\ \mu m \angle 29°$，

$\qquad A_{51同} = 19.3\ \mu m \angle 29°$，

$\qquad A_{41反} = 17.4\ \mu m \angle 295°$，

$\qquad A_{51反} = 17.4\ \mu m \angle 115°$。

（6）利用影响系数法计算得到：

$\alpha_{4同} = 0.064\ (\mu m/g)\ \angle 318.4°$，

$\alpha_{4反} = 0.064\ (\mu m/g)\ \angle 138.4°$。

（7）算得最终加重量为：$P_4 = 672g \angle 159° = -P_5$。

（8）实际加重：$P_4 = 650g \angle 155° = -P_5$。

（9）加重后振动：$A_4 = 10\ \mu m \angle 45°$，$A_5 = 14.5\ \mu m \angle 15°$。

矢量图如图 10-6 所示。

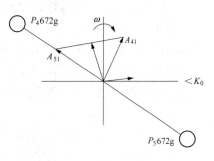

图 10-6　加重位置和残余振动

第六节　现场动平衡技术要点和细则

一、概况

发电设备旋转机械现场平衡的模态法和影响系数法就其基本方法来讲，已是成熟、定型的，计算加重量的程序也已完善。但针对一台具体机组的现场动平衡加重过程，却是可能简单，可能复杂，它常常因进行动平衡的专业人员的不同，会有不同的加重次数和不同的最终效果。同样一台机组，可能加重 1～2 次即成功，也可能加重 5、6 次，残余振动仍然大。造成这种差别的主要原因，往往不在于加重量的计算，而在于平衡人员是否谙熟平衡过程中的一些相关的策略考虑以及除加重量计算而外的动平衡技术要点和技巧的掌握。

理论上的平衡方法在实施过程中有变异，具体的加重方案更是灵活多变。在进行了多次平衡有了经验和数据积累以后，有时步骤可以大大简化。一些大机组较简单的质量不平衡振动，一次加重成功已经是屡见不鲜。但实际问题是复杂的，有的看来似乎很简单的振动，加重多次平衡不下来。

出于经济性、达标、工期等原因，现场对汽轮发电机组的高速动平衡提出了越来越高的要求：加重次数不得多于两次，甚至只能一次；平衡精度瓦振小于 0.03、0.025mm 或 0.02mm，轴振小于 0.076mm 或 0.05mm。这些要求无疑大大增加了现场动平衡的工作难度，但不是不可能做到。

本节基于作者的现场经验，根据现场动平衡的实际情况，结合实例，介绍实际动平衡过程中的关键技术和相关细节。这些关键技术包括：

（1）测取原始振动数据，对记录数据进行分析。

（2）制定动平衡加重方案，确定加重步骤。

（3）试加重或获取影响系数。

（4）正式加重。

二、原始振动数据测取

原始振动数据是做动平衡前，机组原始状态下振动状况的测试记录，它必须包括存在大振动的瓦振或轴振的振幅以及相位，可以只有瓦振或只有轴振，但最好两者都有。

目前，现场的测试通常利用机组已有的 TSI 振动测试系统，如本特利或菲利普的振动监测系统，将信号取出，引入自带的便携测振仪表。但要注意，键相信号必须正常，在整个平衡过程中自始至终保持工作，这是平衡顺利进行的基本条件，否则可能会增加不必要的开机次数。如果原系统无法给出键相信号，应该在开机前另行加装，并确保可靠。

原始数据还应该包括：

（1）低速转动下的轴颈晃度（在安装有涡流传感器的条件下）。

（2）整个升速过程的波特图或转速/振幅/相位记录。

（3）中速暖机时振动值的间断记录。

（4）3000r/min 定速时振动及其后随时间的间断记录。

（5）升负荷过程的记录。

原始振动数据还应包含与大振动测点相邻测点在同样工况的振动值，因为加重除了将使被平衡跨内的振动发生变化外，还会使相邻跨的振动变化。

如果条件许可，应该记录整个轴系各轴承处的振动。对于一个有经验的现场振动人员，被平衡机组的第一次启动，往往尽量测取多的数据，以备日后分析比较用。从这一点讲，数据多比少好。

对大型重要机组动平衡前启动的振动测试，应该事先精心安排，周全考虑，充分利用已有的传感器和仪表通道，确定好测试工况，避免丢失有用的数据，现场机组不可能因为没有记全数据而重新开机一次，残缺的数据又可能造成判断或计算失误。

三、记录数据分析和动平衡的前期判断

1. 分析内容

在获得原始振动数据后，随之要做的就是对这些记录数据进行分析。这种分析有时可能很简单，故障性质的判断很容易，有时却需要花费较多时间，做仔细分析。不论实际情况如何，通常都要有下列内容：

（1）确认大振动是否是由一倍频振动造成的。

（2）判断大的一倍频振动是由稳定的质量不平衡还是不稳定的因素所致，这关系到即将采取的平衡方法和步骤。

（3）确定平衡方法和步骤，包括：

1）大致的平衡步骤，对于简单的不平衡，确定加重位置；对于复杂的多跨同时存在的不平衡，确定分步处理还是同时处理。

2）需要运行人员配合的启机次数。

3）是否需要试加重，或是利用过去的影响系数。

（4）确定加重量，大小和角度。

2. 机组进行平衡的前提条件

什么情况下，应该在现场对机组进行高速动平衡？需要做动平衡机组的振动，应满足哪些条件？

（1）确认机组振动超过电厂运行规定，或超过合同的规定，或根据经验可能对机组当

前的安全或未来的安全不利,应符合这其中任意一条。

(2) 确认机组的振动问题是由质量不平衡造成的;或质量不平衡是振动主要的怀疑原因,同时无其他更便捷的处理方法。

(3) 无论大振动发生在工作转速还是临界转速,只要一倍频振动的振幅和相位基本稳定,数据重复性尚好,分散度较小,即可决定进行高速动平衡。

3. 稳定的和不稳定的质量不平衡

如果一台机组的大振动主要是一倍频成分,80%的可能是由于转子不平衡造成的。同时必须注意,这种不平衡有稳定的和不稳定的之分。转子原本存在的质量偏心是稳定的不平衡,转子热变形、活动部件位移造成的质量不平衡是常见的不稳定不平衡。动平衡加重对稳定的质量不平衡效果显著;对于不稳定的质量不平衡必须慎重,不能盲目单纯采取加重的办法来处理。

因此,从测振仪或频谱仪上确认了一台机组的大振动是工频振动后,随之应该进一步判断不平衡的状况是稳定的还是不稳定的。稳定的质量不平衡具有下列特点:

(1) 大的工频振动应该在新机组启动和大修后的第一次冲转和定速时就出现,如果其后又冲转数次,各次的振动幅值和相位不应该有很大变化。

(2) 升降速过程中同一转速下的振幅和相位基本相同。

(3) 中速暖机、3000r/min 定速后随时间的延续以及整个带负荷过程中,随机组温度的升高,振幅和相位变化不十分显著。

在某些特殊的场合,轴系存在的临时性故障可能造成振幅和相位在数小时或十多小时内出现显著变化,如动静碰磨或膨胀不畅。但在这种暂时故障自行或人为消除后,振幅和相位又恢复如初。如果上述特点存在,即使出现这样的插曲,仍应该按轴系存在稳定的质量不平衡进行动平衡。

最常见的不稳定的质量不平衡是转子热变形。汽轮机转子由于热变形造成的不平衡,一般仍采用加重的方法予以消除;如果发电机转子存在热变形,通常先检查转子冷却系统、浮动油挡和密封瓦等。在排除了冷却通道堵塞、匝间短路、浮动油挡和密封瓦碰磨等故障后,才考虑采取动平衡加重。

四、动平衡的振动控制标准

汽轮发电机组振动限值按工作转速和临界转速两种情况来确定。50MW 以上机组,工作转速时轴承振动大于 0.05mm,即应做平衡;对于轴振,如果是扣除原始晃度后的轴相对振动,达到 0.12~0.16mm 即应做。新机组的限值可以略为严格,有时轴振大于 0.08~0.10mm(扣晃度后)也需做平衡。临界转速的振动标准比较灵活。一般情况,轴振 0.20mm 以下,或瓦振 0.08mm 以下,可以不考虑做平衡。如果机组工作转速振动很小,过临界转速的控制值可以适当放宽,瓦振 0.10mm,轴振 0.20~0.25mm 仍可以不做。

从设备安全角度考虑,保证工作转速振动比临界转速振动来得重要。动平衡首要顾及的应该是如何使机组在 3000r/min 时的振动值合格,除非这台机组的临界转速振动特别大,以致冲过去有危险,不得不先将过临界转速振动压下来。事实上,近年随着我国机组制造和检修质量的提高，新投运或大修后的 200MW 以上大型机组开机时由于质量不平衡导致振动大而无法过临界转速的较为少见，绝大多数的大振动发生在工作转速。

现场经验表明，一台机组的工作转速振动和临界转速振动互为关联，按工作转速振动加重做动平衡，降低了工作转速振动后，临界转速振动往往也会随之降低。因此，动平衡中以工作转速振动为主进行决策是不会有原则错误。

个别机组可能轴向振动大，径向振动小，这在发电机为落地轴承的 100、125MW 机组上多见。如果轴向振动大于 0.08～0.10mm，即使径向振动不大，也应该考虑进行平衡。

对一台机组是否需要做平衡以及动平衡的验收标准，除了要参考有关的部标、国标或国际标准外，还应该根据实际情况确定。新机组的供货合同已经明确规定了振动验收值；老机组，各厂均有自定的振动标准。一般情况下，可以套用部标、国标或国际标准。对一台具体的机组，是否需要做平衡和何时安排做，除了主要依据振动值外，有时还受其他因素，如工期进度、全厂生产状况等的影响。但无论做或不做，均应以保证设备安全和正常生产为首要原则。老机组动平衡涉及的具体量值，通常还基于经验和行业惯例，没有统一的、硬性的限值。

五、动平衡方案的构思和加重的重要环节

动平衡过程，"制订动平衡加重方案，确定加重步骤"是整个动平衡工作最为关键的一环，不正确的方案会造成无用的加重和启机，带来经济损失、工期延误，尤其对于大型机组，经济损失更为突出。基于一台机组现有的原始振动数据，加重方案可能有多种，必须从中选择最佳的。

这个最佳方案首先应该是加重、启机次数少，其次应该达到最小的残余振动，同时应该对加重过程和结果具有大的把握和较小风险。这三者常常是矛盾的，必须综合考虑、全面分析、果断决定。在实施过程中，方案还经常会不断调整、完善。

1. 不平衡质量轴向位置判断和加重面的确定

在进行动平衡加重前，确定不平衡质量在轴系上的轴向位置并进而确定加重平面，是整个平衡方案中最重要的内容，它决定了动平衡加重的效果和成败。

动平衡涉及转子轴向的三种类型的平面，一是加重平面，二是不平衡质量所在平面，三是测点平面。转子的不平衡质量实际所在的平面可以位于轴向的任何位置，平衡过程中，一般不可能知道这些轴向位置；加重平面受到实际机组结构限制，只有有限的几个平面，因而这两类平面往往不会重合。

理论上可以证明，平衡加重量与原始不平衡重量的轴向位置不一致时，仍然可以使振动减为零，但实际中不可能得到这样的结果。现场实际机组可施加平衡块重的轴向位置是有限的、定死的。要用这些有限的轴向位置加重纠正较远的另一处不平衡质量产生的振动，常常出现这样的情况：影响系数很小，需要加重大的平衡质量，或者虽然减小了原振动大的测点，同时却造成相邻轴承振动过高地增加。另外，从经济性角度，尤其对 300MW 以上的大型机组，不允许频繁启机进行试验性加重。因此，加重轴向位置的确定必须慎之又慎。准确地选定轴向位置，可以事半功倍。从实际效果看，总是希望加重平面

尽可能接近不平衡质量所在的平面。

不平衡质量轴向位置的判断有如下一些原则：

（1）如果一个转子或轴段两端轴承振动都大，不平衡质量通常位于两个轴承之间。

（2）如果仅一个轴承振动大，近距离内没有轴承，不平衡质量则位于这个轴承附近，需要进一步判断的是位于轴承的哪一侧。

（3）如果仅一个轴承振动大，近距离内有轴承，则不平衡质量位于另一远距离轴承一侧的可能性大。

（4）外伸端轴承振动大，不平衡质量需根据工作转速和临界转速的相位判断。

2. 试加重

事先没有将要加重部位的影响系数时，需试加重以取得该位置准确的影响系数。

试加重时要确定加重量的大小和角度，要尽量保证试加重后不造成机组振动增大，对于原本振动较大的测点，试加重后振动的大小是事关重要的。有时，试加重可以使得原始振动增大到无法冲过临界转速，或无法升速到工作转速，无法得到需要的影响系数，这样的试加重是失败的。经验表明，试加重量的角度比质量大小更重要，角度对加重后的振幅变化起主要作用。必须确保试加重的方位大体正确，不与原始不平衡重位置一致，并尽量与之相反。

如果试加重后的振动 A_1 与原始振动 A_0 在幅值或是在方向上发生显著变化，这样的试加重是成功的，因为这样利用加重前后的数据计算的影响系数准确。应避免试加重后振动变化过小，无法取得准确的影响系数。

试加重的方式应该和打算采取的正式加重方式一致，通常有三种形式：①单平面加重；②双平面加同向重量；③双平面加反向重量。

试加重量过轻使原始振动变化太小，拿不到准确的影响系数；过重又增大原始振动增加的风险，这是一对矛盾，又是影响系数法实施中的关键一步。试加重具体量值的确定可参考表 10-1。在积累了现场平衡经验后，可自行总结出类似的数据。

表 10-1　　　　　　　　　　　　挠性转子高速动平衡试加重量

转子重量 （t）	加重半径 （m）	一阶振型 （kg）	二阶振型 （kg）
3～20	0.38	0.5～1.2	0.2～0.6
20～40	0.40	1.0～1.6	0.3～1.0
30～60	0.42	1.5～2.2	0.5～1.4
45～90	0.45	1.8～3.2	0.6～1.8

影响系数还可以通过其他渠道获得，如从相关技术资料中、从类似机组、类似加重的影响系数类推。借用其他影响系数时，首先必须注意角度：影响系数角度、键相传感器角度、振动传感器角度以及测振仪器角度的定义、仪器相位的滞后角等，引用时必须慎之又慎。除非利用同一台机组、同一加重方式、同一仪器过去测得的影响系数，可以不加任何换算直接引用。

3. 对影响系数分析和筛选

同型机组的影响系数可以互相利用，被平衡机组自身过去的影响系数当然更可以直接采用。

汇总不同机组或同一机组不同时间的影响系数会发现，同一个加重平面的影响系数可能差别很大。因此，需要对这些系数进行分析和筛选，这项工作应该遵循如下原则：

（1）保留大加重量得到的影响系数，剔除小加重量的影响系数。

（2）影响系数的量值应该是距加重平面由近到远逐渐减小，违反这种变化趋势的点应该剔除。

（3）同一个加重平面两个方向的影响系数相位应该相差90°左右，相差过大的可信度低。

（4）临界转速前的滞后角小于90°，临界转速后的滞后角大于90°，与这条基本规律不符的影响系数使用时要特别谨慎。

4. 模态分析辅助确定动平衡加重方式

根据振动理论，大型机组轴系动平衡时作为挠性转子的振动有如下特征：

（1）振动挠曲线是由多个主振型组成。

（2）转子的振动挠曲线随转速变化。

（3）不平衡量同样可以按主振型分解。

基于这些特征，动平衡加重前的一项重要的分析工作是判断转子上不平衡质量的振型形式：一阶、二阶或是三阶，进而以此决定加重面和加重方式，利用升降速过程的波特图可以方便地进行这样的振型分析。

此处给出一个具体案例。韶关电厂9号机组（哈尔滨汽轮机厂200MW机组），1999年6月大修后启机，3000r/min时3、5号瓦振动偏大，见表10-2。

表10-2　　　　　韶关电厂9号机组第一次冲3000r/min振动　　　　[一倍频振幅/相位：μm/（°）]

振动方向	1号瓦	2号瓦	3号瓦	4号瓦	5号瓦	6号瓦	7号瓦
垂直	3.6/315	3.8/236	27/167	15/233	48/206	10/59	14/256
水平	7/233	9/74	25/108	18/112	39/142	14/41	14/207

考虑到4、5号瓦振动同相位，第一次加重在低压转子两侧加同相重量各516g。比较加重前后4、5号瓦振动知：这次加的同向重量没有像预计的那样使振动降低，按4号瓦振或5号瓦振分别计算的结果表明下一步需调整的重量方向相反。在这种矛盾的情况下，对下一步加重有三种选择：在5号瓦侧低压转子末级单侧加重、加反向重、5号瓦与6号瓦之间的对轮加重。为此，对4、5号瓦升速过程振动（见图10-7）进行了分析。

根据转子振动模态理论，如果低压转子存在大的二阶或三阶不平衡质量分量，随转速的升高，4、5号瓦的反向或同向分量会增加，但由结果可知，随转速接近3000r/min，4、5号瓦的同向、反向分量均没有明显地增加，反而5号瓦与6号瓦之间的同向分量在却增大。由此判断，5号瓦3000r/min的振动是由于5号瓦与6号瓦轴段的一阶不平衡质量造成的，降低5号瓦振动的最佳加重位置应该在5、6号瓦之间的对轮。

于是采取了在低/电对轮加重的方法，并同时在中压转子末级加重，3、4、5号瓦振

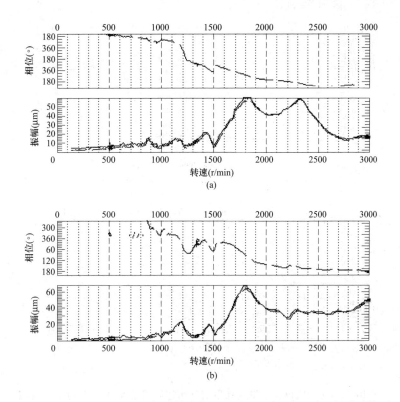

图 10-7　韶关电厂 9 号机组低压转子加重后升速过程 4、5 号瓦振动波特图

(a) 4 号瓦；(b) 5 号瓦

动均降到了理想的水平。

当需要确定不平衡质量是同向还是反向，在跨内还是在跨外，利用这种升降速过程的数据进行的模态分析是一种有效的工具。

第七节　现场机组动平衡案例

案例 10-1　浙江 B 电厂 1A 一次风机动平衡

浙江 B 电厂 1 号炉 1A 一次风机动平衡为一次典型的两平面加重的动平衡。该风机有 4 个本特利系统瓦振测点：MV（电动机端垂直）、MH（电动机端水平）、FV（浮动端垂直）和 FH（浮动端水平）。

1. 动平衡前振动

1A 一次风机工作转速 1500r/min 振动见表 10-3，加重前测点 MH、FV 升速波特图如图 10-8 所示。

表 10-3　　　　　1A 一次风机工作转速振动　　　　　［一倍频振幅/相位：μm/（°）］

工况	MV	MH	FV	FH
刚定速	23/163	78/321	65/128	71/36
5min 后	21/167	57/319	54/121	58/40

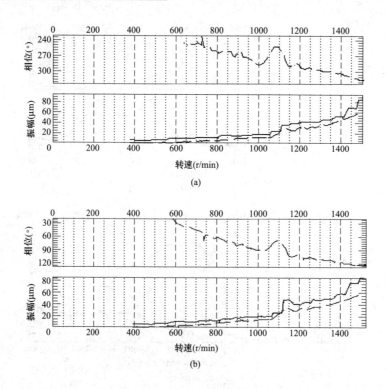

图 10-8　1A 一次风机动平衡加重前升速过程测点 MH、FV 振动波特图

(a) 测点 MH；(b) 测点 FV

2. 试加重

（1）第一次试加：P_{Ft}（非电动机端）＝100g/340°，加重后工作转速一倍频振动（见表 10-4）：

表 10-4	1A 一次风机试加重后工作转速振动			［一倍频振幅/相位：μm/（°）］
工况	MV	MH	FV	FH
刚定速	47/164	85/303	63/126	95/18
5min 后	38/160	74/298	59/122	75/18

计算得影响系数见表 10-5：

表 10-5	1A 一次风机非电动机端加重影响系数			［μm/g/（°）］
工况	MV	MH	FV	FH
刚定速 α_{F1}	0.1901/185	0.2642/257	0.03/15	0.3516/359
5min 后 α_{F2}	0.1735/172	0.2914/274	0.051/153	0.3037/352

（2）第二次试加：取下 P_{Ft}，加 P_{Mt}（电动机端）＝81g/20°，加重后工作转速一倍频振动见表 10-6：

表 10-6	1A 一次风机第二次试加重后工作转速振动			［一倍频振幅/相位：μm/（°）］
工况	MV	MH	FV	FH
刚定速	33/177	78/324	54/140	76/38
5min 后	26/176	60/320	47/133	60/37

计算得影响系数见表 10-7：

表 10-7　　　　1A 一次风机电动机端加重影响系数　　　　　　[μm/g/（°）]

工况	MV	MH	FV	FH
刚定速 α_{M1}	0.1188/202	0.0504/33	0.2045/245	0.0694/44
5min 后 α_{M2}	0.0765/188	0.0391/318	0.1561/230	0.0454/321

3. 最终加重

利用影响系数 α_{F1}、α_{F2}、α_{M1}、α_{M2} 算得应加：P_F（非电动机端）$=222\sim226g/239\sim228°$，P_M（电动机端）$=287\sim281g/87\sim70°$。

计算各测点残余振动见表 10-8。

表 10-8　　　　　　1A 一次风机两平面加重计算残余振动　　　　[一倍频振幅/相位：μm/（°）]

MV	MH	FV	FH
32/182	69/322	50/137	68/38

最终实际加重量：P_F（非电动机端）$=200g/228°$，P_M（电动机端）$=260g\angle70°$。加重后工作转速实际振动见表 10-9：

表 10-9　　　1A 一次风机两平面加重后工作转速实际振动　　　　[一倍频振幅/相位：μm/（°）]

MV	MH	FV	FH
20/297	16/31	6/325	20/113

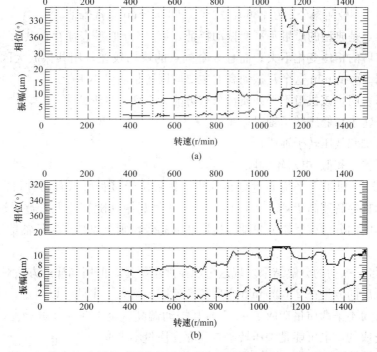

图 10-9　1A 一次风机动平衡加重后升速过程测点 MH、FV 振动波特图

（a）测点 MH；（b）测点 FV

动平衡结束。

这是一次典型的影响系数两平面加重动平衡过程。加重前没有对原始振动做谐分量分解，因为 MV、MH、FV 和 FH 四个瓦振传感器在设备内部，无法看到，只好根据经验，确定分别在非电动机端和电动机端试加重，然后确定最终加重量。

案例 10-2　河南 J 电厂 3 号机组动平衡

河南 J 电厂 3 号机组为国产 200MW 机组，2000 年 11 月大修后动平衡。

该机组第一次冲转 3、4、5 号瓦的振动均偏大。第一次冲转升速到 3000r/min 的振动见表 10-10：

表 10-10　J 电厂 3 号机组第一次冲转 3000r/min 振动　［一倍频振幅/相位：μm/（°）］

振动方向	1 号瓦	2 号瓦	3 号瓦	4 号瓦	5 号瓦	6 号瓦	7 号瓦
垂直	13/336	13.8/127	41/239	76/80	46/211	63/339	57/285
水平	14/356	16/215	38/324	66/154	18/244	16/44	14/298

升速过程 3、4、5 号瓦振随转速的变化示如图 10-10 所示。

数据表明了下列问题：

（1）3～7 号瓦 3000r/min 振动均偏高，且都是以一倍频振动为主。

（2）3、4、5 号瓦振升速过程临界转速振动均很小。

（3）3 号瓦振自 2100r/min 以后开始爬升；4、5 号瓦振分别自 2500r/min 和 1900r/min 以后开始爬升。

（4）3、4、5 号瓦振分别在 2860、2950、2750r/min 呈现峰值。

上述前三点是典型的质量不平衡振动特征，第（4）似乎表征存在共振，但波特图上对应振幅峰前后的相位变化不大；而且 3 个测点的峰均较宽，用共振放大因子计算 Q 值较小。这说明 3000r/min 这个瓦振动高的主要原因还是质量不平衡。

测试数据表明，该机组不平衡质量分布可能为下列三种形式之一：

（1）中压转子和低压转子轴段；

（2）接长轴和低压转子轴段；

（3）中压转子和低/电对轮轴段。

根据 200MW 机组不平衡质量分布规律，如果位于接长轴，有两种可能：同向或反向。接长轴的临界转速高于 3000r/min，将 3、4 号瓦振动随转速上升过程进行分解，如果得到明显的同向分量或反向分量随转速增加的趋势，则可以断定接长轴是存在哪一种不平衡质量。

对 3、4 号瓦振动的分解结果发现这个规律性不明显。但用同样的方法对 4、5 号瓦振动分解，发现反向分量在 2500r/min 之后随转速明显增大。由此可以断定，一个位于低压转子轴段的反向不平衡质量造成了 4、5 号瓦振动偏高。至于 3 号瓦振动高，可以是低压转子不平衡造成的，也可能是中压转子本身存在质量不平衡。

随之确定了动平衡加重步骤：首先在低压转子两端加反向平衡质量，如果机组振动规律正常，4、5 号瓦振动应该降下来，3 号瓦振动也应该有所下降；如果 3 号瓦降低的不理

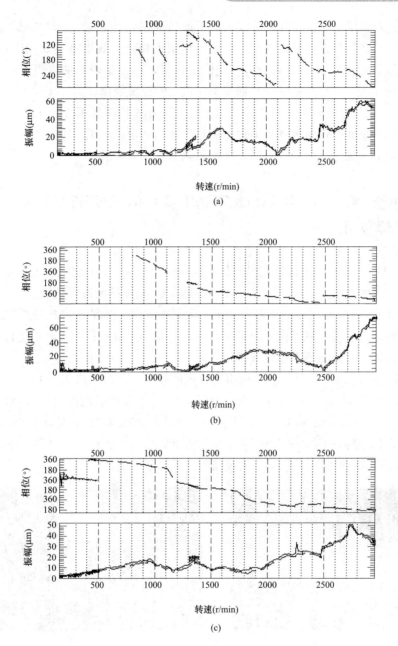

图 10-10 J 电厂 3 号机组升速过程 3、4、5 号瓦振波特图
(a) 3 号瓦振；(b) 4 号瓦振；(c) 5 号瓦振

想，再在中压转子末级加重。经过计算，确定首先在低压转子 4、5 号瓦两侧分别加重625g 和 597g，然后在中压转子加重 335g。两次加重后的振动如表 10-11。

表 10-11　　　　　J 电厂 3 号机组加重后振动　　　　［一倍频振幅/相位：μm/(°)］

工况	方向	2 号瓦	3 号瓦	4 号瓦	5 号瓦	6 号瓦	7 号瓦
3000r/min	垂直	4.7/221	24/232	5/264	23/148		
180MW	水平	4/237	16/310	21/262	15/2	40/3	52/306

和任何一台机组的平衡一样,上述的动平衡加重方案不是唯一的。如果在接长轴两端加重,也可能同样能使得各瓦振动有所降低,但根据预测,效果将不如上述方案。另外,接长轴加重需要吊开 3、4 号瓦盖,有一定的工作量,这也是现场加重需要考虑的,除非在不得已的情况下,一般总是选择在加重工作量小的位置加重。

J 电厂 3 号机组的平衡,两次加重将 3、4、5 号瓦振均降到了 21 μm 以下,对数据的全面分析,加重平面的正确选择是关键。加重方案的确定,必须考虑多种因素,在比较各个方案的基础上,确定一个最佳方案,才能收到最好的效果。

案例 10-3 **黑龙江 Q 电厂哈尔滨汽轮机厂 300MW 机组高中压转子动平衡(本案例由吴峥峰整理)**

1. 概述

黑龙江 Q 电厂 2 号机组是哈汽生产的 CN300-16.7/537/537 型汽轮机,亚临界凝汽式供热机组,一次中间再热、两缸两排、单抽供热,1~6 号瓦均为可倾瓦。

机组于 2007 年投运,2009 年首次大修,大修中发现 4 号轴颈出现较严重磨痕,大修对高压缸汽封进行改造,梳齿密封改蜂窝密封,并调小汽封间隙。大修后运行期间高中压转子常发生碰磨,导致振动常出现大幅波动。

2014 年 4 月 27 日至 5 月 9 日,机组进行投产以来第二次大修。4 月 15 日停机过临界时 1X315 μm,1Y351 μm,期间因进汽阀关闭不严,惰走时间过长。投盘车后,位于前箱的偏心值指示 130 μm,盘车电流一度达到 50A(正常 26A 左右),后来逐渐下降到 27A,但有摆动。大修解体时,发现 1 号瓦左上瓦块调整块槽磨损严重,如图 10-11 所示,8、9、10、11 级隔板汽封对应转子部位出现蓝色摩擦痕迹(见图 10-12)。

图 10-11　1 号瓦调整块槽磨损　　　图 10-12　高中压转子多处摩擦痕迹

解体测量发现,高中压转子发生弯曲,最大弯曲点在中压进汽平衡环处,弯曲度 0.035mm,主油泵小轴晃度 0.09mm,超过合格值,制造厂认为无需返厂处理。

2. 振动现象

6 月 6 日机组启机,前两次冲转均未通过临界转速,第三次冲转时解除 1X 轴振动保护实现定速,如图 10-13~图 10-15 所示。

机组三次升速均表现为高中压转子振动异常,振动以一倍频为主,其他转子振动在合格范围;带负荷运行中 1X120 μm 左右,其余各点振动优良,2X50 μm;6 月 17 日因 4 号

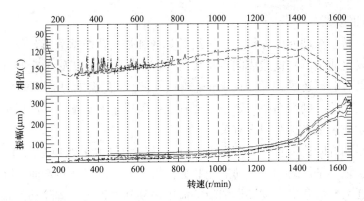

图 10-13　第一次冲转 $1X$ 升速波特图（最高 1670r/min）

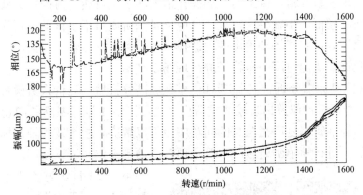

图 10-14　第二次冲转 $1X$ 升速波特图（最高 1600r/min）

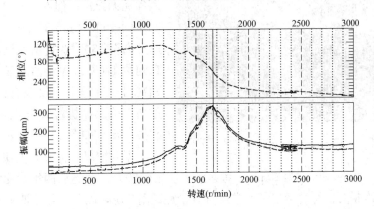

图 10-15　第三次冲转 $1X$ 升速波特图（解除保护成功定速）

瓦温突增，打闸停机。高中压转子各次过临界振动数据见表 10-12。

表 10-12　　　　　　　　　　高中压转子过临界一倍频振动

时　　间	转速（r/min）	$1X$（μm/°）	$2X$（μm/°）	备　　注
6 月 5 日第一次冲转	1670	275/179	148/183	未能定速
6 月 5 日第二次冲转	1600	266/175	141/183	未能定速
6 月 6 日第三次冲转	1670	305/204	168/207	解保护定速
6 月 17 日停机过程	1670	＞500	167/245	瓦温高停机

3. 振动原因分析

（1）高中压转子振动原因分析。从机组升降速和带负荷数据分析，可以判断高中压转子振动异常主要是质量不平衡造成的。从 4 月 15 日停机过程以及 6 月 17 日停机数据看，高中压转子振动有时候还受到动静碰磨的影响。1、2 号瓦振动过临界转速较大，运行中两瓦振动接近同相位，判断高中压转子主要存在一阶质量不平衡。一阶质量不平衡常和转子的弯曲、原始质量不平衡等因素有关。

机组投产早期升降速以及带负荷振动良好，此次大修也未发现有部件的脱落或移位，排除转子原始质量不平衡的影响；动静碰磨会使转子发生临时性热弯曲，除了两次停机过程外，该转子在大修后几次升速过程和带负荷中振动基本稳定，排除动静碰磨是主要影响因素；运行未发现参数异常，排除运行误操作造成转子热弯曲的可能；大修期间测量发现高中压转子弯曲度超标、小轴晃度较大，这应该是一阶质量不平衡的主要来源。转子弯曲视弯曲度常有返厂处理和现场动平衡两种选择。考虑到高中压转子弯曲度、升降速过临界和带负荷振动数据，决定对高中压转子进行现场动平衡。

（2）4 号瓦温高原因分析。6 月 17 日 4 号瓦温高停机后，运行人员检查发现 4 号瓦顶轴油管泄漏，4 号瓦轴颈位置出现较严重磨损。电厂围绕 4 号瓦温高的问题组织各方进行了讨论，认为顶轴油管修复后瓦温高的问题应该可以解决，检查发现轴瓦损伤不严重，电厂根据以往经验，进行简单刮研后（主要是顶轴油油槽部位）继续使用。

图 10-16　4 号瓦磨损情况

6 月 21 日，对各轴瓦进行顶轴油抬起试验，4 号瓦轴颈抬起 60 μm，相较其他各瓦无异常。但在 6 月 22 日上午启机冲转到 1000r/min 时，4 号瓦温再次快速升高至 130℃，打闸停机，4 号瓦温最高到达 170℃。振动监测显示，4 号瓦轴颈在启动过程中不仅没有被顶起，反而逐渐下落。停机检查发现轴瓦两下瓦块磨损严重，如图 10-16 所示。

据此情况，各方研究决定更换新瓦，同时将轴瓦紧力由 80 μm 降为 20 μm。考虑到 4 号瓦在 2007 年投运后两年就发生过烧瓦，到目前已经第二次换瓦。综合考虑了正常运行时各瓦瓦温情况，以及 4 号瓦轴颈冲转过程中的浮起量，现场决定进一步做标高调整。最终，在不解开低/发对轮的情况下，降低 4 号瓦标高 90 μm。在随后的冲转过程中，机组顺利启机并带负荷，再未发生 4 号瓦温超标现象。

现在来看，4 号瓦温超标的原因应该是多方面的，刚开始顶轴油管路的泄漏、轴颈较严重磨损，瓦块刮研效果不佳，以及轴承标高不合理，应该都是影响因素。

4. 动平衡处理

利用机组处理 4 号瓦温超标的停机机会，对高中压转子进行了动平衡。经计算，在高中压转子跨中加重 1437g/325°，加重后高中压转子过临界转速最大为轴振 1X159 μm（通频值），如图 10-17 所示，3000r/min 时 1X 从平衡前的 120 μm 降到 50 μm 左右，取得较好的平衡效果。

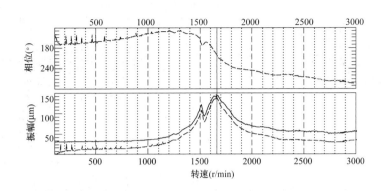

图 10-17 加重后 1X 轴振升速波特图

5. 小结

（1）大小修期间，对磨损的轴颈要及时修复；现场手工刮瓦要谨慎进行，注意不要破坏原有瓦面型线；检修时要对油管路仔细检查，保证管路上各阀门的灵活性和严密性，要保证油质清洁；在现场对轴承进行标高调整时要考虑到轴封间隙情况。

（2）哈汽 300MW 高中压转子在进行现场动平衡时，一般有转子两端和跨中三个加重平面可以利用，跨中部位的加重需要打开两层堵头（对应两层缸），加重时对缸温有严格要求，需要足够长的冷却时间，工期要求对加重有足够把握，最好一步到位。对一阶质量不平衡而言，跨中加重的效果优于两端同相加重。

案例 10-4 Z电厂 8 号机动平衡

Z 电厂 8 号机为国产 200MW 机组。2008 年 4～5 月大修，大修中压转子更换叶片，机组五个转子全部返北重进行高速动平衡。

6 月 5 日启机，汽轮机轴振大；经过一次动平衡加重，各轴振达到理想程度。

1. 原始振动

第一次冲转，3000r/min 定速振动数据见表 10-13，升速波特图如图 10-18 所示。

表 10-13　　　8 号机第一次冲转 6 月 5 日 12：57，3000r/min 振动　　　（通频：μm）

振动	1 号瓦	2 号瓦	3 号瓦	4 号瓦	5 号瓦	6 号瓦	7 号瓦
X	157	81	136	107	107	45	48
Y	80	22	25	73	73	14	6
瓦振	4	7	22	20	14	7	

汽轮机各轴振均偏大，其中 1X 最高；瓦振不高，最大 20 μm。

鉴于生产考虑，厂里决定先做电气试验和超速试验，同时观察各超标轴振能否逐渐减小。

6 月 6 日 7：43 做完严密性的振动见表 10-14。

表 10-14　　　　8 号机严密性试验后 3000r/min 振动　　　　（通频：μm）

1X	2X	3X	4X	5X
195	100	132	122	114

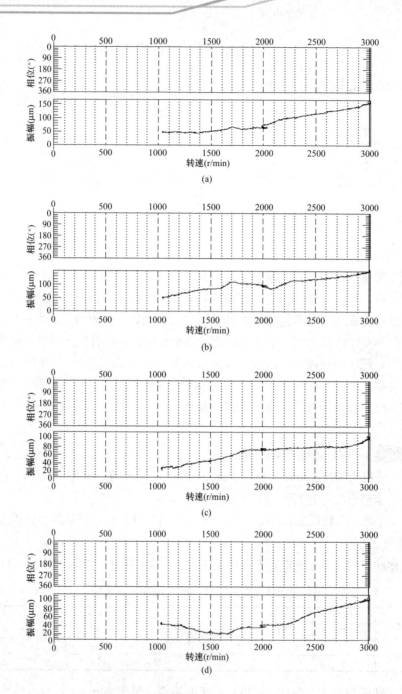

图 10-18　第一次升速轴振 1X、3X、4X、5X 波特图

（a）轴振 1X；（b）轴振 3X；（c）轴振 4X；（d）轴振 5X

1X 振幅较前有所增加，其余各测点也都超标。经研究决定进行动平衡加重。

2. 动平衡加重

共进行了一次加重，4 平面同时加：①中压转子末级加 600g；②接长轴中对轮加 800g；③低压转子末级（4 号瓦侧）加 400g；④低压转子末级（5 号瓦侧）加 400g。

动平衡加重后 3000r/min 定速振动见表 10-15。

表 10-15 　　　　8 号机组加重后冲转 6 月 8 日 3：02，3000r/min 振动　　　（通频：μm）

振动	1 号瓦	2 号瓦	3 号瓦	4 号瓦	5 号瓦	6 号瓦	7 号瓦
X	100	42	61	53	29	66	85
Y	72	33	43	34	42	39	39
瓦振	3	5	4	19	16	8	8

带负荷后振动见表 10-16、表 10-17。

表 10-16 　　　　　　　8 号机组加重后带负荷振动　　　　　　　（通频：μm）

时间	工况	1X	2X	3X	4X	5X	6X	7X
6 月 8 日 7：47	35MW	75	44	69	64	27	58	87
6 月 8 日 8：35	48MW	91	37	63	61	28	50	81
6 月 8 日 10：00	70MW	91	32	62	56	31	53	73
6 月 8 日 10：15	80MW	91	30	65	56	31	49	70
6 月 8 日 12：30	132MW	94	41	58	51	37	39	67

表 10-17 　　　　8 号机组加重后 6 月 8 日 15：10，161MW 振动　　　（通频：μm）

振动	1 号瓦	2 号瓦	3 号瓦	4 号瓦	5 号瓦	6 号瓦	7 号瓦
X	55	35	58	47	35	38	72
Y	46	31	44	25	34	36	33
瓦振	6	7	4	15	17	12	13

升速各测点波特图如图 10-19 所示。

加重后汽轮机各轴振显著降低，且随负荷增加稳定；发电机 7X 振动有所增大，但最终也稳定在 70 μm。

3. 对本次加重几个问题的讨论

（1）本次多平面加重一次成功，是利用了本机组过去加重得到的影响系数以及同厂其他同型机组的影响系数进行的加重量计算。一般情况，本机组过去加重的影响系数始终有效，可放心使用；其他同型机组影响系数差别不会太大，也可以引用，但要注意事前需要对影响系数做仔细分析，剔除掉其中个别异常的、不合理的点。

（2）关于第一次启机振动大的原因，第一次启动汽机轴振普遍高，考虑到各转子返厂做过高速动平衡，当时现场分析原因是由于现场回装时接长轴晃度过大。如果确实如此，其后的接长轴加重应该能够使 1 号轴振降到很小，但实际结果不完全符合。

说明 1 号轴振偏高的原因不完全来自接长轴，一个可能的原因是高压转子在厂家的动平衡或振动测试有误。

（3）200MW 机组大修不必将全部转子返厂动平衡，至少低压转子可以不返厂，在现

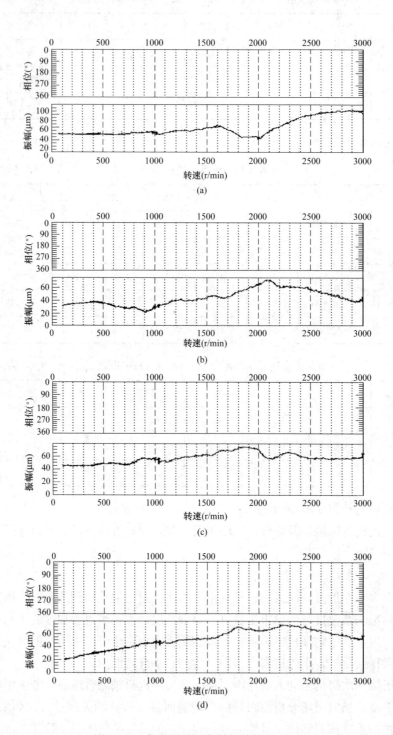

图 10-19　加重后升速各轴振波特图（一）

（a）轴振 1X；（b）轴振 2X；（c）轴振 3X；（d）轴振 4X

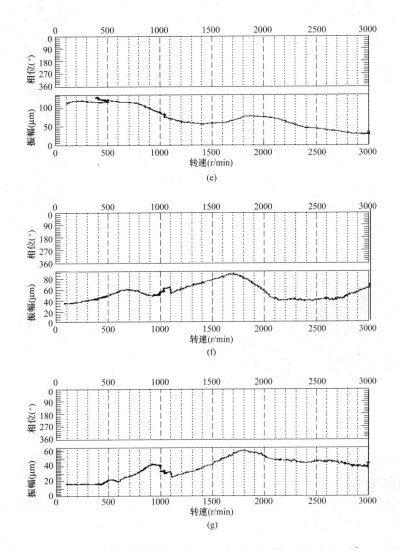

图 10-19　加重后升速各轴振波特图（二）

（e）轴振 5X；（f）轴振 6X；（g）轴振 7X

场加重完全可以进行，高压转子和中压转子是否返厂视具体情况决定。

案例 10-5　广东 Z 电厂 1 号机组动平衡

1. 1 号机组简况

广东 Z 电厂 1 号机组为东方电气集团公司生产的 600MW 超临界机组，2006 年 12 月投运，2010 年 5、6 月现场换低压四级叶片，2010 年 6 月 15～22 日，作者对机组振动进行了测试分析、故障诊断和动平衡加重。

2. 检修后启机振动测试和动平衡过程

1 号机组 6 月 15 日启机，21：12，冲转；22：20，冲转到 1500r/min；升速过程 5Y、6Y 波特图如图 10-20、图 10-21 所示。

机组过 1155r/min 振动过高，5Y、6Y 达到 210、185 μm。振动特征显示为低压 2 转

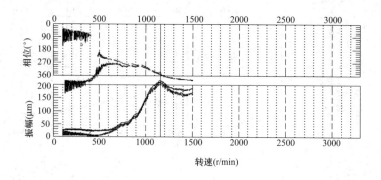

图 10-20 5Y 升速波特图

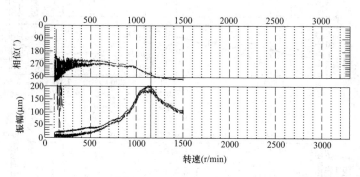

图 10-21 6Y 升速波特图

子存在一阶不平衡质量，讨论中排除了大修中其他缺陷所致，确定不平衡是由于厂家在现场更换叶片的原因，研究决定停机进行动平衡加重。

6 月 16 日 0：00～8：00，在低压 2 转子两侧同相位加重：$P_5 = P_6 = 500g$。

6 月 16 日 13：20 冲转；5Y、6Y、5 号瓦垂直、6 号瓦垂直振动略减小。

根据这次加重，如果再将 5Y、6Y 压低，计算出的平衡块质量过大，鉴于机组尚未开到高速，后续状态不明；另考虑到 1155r/min 是过渡转速，于是决定先不再在低压 2 转子上加重，向前走。

21：30 再次冲转；200r/min 暖机 2h。

23：30 到 1500r/min，振动小，继续暖机。

6 月 17 日 9：30 暖机结束；升速；最高升到 2828r/min，3Y、4Y、5Y、6Y 升速波特图如图 10-22～图 10-25 所示；3、4、5、6 号瓦振高，分别为 141、101、100、132 μm；轴振 3Y、4Y、5Y、6Y 分别为 67、45、73、115 μm。主要因为瓦振过高，无法升 3000r/min，于是决定停机。

对 2828r/min 的瓦振数据分析，3 号瓦振、4 号瓦振反向；5 号瓦振、6 号瓦振反向，瓦振高的原因应该是更换叶片造成的残余二阶不平衡质量过大；另外，冲转在 2800～2900r/min 之间，4 个低压缸瓦振本来就存在共振峰。分析决定在低压 1 转子加反向重，但当时关键困难是没有 2828r/min 低压加反向重的影响系数；另一方面，工期十分紧张，厂里希望尽快将振动处理掉。于是采用推算的影响系数，计算出低压 1 转子加重量。

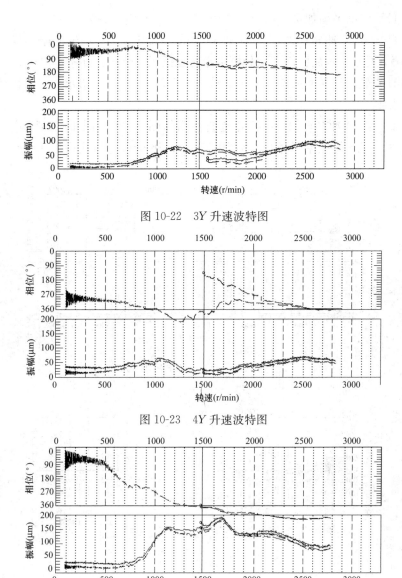

图 10-22　3Y 升速波特图

图 10-23　4Y 升速波特图

图 10-24　5Y 升速波特图

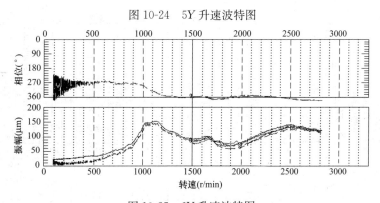

图 10-25　6Y 升速波特图

6月17日下午动平衡加重；低压1转子加：$P_3 = -P_4 = 270g$。

6月17日21：20冲转；22：55到2836r/min；3号瓦振、4号瓦振下降，加重效果明显；但5号瓦振、6号瓦振仍高，分析决定再在低压2转子上加重，停机。

6月18日凌晨，动平衡加重；低压2转子加：$P_5 = -P_6 = 220g$。加重量计算仍采用推算的影响系数。

6月18日9：20冲转，1Y~8Y升速波特图如图10-26~图10-33所示，11：50到3000r/min；3、4、5号瓦振下降，分别为44、29、26 μm，6号瓦振为93 μm。

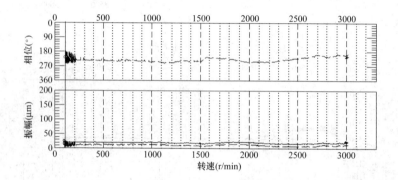

图 10-26　1Y升速波特图

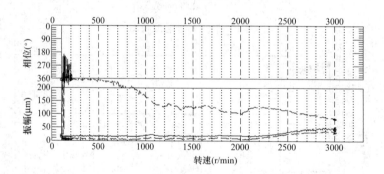

图 10-27　2Y升速波特图

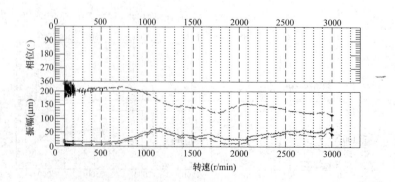

图 10-28　3Y升速波特图

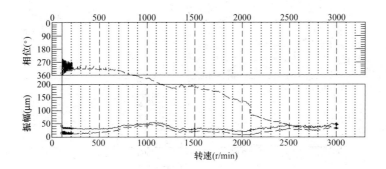

图 10-29　4Y 升速波特图

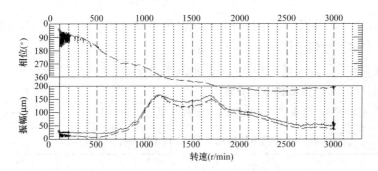

图 10-30　5Y 升速波特图

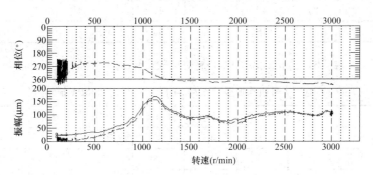

图 10-31　6Y 升速波特图

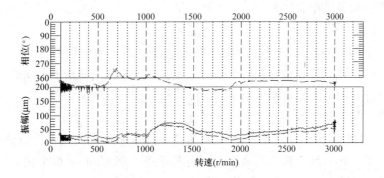

图 10-32　7Y 升速波特图

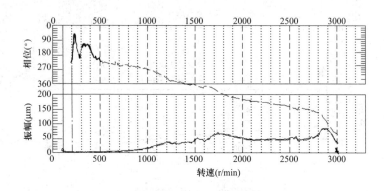

图 10-33　8Y 升速波特图

6 月 18 日 11：57 并网，距中调规定的该机组并网时间仅差 3min，成功避免划定为事故，因此如何划定关系到全厂职工切身利益。

然后逐渐加负荷。加负荷过程，6 号瓦振逐渐变小。

6 月 19 日 14：22，负荷为 593MW。

6 月 22 日 10：00，负荷为 600MW，振动（见表 10-18）。

表 10-18　　　　Z 电厂 2 号机组加重后 6 月 22 日 10：00，600MW 振动　　　（通频：μm）

测点	1 号瓦	2 号瓦	3 号瓦	4 号瓦	5 号瓦	6 号瓦	7 号瓦	8 号瓦
X	30	30	34	39	38	27	20	33
Y	23	46	54	41	80	43	85	96
BV	—	10	41	38	17	47	25	18

6 月 24 日，10：13，负荷 600MW，振动见表 10-19。

表 10-19　　　　Z 电厂 2 号机组加重后 6 月 24 日 10：13，600MW 振动　　　（通频：μm）

测点	1 号瓦	2 号瓦	3 号瓦	4 号瓦	5 号瓦	6 号瓦	7 号瓦	8 号瓦
X	32	29	35	32	38	28	16	31
Y	24	45	58	33	72	42	77	84
BV	—	8	40	35	18	46	21	16

至此，满负荷各轴振、瓦振均处于较好水平。

3. 关于本次 1 号机振动处理的一些意见

（1）1 号机本次更换叶片开机过程的动平衡表明，现场大面积更换叶片易于造成质量不平衡，为换后启机的振动控制制造了困难，尤其当这种残余质量不平衡为一阶以及同时在多个转子上存在时，更是增添了动平衡难度。

（2）本次 1 号机动平衡关键技术点有三处：

1）冲转过 1155r/min 时，5Y、6Y 振动过高，加重一次同向重量，有效果但不明显，此时没有必要继续加，因为机组刚大修完，尚未开到 3000r/min，机组状态不稳定；另外 1155r/min 是过渡转速，不必纠结于此。如果当时一定要再加重，至少要多加一次，对高速还可能产生负面影响，增加高转速动平衡难度。

2）要压低 2828r/min 的低缸瓦振，缺少 2828r/min 低压加重的影响系数，工期紧，没有试加的时间，只好推算一组影响系数，2828r/min 恰巧又是共振峰，影响系数中的绝对值和相位均变化剧烈，准确推算不可能，但只要基本正确就可以使用。计算实际采用低压 A 转子、低压 B 转子两组反向加重影响系数，稍有不当，就可能多一次开机。

3）1号机组过去动平衡加重经验表明，这台机组低压瓦振互相之间影响敏感；瓦振与轴振关联密切；6、7号轴振相互影响大。因此，加重时需要详细算计、衡量，稍有忽略，开机后即会出问题。

（3）动平衡后满负荷发电机轴振 $7Y$、$8Y$ 分别是 77、84 μm，偏高；汽轮机 6 号瓦振偏高。需继续运行一段时间，观察变化情况。如果持续增长，需要时，可安排动平衡加重，压低发电机轴振和汽轮机瓦振。

第十一章

风机振动分析诊断与动平衡

第一节　风机振动概述

风机是现代火电厂的重要辅机，三大风机指送风机、一次风机和引风机，这些旋转设备直接关系到锅炉的正常运行。近年来随着国家对排放要求的日趋严格，FGD（烟气脱硫装置）成为系统必不可少的一部分，增压风机是确保FGD正常运行的核心设备。

在风机的常见故障中，振动是主要故障类型之一。较之汽轮机等小间隙的高速精密旋转设备，对风机的振动要求要松一些，但宽限也是有一定限度，过高的振动同样会造成轴承寿命降低、联轴器损坏、动静碰磨、基础松动等设备损伤。因此，作为一个设备管理完善的电厂，也应该将主要风机的振动控制在一个合理的范围内。

从振动角度看，风机转速一般较低，属于刚性转子的范畴；风机的结构较简单，振动故障类型较少。由此决定了对风机振动故障的分析诊断和处理的难度较小。现场实践说明，多数风机的振动故障较易于判断与处理，但仍可能存在个别难度很高，甚至无法处理的故障，只好勉强长期维持运行。

第二节　风机振动特征和诊断

风机振动常见原因有如下方面：

（1）制造厂对转子没有进行动平衡或动平衡质量过低。

（2）叶轮发生位移。

（3）叶轮结垢或结垢飞脱。

（4）平衡块飞脱。

（5）动静碰磨。

（6）联轴器磨损或松动。

（7）对轮中心超差。

（8）喘振。

（9）轴承乌金损坏或轴承盖松动。

（10）地脚螺栓松动。

（11）工作转速过于接近临界转速。

（12）驱动电动机振动大。

（13）液力偶合器传动部件存在机械故障。

（14）基础刚度偏低。

（15）基础构架共振。

风机出现上述不同的振动故障，通常会呈现不同的振动特征，但有一些共同之处：

（1）大振动多以一倍频为主。

（2）多数表现为越接近工作转速，振动越大。

（3）可能和风叶开度有关，或与时间、风压有关。

（4）故障的重复性好。

对风机振动故障的分析诊断一般不困难，因为处理措施易于实施，可以试探性地一步步试验，针对振动原因的一种判断，实施一种或几种试探性措施，如果不成功，再改变方向，从其他角度查找原因。风机振动故障分析诊断的方法与汽轮机类似，但要善于根据风机结构特点和刚性转子的性质，调整分析诊断的重点和方向。

第三节　电厂风机振动分析与处理实例

案例 11-1　江苏 A 电厂 2B 一次风机振动分析与动平衡

1. 概述

A 电厂 2 号锅炉 2B 一次风机为 TLT-BABCOCK 公司生产的离心式送风机。该风机由一台异步电动机驱动，工作转速 1485r/min。风机大轴重 2244kg，叶轮重 868kg，叶轮外径 2026mm，大轴直径 308mm，两端由滑动轴承支承，驱动电动机驱动端为固定端轴承，自由端为浮动端轴承。按照 TLT-BABCOCK 公司提供的技术说明，要求现场对安装完毕后的风机转子进行微调动平衡，以达到符合标准的振动水平。制造厂家对平衡块的焊接工艺有严格的要求。

该风机 1999 年投运，运行过程中振动缓慢增大。2001 年检查性大修中进行解体，做了例行消缺，大修结束后发现振动仍然偏高，接近厂家提供的报警值，且有逐渐增加的趋势，威胁到正常生产。在对该风机进行了两次振动测试，又对数据深入分析的基础上，实施了动平衡，取得了显著的效果。

2. 动平衡前振动状况

（1）测点布置。该风机原配备有本特利 3300 振动监测系统，为进一步分析，临时加装了速度传感器和键相传感器以便测取振动相位。测点布置一览表见表 11-1。

表 11-1　　　　　　　　　　　　　2B 风机振动测点布置一览表

序号	标记	类型	位置	方向
1	IN-B	瓦振	固定端	水平
2	OUT-B	瓦振	浮动端	水平
3	IN-X	轴振	固定端	X
4	IN-Y	轴振	固定端	Y
5	OUT-X	轴振	浮动端	X
6	OUT-Y	轴振	浮动端	Y
7	IN-B-V	瓦振	固定端	垂直
8	OUT-B-V	瓦振	浮动端	垂直

（2）第一次测试结果。该风机的正常运行振动监测采用本特利 3300 系统测取轴振，然后送到主控室 DCS 上向运行人员显示。2001 年 5 月大修结束 2 号锅炉运行后即发现 2B 风机振动偏大，6 月 8 日用 DAIU-208 测振表对风机进行了第一次振动测试。

6 月 8 日 10：00，390MW，振动数据见表 11-2。

表 11-2　　　　　　　　2B 一次风机第一次测试结果　　　　　　　　（通频：μm）

测点	垂直瓦振	水平瓦振
固定端	28	65～71
浮动端	47～63	103

测试结果与 DCS 显示值相同。经讨论决定先紧固浮动端地脚螺栓，同时安装键相传感器，然后开机测振。6 月 9 日凌晨测试结果见表 11-3。

表 11-3　　　　　　　　2B 一次风机 6 月 9 日凌晨测试结果　　　　　　　（通频：μm）

测点	水平瓦振	轴向瓦振
固定端	51	—
浮动端	74	66

经紧固地脚螺栓，振动略有减小。对测点 IN-B 信号做的频谱瀑布图显示，振动的频率成分以一倍频为主，如图 11-1 所示。

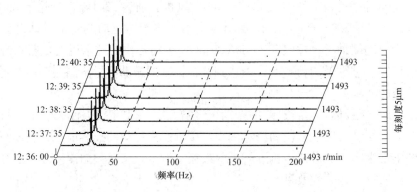

图 11-1　测点 IN-B 频谱瀑布图（6 月 9 日 1：40，额定转速，240MW）

频谱分析没有发现明显的低频和高频成分，瓦温正常（50℃/42℃），尽管紧固地脚螺栓后振动略有下降，但总的振动水平还是偏高。

对固定端轴承振动信号分析发现风机存在较明显的拍振，如图 11-2 所示，原因可能来自于对轮或驱动电动机，具体原因还需要检查分析，但这种拍振不是当前该风机振动的主要问题。

振动测试的数据和频谱分析结果表明：两个轴承各个方向的振动均是一倍频为主，振动波形是标准的谐振波，频率 25Hz。

加装相位传感器之后的测试结果说明，两轴承振动相位相同，且升速过程没有出现振动峰，振幅和相位随转速的变化呈现典型的质量不平衡特征。

（3）第二次测试及分析。风机连续运行 10 天后的 6 月 17 日发现振动仍然有缓慢增加

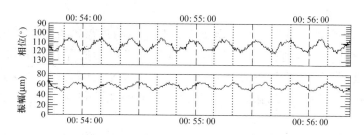

图 11-2　测点 IN-B 振动信号—倍频时间趋势图（额定转速，240MW）

的趋势。6 月 17 日 17：00 测试结果见表 11-4。

表 11-4　　　　　　　　　2B 一次风机 6 月 17 日 17：00 测试结果　　　　　　　　（通频：μm）

测点	水平瓦振	垂直瓦振	轴向瓦振	轴 X	轴 Y
固定端	63	22	10	92	75
浮动端	92	58	42	60	53

经过讨论，决定再次利用夜间低负荷时停机安装键相传感器进行相位测试，比较测试结果后再决定处理方案。

加装键相传感器后测 IN-B、OUT-B 的升速波特图如图 11-3 所示。

测试结果显示，当前的振动相位与九天前的基本相同，振幅略有增加，仍主要呈现质

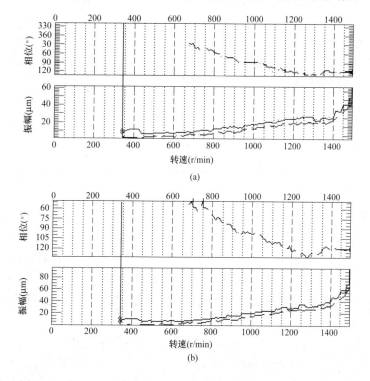

图 11-3　测点 IN-B、OUT-B 升速过程波特图

（a）测点 IN-B；（b）测点 OUT-B

量不平衡特征。

电动机转子两个轴承测试表明振动不大。驱动电动机与风机之间采用齿型联轴器，这种联轴器一般只部分传递剪切力和弯矩，即使驱动电动机存在大的振动，对风机转子的影响一般也不大。风机轴承可能存在的缺陷是轴瓦瓦面磨损、瓦盖松动、轴承间隙过大，这些缺陷将使轴瓦的振动信号中含有明显的低频和高频分量，但此时没有发现这些特征。

鉴于各方面测试结果均表明该风机振动偏大，同时考虑到短期内不可能有停炉机会进行处理，经过研究，最终商定先不解开对轮单独开启电动机；不揭瓦检查；当夜停机在外围进行相关检查；进行动平衡，看其效果。

3. 动平衡过程及结果

6 月 18 日晚高峰后停风机。

首先对轴承座的地脚螺栓再次做了检查、紧固，漏油进行了处理。按照事前商定，此次没有解对轮检查，没有单开电动机测振。安装相位传感器，启动一次后停下来，测得计算平衡加重量的原始振动。

然后开始做动平衡。共加重两次：第一次加重 310g/195°；第二次加重 220g/189°。

19 日 6：40，动平衡加重全部完成，风机开启并入系统。

图 11-4 显示了动平衡后升速过程测点 IN-B-V、OUT-B-H、IN-Y、OUT-Y 振幅及相位随转速变化的情况。随转速增加，各测点的振幅几乎没有增加，有的反而减小。

动平衡后工作转速的振动见表 11-5。

表 11-5　　　　　　　　2B 一次风机动平衡后工作转速振动　　　　（一倍频/通频：μm/μm）

工况	测点	垂直瓦振	水平瓦振	轴 X	轴 Y	轴向
刚达 1500r/min	固定端	3/6	18/27	20/31		
	浮动端	4/9	9/14	40/61	37/56	
1500r/min 稳定	固定端			10/20	22/28	32/38
	浮动端	9/15	16/21	60	52	10/19

4. 处理后对该风机振动的几点分析

(1) 动平衡后，两轴承座的振动显著减小，数值稳定。

(2) 动平衡后的轴振升降速波特图显示，该转子轴颈的原始晃度大。原始晃度是转子在盘车过程或低转速下的轴颈圆表面的径向跳动。导致原始晃度过高的最常见原因是转轴表面不圆度，以及其他轴颈表面形状缺陷，例如较大的突起或凹坑。

根据 2B 一次风机振动曲线看，不排除存在上述缺陷的可能，也不排除转轴存在轻微弯曲的可能。

(3) 根据数据，基本可以判断驱动电机和联轴器不存在问题。

(4) 对 A 厂 2B 一次风机的测试数据表明，振动是一倍频分量为主；升速波特图说明在工作转速以下没有临界转速，随转速的升高振幅均匀增加，相位的变化也呈现均匀减小；数次测试数据基本相同。同时，在排除对轮、轴承存在重大缺陷的可能后，确定振动

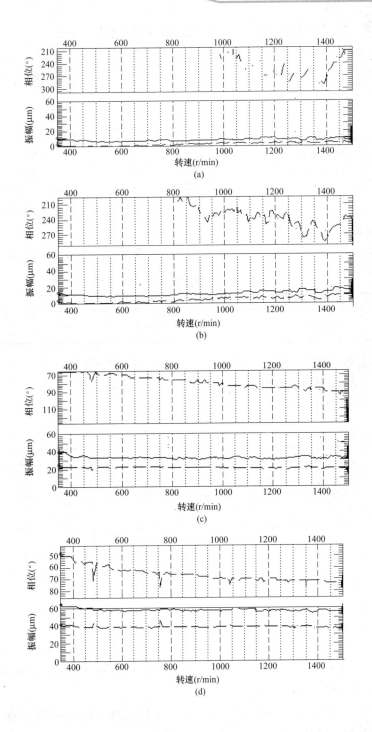

图 11-4　动平衡后升速过程测点 IN-B-V、OUT-B-H、IN-Y、OUN-Y 的波特图
（a）测点 IN-B-V；（b）测点 OUT-B-H；（c）测点 IN-Y；（d）测点 OUN-Y

主要原因是转子上存在质量不平衡。正确地实施动平衡后，风机转子上存在的不平衡质量得到了良好平衡，两轴承座的振动显著减小。

浙江 B 电厂 1A 一次风机振动分析与处理

1. 处理过程

（1）风机第一次试转，挡板未开；1500r/min 时，1A 一次风机振动情况见表 11-6（本特利 DAIU-208 测振仪）。

表 11-6　　　　　　　　　　**6 月 2 日 15：29，1A 一次风机振动**

单位	FH	MH	FV	MV
一倍频振动（μm/°）	39/147	66/313	22/286	15/84
通频振动（μm）	55	85	45	42

这里，测点 FH、MH、FV、MV 分别是浮动端水平位置、电动机端水平位置、浮动端垂直位置、电动机端垂直位置。

（2）第一次加重。6 月 3 日上午，在驱动端试加重 100g/260°；加重后振动见表 11-7。

表 11-7　　　　　　　　　**6 月 3 日 12：09 试加重后 1A 风机振动**

单位	FH	MH	FV	MV
一倍频振动（μm/°）	17/246	10/343	15/56	10/234
通频振动（μm）	39～58	28～54		30～40

通过这次加重，降低了各瓦振动，但挡板未开，还需观察挡板、动叶开后的振动。

（3）全开风道和动叶开度调节振动试验。6 月 5 日开机，观察全开风道和动叶开度变化后振动见表 11-8，如图 11-5、图 11-6 所示。

表 11-8　　　　　　　　　　　**1A 一次风机试验工况**

序号	时　间	工　况
1	3：57	开机
2	4：05	风道全开，动叶 0%，准备开大动叶
3	4：22	动叶开度 58%
4	4：37	准备将动叶调零，观察振动变化
5	4：38	动叶开度 42%
6	4：47	动叶 0%，挡板全开，振动稳定， 准备将动叶再调到 58%，观察振动是否重复
7	4：52	动叶开度 20%
8	4：55：32	动叶开度 58%
9	5：04：40	关动叶
10	5：07	动叶关到 0

试验表明，动叶开度 58%，振动增大。

（4）取 100g，观察 58% 的振动试验。6 月 5 日，取下电动机端加重 $P_{M1} = 100g$，21：24 开机，以观察其后振动。

（5）两端分别试加重。6 月 5 日 22：00，在电动机端加重 $P_{M2} = 160g/315°$，22：56 开机，振动测试。

6 月 6 日 1：00，在浮动端加重 $P_{F1} = 100g/290°$，1：24 开机，振动测试。

2：00，取下 P_{F1}，在浮动端加 $P_{F2} = 60g/90°$，2：23 开机，振动测试。

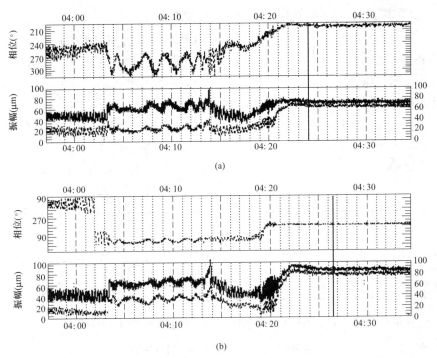

图 11-5 6 月 5 日 3：57～4：34，工况变化时测点 FH、MH 的振动变化
（a）测点 FH；（b）测点 MH

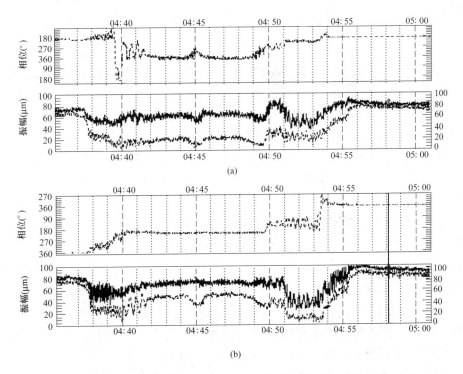

图 11-6 6 月 5 日 4：34～5：01，工况变化时测点 FH、MH 的振动变化
（a）测点 FH；（b）测点 MH

3：00，取下 P_{F2}，转子两端仅保留 P_{M2}，处理后未开。

经过分析，确定动叶开度58%时的影响系数基本稳定。决定再次加重，以降低动叶开度58%的振动。

（6）两端同时加重。6月11日，19：51开机，测取原始振动；计算加重量如下：

电动机端加 $P_{M3}=208g/198°$，浮动端加 $P_{F3}=118g/273°$，23：19开机，振动测试。

本次加重，对垂直方向效果明显，但水平方向残余振动比预计大，效果不好；决定取下 P_{M3}，P_{F3}，保留 P_{M2}，以保持58%工况各测点振动良好。再开机一次。

（7）最终振动。6月12日2：03，动叶开度58%时，1A 一次风机振动见表11-9。

表 11-9　　　　　　　　6 月 12 日动叶开度 58%，1A 一次风机振动

单　　位	FH	MH	FV	MV
一倍频振动（μm/°）	36/246	47/331	35/66	30/243
通频振动（μm）	42	55	46	47

除动叶开度58%外的其他工况，振动会偏高一些（见表11-10）。

表 11-10　　　　　　　6 月 12 日 1：47，1A 一次风机振动

单　　位	FH	MH	FV	MV
通频振动（μm）	67	95	94	77

2.1A 一次风机振动特征

通过本次对1A一次风机的振动测试、动平衡加重，发现这台风机的振动呈现如下特征：

（1）从开机1500r/min定速到动叶开度58%之前，有一个振动波动区，该区振幅、相位受工况影响，各次开机此过程的振动变化规律类似。

（2）在上述变化过程中，测点 MH、FH 相位有一个突变，突变量值分别达到80°和120°，这个突变的恢复性较好，但突变并非每次开机都会出现，且突变量值有时小、有时大；垂直方向两测点相位突变不明显。

（3）动叶开度58%的振动相位稳定，振幅基本稳定。

（4）数次动平衡加重得到的开度58%的影响系数中，各组系数角度十分接近，但幅值可相差1.5～3倍。

（5）最后两端的联合加重垂直方向效果和预计吻合，水平方向相差远。

3. 振动原因分析

根据对1A一次风机振动测试和动平衡加重的情况分析，得到结论：这台风机的振动有两方面原因，一是存在机械缺陷；二是气动方面的原因。

机械原因可以有如下具体故障：

（1）风机机座水平固定或连接状况存在问题，该状况与动叶开度有关联。

（2）转动部件在动叶开度没有达到58%时径向有松动，如动叶片、变角度机构、拉

杆等；达到58%后状态基本固定。

（3）轴向推力的变化影响到部件轴向位置，进而影响振动。

（4）动叶开度非58%的情况下存在动静碰磨。

气动原因：

（1）风道共振。

（2）两叶轮之间气流状况对振动有影响，原因如角度调整不同步，造成两叶轮之间气流流动受阻等。

（3）消音器影响。

从振动数据看，主导原因是机械缺陷的可能性大于气动原因。因为气动原因不可能只影响水平方向振动而不影响垂直方向；也难于理解动叶开度到58%时，这种气动原因为何突然消失；同时用气动原因也无法解释为何最后一次联合加重效果与预计不符。

任何风机转动过程的气动作用力都会存在，对转子振动的影响也都不可避免。但如1A一次风机影响如此显著的却无法解释。

比较1B一次风机升速振动数据看，完全没有类似于1A的振动波动现象，且1B一次风机动平衡的最终联合加重效果与由试加重预测的结果十分吻合。

因此，1A一次风机的振动应该有一个或数个根本原因存在。但本次处理尚没有找到这个根本原因，也没能消除。动平衡仅仅是使这台风机的振动处于了一个可以接受的水平。

4．下一步工作建议

建议该风机继续监视运行；在适当机会再安排一次全面的解体检查，重点检查：

（1）风机机械部件联接状况和紧固状况。

（2）活动零部件界面配合尺寸。

（3）风机底座台板和基础的状况。

（4）轴承座水平刚度是否存问题。

（5）在可能的条件下检查两叶轮动叶动作的同步性等。

（6）同时查找可能存在的气流激振源或可能发生共振的部位。

该风机2004年6月后的检查、处理及运行中的振动情况没有再跟踪。

案例 11-3　云南Z电厂引风机轴承故障致异常振动分析与处理（本案例吴峥峰参与）

1．设备概况

Z电厂2×600MW燃煤机组配备四台成都电力机械厂生产的单级动叶可调轴流式引风机，型号YU17056-02，额定转速745r/min，TB工况（风机设计点工况）轴功率2845kW。轴承箱由两个径向支持轴承和一个推力轴承构成。

自2012年1号机组1月11日投产、2号机组3月20日投产以来，运行初期引风机本体性能稳定，轴承温度、振动等指标均在正常范围内，振动值在2mm/s以下。

但在运行短短的三个月内，相继发生了三起因引风机轴承损坏导致1、2号机组被迫停运事件，对电厂安全生产造成巨大压力和损失。事故发生后，电厂组织多方对原因进行分析，作者参与了这一过程。

2. 事件经过

2012 年 1 月 21 日 17：37，1A 引风机自由端轴承 X 向振动（2X）由 1.1mm/s 上升至 5.3mm/s，驱动端轴承温度（1T）由 52℃ 上升至 74℃。17：45，2X 由 5.3mm/s 下降至 1.8mm/s，1T 由 74℃ 上升至 98℃。运行人员逐渐关小 A 引风机动叶，开大 B 引风机动叶，同时快速减负荷，由 510MW 降至 460MW。17：51，2X 急剧增加，振幅超出量程（≥20mm/s），1T 快速上升，运行人员立即将 1A 引风机动叶开度减至 5％。17：54，1A 引风机因为自由端轴承温度高（≥110℃），保护动作跳闸。1A 引风机事故发生后，成都电力机械厂对 1B 引风机也进行了停机检查，发现轴承异常，更换新轴承。

2012 年 4 月 16 日，1 号锅炉备用转运行，21：36 启动 B 引风机，锅炉点火升温升压。4 月 17 日 00：15，1B 引风机轴承振动发生突变，X 方向振动最大 5.15mm/s、Y 方向最大 19.97mm/s，同时轴承温度快速上升，3min 内轴承温度升幅达到 25℃，立即停机，温度升至 97℃，停运后温度继续上升到 146℃。

图 11-7　2B 引风机后轴承损伤（外圈）

2012 年 4 月 30 日 19：20，2B 引风机轴承 X 向振动值增大，轴承冷却水正常，油温正常，轴承温度正常（三个点温度为 69、65、69℃）；19：40，2B 引风机轴承振动升到 4.08mm/s，并继续上升；21：33，振动值升至 4.36mm/s，初步确定引风机轴承损坏，需要停机检修；22：00，2 号机组开始滑参数停机，22：18 机组减负荷过程中，风机轴承 X 方向振动基本保持不变，Y 方向振动开始上升，振幅超过 X 向至 4.39mm/s，23：15 Y 向振动开始下降。23：48 停运风机瞬间 X、Y 向振动同时增大，Y 向振动最高达到 6.917mm/s。2B 引风机后轴承轴承损伤如图 11-7 所示。

3. 振动原因分析

4 台次引风机振动发生过程特征类似：1A、1B（发生两次）、2B 引风机振动发生、发展过程中均有 89Hz 成分。振动正常时该频率成分很小（通频值的 5％ 左右）。振动和损坏最严重的 1A 引风机，89Hz 成分及谐波分量最大达通频值 95％ 以上。结合几次事故经验，在 2B 引风机出现故障苗头时，厂里提前判断，进行设备停机、解体。解体检查发现自由端滚动轴承外圈轨道大约有 $\frac{1}{2}$ 圆周存在大量剥落，内圈基本无损伤，滚珠有几个轻微剥落点。

4 台次引风机事故后的解体检查结果正反映了共性故障的不同阶段。故障发生时总是从引风机自由端轴承开始损坏，逐渐扩展到驱动端两轴承。经验表明，当振动爬升到 4mm/s 以上就需格外注意了。

（1）轴承。分析过程中 89Hz 是问题关键。通过粗略计算发现，89Hz 激振频率是引风机自由端轴承（NU360E.M1.C3）外圈固有频率。轴承问题一度成为讨论的焦点。电厂和风机厂家的技术协议里明确引风机采用 SKF 轴承，但是实际安装的是 SLF 轴承（德国轴承厂商），当时的情况：1A 引风机更换 SKF 轴承后运行已有 3 个月，1B 引风机 SLF 轴承检查出问题后，更换为 SKF 轴承，运行不到 75 天也出现振动超标、轴承损坏的问题。2B 引风机轴承损坏后，轴承也更换为 SKF 轴承。从风机厂家提供的数据看，更换后的 SKF 轴承是同类直径中承载能力最强的。

由于每次首先损坏的均为风机自由端轴承，从数据分析来看，轴承振动的发展是因轴承损坏后引发的，轴承损坏是起因，振动是结果。多次更换的轴承已经排除了轴承质量问题，从这个角度说，轴承损坏又是结果。

（2）润滑。润滑是影响轴承寿命的重要因素，原因寻找中也将注意力投向了轴承润滑。设备解体发现，风机轴承箱内表面防锈漆大量脱落，对油质造成了污染。会上有专业人员指出轴承箱润滑系统分布不合理，造成轴承润滑不良。理由是从设计图纸上看，润滑油只是从侧面流到轴承体上。风机采用的 NU360 轴承，内径达到了 300mm，如果没有强制润滑，很容易造成轴承干磨导致外表皮脱落。再加上如果回油管高度不够，轴承滚柱没有浸泡入润滑油中，更容易造成润滑不良。如果这是轴承损坏导致振动的主要因素，其失效时间应该达不到 2 个月。另外，从 1A 引风机事故前几个月运行情况来看，轴承温度一直正常，事故发生时自由端轴承振动已达 5.3mm/s，但其轴承温度依然正常且较稳定。厂家在大批风机中都采用了这种润滑方式，均未出现类似问题。从 2B 引风机检修情况来看，在起吊轴承座的时候驱动端轴承内部有润滑油淌出，说明润滑油系统供油正常，也排除了润滑油中断导致轴承烧损的可能。

2B 引风机轴承箱检修发现内有大量防锈漆碎屑，油漆耐高温程度在 68°～88° 之间，喷涂工艺差导致油漆碎屑脱落的可能性更大。外圈破坏严重、内圈基本无损伤、滚珠有几个轻微剥落点、自由端轴承的解体情况几乎排除了油质差是根本原因的可能。因为有上述情况，那么滚珠和内圈应该也会有破坏，而从轴承外圈破坏痕迹看，主要还是应力导致的疲劳损伤。

因此，从润滑不足和油质变差两个角度考虑，则基本排除润滑是轴承破坏导致振动的根本原因。

（3）喘振或失速等流体力学原因。厂家曾提出烟道布置不合理有可能存在流体作用使得轴承振动超标，理由是 89Hz 的来源不明。为此，厂家安排了专项试验，轴系（带叶片）在动叶调整到 0°情况下空转，测取振动频率，89Hz 成分变化不大。后经 SKF 公司确认，自由端轴承外圈损伤频率正是 89Hz。

喘振和失速是风机常见振动原因，常伴随低频成分以及压力、电流的异常波动，并伴随烟道的异常响声。这里都不存在。

（4）安装。在 1A 引风机事故后，轴承厂家曾指出安装不对中是事故原因。风机拆卸的时候发现风机驱动端端盖螺栓有拉伸松动的现象，这一现象也可能造成轴承类似情况的损伤，根本原因也为螺栓松动后引发的不对中；造成内圈与滚动体损伤为不对中引发的后续损伤，滚动体卡死，产生滑动摩擦，温度急剧上升，造成轴承内圈破裂。

从 1A 引风机安装数据的复查与标准要求相差较大，安装问题可能确实存在，但这种较大的差值也可能是事故后造成的。从整个轴承箱的结构来看，虽然整体都是引进德国KKK 公司的图纸，但是国内加工精度和现场安装很难能达到国外的标准。但是，事故发生后，引风机严格按照厂家要求安装，振动依然发生，由此看来安装应该不是系列事故的根本原因。

（5）设计。轴承负载分为静载荷和动载荷。不同轴承负载能力不同。对同一轴承而言，所承受的负荷增加，寿命降低；转速增加寿命也降低。以 6210 轴承和 NU210 为例，SKF 公司给出的不同负载下轴承额定寿命理论计算数据，见表 11-11，该表显示不同使用状态下轴承寿命相差较大。

表 11-11　　　　　　　　　　不同负载下轴承额定寿命理论计算数据

轴承型号	动额定负荷（kN）	转速（r/min）	负载（kg）	寿命（h）	寿命（月）
6210	36.5	1800	365	9250	13
		1800	730	1150	1.6
		600	365	28000	39
NU210	64	1800	365	130000	180
		1800	730	13000	18
		600	730	38000	53

Z 公司 4 台同型引风机结构尺寸系成都电力机械厂首次采用，四台次均发生同类故障，从损伤情况分析，载荷过大造成轴承运行寿命较短是难以排除的原因。厂家应从设计上对轴承箱结构设计、轴系受力、轴承载荷进行深层次分析校核。

4. 处理

2012 下半年和 2013 年，由于机组利用小时数较少，电厂主要通过加强振动监测的方式，充分利用事故积累的经验，主动对轴承进行检查和更换，未再次造成较大事故。

2014 年 7 月利用 1B 引风机处理机会，制造厂首先对 1B 引风机进行了改造，方案如下：

（1）取消平衡锤：风机厂家在进行计算后取消平衡锤，其后油站控制油压依然能满足要求，不会对风机安全造成影响。该平衡锤重约 19kg，因此整个叶轮质量可以减轻 19×22＝418kg。该方案仅需要将风机转子吊出，取下轮毂侧盖板即可操作。

（2）减轻叶片质量：在满足气动性能及机械性能的前提下，厂家重新设计了减轻的叶片，在原叶片质量的基础上，每件可减轻 12kg，整个叶轮重量可减轻 12×22＝264kg。

（3）考虑到风机轴承已经多次更换，且已使用过三种国际知名品牌轴承，目前使用的SKF 轴承是同类直径中承载能力最强的，决定不再对轴承进行改动。

（4）对风机轴承箱加固，加强支架承载能力。

自改造以来，1B 引风机运行状态良好，振动稳定，改造取得了较好效果。

第十二章

火电厂水泵振动分析诊断与处理

第一节　电厂高能给水泵的发展

20 世纪 60 年代末期，西方国家电力处于发展阶段，发电厂规模迅速扩大，大批核电站开工建设，机组容量与日俱增，原有低速多级给水泵已不符合电厂生产要求。泵生产商迅速设计了大型、高能输入的核电站给水泵来代替低速多级给水泵。生产商直接将低速（1200～1800r/min）增压泵的设计按比例增加到 5000r/min，对泵的性能没有经过可靠性检验，便生产出带有重大缺陷的高能给水泵，导致为核电站专用设计的高能输入单级双吸泵出现严重多发性故障，且在很长一段时间得不到解决。

同时，为满足大型电站（机组单机容量一般为 900～1300MW）的配套要求，锅炉给水泵开始采用逐级升压的设计思想。由于水力模型试验造价昂贵、技术复杂，而且可能需要十几年才能得到成果，而转子动力学模型相对经济，可以很快取得试验结果，因此，设计中首先考虑了转子动力学，忽略了水动力学。水动力学设计的薄弱必然带来严重后果，经过长时间运行发现高能级状态时抽吸冷水产生了汽蚀。在缺乏研究经验和经费的情况下，水动力学研究不得不开始启动，并获得一些关于水动力学方面的研究和试验结果。到目前为止，高能给水泵结构基本定型，但实际运行中仍有诸多问题没有得到彻底解决。

许多大型石化-燃气发电机组最初的设计和建造目标是承担基本负荷，当投入运行的大型核电站数量增加后，都改变为调峰方式运行，经济发展变缓加速了这一趋势。有些机组，如 900MW 机组，不但以调峰方式运行，而且每天启停机。给水泵和给水系统存在的大量问题立刻暴露了出来。泵制造商质疑管线设计，而管线设计人员对于控制系统的性能提出疑问。最终得出结论，调峰运行模式存在问题。给水泵和给水系统的故障是操作不当所致，不是设备固有的设计缺陷。

实际上，大部分高能输入给水泵的故障主要与以下这两个问题有关：①部分负荷运行时给水系统的失稳；②泵的轴向推力。

其后的研究结果显示，这两个问题是相互关联的，而且源于同一缺陷。

由于多级给水泵的尺寸增大，平衡盘引起的故障数量迅速增长到数百例。在大型锅炉给水泵静止部件上，水动力引发的轴向力超过了 1800kN。转动部件受到的轴向力也很容易超过 450kN。起初，用户要求平衡鼓设计，表面上这种结构有助于减少故障和维修量。当用户（特别是石油公司）要求这种设计时，泵业公司迅速地转向鼓型设计，放弃了研究和证明盘式设计优点的努力。对于正确的盘式设计，除了必须正确地理解轴向力产生的机理（在推力轴承的推力承载范围内），还要搞清它的数量级及其在最大、最小流量时的变化。但这些因素尚未被知晓和理解，就轻易地转向了"鼓式"设计。

目前国内大型机组的给水泵振动问题不少，故障多由外方厂家来处理。国内本行业的自主研究尚不够深入、系统，需要进一步探索，积累经验。

第二节　高能给水泵结构

一、泵的分类

本章主要涉及发电厂使用的高能输入离心泵。由于这些泵会产生很高的轴向力，出现了很多棘手的问题。与低速、低能量输入的旋转设备相比，高速、高能输入泵的故障对于零部件的机械损坏更为严重。

目前高压力参数的泵是：火电厂锅炉给水泵、核电站主循环泵。这些泵有下列形式：单级泵、多级泵；单吸泵、双吸泵；扩压型、蜗壳型。

所有应用到高参数泵的技术也应用到小尺寸的其他类型泵，例如：射流泵（油田）、化工流程泵、除锈泵（钢铁工业）、核电安全关联泵、辅助给水泵、给水增压泵、凝结水泵、加热器疏水泵。

二、高能泵的结构特点

大型机组单机容量的提高，对高能给水泵性能提出了进一步的要求，要求给水泵效率高、可控性好、检修时间短、运行周期长。目前世界上大型超临界机组用高能给水泵基本都采用双壳体筒型的多级离心泵。该型泵适用于高压和超高压，适应热冲击和机组负荷变化，泵芯为可抽式，易于检修和维护，在紧急情况下可直接更换泵芯，所有转动部件高速动平衡后直接整体安装。当前，国际上有两种结构形式的双壳体高能给水泵泵芯，一种是以FPD公司为代表的蜗壳轴向剖分中开式结构，另一种是以德国KSB集团为代表的泵芯径向剖分多级节段式结构。它们的结构特点如下。

（1）蜗壳轴向剖分中开式泵芯。蜗壳轴向剖分中开式结构的泵芯，其蜗壳保证了泵性能曲线平坦，在较宽的流量范围内具有高效率；蜗壳的存在大大减少了压力脉动；蜗壳上下两半对称，装拆方便，可以保证所有部件的同心度。首级叶轮采用双吸叶轮，其余叶轮背靠背相对安装，泵在任何工况下运行所产生的轴向力自相平衡，不需要采用易于产生故障的平衡装置（如平衡盘或平衡鼓），运行中产生的微弱不平衡轴向力由推力轴承承担，因此有较高的安全系数。蜗壳采用对称设计，运行中产生的径向力也得以自动平衡。该泵缺点是流道复杂，流动过程中能量损失较大，内壳体铸造难度高。

（2）径向剖分多级节段式泵芯。该泵芯由多个级组成，每一级包括叶轮和导流器，级并列布置。泵芯设计、安装简单，流道通畅，效率高，转子与导流部件发生碰磨后可直接更换碰磨损坏的级。由于叶轮采用并列布置，运行中将会产生很大的轴向推力，必须加以平衡，一般采用平衡鼓或平衡盘加推力轴承结构，也有双平衡鼓加推力轴承结构，这就给安全运行埋下了隐患，平衡装置磨损是泵故障的主要来源。

第三节　火电厂水泵振动故障类型和特征

一、振动故障类型

泵的振动故障来自多个方面，可能是由于定货错误，选购的泵的容量、类型等不适合特定的应用场合；还可能是泵的基础水动力学方面存在设计缺陷，这是由于学术界、研究单位或设备制造厂前期研究不够充分；也可能是泵的基本设计或制造存在错误、出厂组装错误、现场安装错误、电厂运行操作错误等，这些都会造成振动故障的出现。

一旦设备需要进行故障处理或大修，设备用户通常持有最低报价的思想；制造厂设计部门缺乏来自现场服务人员的信息反馈，同样可以导致故障的发生。

水泵振动故障存在两大类，一是强迫振动，如质量不平衡，特征频率与转速同频；叶片转动激振，特征频率是转速的叶片数倍频。这类故障的振动与转速有关。

二是与自激振动，频谱通常为转速的整分数倍。油膜振荡、摩擦诱发的失稳均属此类。

高能量泵振动原因主要如下：

（1）质量不平衡。

（2）轴承油膜失稳。

（3）流体（水）激振：叶轮出口间隙不当造成的流体激振；密封环磨损造成的流体激振。

（4）平衡盘缺陷或轴向推力。

（5）动静碰磨。

（6）对轮不对中。

（7）轴承间隙过大、轴承松动或部件松动。

二、振动故障的频谱特征

对水泵振动故障的分析与判断，主要还是依据它的频谱特征。

泵振动故障频谱特征与所对应的故障分为六种：

（1）一倍频（同频），质量不平衡。

（2）二倍频，不对中、摩擦、两倍涡旋。

（3）次低频，失稳，轴承故障。

（4）叶片转动激振，频率是叶轮叶片个数（Z）×转速频率（f），激振力来自于叶轮叶片。

（5）低频，低于 $10\mathrm{Hz}$，常来自于给水系统、循环管线、转子轴向位置。

（6）上述两种或更多频率成分的组合。

这些原因可以单一存在，也可以同时存在。它们对应不同的频率特征。其中一倍频和二倍频的振动原因较易于确定，低频和次低频的原因往往难于确定，而且，存在故障的泵极少情况下只表现为单一的故障频率特征，大多数情况，振动信号由两种或两种以上的频率组成。如何区分这些复合频率，并且从中确定哪个是导致故障的主要成分，有时面临很大的困难。

三、处理解决方案

泵振动发生变化时，必须对泵进行振动分析。首先进行频谱分析，确定故障原因。对于质量不平衡，如果属于二阶质量不平衡，可以采用现场动平衡；属于一阶不平衡，且不平衡力位于跨内，返厂做动平衡效果较好。若泵发生动静碰磨，由于碰磨的混沌本质，产生次同步-超同步分量、边频以及谐波分量，利用现有技术进行准确诊断极其困难。如果碰磨故障能够确证，可以通过调整转子中心位置的方法解决。油膜失稳和流体激振，首先要检查轴承。泵产生叶轮转动激振的可能性较小，对付转动激振的方法就是适当增大叶轮至导叶的径向间隙，在不改变泵性能的前提下可以通过切削导叶内圆实现。

径向剖分多级节段式泵芯在运行中产生巨大的轴向力，需要由平衡盘（鼓）来平衡。平衡鼓是一个典型的水润滑径向轴承，该设计改变转子的水动力特性，泄漏量大，降低了效率；平衡盘则是一个标准的水润滑推力轴承，间隙 e 控制压力，在空间 A 中产生推力[见图 12-1（a）]。如果间隙 e 太小，平衡盘将不能提供足够的推力，在转子所受推力下，工作面可能接触或咬死。该尺寸对其产生的轴向力是很敏感的，实践证明，不合理的尺寸已经导致了多台泵发生故障。该类故障的处理是让空间 A 产生一个锥度 α [见图 12-1（b）]。

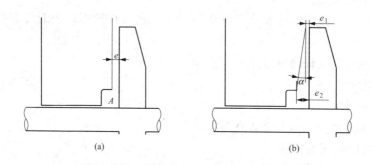

图 12-1　径向部分多级节段式泵平衡盘的改进

（a）改进前；（b）改进后

正常运行时，间隙 e 处于合理水平，平衡盘能够提供足够的轴向平衡力；当转子通流部分水力波动或由外界引起突发性大轴向力时，间隙 e 消失，平衡盘失效，轴向力得不到平衡，多余的轴向力使间隙 e 为零，平衡盘以及密封部件碰磨，故障发生；如果存在锥度，间隙 e 便不会消失，平衡盘一直有效，突发的大轴向力消失时，平衡盘的平衡作用仍然能使转子恢复原位平稳运行。

目前给水泵振动故障的分析与判断主要还是依据它的频谱特征。图谱分析的特征图形包括：波特图、极坐标图、轴心动态轨迹、轴心静态轨迹、频谱图、瀑布图、级联图和趋势图。测试时，详细地记录振动数据以得到理想的频谱图，借助于这些图形和数据能够有效地判定故障类型，确定故障原因。

第四节　振动故障分析诊断实例

案例 12-1 江苏 D 电厂 2B 给水泵振动分析处理

1. 设备概述

D 电厂 2B 给水泵为西屋公司生产。2004 年 5 月下旬发现冲转到 4700r/min 时，出口侧轴承振动急剧增大。5 月 25 日测试得到出口端轴振随转速的变化，如图 12-2 所示。出口端轴振瀑布图如图 12-3 所示。经测试分析高振动的频率分量为一倍频的 0.82 倍（即 0.82X），当时对轴瓦进行了处理（减小顶隙），处理后转速为 5200r/min 时没有出现低频振动。

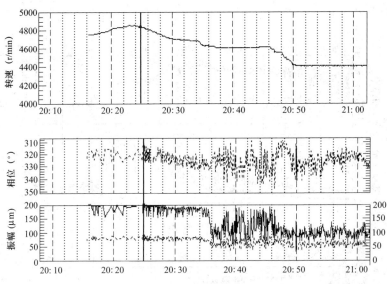

图 12-2　5 月 25 日测试结果，出口端轴振通频和一倍频随转速的变化

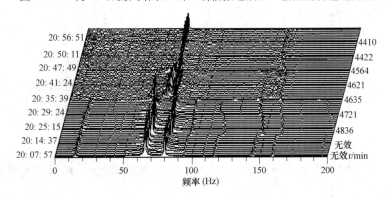

图 12-3　5 月 25 日出口端轴振瀑布图

该泵运行到 6 月中旬再次在高转速时出现大振动。根据电厂要求，本书作者于 6 月 14 日赴厂进行测试、分析和处理，以及处理后的振动测试。6 月 28 日处理结束开机，振动正常。

2. 测试结果与分析

处理前测试表明，转速大于 4635r/min，出口侧轴振高达 200 μm，低频为主，频率成分为 0.82X；转速低于 4635r/min，振动降低，但波动大；降到 4412r/min，波动减小，通频振幅约 100 μm。

根据频率关系及振幅随转速的变化情况，初步确定该泵的异常振动性质为失稳，主要原因应该是油膜失稳导致的次同步涡动，同时不排除存在流体激振的可能，但可以排除质量不平衡和动静碰磨为主因。

在这个分析结论基础上确定检查轴承。检查结果，出口端轴承顶隙偏大（西屋公司规定为 0.13～0.18mm，实测为 0.24mm）。

实际处理将顶隙减小为 0.18mm。

开机后测试表明，转速升到 5250r/min，没有出现低频振动。轴瓦处理后的升速过程振动如图 12-4 所示。

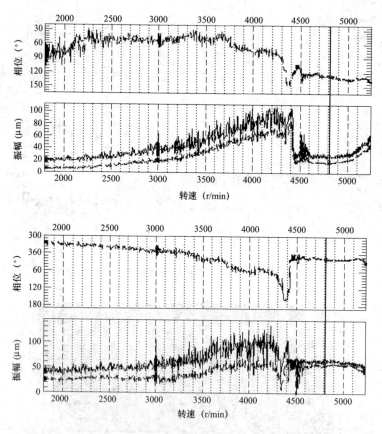

图 12-4　轴瓦处理后的升速过程振动波特图（上：低压侧轴振，下：高压侧轴振）

3. 第二次处理

（1）问题的分析和决定。该泵运行到 6 月 12 日，再次出现振动增大。

本书作者 6 月 14 日晚到厂，安排了升速试验，汽泵两次升速到 5200r/min 以上，但均未出现高振动。

从 6 月 13 日省电科院测试数据看，在泵的转速增加过程中，曾经三次出现高振动，低频 71Hz 左右，0.825X，低频振幅大于一倍频（见图 12-5、图 12-6、图 12-7），这种与转速相关的突发性低频振动，多与油膜失稳有关。

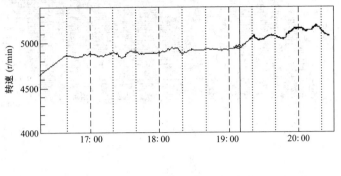

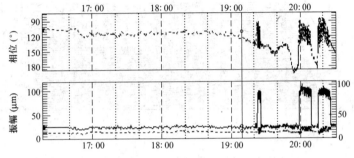

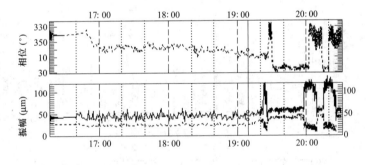

图 12-5　6 月 13 日测试结果，转速（上）、进口端（中）
和出口端（下）轴振随时间变化

三次低频出现的频率关系见表 12-1。

表 12-1　　　　　　　　　　　　低频成分出现记录

时间	转速	频率成分
19:23:47	5074r/min	70～85Hz
20:03	5169r/min	71～86Hz
20:20	5195r/min	72～86Hz

　　综合考虑各方面情况，虽然 6 月 14 日高转速时没有重现大振动，但泵本身还是存在问题，排除主因是泵内动静碰磨及质量不平衡的可能，低频振动应该是失稳，可能是轴承及流体动力激振造成的。

　　省电科院与此意见不同，认为失稳的频率应该是 0.5X 以下，不是轴承的问题。

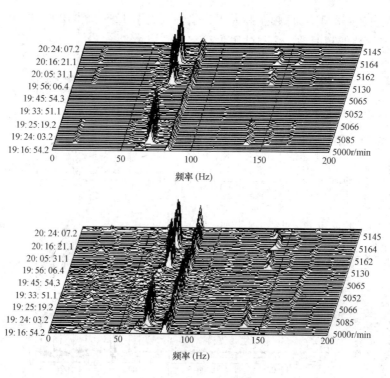

图 12-6　6 月 13 日测试结果，进口端（上）和出口端（下）轴振瀑布图

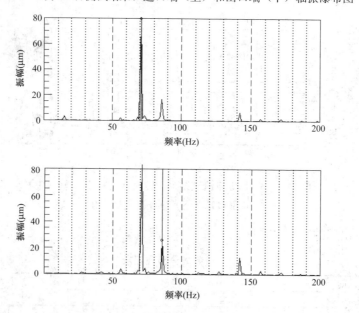

图 12-7　6 月 13 日测试结果，进口端（上）和出口端（下）轴振频谱图

电厂同意作者意见，厂生产主管领导决定停泵检查。事后看来，这个决定是正确的。当时如果拖延，可能酿成事故。

（2）解体检查与处理。6 月 15 日晚，2B 汽动给水泵解体检查发现出口端轴承安装前后反向；前后两轴承（B1、B2）上下瓦均磨损，出口端轴承下瓦磨损严重，跨内侧挡油边乌金损坏严重，已经发生碎裂。

将出口端轴承换为上次检查换下的进口端轴承，并更正了方向；进口端用新备品轴承。

（3）轴承处理后的振动及动平衡加重。处理后6月16日开机，升速到4200r/min时出口端轴振偏大，一倍频82μm，通频111μm。停机，对轮重新找中。再次开机升速到3900r/min，振幅量值依旧，一倍频相位有变化。

停机，检查轴瓦，发现前后轴承上下瓦面有轻微磨损，于是换瓦，放大顶隙，调整对轮对中。开机到4327r/min，振动值和过去基本相同。

鉴于数次开机一倍频振幅高，且振动相位较稳定，决定在对轮上加重，以确定能否利用动平衡的方法使振动降低。6月17日在对轮加重61g/330°。加重后升速到4100r/min，出口端振动减小，进口端略有增大。

根据本次加重效果进行计算表明，调整对轮加重量无法使B1、B2振动同时减小。这表明造成泵的一倍频振动高的不平衡质量不是位于对轮，而是在跨内，即进口端轴承和出口端轴承之间；且呈一阶振型分布，在对轮加重无法使之同时降低，于是决定停止动平衡加重。

根据5月27日测试记录，2B泵升速到4350r/min并泵后振动急剧下降。为确定高转速并泵后的振动情况，6月18日1:00再次开泵，升速到4200r/min并泵，振动和加重61g升速的情况基本相同，同时，这两次并泵没有出现相位、振幅的突变。运行人员发现推力瓦温急剧增加到了61℃，决定停机解体检查。

6月20日，解体发现平衡盘、密封套、密封环磨损。平衡盘工作面磨痕严重，多数是过去磨损的。芯包送制造厂修复并进行低速动平衡。

6月21～23日，换上芯包，空车盘车正常，冲入热水后卡死。解体发现转子两端的迷宫密封轴套有严重磨痕，此即卡死部位。

6月25～26日，原转子修复结束回厂回装，初次开泵盘车时仍卡死，解体发现芯包卡。

6月28日7:00，电厂最终设法将泵成功开启。

6月28日10:14，本书作者到厂开始振动测试，当时转速4700r/min，测试结果如图12-8、图12-9所示。

上午刚并泵后2h，前后两轴承振幅、相位有缓慢变化，表明转子开机时的临时性弯曲逐渐恢复。6月29日10:40机组带满负荷，2B汽动给水泵转速5300r/min，其间振动状况良好，振幅、相位均较稳定（见表12-2）。

表 12-2　　　　　　　　　2B汽动给水泵振动故障处理后的相关运行数据

时间	负荷 (MW)	转速 (r/min)	B1轴承振动 一倍频/通频 (μm/μm)	B2轴承振动 一倍频/通频 (μm/μm)	B1/B2/推力瓦温 (℃/℃/℃)
6月28日 11:25	570	5014	47/60	30/45	51/44/56
14:40	567	5018	48/58	30/47	53/46/57
16:56	572	5065	48/62	32/46	51/44/56
6月29日 10:40	600	5300	—/64	—/54	54/46/58

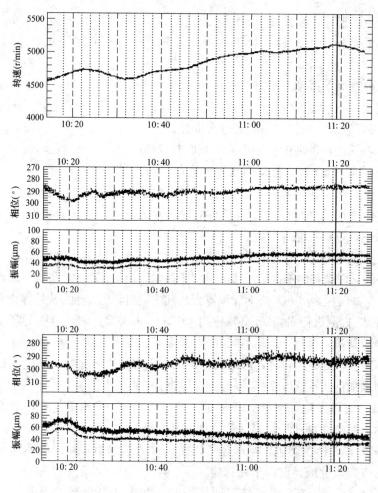

图 12-8 6 月 28 日测试结果，转速（上）、进口端（中）
和出口端（下）轴振随时间变化

4. 对振动处理过程中相关问题的分析与讨论

（1）2B 汽动给水泵振动原因分析。

2B 汽动给水泵的振动特征较为复杂，呈现为：

1）高振动时的主振动频率为 0.81～0.837X，与转速相关。

2）振幅不稳定，变化剧烈；与流量有关。

3）数次升速过程振动变化情况不同：

a. 5 月底第一次处理后开机并泵前通频波动大；冲转 4350r/min 并泵后，波动立即消失；两轴承相位由同相突变为反相；其后转速一倍频振幅、相位稳定；

b. 2B 轴承正位后，6 月 16 日动平衡后的两次开机并泵，没有出现波动消失和相位突变的现象。

首先，根据对这些特征的综合分析，确定 2B 给水泵 5 月底和 6 月中旬出现的以低频分量为主的高振动为轴系失稳，油膜失稳占主导作用，不排除同时存在流体激振。

根据有关资料介绍，泵发生油膜失稳的频率关系低限是 0.6X，高限可到 0.9X，这与

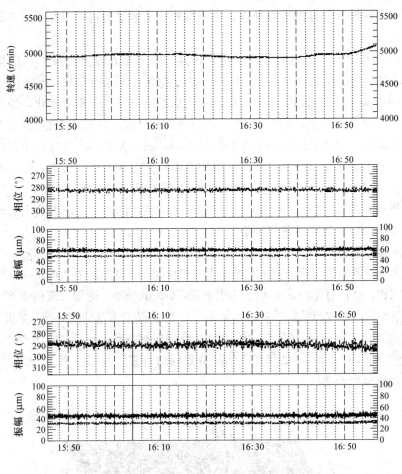

图 12-9　6 月 28 日测试结果，转速（上）、进口端（中）
和出口端（下）轴振随时间变化

通常汽轮机发生油膜涡动或油膜振荡的频率关系不同。

（2）轴承问题及处理。2B 泵本次出现油膜失稳的直接原因是出口端轴承装反。制造厂将泵的两个轴承采用三压力坝轴承，这种轴承对失稳有高效的抑制作用。

压力坝轴承的原理是轴颈转动中利用乌金工作瓦面上的坝（阶梯）形成一个油膜压力的突变，作用在转子上抑制失稳。如果瓦装反，这种坝显然会对失稳起反作用，这就是在 2B 泵上出现的情况。

这只瓦装反的直接原因是西屋公司供应的备品上的定位销方向错误。估计新泵是对的，后在某次检修换瓦时装错，时间应该发生在 2004 年 5 月之前的一次检修。反装瓦不一定会立即造成失稳，可以在装上运行一段时间（如数月或一、二年）后，随瓦面的磨损而出现失稳。

从 6 月 15 日晚出口端轴承解体检查的情况看，这个轴承跨内侧挡油边乌金已经发生碎裂。这是因为瓦装反，本应形成主要承载区的油膜无法形成，只好由内侧挡油边来承担。而内侧挡油边的承载面积明显小于原设计的主承载区，这样，挡油边的比压要远大于它的承载极限，因此发生乌金碎裂。

如果没有本次轴承解体的检查处理，出口端轴承的继续运行可以在今后不久酿成这个泵的严重事故。

实际上，6月13日下午电科院测试时，转速5090r/min以上出现了三次突发性低频振动，作者在事隔一天后的6月14日晚测试中，泵两次升速到5280r/min均没有出现高振动。这是由于从6月13日到14日，后轴承瓦面的磨损发生了重要变化，原本可以形成失稳的瓦面形状进一步恶化，到14日晚，碎裂的瓦面已经无法形成失稳。

如果继续运行，出现的故障将不再是振动失稳，而是瓦面碎裂造成的出口端轴承乌金彻底毁坏，转子失去定位，在高速转动过程中泵内和推力瓦的严重碰磨，进而紧急停泵。

过去很长一段时间，运行中这个出口端轴承瓦温低于进口端约13°。和上述情况类似，这是由于轴瓦装反，轴承的承力区由中部改为内侧挡油边，而测温热电偶偏向于轴承非承力的外侧挡油边，故显示瓦温偏低。

（3）动平衡效果分析。该泵处理过程，曾在对轮上加过61g质量，以降低一倍频振动。加后发现，这个位置加重对两个轴承的振动影响是反相的，而该泵在2400r/min以上两瓦的振动一直是同相，这样对轮加重不可能同时降低两个瓦的振动。通常，现场动平衡过程，如果不平衡质量在跨内，在跨外加重有时效果不好，2B汽动给水泵的情况即是如此。

（4）振幅波动原因分析。2B汽动给水泵并泵前振幅波动。此现象在6月20日解体处理前十分严重（见图12-10），低频和高倍频分量同时存在。经过6月20～27日的解体处理后，波动现象有所改观。

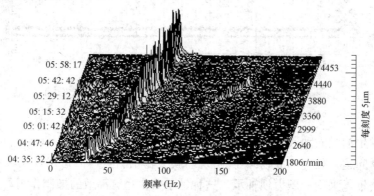

图12-10　5月27日测试结果，出口端轴振瀑布图

产生这种波动的原因一种可能是泵内的动静碰磨，另一种可能是流体脉动。并泵前流体走小循环，流量小，流动状况与并泵后不同；同时，并泵前后的轴向推力有差异，轴向推力可以影响平衡盘接触状况，还可以影响转子轴向位置，即叶轮出口的轴向位置。这些因素都与碰磨及流体激振力有直接关联。

解体处理过程实施了下列工作：更换平衡盘、密封环、密封套等。

联系到该泵曾因处理推力瓦磨损而将转子轴向移位1mm，这样做同样会影响转子轴向位置。

尚无法准确断定振动波动的具体原因，需做进一步分析。但从总体看，碰磨和流体激振可能是单一作用，也可能同时作用。

5. 关于该泵本次处理过程中步骤决策的反思与评价

本次该泵处理时间较长，投入人力多。5月底的第一次处理，约花费了3天；第二次处理从6月15~28日共12天。

第一次处理对振动性质确定为轴系失稳，检查了轴承，减小了顶隙的处理是对的；但没有发现出口端轴承反装是一个重要失误，原因是这种压力坝轴承国内极少使用，反装不易发现。

如果当时纠正了瓦的方向，可以运行较长的时间，但因为泵内碰磨没有得到处理，最终还是会出现问题。这也是第二次处理中纠正了后瓦方向开机后一倍频振动偏大，推力瓦温高的原因。

如上对原因的分析，因为这个泵存在较多与振动相关的缺陷，这些缺陷迟早会显露出来。因此，在动平衡试加重后，及时停止继续加重，解体全面检查，芯包返厂处理的决定也是正确的。只是遗憾转子在制造厂未能进行高速动平衡。

如果不经过上述过程，直接更换芯包，不一定能够发现轴承反向，失稳的隐患仍会存在。

总的来看，2B 汽动给水泵的振动问题比较复杂，本次处理步骤基本正确，没有出现严重的失误或弯路。

案例 12-2 江苏 K 电厂 1B 循环水泵电动机故障振动分析

1. 设备及振动测点

设备名称：1B 循环水泵，三相异步电动机（湘潭电机厂制造），功率 2300kW，额定转速 297r/min，混流泵（上海凯士比泵有限公司）。测试工况：额定流量，300r/min。测点位置见表 12-3 及图 12-11 所示。

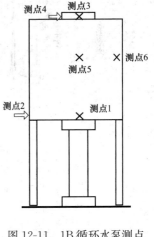

图 12-11 1B 循环水泵测点
位置示意图

表 12-3　　　　　　　　1B 循环水泵测点位置

测点	测点位置
1	电动机壳体下部外缘，水平方向，南北
2	电动机壳体下部外缘，水平方向，东西
3	电动机壳体上部轴承外壳，水平方向，南北
4	电动机壳体下部轴承外壳，水平方向，东西
5	电动机壳体中部，水平方向，南北
6	电动机壳体中部，水平方向

2. 测试结果

（1）1B 循环水泵振动测试数据见表 12-4。

表 12-4　　　　　　　　　　**1B 循环水泵振动测试数据**　　　　　　（通频：μm）

测点	1	2	3	4	5	6
振动值	4	5~7	124~132	69~78	110~118	42~49

测点 3～6 频谱分析结果如图 12-12～图 12-15 所示。

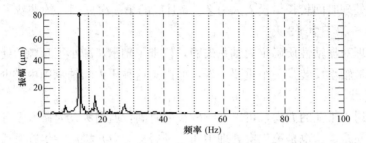

图 12-12　测点 3 频谱分析结果

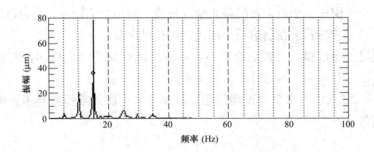

图 12-13　测点 4 频谱分析结果

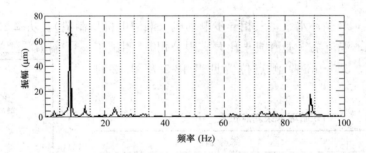

图 12-14　测点 5 频谱分析结果

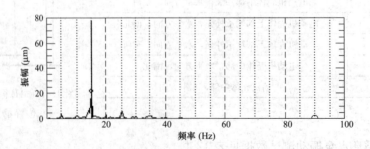

图 12-15　测点 6 频谱分析结果

（2）1A、2A 循环水泵对比性测试结果如图 12-16、图 12-17 所示。

（3）1A、2A 循环水泵振动测试数据见表 12-5。

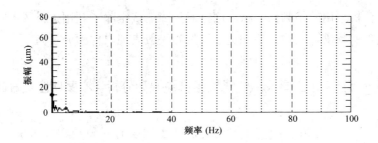

图 12-16　1A 循环水泵测点 5 频谱分析结果

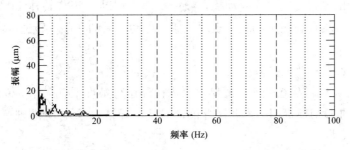

图 12-17　2A 循环水泵测点 5 频谱分析结果

表 12-5	1A、2A 循环水泵振动测试数据			(通频：μm)
设备	测点	3	4	6
1A 循环水泵	振动值	15～18	10～18	31～45
2A 循环水泵	振动值	17～20	8	55～75

3. 测试结果的分析意见

（1）2B 循环水泵驱动电动机振动过大，壳体南北方向振动达 110～130 μm，东西方向略小。

（2）混流泵体部分振动良好。

（3）2B 循环水泵振动信号频谱分析结果表明信号中的一倍频 5Hz 分量很小，这说明电动机转子的质量平衡状况是好的。

结果同时表明，电动机外壳的振动以二倍频 10Hz 和三倍频 15Hz 的成分为主，测点 5 还存在较明显的 90Hz 的分量，它们都是基频 5Hz 的倍频。造成这种高阶倍频振动大的原因通常是电动机存在电气缺陷导致的高阶电磁激振力。电气缺陷一般是电磁力不均衡、三相电流不平衡、转子存在断条或匝间短路、定子磁场存在相应的电气缺陷所致。

根据振动信号分析可以推测，电动机轴承出现故障的可能性不大。

分析原因的同时对 1A、2A 循环水泵进行了对比性测试。测试结果表明，这两台循环水泵电动机部分的振动没有像 2B 循环水泵那样存在明显的高频成分。

建议对 2B 循环水泵的电动机进行电气检查，查找并消除缺陷。

4. 检查结果及处理

2001 年利用中修机会由电动机制造厂家来厂对驱动电动机解体检查，发现南北方向定子绕组短路，随后进行了处理，起动后振动正常。

本例振动分析采用的是频谱分析方法，对故障的认定除了利用本机频谱特征，还用到了同型其他设备的频谱，同时需要知道电气故障一般表现出倍频分量高。

案例 12-3 江苏 Q 公司 E 级燃气机组凝泵振动分析（本案例由吴峥峰整理）

1. 设备概况

江苏 Q 公司 6、8 号机组凝结水泵为上海凯士比泵有限公司立式水泵（NLT200-320×8），凝结水泵配套西门子电动机（1LA43144AN68-Z），北京合康变频器（1 拖 2 形式）驱动。电动机为鼠笼式交流感应电动机，额定功率 280kW，工作转速 1482r/min。厂里 4 台凝结水泵投产后均存在振动问题，表现类似：电动机振动在某一转速区域出现，以一倍频成分为主。

2. 6A 凝结水泵电动机振动测试与分析

2013 年 1 月，电科院在变频、凝结水泵内循环运行条件下，采用 9200 速度传感器和 BENTLY 公司的 DAIU-208P 振动分析仪，对 6A 凝结水泵电动机进行了升降速振动测试。

电动机非驱动端壳体径向振动升降速波特图显示该测点振动在 0～1500r/min 内存在两个共振区：1240～1250r/min，东西向（电动机接线盒方向）非驱动端定子壳体振动最高，位移振幅 156 μm，振动烈度 7mm/s，一倍频分量为主；1340～1370r/min，南北向（凝结水泵进出水方向）非驱动端定子壳体振动最高，位移振幅 280 μm，振动烈度 14mm/s，一倍频分量为主。

在共振区运转时电动机驱动端定子壳体径向振幅 60 μm 左右，电动机基座径向振动由上至下逐渐减小，凝结水泵基座径向振动小于 30 μm，电动机定子轴向振动小于 30 μm。凝结水泵进水、出水管道振动良好。

6A 凝结水泵电动机额定转速空载振动数据见表 12-6。电动机非驱动端定子壳体南北向径向振动略高，位移振幅 62 μm，一倍频分量；东西向位移振幅 39 μm；定子壳体轴向振动小于 30 μm。电动机驱动端定子壳体径向振动、电动机基座、凝结水泵基座、进水/出水管道振动良好。

表 12-6　　　　　　　　　6A 凝结水泵电动机额定转速空载振动数据

时间	转速（r/min）	测点	振动类型（通频）	振动值
13：20	1489	非驱动端南北向	位移（μm）	62
13：20	1489	非驱动端东西向	位移（μm）	39
13：20	1489	非驱动端南北向	烈度（mm/s）	3.33
13：20	1489	非驱动端东西向	烈度（mm/s）	1.96

3. 电动机振动分析

（1）凝结水泵电动机在 1200～1400r/min 区间内出现的大振动是由电动机壳体发生共振引起。由于结构刚度不对称，壳体在 0～1500r/min 内存在两个共振区（径向）：东西方向 1240～1250r/min；南北方向 1340～1370r/min。

（2）电动机基座已进行适当加固，共振情况基本没有改善。定子壳体固有频率是由其材质、结构及尺寸等决定的，现场难以大幅改变。

（3）基本排除电动机轴承缺陷、凝结水泵本体振动、管道振动以及电气原因诱发电动机振动的可能。

（4）电动机转子在额定转速运行时，尽管振动合格，但对共振区间而言，振动超标严重，不平衡量依然偏高，建议进行现场高速平衡，降低激振力。

（5）凝结水泵电动机为 50Hz 普通电动机，要求制造厂进一步对电动机定子进行模态（固有频率）试验，确定电动机定子壳体径向固有频率；同时要求制造厂确认电动机转子一阶临界转速是否在 1500r/min 以上。

4. 制造厂家意见

因 6A 凝结水泵还在质保期内，制造厂凯士比泵业有限公司将电动机返厂进行相关测试，并形成下列意见：

（1）凯士比认为西门子对电动机的供货存在问题。凯士比派出一名专业人员对 6A 凝结水泵进行振动原因查找，该技术人员从流体动力学角度分析，认为凝结水泵的实际工作点的流量均超过流量特性曲线上每个转速下的最大流量，由此出现振动问题是必然的。此结论没有得到电厂认可，毕竟泵体振动在正常范围，电动机振动在部分转速出现且以一倍频为主。

（2）西门子公司天津工厂对返厂的电动机进行了全面电气测试，各项参数符合出厂标准，电动机本身不存在质量问题。西门子认为：电动机顶部确实存在 1300、1400r/min 两个振动异常区，且电动机空转及带泵小流量工况下振动，均超过技术协议要求振动烈度不大于 2.8mm/s、振幅不大于 0.05mm；电动机在变频器带到 1489r/min 和直接工频 1489r/min 以下时，通频振幅相差较大，认为变频器可能存在问题。

（3）西门子派技术人员到电厂，用西门子无谐波变频器替换合康变频器验证变频器是否存在问题。结果未发现北京合康变频器存在问题。

（4）协商后，制造厂又组织相关方对电机连接泵的凝泵吐出弯管筒身进行点焊加强筋增强刚度，处理后振动依然偏大。

（5）考虑到 4 台凝结水泵振动情况类似，且考虑到生产需要，凯士比调用 1 台 ABB 电动机，替换了 8B 凝结水泵配套西门子电动机，仍然采用合康变频器驱动。更换电动机前后振动未有大的改善。

5. 8A 凝结水泵的示范性处理

由于生产原因，6A 凝结水泵一直未有处理机会，电厂决定从 8 号机组开始进行凝结水泵动平衡尝试。

投产初期，8 号机组运行中限制 8B 凝结水泵转速在 1250r/min 下作为主力泵长期运行，8A 凝结水泵长期处于工频状态备用。考虑到 8A 凝结水泵在变频驱动时振动值比 8B 凝结水泵还要大，先对 8A 凝结水泵进行动平衡尝试。

（1）处理前振动数据。调整前 8A 凝结水泵电动机内循环运行 1300r/min 时振动值已达到 90μm（见表 12-7）。

表 12-7　　　　　　　　**8A 凝结水泵电动机动平衡前振动**　　　　　（通频：μm）

转速（r/min）	振动（位移峰峰值）	
	南北向	东西向
1200	24	9
1250	52	10
1300	90	26

（2）处理方案。2014 年 12 月，电厂精密点检组针对 8A 凝结水泵制订了从安装调整到动平衡的一系列处理方案：

1）调整电动机座水平度小于 0.03mm/m。

2）调整对轮周差、面差：面差小于 0.02mm，周差小于 0.03mm。

3）电动机冷却风扇改为金属风扇便于加平衡块。

4）电动机风扇处加重 30g。

（3）处理后振动。动平衡调整后，凝结水系统开再循环门，凝结水泵出口压力控制在 1.9MPa 以下，电动机逐步升速，1300r/min 时振动值小于 30 μm，动平衡处理取得效果（见表 12-8）。

表 12-8　　　　　　　　**8A 凝结水泵电动机动平衡后振动**　　　　　（通频：μm）

转速（r/min）	振动（位移峰峰值）	
	南北向	东西向
500	1	1
800	3	3
1100	3	8
1200	5	11
1250	12	14
1299	28	22

6. 小结

（1）电科院从振动专业角度，设备厂家从设备本身角度进行了 6A 凝结水泵振动原因的确认和排除，最终通过安装调整和精细动平衡实现了 8A 凝结水泵的成功治理，为其余三台凝结水泵状态改善提供了重要借鉴。

（2）近年来，不少厂对辅机（风机、泵）进行了变频改造，在取得经济性的同时也带来了安全问题，如局部转速的共振等。现场对变频运行引起共振的处理无外乎三种手段：运行避开、现场加固和精细动平衡。从多厂现场加固看，取得显著效果的不多。如北仑电厂，一台凝结水泵加固后反将共振转速提高到运行转速附近，另一台凝结水泵加固后基本未取得效果；仪征电厂，一台凝结水泵加固后共振区振动从 300 μm 降到 110 μm，其余凝结水泵加固未取得效果；Q 公司这四台凝结水泵也都经过专业公司加固，均未取得显著效果。

（3）电动机和泵体（风机）转子临界转速如何？叶片共振频率如何？定子的共振转速如何？是否实现避开？变频改造后的共振问题在设计阶段通过计算和试验是可以避免

第十三章

燃气发电机组振动分析诊断

第一节　燃气轮机振动特点

燃气轮机发电具有效率高、排放少、占地小、见效快、运行灵活等优点，大型燃气轮机的燃气-蒸汽联合循环以及中、小机型的热电联产机组是今后我国电站发展的主要格局之一。近年，欧美国家的新增装机容量中大部分是燃气-蒸汽联合循环发电机组。为了减少环境污染，保证国家的能源安全和满足经济增长的需求，我国将大力发展以天然气和煤炭气化为基础的燃气轮机发电技术。

据统计，截至 2012 年底，全国燃气发电机组总装机容量 4027.8 万 kW，约占全国发电机组总装机容量的 3.52%，燃气发电企业共有 150 余家，燃气发电机组 600 多台（套），其中，E、F 级等大中型燃气机组 132 台（套），3696 万 kW 装机容量占总装机容量的 90% 以上，E 级以下（B 级及轻型）小型燃气发电机组虽然数量多，但装机容量小。截止 2014 年底，全国燃气发电机容量已经达到 5440 万 kW，占全国发电机组总装机容量的 4%。近年来，我国燃气发电产业持续快速发展，为优化能源结构、促进节能减排、缓解电力供需矛盾、确保电网安全稳定运行，必将建造和投运更多燃气发电机组。

燃气轮机的结构和蒸汽轮机有所不同，其中的压气机是向燃烧室提供高压空气的一个主要组成部分，它分轴流式和离心式两种。现代大型燃气轮机均采用轴流式压气机，中小型燃气轮机通常采用离心式压气机。燃气轮机转子另一个主要部分是燃气透平，现代工业燃气轮机的燃气透平通常 3～5 级。压气机转子和透平转子经过渡轴由法兰连接构成燃气轮机转子。

从转子动力学和振动角度，与蒸汽轮机相比，燃气轮机结构紧凑，转子较之蒸汽轮机转子轻，刚度、强度低。

GE 燃气轮机的压气机和燃气透平转子均采用外围拉杆螺栓联结盘鼓式组合转子结构，各级轮盘用多根细长拉杆螺栓联结压紧，形成具有一定刚度和强度的转子，扭矩由轮盘端面的摩擦力传递。GE 燃气轮机轴系大部分采用双支承，只有 MS9001E 采用三支承，它除了燃气轮机前后两端的轴承外，为提高轴的动态刚度，又在中间过渡轴处增加了一个轴承。

西门子公司燃气轮机的压气机和透平转子采用中心拉杆式的盘鼓结构，ABB 公司燃气轮机的压气机/透平转子采用盘鼓式焊接结构。虽然 ABB 公司、西门子公司燃气轮机转子较之 GE 的刚度要高一些，但比蒸汽轮机的还是低。

燃气轮机缸体的支承结构简约，采用弹性刚板，而非铸铁支座，支承在钢质的底盘上，这样支承刚度相对较低。

燃气轮机从运行条件看，转子的环境温度远远高于蒸汽透平转子，燃气轮机透平通常在 1000～1300℃ 的高温高压燃气工质中工作。燃气轮机转子的这些特点，决定了它的振动热稳定性是一个突出问题。在 1000℃ 以上的高温汽流作用下，刚度较低的组合式转子会产生两方面的问题：

（1）转子热弯曲变形引起的对转子一倍频振动的影响，以及叶片不均匀磨损、叶片断裂、结垢产生的质量不平衡。由于燃气轮机转子均采用组合式结构，转子的热变形是运行中影响振动的一个共性问题。MS6001 燃气轮机采用外围拉杆转子，通流温度的变化直接影响到拉杆的紧力，也影响到各个轮盘结合面的变形。转子的热变形造成质量分布发生变化，使得振动随通流部分的温度出现变化。现场实测数据显示，有相当多的燃气轮机在冷态启机后的 1～2h 呈现振动不稳定，变化以一倍频为主，幅值、相位发生较大变化。

（2）转子热变形和高温环境中缸体变形、轴承标高变化造成的动静碰磨。燃气轮机透平的 1000～1300℃ 的高温段位于整根燃机转子的中后部，这样的高温除造成转子热弯曲，还可以造成汽缸体的热变形；透平温度高，还会造成标高随温度和负荷的变化。这些因素能够使通流径向间隙发生变化，造成间隙变小而引发动静碰磨。

第二节　燃气轮机振动测试分析实例

案例 13-1 深圳 M 电厂 2 号燃气发电机组振动测试与分析

1. 概况

深圳 M 电厂 2 号机组为 GE 的 MS6001 燃气发电机组，36MW。机组于 2002 年 12 月至 2003 年 1 月大修，大修中转子部分的主要工作是更换了透平段的三级动叶。1 月 15 日大修后启机，发现燃气轮机两个瓦振动偏大，主要表现在升速 4800r/min、带初负荷和负荷变化阶段，以及停机减负荷阶段。

2. 测点及仪器

测试使用本特利 DAIU-208 振动测试仪，信号取自机组原有的振动监测系统和另外附加的临时瓦振测点，测点布置见表 13-1。

表 13-1　　　　　　　　　　　振动测试测点布置

序号	测点位置	机组原有监测系统编号	DAIU-208 编号
1	1 号瓦垂直	BB1（速度）	1B1（速度）
2	1 号瓦垂直	BB2（速度）	1B2（速度）
3	2 号瓦垂直	BB4（速度）	2B1（速度）
4	2 号瓦垂直	BB5（速度）	2B2（速度）
5	负荷齿轮箱	BB7（速度）	3B（速度）
6	1 号瓦垂直（临时加装）	无	1BM（输出：位移）
7	3 号瓦垂直（临时加装）	无	4BM（输出：位移）

3. 测试结果

（1）升降速过程振动。

1）升降速临界转速振动偏大。测试共记录了两次升速、一次降速，升降速第一阶临界转速振动见表 13-2，4890r/min 振动见表 13-3。

表 13-2　　　　　　　　　升降速过第一阶临界转速振动　　　　　　　　（1680r/min）

工况	1B1（mm/s）	1B2（mm/s）	2B1（mm/s）	2B2（mm/s）	1BM（μm）
第一次升速	5.55	6.45	6.25	6.55	72
第一次降速	6.53	6.71	8.08	8.43	84
第二次升速	7.84	8.12	6.75	7.10	106

表 13-3　　　　　　　　　　　升降速过 4890r/min 振动

工况	1B1（mm/s）	1B2（mm/s）	2B1（mm/s）	2B2（mm/s）	1BM（μm）
第一次升速	8.20	7.95	5.60	5.60	36.5
第一次降速	8.86	9.23	6.99	6.64	45.3
第二次升速	8.62	9.02	6.62	6.93	31.2

2）数次升降速过临界转速振动幅值，振动以一倍频为主，幅值、相位接近，数据稳定，说明造成转子临界转速振动高的不平衡质量的状况是稳定的。

三次升降速数据显示，过第一临界转速 1680r/min 的振动偏高，由此可以推断，燃气轮机转子在 1、2 号瓦之间的跨内部分存在较大的一阶不平衡质量，这个不平衡质量同时也必然会造成工作转速振动增大。

联系到本次大修更换透平的三级动叶，显然，2 号机组 1、2 号瓦大修前后振动的变化与更换叶片有关。

（2）带负荷过程振动。

1）定速后升负荷和停机前降负荷时振动波动大，30MW 高负荷时振动良好。

表 13-4 给出的是 3 月 11 日启机定速后带负荷过程振动记录。

表 13-4　　　　　2 号机组启机定速后带负荷过程振动记录　　　［一倍频振幅/相位：mm/s/（°）］

时间	工况	BB1	BB2	BB4	1BM
07:00:00	5097r/min	3.9/130	3.3/150	3.7/183	30/59
07:07:00	22MW	4.7/139		3.2/198	27/63
07:26:00	19.7MW	3.8/159		2.5/196	24/80
08:03:00	30MW	2/187	2.2/190	3/177	13/108

从 5100r/min 定速到 30MW 的 1h，1 号瓦瓦振相位增加了 50°～60°。停机减负荷过程，各测点的相位有相反的变化。

这次测试，因为电源接地问题，使得振动通频振幅含有 50Hz 的干扰信号，各通道增加的量值为 15～20μm。表 13-5 是 3 月 5、6 日机组振动监测系统在无干扰情况下启机—带负荷—停机一个完整过程的振动记录。

表 13-5　　　　　2 号机组启机—带负荷—停机过程振动记录　　　　（通频：mm/s）

日期	时间	工况	BB1	BB2	BB4	BB5
3 月 5 日	06：30：43	1311r/min	1.2	1.2	1.4	1.4
	06：30：54	1448r/min	2.0	2.1	2.5	2.5
	06：39：43	22.28MW	6.1	6.2	7.5	7.5
	07：00：00	19.41MW	8.8	9.0	4.9	4.8
	07：20：25	29.73MW	5.4	5.8	6.1	6.9
	09：00：00	28.99MW	4.2	4.6	6.9	6.5
	11：00：00	28.75MW	4.7	5.2	6.7	6.4
	15：00：00	28.75MW	4.7	5.1	6.6	6.2
	19：00：00	28.51MW	4.8	5.2	6.7	6.3
	23：00：00	28.20MW	4.7	5.1	6.7	6.3
3 月 6 日	00：20：46	6.42MW	9.7	10.0	4.8	4.5
	00：21：32	0.32MW	10.9	11.2	4.9	4.8
	00：21：47	4795r/min	11.8	12.1	6.2	6.0

这组数据同样显示出振动随工况变化的趋势与测试系统存在干扰时测得的数据是一致的。

3 月 11 日下午进行 IGV 试验，同样显示了振幅和相位随负荷的变化，但变化幅度小于冷态启机带负荷阶段（见表 13-6）。

表 13-6　　　　　2 号机组冷态启机带负荷阶段振动记录　　　　（一倍频幅值/相位）

时间	工况	BB1（mm/s/°）	BB2（mm/s/°）	BB4（mm/s/°）	1BM（μm/°）
15：21：00	29MW	2.4/195	2.6/194	3.4/184	15/115
15：23：00	20MW	4.1/180	4.3/180	2.6/192	24/96
15：34：00	IGV57°	3.8/179	3.8/181	3.4/181	21/100
15：39：34	通知控制室恢复 IGV				
15：42：00	22MW IGV 全开	3.6/180	3.7/180	3.1/193	20/97
15：55：00	29MW	2.7/199	2.9/200	3.2/172	15/121

2）负荷变动时振动的变化成分主要是一倍频，不含有低频，有少量的二倍频。

3）振动幅值与相位的变化紧随负荷变化之后。3 月 10 日停机前曾做过变负荷试验，11 日下午 IGV 试验，两次试验中变动负荷时，振动的变化随之发生。

4）详细分析多次记录的启停机和带负荷的数据发现，1、2 号瓦振幅、相位的变化与排烟温度（TTXC）、压气机排气温度（CTD）有直接关系。当负荷减小、压气机排气温度降低、排烟温度降低，则振动必定增加；负荷增加，压气机排气温度和排烟温度提高，则振动减小。数据同时表明，振动和压气机出口压力（CPD）以及压气机进气温度（CTIM）无关。

4. 振动原因分析

根据上述测试结果，对 2 号燃气轮机振动原因有如下分析意见：

（1）燃气轮机转子一阶不平衡质量偏大，从而造成升降速过临界转速振动高，并且直接影响到带负荷过程的振动，使之较大修前有明显恶化。

一阶不平衡质量偏大与本次大修更换透平三级动叶有关。检查制造厂提供的新叶片重量排序表发现，第三级动叶有两对叶片（28 号和 74 号，29 号和 75 号）质量相差大，见表 13-7。

表 13-7　　　　　　　　　　　　　　　　第三级动叶更换后质量差异

位置号	质量（g）	位置号	质量（g）	质量差（g）
28 号	2272	74 号	1824	448
29 号	2268.8	75 号	1832	437

上表说明，28、29 号叶片分别比直径方向对应的两个叶片重 448g 和 437g，总质量多出 885g。

按转动过程不平衡质量产生的离心力考虑，影响最终振动的应该是质量矩（质量×重心距）。因此，尽管每对叶片的质量不相等，但如果质量矩相等也不会产生附加离心力。这里就有了另一个可能：虽然在同一直径方向上两个叶片的质量不等，但重心距也不等，保证重量矩相等。如果是这种情况，通过计算可以得到，对于 28 号和 74 号这两个质量相差约 400g 的叶片，重心距应该相差 130mm，方可使得两个叶片的质量矩相等，29 号和 75 号叶片重心距应该相差同样的量值。

根据常规分析，如果两个叶片的重心距相差如此之大，叶片外形应该有明显差别，但叶片现场安装时没有发现这种差别；另外，从制造角度分析，加工时有公差要求，叶片成品的重心距不应该差别很大。南山热电厂 1998 年处理 6 号机的经验也说明，制造厂家对叶片的排序在理论上是根据质量矩，但叶片的质量有一定的制造公差要求，如果质量差别太大，说明叶片有问题。

根据上述分析可以推断，本次制造厂提供的第三级动叶排序存在问题，致使产生不平衡质量，造成 1、2 号轴承临界转速振动和带负荷振动偏大。

（2）燃气轮机通流部分存在一定程度的动静碰磨。测试数据表明，2 号机变负荷时振动相位的变化偏大，比 1 号机组大 20°～30°。2 号机的相位变化中必定有转子热变形的因素，但如果单纯是热变形所致，停机减负荷过程振动变化应该趋缓，实际情况是两者接近。根据数据分析，通流部分存在碰磨的可能性较大。

振动现象同时表明，2 号燃气轮机转子径向碰磨可能性大于轴向碰磨，碰磨部位偏向压气机端。

负荷变化时排烟温度、压气机排气温度的变化除要影响到转子变形外，必定还要影响到缸体的变形，造成动静间隙的变化，径向间隙的消失造成径向碰磨，可以立即引发振动。

碰磨引发振动大的机理之一也是转子热弯曲。热弯曲产生附加不平衡质量，使得一倍频振动增大。

数据显示，1、2 号瓦在振动变化过程中，呈现"跷跷板"的现象，这种现象是符合规律的，它也是转子热弯曲的佐证。工作转速在一阶临界转速之上的转子是挠性转子，与刚性转子不同的是，转子两个支撑之间出现不平衡质量时，不是所有情况下都是两个支撑瓦振同时增大；随不平衡质量在跨内的轴向位置不同，可以出现一端振动增大，另一端减小的现象。

关于本次大修对轮找中、标高、轴瓦间隙等方面，轴瓦间隙过大可以使转子定位不好，转动时易于发生碰磨。

燃气轮机的标高随温度变化敏感，因为透平温度高，会造成标高随负荷的变化，进而使通流径向间隙发生变化。大修中如果对标高控制不当，也会造成间隙变化引发动静碰磨，这几点似乎不能完全排除。

（3）转子热变形。由于燃气轮机转子均采用组合式结构，转子的热变形是运行中影响振动的一个共性问题。MS6001燃气轮机采用外围拉杆转子，通流温度的变化直接影响到拉杆的紧力，也影响到各个轮盘结合面的变形。转子的热变形造成质量分布发生变化，使得振动随通流部分的温度出现变化。资料显示，有相当多的燃气轮机在冷态启机的1h左右呈现振动不稳定，变化以一倍频为主，幅值、相位发生较大的变化。

上述记录的2号燃气轮机振动幅值、相位随排烟温度、压气机排气温度变化的原因即在于此。

如果转子原始振动小，热变形带来的不利影响不会凸现；但如果原始不平衡质量大，热变形则可能叠加到原始不平衡质量上，使振动不稳定的部分显著增加。

实际上，我们这次进行的对1号燃气轮机的对比性测试，启机后50min振动相位也变化了约30°，只是由于1号机组原始振动小，热变形造成的影响不明显。

2号机组是老机组，转子热变形在大修前就应该存在，大修中没有动拉杆，因而，热变形不应该是机组当前振动偏高的原因。

1994年厦门燃气发电厂1号机组零级静叶断裂，大修后发现1号瓦振动在启机初的1h左右振动爬升，然后降到正常值。检查齿轮箱、两次调整对轮中心，振动无改善。后经分析推断透平缸内空气冷却通道可能堵塞，运行一段时间后安排检查，发现麻花孔内有断裂叶片的碎片，清除后振动恢复正常。

（4）关于2号机组的振动原因，可以排除下列可能：

1）新叶片有松动。如果本次大修新叶片的叶根与叶轮配合有间隙且牢固不够，在高速旋转中可能发生径向位移，这种情况造成的振动应该是突变，不会是渐变。

2）大轴弯曲。该机组刚大修过，电厂反映回装时测量大轴中部挠度约0.02mm，该值正常。

另外，根据经验，2号机组1、2号瓦振幅、相位的变化均非属稳定。如果大轴存在弯曲，由此造成的高振动在各种工况下应该是稳定的，低负荷时的大振动应该持续存在，而不应该在高负荷时减小。

3）对轮紧力存在缺陷。如果对轮紧力不足或松动，可以造成振动随负荷变化立即变化的现象。这是因为对轮一般套装在大轴外伸端，对轮相对大轴的任何位移都会造成振动发生变化，变化应该是立即响应的。本次大修没有动对轮，而且如果存在对轮紧力缺陷，它应该发生在透平端对轮，对2号瓦振动的影响理应明显，而当前2号机组的振动问题1号瓦比2号瓦突出。

4）负荷齿轮箱存在缺陷。如果负荷齿轮箱存在缺陷，最大的可能是齿面磨损、断齿或断轴。齿面磨损应该产生高频，与本次测试的数据不符，断齿、断轴从转动声音上可以判断，可能性也不存在。

5）透平拉杆紧力消失或螺栓松动。电厂反映，本次大修没有动透平和压气机拉杆，考虑到大修前振动是好的，显然大修后的振动问题和拉杆无关。

综合上述分析得出，2号机振动的直接原因是燃气轮机转子的质量不平衡与动静碰磨。更换动叶产生了较大的残余不平衡质量，使得临界转速振动和定速后振动偏高；定速后燃气轮机受不均匀温度场影响，转子、缸体有较大变形，加之通流部分局部径向间隙偏小，造成动静碰磨，振动增大；稳定运行后，温度场趋于均匀，碰磨点脱离，转子热弯曲消失，振动减小；停机减负荷时缸内温度再次发生变化，又造成转子热弯曲和碰磨，振动呈现增大。

案例 13-2　江苏 E 燃气热电有限公司燃气轮机振动测试及分析

1. 前言

E 燃气热电有限公司 1、2 号燃气轮机是 GE 公司在法国阿尔斯通生产的 MS9001E 型单轴重型燃气轮机，功率 120MW，配南京汽轮发电机厂生产的 60MW 发电机组。

燃气轮机由压气机、燃烧室、透平组成。轴流式压气机 17 级，燃烧系统有 14 个燃烧室，透平转子 3 级。压气机转子和透平转子经过渡轴由法兰连接，燃气轮机前后两端和中间过渡轴共有三个支撑轴承（见图 13-1），工作转速 3000r/min。

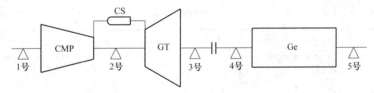

图 13-1　MS9001E 燃机机组结构图

E 公司的两台燃气发电机组自 2005 年投运以来，持续存在振动偏大的问题，GE 公司曾派人赴现场测试，但最终没有提交测试结果和分析意见。2005 年 12 月 5、6 日，作者到现场对上述存在振动问题的机组进行了振动测试、数据分析和状态评估。

2. 2 号燃气发电机组测试结果和振动特征

1、3 号轴承各安装两个瓦振测点和两个轴振测点，瓦振信号送入 GE 的监测系统，轴振信号送入本特利 3500 系统；2 号轴承只在轴承下方缸体外的回油管法兰上安装有一个瓦振传感器，没有轴振测点。测点位置、方向及编号见表 13-8。

表 13-8　　　　　　　　　　　　　　燃机振动测点布置

序号	测点位置和方向	编号	振幅单位
1	1 号瓦垂直瓦振	BB1	速度峰峰值 mm/s
2	1 号瓦水平瓦振	BB2	速度峰峰值 mm/s
3	2 号瓦垂直（下方）瓦振	BB3	速度峰峰值 mm/s
4	3 号瓦垂直瓦振	BB4	速度峰峰值 mm/s

序号	测点位置和方向	编号	振幅单位
5	3 号瓦水平瓦振	BB5	速度峰峰值 mm/s
6	1 号瓦轴振 1	S11	位移峰峰值 μm
7	1 号瓦轴振 2	S12	位移峰峰值 μm
8	3 号瓦轴振 1	S21	位移峰峰值 μm
9	3 号瓦轴振 2	S22	位移峰峰值 μm

12 月 5 日 18：06，负荷 120MW，测得的各测点振动如图 13-2 所示及见表 13-9：

Ch #	Channel Name	Machine Name	Amplitude Units	Speed Units
1	BB1	sv	mm/s pk	rpm
2	BB2	sv	mm/s pk	rpm
3	BB3	sv	mm/s pk	rpm
4	BB4	sv	mm/s pk	rpm
5	BB5	sv	mm/s pk	rpm
6	1S	sv	micro m pp	rpm
7	2S	sv	micro m pp	rpm
8	3S	sv	micro m pp	rpm

Sample 33

						1X		2X		0.5X	
Channel	Date/Time	Speed	Direct	Gap	Ampl	Phase	Ampl	Phase	Ampl	Phase	
1	05DEC2005 18:11:54.2	3001	5.57		3.80	102	0.119	MinAmp	0.158	nX<1	
2	05DEC2005 18:11:54.2	3001	5.54		3.87	102	0.158	MinAmp	0.237	nX<1	
3	05DEC2005 18:11:54.2	3001	13.4		1.54	120	0.079	MinAmp	0.158	nX<1	
4	05DEC2005 18:11:54.2	3001	6.01		3.24	87	1.19	20	0.316	nX<1	
5	05DEC2005 18:11:54.2	3001	6.01		3.16	91	1.19	20	0.395	nX<1	
6	05DEC2005 18:11:54.2	3001	31.9	-7.76	19.9	57	1.76	257	0.392	nX<1	
7	05DEC2005 18:11:54.2	3001	40.2	-8.31	30.5	101	5.22	3	1.31	nX<1	
8	05DEC2005 18:11:54.2	3001	1.53	-0.01	0	MinAmp	0.196	MinAmp	0.131	nX<1	

图 13-2　2 号燃气发电机组 120MW 振动

表 13-9　　　　　　　　　　负荷 120MW 时振动　　　　　　　　　（单位见表 13-8）

时间	BB1	BB2	BB3	BB4	BB5	S11	S12	S21	S22
18：06	5.3	5.5	12.5	5.5	5.4	27	41		
18：11	5.6	5.5	13.4	6	6	11	32	40	17

对数据进行分析得到的特征图谱如图 13-3～图 13-7 所示。

根据上述测试结果和频谱分析结果，对 2 号燃气发电机组振动得到如下结论：

（1）1、3 号轴承瓦振、轴振良好；波形、频谱正常；振幅、相位稳定。

（2）2 号轴承瓦振偏大，通频振幅波动剧烈，瞬间可以超过报警值（12.8mm/s），一倍频振动良好。

（3）对 2 号轴振的频谱分析结果表明，2 号轴振动的主要成分是 270Hz 左右的高频。

3. 1 号燃气发电机组测试结果和振动特征

12 月 6 日对 1 号燃气发电机组升速过程和带负荷到 130MW 的振动进行了测试。1 号燃气发电机组各个振动测点和 2 号机组相同，测得结果如下：

（1）升速过程振动。升速过程，1、3 号瓦临界转速振动不明显；2 号瓦振最高为 9mm/s（见图 13-8），轴振最高 80 μm。

（2）升负荷振动。升负荷过程，2 号瓦振随负荷增加而增大，满负荷最高到 14.4mm/s；1 号瓦轴振曾经增大到 143 μm，3 号瓦振最大到 12mm/s，测试结果见表 13-

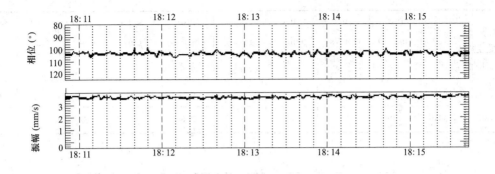

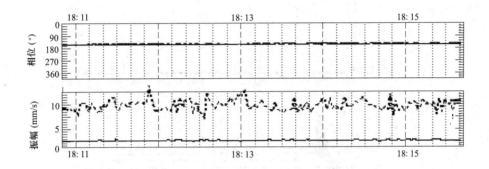

图 13-3　2 号燃气发电机组 1 号（上）、2 号轴承（下）垂直瓦振时间趋势图

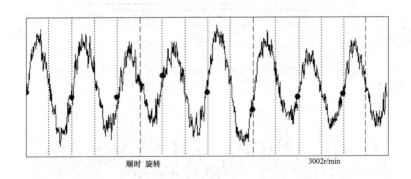

图 13-4　2 号燃气发电机组 1 号轴承垂直瓦振波形图

10 及图 13-9～图 13-13。

表 13-10　　　　　　　　　　　　1 号燃气发电机组振动测试结果

时间	工况	BB1 (mm/s)	BB2 (mm/s)	BB3 (mm/s)	BB4 (mm/s)	BB5 (mm/s)	S11 (μm)	S12 (μm)	S21 (μm)	S22 (μm)
—	3000r/min	3.5	3.6	9.6	4.5	4.9		64	29	
13:54	30MW	3.5	3.8	7.3	7	7.6		100	62	

续表

时间	工况	BB1 （mm/s）	BB2 （mm/s）	BB3 （mm/s）	BB4 （mm/s）	BB5 （mm/s）	S11 （μm）	S12 （μm）	S21 （μm）	S22 （μm）
14:18	70MW	2.8	2.5	7.8	9.9	8.8		97	58	
14:45	111MW	2.3	2.2	8.0	6.3	6.0	38			67
14:53	133MW	4.0	4.3	14.4	8.1	7.6		73	54	

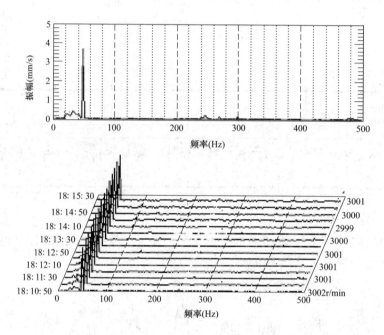

图 13-5　2 号燃气发电机组 1 号轴承垂直瓦振频谱图和瀑布图

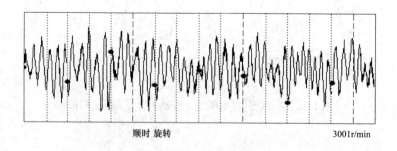

图 13-6　2 号燃气发电机组 2 号轴承垂直瓦振波形图

由测试结果和频谱分析结果，对 1 号燃气发电机组振动得到结论：

1）1 号轴承瓦振良好，振幅、相位稳定，但轴振偏大。

2）2 号轴承瓦振偏大，振幅波动剧烈，瞬间达到 14.4mm/s；一倍频振动很小，振动成分是 260～400Hz 的高频，其中 260、340、400Hz 三条谱线突出。

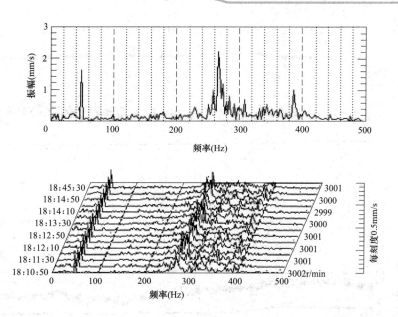

图 13-7 2 号燃气发电机组 2 号轴承垂直瓦振频谱图和瀑布图

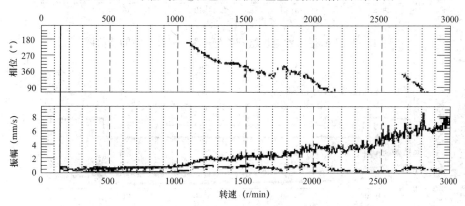

图 13-8 升速过程 1 号燃气发电机组 2 号瓦瓦振波特图

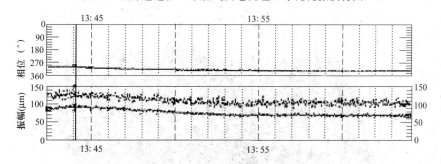

图 13-9 1 号燃气发电机组升负荷过程 1 号瓦轴振 S11 时间趋势图

3）3 号轴振瓦振偏高，轴振偏高，主要成分是一倍频。

（3）2 号轴振测点的敲击试验。

为进一步确定 2 号轴承测点的 260～400Hz 高频分量的来源，在盘车状态下，对 2 号

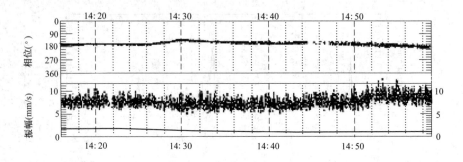

图 13-10　1 号燃气发电机组升负荷过程 2 号瓦瓦振时间趋势图

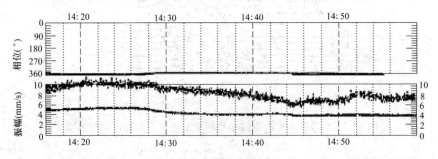

图 13-11　1 号燃气发电机组升负荷过程 3 号瓦振时间趋势图

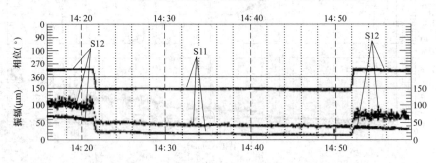

图 13-12　1 号燃气发电机组升负荷过程 S11 和 S12 时间趋势图

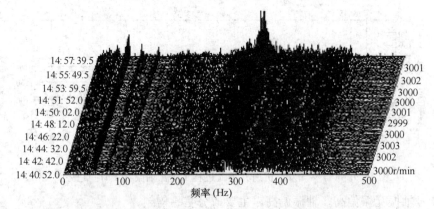

图 13-13　1 号燃气发电机组升负荷过程 2 号瓦垂直瓦振瀑布图

测点附近进行敲击试验，测试结果如图 13-14 所示。

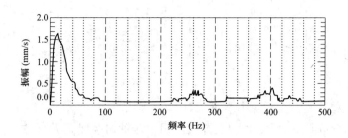

图 13-14　2 号轴承测点在敲击时的瞬态响应

由图中可见，静态下 2 号测点存在 260、270、321、404Hz 的响应频率。

4. 分析意见和结论

（1）1、2 号燃气发电机组 2 号轴承瓦振偏高，接近报警值，对机组当前运行没有危险，但存在潜在威胁。

（2）1、2 号燃气发电机组 2 号轴承瓦振偏高的主要成分是 260～400Hz 的高频成分；敲击试验结果表明，转子静态即存在这些高频响应分量，即燃气轮机本身就存在 260～400Hz 固有振动频率，如果旋转中出现同一频率的激振力，则出现共振现象。

转子旋转中激起这些响应的可能原因有：

1）燃气轮机通流部分的气流流动。

2）叶片旋转。

3）燃烧膨胀。

可以排除动静碰磨、转子质量不平衡等是造成 2 号轴承振动偏高为主要原因的可能。

无论具体是上述何种故障，与燃气轮机原始设计制造关系较大。

（3）1 号燃气轮机转子存在一定的不平衡质量，导致冷态启机定速和带负荷后一倍频振动的变化。

（4）建议对两台燃气轮机的 2 号瓦振加强监测，注意变化趋势。如果持续缓慢增加，需要利用适当机会安排揭缸检查，检查 2 号瓦磨损情况和过渡段的大轴状况。

（5）建议将两台燃气轮机的振动现状通知 GE 公司，责成他们提供对当前振动状况的原因分析和运行建议；责成他们提供相应的详细设计资料和参数，以供用户方做进一步分析。

案例 13-3 浙江 B 电厂 1 号燃气发电机组油膜失稳分析及处理（本案例由童小忠等完成）

1. 引言

B 燃机电厂 1 号燃气发电机组为美国 GE 公司的 PG9315FA 型燃气轮机、D10 型三压有再热系统的双缸双流式汽轮机和 390H 型氢冷发电机。燃气轮机、蒸汽轮机和发电机转子刚性串联成一根单轴，整个轴系由燃气轮机压气机转子、高中压转子、低压转子和发电机转子组成，每段转子均由两个径向轴承支撑（见图 13-15）。1、3、4、5 号瓦为六瓦块可倾瓦轴承，2、6、7、8 号瓦为椭圆瓦轴承，推力瓦在 1 号轴承处。该机组是我国首台单轴 9F 重型燃气轮机。

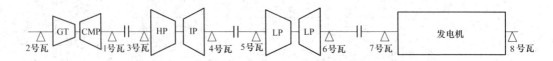

图 13-15 轴系布置结构图

2. 油膜涡动和油膜振荡现象与分析

1 号机组于 2005 年 5 月 18 日首次开机,因 1 号轴振缓慢爬升导致自动停机,通过动平衡加重后,振动得到改善。5 月 19～27 日,机组每天起停机一次。这时机组在冲管阶段,汽轮机没有进汽。机组稳定 3000r/min 一段时间后,高中压转子的 3、4 号轴振间断性出现较小的半频分量,量值一般不到工频分量的 1/2,而且运行一段时间后会自动消失,且 3、4 号瓦轴振通频最大值也不大,低频振动还未引起足够重视。

5 月 28 日,3000 r/min,3 号轴振突然出现较大半频分量,振幅超过 210 μm,紧急停机。5 月 30 日又做了一次动平衡,希望进一步降低 3 号瓦的工频以限制半频振动,但效果不明显,3、4 号轴振始终间断性出现较大半频,3 号轴振最大值曾达 200 μm。6 月下旬,针对低频振动,采取增加轴承标高等措施,但反而使机组振动演变为油膜振荡。

测试数据表明,3、4 号瓦轴振出现半速涡动的振动重复性较好,出现低频都是在定速 3000r/min。6 月 5 日 8:30 开始第一次冷态开机,8:54 到 3000r/min,振动数据见表 13-11。由表可知,此时 3、4 号轴振基本以工频为主。9:08,3Y、3X、4Y、4X 出现波动现象。对 3Y 进行频谱分析,3Y 中 25Hz 分量 115 μm,工频分量 50Hz 成分仅为 67 μm,4Y 的半频分量也远远超过工频分量。3、4 号轴振在半频分量的作用下来回跳跃,表现为明显的油膜半速涡动特征,约 40min 后半频分量消失,振动平稳。

表 13-11　　　　　　　　　　　　　　**3000r/min 定速振动**

[通频振幅/工频振幅/相位: μm /μm / (°)]

振动方向	1 号瓦	2 号瓦	3 号瓦	4 号瓦	5 号瓦	6 号瓦
Y 方向	39/30/9	117/110/37	82/71/154	24/12/8	44/37/166	45/34/329
X 方向	57/46/56	84/78/121	36/28/239	32/22/203	33/23/254	24/17/71

7 月 1 日,机组的油膜涡动发展成油膜振荡。7 月 1 日 17:56 到 3000r/min,18:26,3、4 号轴振急剧增大,发生油膜振荡,从记录的特征图可以看出,发生油膜振荡后,振动不再以工频为主,且不存在油膜涡动时振动来回跳跃的现象。

根据频谱分析,3Y 的 24Hz 分量 150 μm,50Hz 分量 50.9 μm,24Hz 分量明显超过了工频分量,4Y 的 24Hz 分量 139 μm,50Hz 分量 13.8 μm。1380r/min(23Hz)为高中压转子一阶临界转速,转子的振动主频率以一阶临界转速为主。高中压转子轴心轨迹不再是一个椭圆,而是非常紊乱的图形。只有把转速降到 2700r/min,油膜振荡才基本消失。

3. 轴系失稳原因分析

(1) 润滑油温对机组振动的影响。高中压转子的油膜涡动基本上都发生在冷态开机,当时润滑油温 39℃,运行一段时间后,半速涡动消失,此时油温 46℃以上。可见改变润滑油温对控制半速涡动还是有效果。但 7 月 1 日发生油膜振荡,把润滑油温提高到 50℃,对消除低频振动没有任何效果。

（2）可倾瓦稳定性分析。高中压转子 3、4 号轴承为六瓦块可倾瓦轴承，每个轴承由上下各 3 个瓦块组成。

在高中压转子刚刚失稳时，3 号轴承的间隙电压从 $-7.28\mathrm{V}$ 减少到 $-7.18\mathrm{V}$，之后间隙电压持续减少到 $-6.95\mathrm{V}$，4 号轴承间隙电压也存在类似变化，说明在高中压转子油膜振荡过程中，高中压转子被抬升，使轴颈更加偏离平衡位置，降低了轴承的稳定性。

4. 处理措施和结果

由上面分析可知，立足于轴承是消除油膜振荡最主要的方向。在现场调试工期紧的情况下，尽量采取现场检修能够处理的方法。6 月中旬采取了以下几种处理措施。

（1）提高 3、4 号轴承标高 130 μm，3 号瓦往右调整 300 μm，4 号瓦往右调整 20 μm。

（2）汽轮机轴系的中心进行重新找正。低压转子和高中压转子解体后，中心存在较大偏差，低压转子偏右 100 μm，高中压转子偏高 100 μm。对整个轴系的转子进行了重新找正，限制在合格范围之内，防止发生轴颈偏离瓦块太远。

采取上述措施的效果不太明显，反而使油膜涡动发展成油膜振荡。因此不得不对瓦进行修改，采取了以下措施：

（1）加大 3、4 号轴承进油量：对 3、4 号上半轴承，顺转动方向左侧进油孔从 0.79inch 增大到 1inch，右侧的进油孔未加大，依靠润滑油挤压轴颈，来增加稳定性，同时加大油量减少轴承的温升。

（2）对 3、4 号轴承下半 3 块瓦，左右两边各减少 2cm 的轴瓦工作面宽度。

瓦块修改后，机组在低负荷情况下连续运行几十小时，3、4 号轴振无低频成分出现，基本上以工频振动为主。这说明，在正常运行条件下，油膜振荡已经得到有效控制。

虽然理论上可倾瓦是稳定性最佳的轴承，但实际上与现场的安装、轴系的设计有很大关联性，当扰动力足够大且轴承阻尼不够时，仍可能发生油膜涡动和油膜振荡。

消除可倾瓦轴系失稳的方法与固定瓦轴承类似，在有条件的情况下，可对可倾瓦轴系进行稳定性计算，确定如何修改轴瓦参数；工期时间紧，采取通用的提高轴系稳定性的方法，也可以达到事半功倍的效果。

参 考 文 献

[1]　陆颂元. 汽轮发电机组振动. 北京：中国电力出版社，2000.

[2]　陆颂元. 600MW 汽轮发电机组振动缺陷剖析. 汽轮机技术，2008，5（2）：131～133.

[3]　Fredric F. Ehrich. Handbook of rotordynamics. Malabar Florida：Krieger Publishing Company，2004.

[4]　吴峥峰，陆颂元. 同步振动失稳的莫顿效应及实例. 汽轮机技术，2009，51（4）：282～284.

[5]　李汝祥，陆颂元. 300MW 机组低压转子-轴承系统振动失稳的分析诊断与处理. 汽轮机技术，2012，54（5）3：56～360.

[6]　陆颂元，童小忠. 汽轮机组现场动静碰磨故障的振动特征及分析诊断方法. 动力工程学报，2002，22（6）：2020～2024.

[7]　LU S Y，ZHAO X，WU Z F. Vibration characteristics，Analysis and diagnosis for rub between rotor and stator of turbomachine in the field. 22 nd Biennial Conference on Mechanical Vibration and Noise of ASME，2009.

[8]　LUO X H，LU S Y. Vibration characteristics and diagnosis for Hitachi 600MW supercritical turbogenerator. UNITS ASME International Design Engineering Technical Conferences，2011.

[9]　WANG W，LU S Y. The vibration analysis of a 600MW generator with the inter-turn short circuit. ASME International Design Engineering Technical Conferences，2011.

[10]　LU S Y，WU Z F，ZHAO X. Analysis and troubleshooting of steam induced instability for an industrial turbomachinery. 22 nd Biennial Conference on Mechanical Vibration and Noise of ASME，2009.

[11]　D. Florjancic. High energy pumps. EPRI-CWRU，1989.

[12]　LU S Y，WANG J，MA Y K，JIN R. The strategy and technology of high-efficient balance movement for large scale turbogenerator units. Proceedings of IFToMM Sixth International Conference on Rotor Dynamics，2002.

[13]　LU S Y，FU H L，WANG J，MA Y K. The field test and calculation analysis for unstable vibration of 320MW turbomachinery rotor-bearing systems. Proceedings of IFToMM Sixth International Conference on Rotor Dynamics，2002.

[14]　陆颂元. 大型汽轮发电机组现场高效动平衡的策略与技巧. 中国电力，2002，35（3）.

[15]　LU S Y. Strength analysis and accidents of shaft destruction under nonlinear vibration with large unbalance of turbogenerator rotor systems. The 7th International Symposium on Transport Phenomena and Dynamics of Rotating Machinery，1998.

[16]　陆颂元. 大不平衡非线性振动状态机组轴系强度分析及轴系断裂事故. 中国电机工程学报，1996（1）.